从零开始

3ds Max 2017

中文版 基础教程

布克科技 谭雪松 文静 夏红 ◉ 编著

人民邮电出版社
北京

图书在版编目（C I P）数据

从零开始：3ds Max 2017中文版基础教程 / 布克科技等编著. -- 北京 : 人民邮电出版社, 2019.2（2021.3重印）
ISBN 978-7-115-49790-1

Ⅰ. ①从… Ⅱ. ①布… Ⅲ. ①三维动画软件－教材
Ⅳ. ①TP391.414

中国版本图书馆CIP数据核字(2018)第260536号

内 容 提 要

3ds Max 作为当今著名的三维建模和动画制作软件，被广泛应用于游戏开发、电影电视特效及广告设计等领域。该软件功能强大，可扩展性好，操作简单，并能与其他相关软件流畅地配合使用。

本书系统地介绍了 3ds Max 2017 的功能和用法，以实例为引导，循序渐进地讲解了使用 3ds Max 2017 中文版创建三维模型、创建材质和贴图、使用灯光和摄影机、制作基础动画、制作动力学动画、使用粒子系统与空间扭曲制作动画、使用布料系统制作动画以及 3ds Max 的编程技术等内容。

本书按照职业培训的教学特点来组织内容，图文并茂、活泼生动，并且提供了丰富的配套资源，适合作为 3ds Max 2017 动画制作的培训教程，也可以作为个人用户、高等院校相关专业学生的自学参考书。

◆ 编　　著　布克科技　谭雪松　文　静　夏　红
　责任编辑　李永涛
　责任印制　马振武
◆ 人民邮电出版社出版发行　　北京市丰台区成寿寺路 11 号
　邮编　100164　　电子邮件　315@ptpress.com.cn
　网址　http://www.ptpress.com.cn
　固安县铭成印刷有限公司印刷
◆ 开本：787×1092　1/16
　印张：17.75
　字数：427 千字　　　　2019 年 2 月第 1 版
　印数：5 601－6 200 册　　2021 年 3 月河北第 6 次印刷

定价：49.80 元

读者服务热线：(010)81055410　印装质量热线：(010)81055316
反盗版热线：(010)81055315
广告经营许可证：京东市监广登字20170147号

关于本书

3ds Max 作为著名的三维建模、动画和渲染软件，被广泛应用于游戏开发、角色动画、电影电视特效及广告设计等领域。该软件功能强大，可扩展性好，操作简单，并能与其他软件流畅地配合使用。3ds Max 2017 提供给设计者全新的创作思维与设计工具，并提升了与后期制作软件的结合度，使设计者可以更直观地进行创作，无限发挥创意，设计出优秀的作品。

内容和特点

本书面向初级用户，深入浅出地介绍了 3ds Max 2017 的主要功能和用法。按照初学者一般性的认知规律，从基础入手，循序渐进地讲解了使用 3ds Max 2017 进行三维建模、材质设计、灯光设计、摄影机设置及各类动画制作的基本方法和技巧，帮助读者建立对 3ds Max 2017 的初步认识，基本掌握使用该软件进行设计的一般步骤和操作要领。

为了使读者能够迅速掌握 3ds Max 2017 的用法，全书遵循"案例驱动"的编写原则，对于每个知识点都结合典型案例来讲解，用详细的操作步骤引导读者跟随练习，进而熟悉软件中各种设计工具的用法及常用参数的设置方法。通过对全书进行系统学习，读者能够掌握三维设计的基本技能，进而提高综合应用的能力。全书选例生动典型、层次清晰、图文并茂，将设计中的基本操作步骤以图片形式给出，表意简洁，便于阅读。

本书分为 11 章，各章内容简要介绍如下。

- 第 1 章：介绍 3ds Max 2017 的设计环境和工作流程。
- 第 2 章：介绍基本体建模的基本方法。
- 第 3 章：介绍使用修改器建模的基本方法。
- 第 4 章：介绍二维建模的基本方法。
- 第 5 章：介绍复合建模和多边形建模等高级建模方法。
- 第 6 章：介绍摄影机和灯光的应用技巧。
- 第 7 章：介绍环境与特效的相关知识和应用以及渲染的方法和技巧。
- 第 8 章：介绍材质与贴图及其应用技巧。
- 第 9 章：介绍粒子系统与空间扭曲在动画制作中的应用。
- 第 10 章：介绍制作动画的基本工具和技巧。
- 第 11 章：介绍使用动力学系统和布料系统制作动画的一般方法。

读者对象

本书主要面向 3ds Max 2017 的初学者及对三维动画制作有一定了解并渴望入门的读者。在本书的指导下，读者可以迅速掌握使用 3ds Max 进行动画制作的一般流程。

本书是一本内容全面、操作性强、实例典型的入门教材，特别适合作为各类 3ds Max 动画制作课程培训班的基础教程，也可以作为广大动画制作爱好者、高等院校相关专业学生的自学用书和参考书。

配套资源内容及用法

本书配套资源主要包括以下内容。

1. 素材文件

本书所有案例用到的“.max”格式源文件、“maps”贴图文件及“.mat”格式的材质库文件都收录在配套资源中的“\第××章\素材”文件夹下，读者可以调用和参考这些文件。

2. 结果文件

本书所有案例的结果文件都收录在配套资源中的“\第××章\结果文件”文件夹下，读者可以自己对比制作结果。

3. 动画文件

本书典型习题的绘制过程都录制成了“.mp4”动画文件，并收录在配套资源中的“\第××章\动画文件”文件夹下。

4. PPT 文件

本书提供了 PPT 文件，供教师备课、上课参考使用。

感谢您选择了本书，也欢迎您把对本书的意见和建议告诉我们，电子邮件 ttketang@163.com。

布克科技

2018年6月

布克科技

目录

第1章 3ds Max 2017 设计概述

【学习目标】

- 明确三维建模及三维动画的基本制作原理。
- 熟悉 3ds Max 2017 的设计环境。
- 熟悉 3ds Max 2017 的基本操作。
- 明确使用熟悉 3ds Max 2017 进行设计的一般流程。

3ds Max 2017 是基于 Windows 操作平台的优秀三维制作软件，一直受到建筑设计、三维建模及动画制作爱好者的青睐，广泛应用于游戏开发、角色动画、影视特效及工业设计等领域。本章将初步介绍 3ds Max 2017 的基础知识。

1.1 知识解析

Autodesk 公司出品的 3ds Max 是世界顶级的三维软件之一，3ds Max 功能强大，自其诞生以来就一直受到 CG（计算机图形）设计师们的喜爱。

1.1.1 3ds Max 应用简介

3ds Max 在模型塑造、场景渲染、动画及特效等方面都能制作出高品质的作品，在效果图、插画、影视动画、游戏和产品造型等领域占据了主导地位。

一、 工业造型与仿真

3ds Max 能精确地表达模型的结构和形态，还能为模型赋予不同的材质，通过动画演示，还能把对象的运动过程加以仿真。图 1-1～图 1-3 所示为相关的实例展示。

图1-1 汽车造型设计

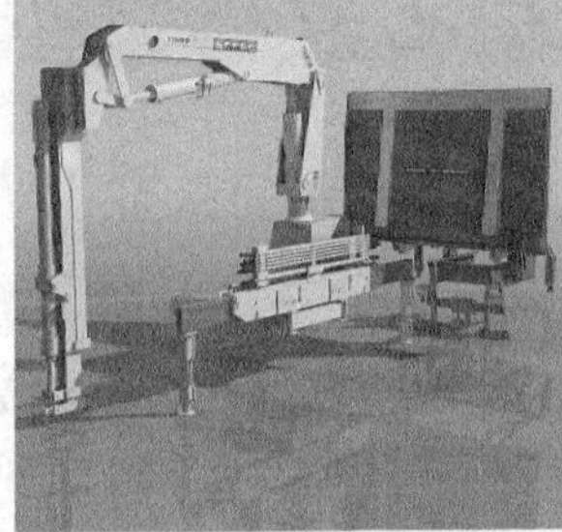

图1-2 工业设计

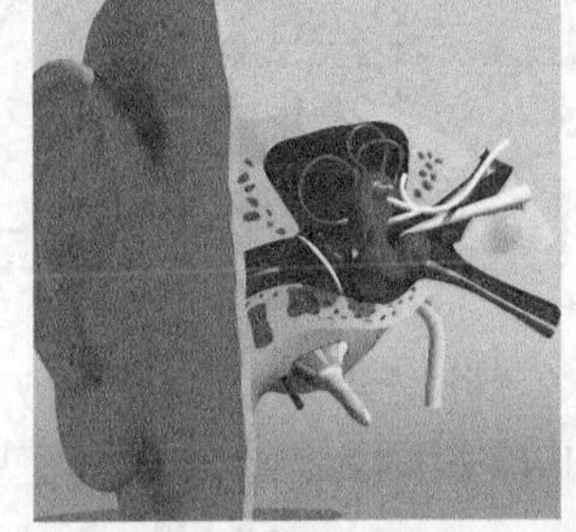

图1-3 医学模型仿真

二、 建筑效果展示

3ds Max 与 AutoCAD 同为 Autodesk 旗下的产品，两者配合使用，可以制作出视觉效果完美并且精确的建筑模型，图 1-4～图 1-6 所示为相关的实例展示。

图1-4　“鸟巢”设计

图1-5　建筑效果图

图1-6　室内装饰图

三、 影视广告特效

在 3ds Max 中，对象的属性、变化、形体编辑及材质等大部分参数都可以记录为动画，用户可以通过动画控制器来控制对象做精确运动。图 1-7～图 1-9 所示为相关的实例展示。

图1-7　影视广告示例（1）

图1-8　影视广告示例（2）

图1-9　影视广告示例（3）

四、 游戏开发

利用 3ds Max 提供的“骨骼”系统，结合其中的“刚体”和“柔体”制作功能，创建出各式各样的虚拟现实效果和玄妙的游戏场景。图 1-10～图 1-12 所示为相关的实例展示。

图1-10　游戏场景示例（1）

图1-11　游戏场景示例（2）

图1-12　游戏场景示例（3）

1.1.2 3ds Max 2017 设计环境简介

正确安装 3ds Max 2017 后，双击 Windows 桌面上的快捷图标即可启动 3ds Max 2017，图 1-13 所示为设计时通常使用的工作界面。

3ds Max 2017 的默认设计界面底色为深黑色，书中已将底色改为浅灰色。设置方法如下：选择菜单命令【自定义】/【自定义 UI 与默认设置切换器】，在图 1-14 所示对话框的【用户界面方案】列表框中选取【Modular ToolbarsUI】选项，然后单击 设置 按钮。

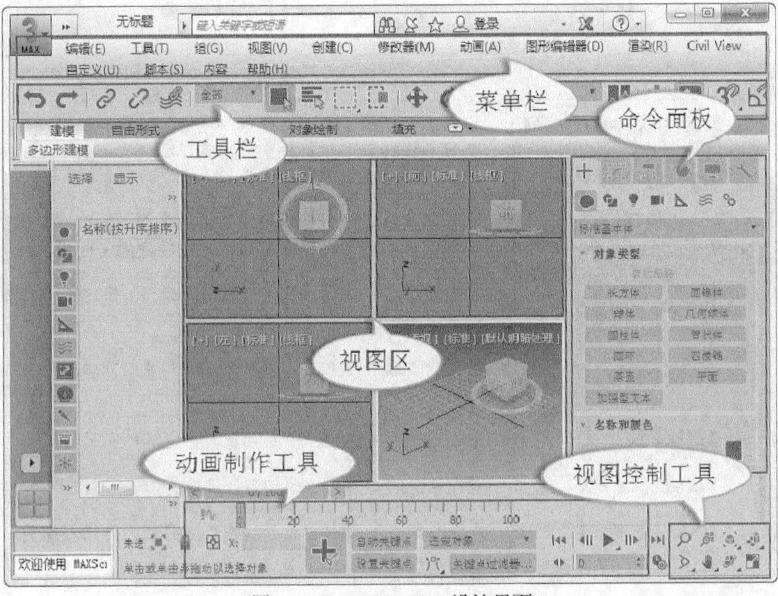

图1-13　3ds Max 2017 设计界面

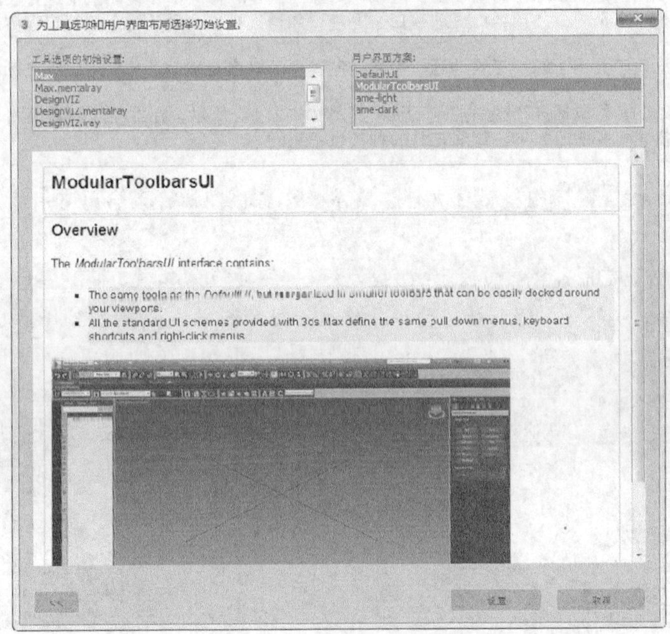

图1-14　设置界面样式

一、 3ds Max 2017 软件界面

3ds Max 2017 的界面组成要素及其功能如表 1-1 所示。

表 1-1　　3ds Max 2017 的界面组成要素及其功能

界面要素	功能
菜单栏	3ds Max 2017 提供了丰富的菜单命令，包括【编辑】【工具】【组】【视图】【创建】【修改器】【动画】【图形编辑器】【渲染】【Civil View】【自定义】【脚本】【内容】【帮助】14 个菜单项。使用菜单中的各个命令可以执行不同的操作

续表

<table>
<tr><th>界面要素</th><th colspan="2">功能</th></tr>
<tr><td>工具栏</td><td colspan="2">工具栏以图标的形式列出了设计中常用的工具，单击这些图标可以快速启动这些工具。当缩小设计窗口时，由于显示空间有限，将鼠标指针置于工具栏上，当其形状变为手形后，按住鼠标左键并拖曳鼠标光标，可以拖动工具栏，以便使用更多的设计工具</td></tr>
<tr><td rowspan="7">命令面板</td><td colspan="2">命令面板是 3ds Max 的核心工具。在这里可以启动不同的设计命令，并根据需要切换操作类型；同时还可以在启动不同命令时设置相关的参数。命令面板包括 6 个独立的子面板，如图 1-15 所示</td></tr>
<tr><td>【创建】面板</td><td>用于创建各种对象，包括三维几何体、二维图形、灯光、摄影机、辅助对象、空间扭曲对象及系统工具等</td></tr>
<tr><td>【修改】面板</td><td>用于修改选中对象的设计参数或对其使用修改器，从而改变对象的形状和属性</td></tr>
<tr><td>【层次】面板</td><td>用于控制对象的坐标中心轴及对象之间的关系等</td></tr>
<tr><td>【运动】面板</td><td>制作动画时，为对象添加各种动画控制器和控制对象运动轨迹</td></tr>
<tr><td>【显示】面板</td><td>控制对象在视口中的显示状态，如隐藏、冻结对象等</td></tr>
<tr><td>【实用程序】面板</td><td>提供各种系统工具，同时还可以设置各种系统参数</td></tr>
<tr><td>视图区</td><td colspan="2">视图区是 3ds Max 的主要工作区域，对象的创建和修改都在视图区中进行。默认情况下，视图区中将显示 4 个视口：顶视口、前视口、左视口和透视视口。稍后将介绍视口配置的具体方法</td></tr>
<tr><td>动画制作工具</td><td colspan="2">这些工具用于制作三维动画，主要控制动画的时序及播放，具体用法将在动画制作的相关章节中介绍</td></tr>
<tr><td>视图控制工具</td><td colspan="2">该工具组包括 8 个视图控制工具，其用法如表 1-2 所示。在不同的视图模式（如透视图、灯光视图和摄影机视图等）下，这些工具的种类也不相同</td></tr>
</table>

要点提示

界面左上角的图标相当于【文件】菜单，单击该图标可以启用常用的文件操作，如打开、保存文件等。

启动不同的工具后，命令面板上将列出该命令所对应的参数，将这些参数分组列出，并可以根据需要卷起或展开，因此被称为参数卷展栏，如图 1-16 所示。

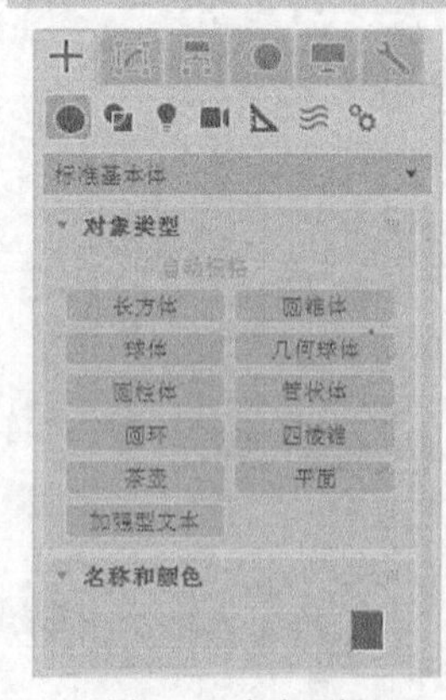

图1-15　命令面板

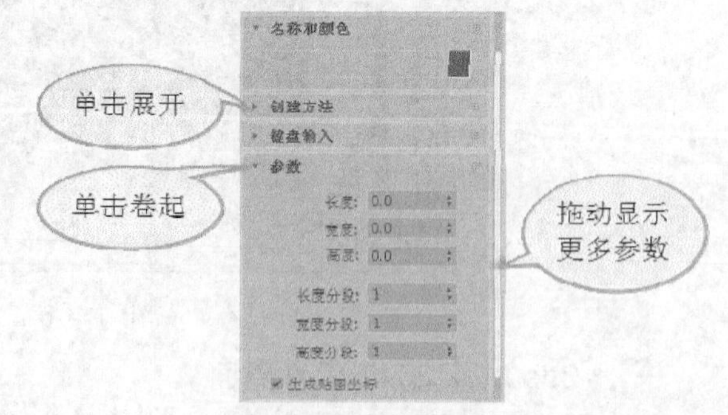

图1-16　参数卷展栏

表 1-2　视图控制工具的用法

工具	说明
（缩放）	按住鼠标左键，前后移动鼠标可以缩小或放大选定视口内的对象
（缩放所有视图）	按住鼠标左键，前后移动鼠标可以同步缩放所有视口内的对象

续表

工具	说明
（最大化显示）	单击该按钮，将最大化显示（即将图形全部充满视口，如图 1-17 所示）选定视口中的图形。单击按钮右下角的黑色三角形符号，可以弹出按钮工具组，其中另一个按钮（最大化显示选定对象）用于在当前视图中最大化显示选定的对象
（所有视图最大化显示）	单击该按钮，将最大化显示所有视口中的图形，如图 1-18 所示。该按钮工具组中的另一个按钮（所有视图最大化显示选定对象）用于在所有视图中最大化显示选定的对象
（缩放区域）	在前视图、左视图和顶视图中使用矩形框选定对象后，将最大化显示其中的内容。该工具若用于透视视图或摄影机视图，则变为（视野）工具，用于调整视野大小
（平移视图）	用于平移选定视图中的场景
（环绕）	该工具组中包括 3 个工具按钮，用于对对象进行旋转操作
（最大化视口切换）	单击该按钮可以最大化显示选中的视图；再次单击则恢复上次的视图显示状态，从而实现在单视口和多视口之间的切换，如图 1-19 和图 1-20 所示

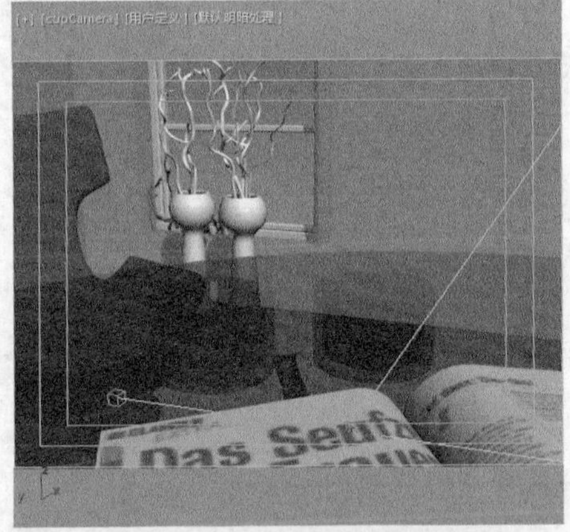

图1-17　最大化显示视图

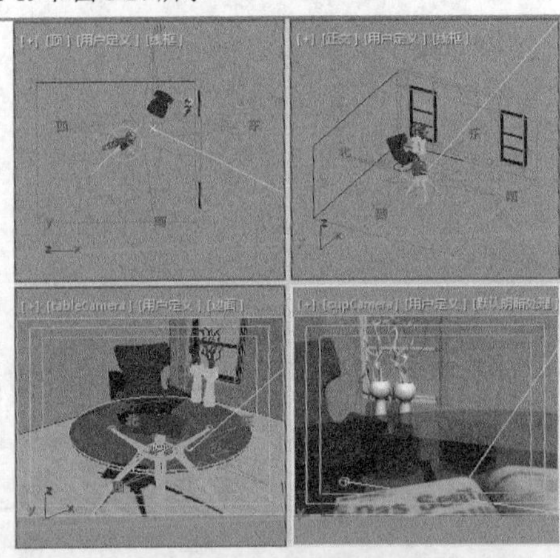

图1-18　最大化显示所有视图

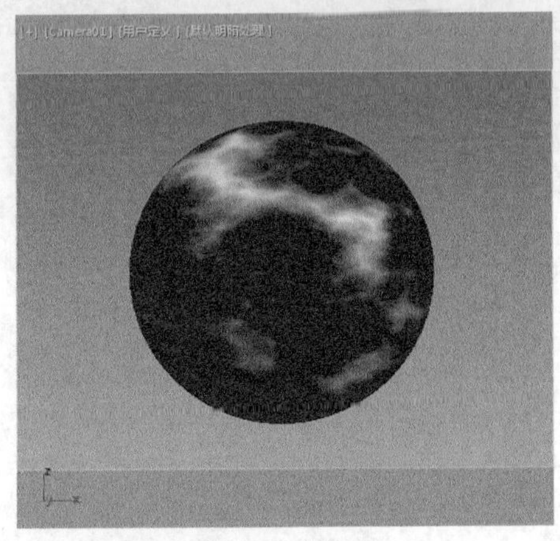

图1-19　单视口

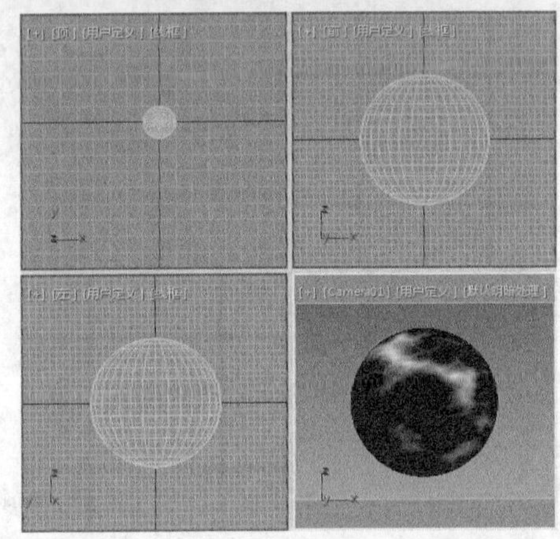

图1-20　四视口

二、 设计空间

3ds Max 内建了一个根据笛卡儿坐标系定位的无限大的虚拟三维空间，其中任意一点的位置都可以用 *x*、*y*、*z* 这 3 个值来精确定位，如图 1-21 所示。

x、*y*、*z* 轴两两相互垂直（互成 90°），其公共交点就是虚拟三维空间的中心点，称为世

界坐标系原点。每两根轴组成一个平面，包括 *xy* 面、*yz* 面和 *xz* 面，称为主栅格，分别对应着不同的视图。通过鼠标拖动方式创建模型时，都将以某个主栅格平面为基础进行创建。

三、 视图

3ds Max 系统的视图区默认设置为 4 个视图，在每个视图的左上角都有视图名称标识，分别是顶视图、前视图、左视图和透视图。其中顶视图、前视图和左视图为正交视图，能够准确地表现物体高度、宽度以及各物体之间的相对关系，而透视图则与日常生活中的观察角度相同，符合近大远小的透视原理，4 个视图的对应关系如图 1-22 所示。

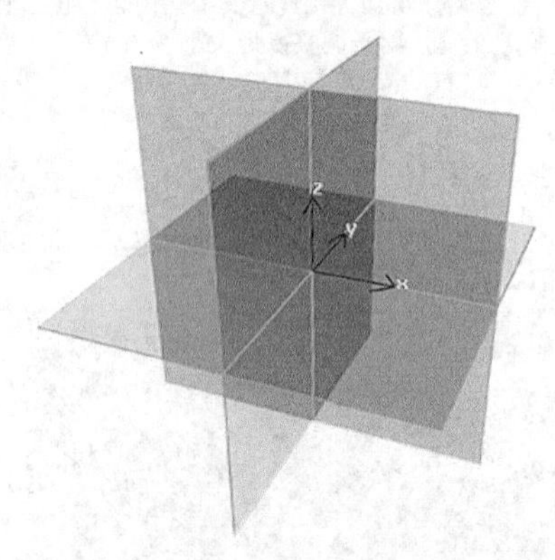

图1-21　笛卡儿空间中的 *x*、*y*、*z* 轴

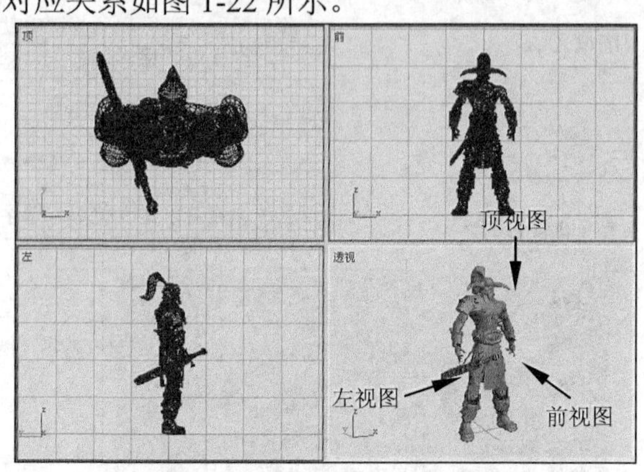

图1-22　默认 4 个视图的划分效果

四、 坐标系

3ds Max 中的坐标系主要用来观察物体之间的相对关系，在每个视图的左下角都有一个三色的世界坐标系标志，*x* 轴为红色，*y* 轴为绿色，*z* 轴为蓝色。各视图对应世界坐标系的关系如图 1-23 所示。

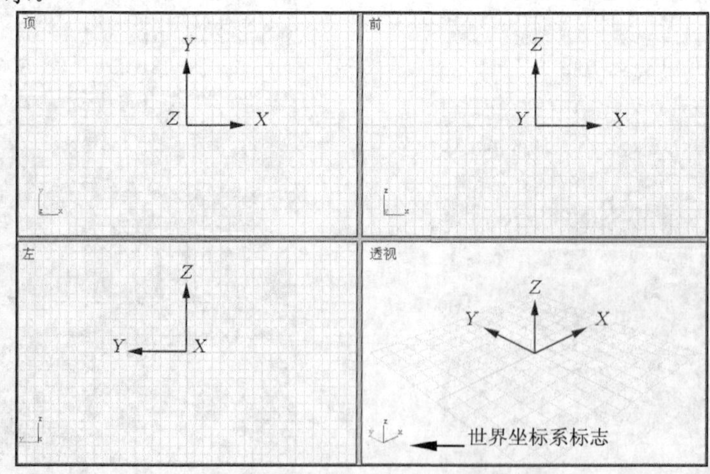

图1-23　各视图对应世界坐标系关系

1.1.3　选择对象

在 3ds Max 2017 中，操作前需要首先选中对象。选择对象的方法主要有 4 种，即直接选择、区域选择、按照名称选择和使用过滤器选择。

【基础训练】——选择对象

【操作步骤】

1. 直接选择。

直接选择是指以鼠标单击的方式来选择物体。

(1) 运行 3ds Max 2017，打开素材文件“第 1 章\素材\选择对象\汽车.max”，如图 1-24 所示。

(2) 在工具栏中单击按钮，将鼠标指针置于汽车顶部，鼠标指针将显示为白色十字形，并显示出对象名称“车盖”。

(3) 单击鼠标左键，选择“车盖”对象，被选中的对象周围将显示白色的边界框，如图 1-25 所示。

图1-24　备选场景

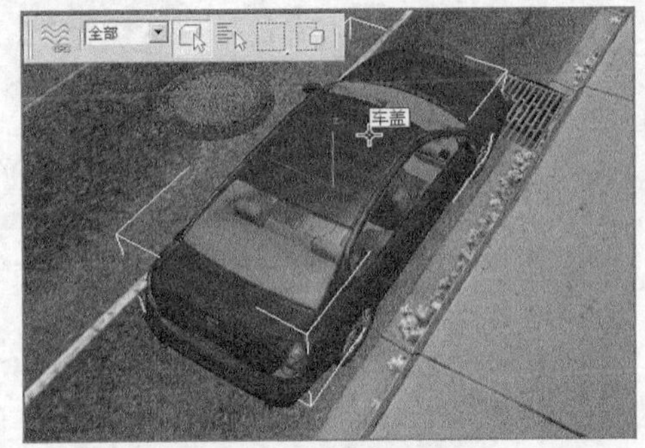

图1-25　选中的对象

2. 区域选择。

区域选择是指使用鼠标拖曳出一个区域，从而选中区域内的所有物体。在 3ds Max 2017 中有 5 种区域选择类型，即矩形、圆形、围栏、套索和绘制选择区域。

(1) 接上例打开的文件。按 Alt+W 组合键，切换为四视口显示模式，如图 1-26 所示。

(2) 在工具栏中单击按钮，在左视图中按住鼠标左键不放并拖曳鼠标光标，绘制一个矩形选择范围，将车的形状全部包含在范围内。

(3) 释放鼠标左键即可选中全部汽车对象，包括其上的各个组成部分，在非透视视图中选中的对象显示为白色线框，如图 1-27 所示。

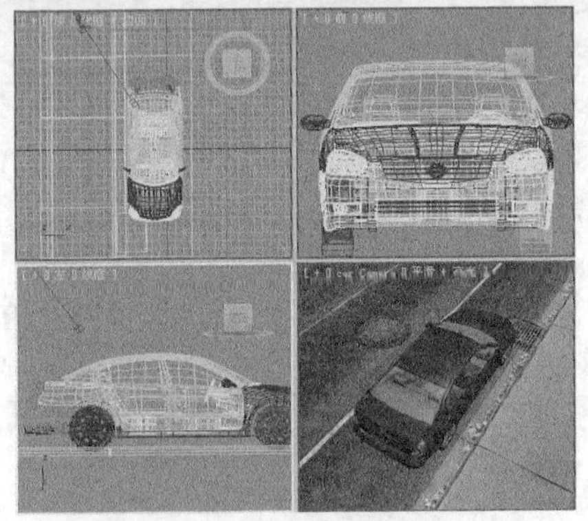

图1-26　切换为四视口模式

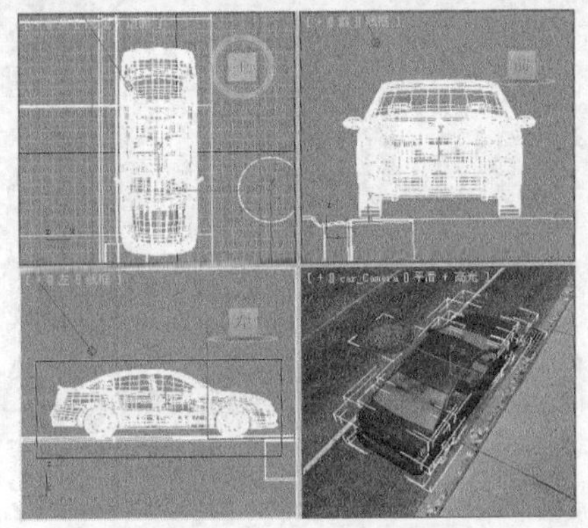

图1-27　选中全部汽车对象

(4) 在工具栏中单击按钮右下角的小三角符号，然后单击按钮，可以使用鼠标光标拖曳出圆形区域，选中包含在其中的对象，如图 1-28 所示。

(5) 用与步骤（4）类似的方法单击按钮后，可以围绕选定的对象画出围栏，选中围栏中的所有对象，如图 1-29 所示。

要点提示 在按钮旁有一个按钮，该按钮未被按下时为交叉模式，无论使用矩形区域还是圆形区域选择对象时，只要对象有一部分位于划定的区域之中，则表示该对象被选中，如图 1-30 所示；按下该按钮后为窗口模式，只有对象整体全部位于划定的区域中，该对象才会被选中，如图 1-31 所示。

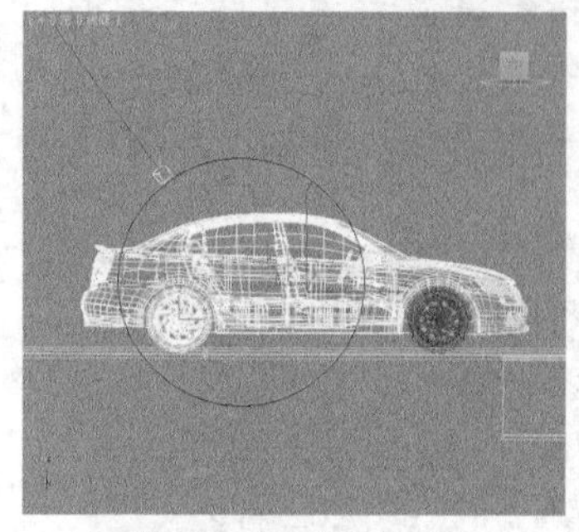

图1-28 圆形区域选择

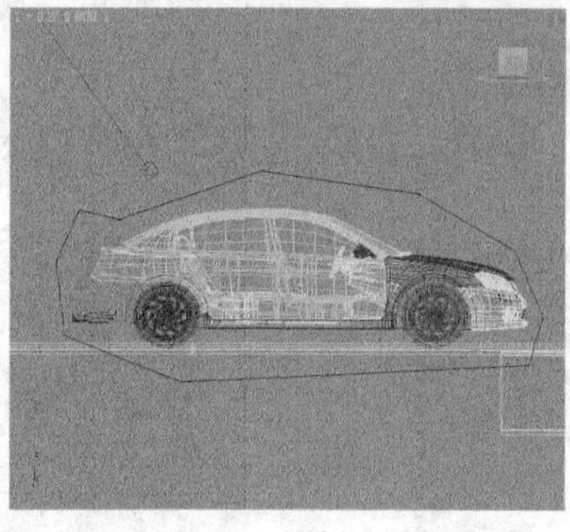

图1-29 围栏选择

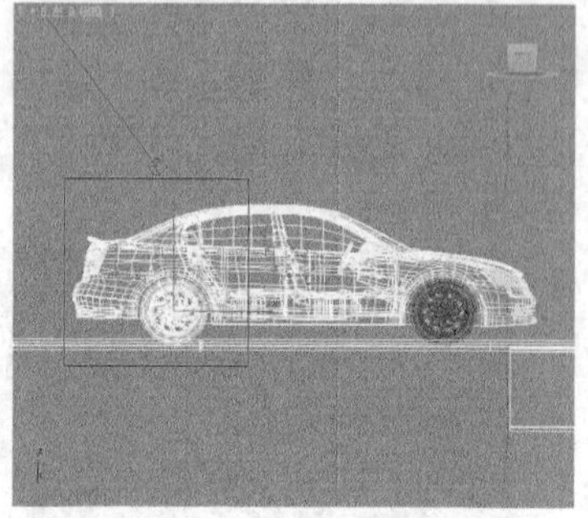

图1-30 交叉模式选择对象

3. 按照名称选择。

当场景中有很多物体时，使用鼠标来选择物体就变得比较困难，这时可以通过单击物体名称来进行选择。

(1) 在工具栏中单击按钮，弹出【从场景选择】对话框。

(2) 在该对话框中按照名称选中对象，选取多个对象时按住 Ctrl 键，然后单击 确定 按钮，如图 1-32 所示。

(3) 如果场景中的对象较多，则可以使用查找功能。例如，在【查找】文本框中输入“obj”后可以选中名称带有“obj”的全部对象，如图 1-33 所示。

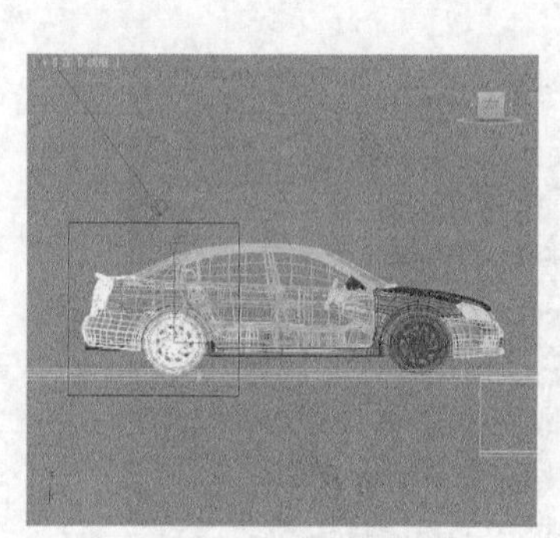

图1-31 窗口模式选择对象

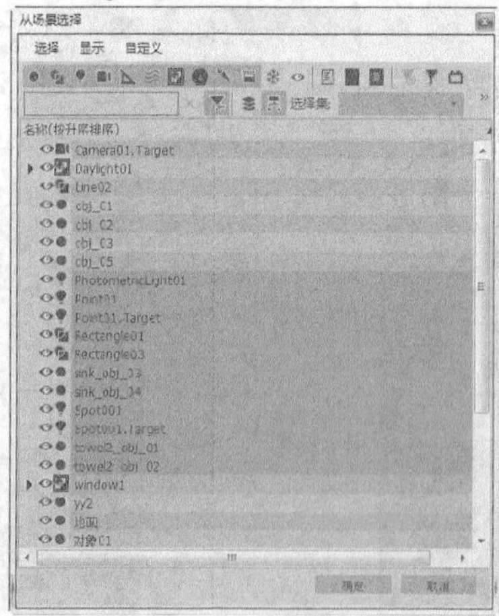

图1-32 按名称选择（1）

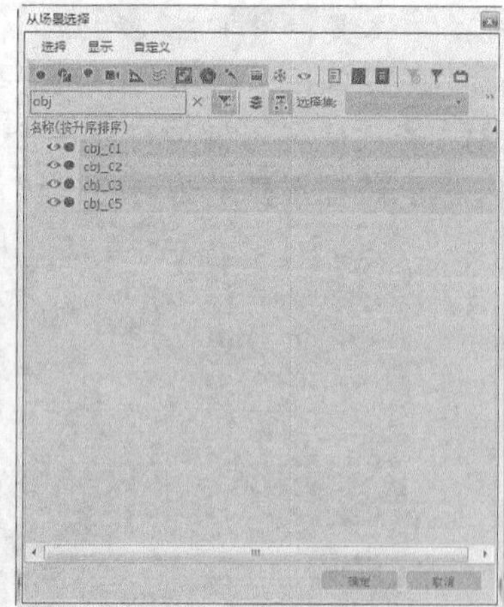

图1-33 按名称选择（2）

4. 使用选择过滤器。

在实际设计中，场景中的对象不但数量多，而且种类丰富。使用场景过滤器可以确保操作时只能选中过滤器设定种类的对象，从而加快选择过程。

(1) 在工具栏的选择过滤器下拉列表中选择【G-几何体】选项，然后在左视图中框选整个场景，则选中场景中所有的几何体，如图 1-34 所示。

(2) 在工具栏的选择过滤器下拉列表中选择【C-摄影机】选项，然后在左视图中框选整个场景，则可以选中场景中的所有摄影机对象，但其他对象无法被选中，如图 1-35 所示。

图1-34 选中全部几何体

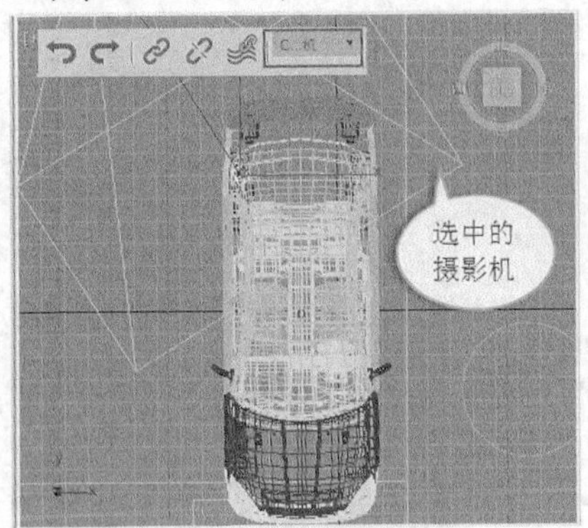

图1-35 选中全部摄影机

1.1.4 编辑对象

3ds Max 2017 中有 3 个基本按钮用于变换修改操作，即（选择并移动）、（选择并旋转）、（选择并均匀缩放）。激活这些工具时，在被选择的物体上会自动出现相应的变换修改坐标架。将鼠标光标放在坐标架的不同部位可以自动激活相应的轴或轴平面，通过拖动鼠标光标来实现在相应轴上的变换修改操作。

一、（移动）修改

移动修改可以将选定对象沿着指定轴线方向或在指定平面内移动，也可以用于对象的复制操作。移动修改坐标架的形状如图 1-36 所示。

- 单向轴：当鼠标光标激活单向轴并按住鼠标左键拖动时，就可以在单个轴向上移动物体。
- 轴平面：当鼠标光标激活轴平面并按住鼠标左键拖动时，就可以在轴平面上移动物体。

移动修改的应用示例如图 1-37 所示。

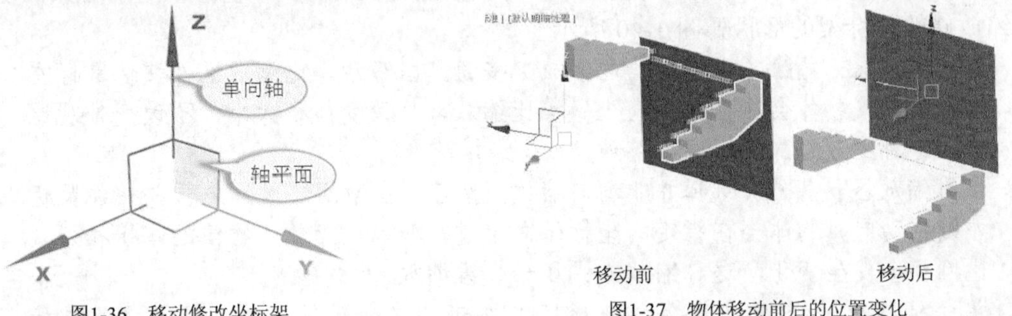

图1-36 移动修改坐标架

图1-37 物体移动前后的位置变化

二、（旋转）修改

旋转修改可以将选定对象绕指定轴线或参照旋转一定角度，也可以用于对象的复制操作。旋转修改坐标架的形状如图 1-38 所示。

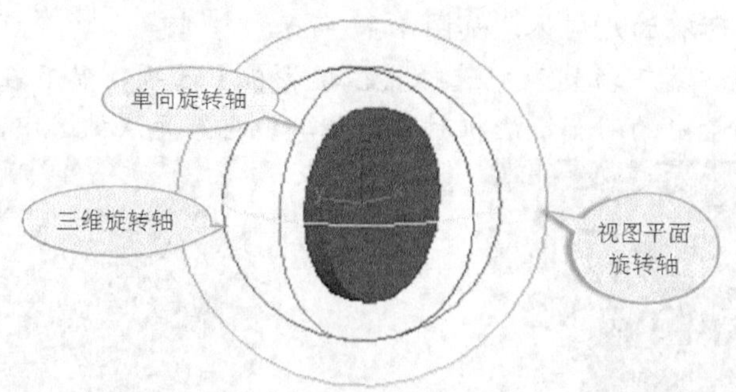

图1-38　旋转修改坐标架

- 单向旋转轴：当激活任一单向旋转轴并按住鼠标左键拖动时，就可以在单个轴向上旋转物体。
- 三维旋转轴：当激活三维旋转轴并按住鼠标左键拖动时，就会以被旋转物体的轴心为圆心进行三维旋转。
- 视图平面旋转轴：当激活视图平面旋转轴并按住鼠标左键拖动时，就会在当前视图平面上进行旋转。

旋转修改的应用示例如图 1-39 所示。

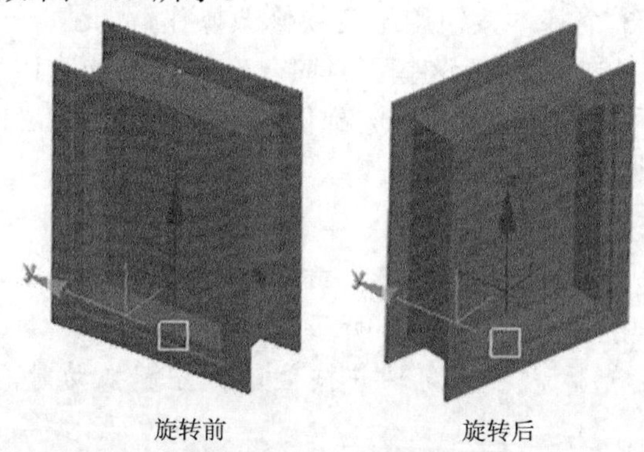
旋转前　旋转后

图1-39　物体旋转前后的位置变化

三、（缩放）修改

缩放修改可以将选定对象按照一定比例和变形方向缩小或放大，也可以用于对象的复制操作。缩放修改坐标架的形状如图 1-40 所示。

- 等比缩放区：指（选择并均匀缩放）按钮。当激活等比缩放区并按住鼠标左键拖动时，物体会在 3 个轴向上做等比缩放，只改变体积大小，不改变外观比例，这种缩放方式属于三维缩放。
- 二维缩放区：指（选择并非均匀缩放）按钮。当激活二维缩放区并按住鼠标左键拖动时，物体会在指定的坐标轴向上进行非等比缩放，物体的体积和外观比例都会发生变化，这种缩放方式属于二维缩放。
- 单向轴缩放：指（选择并非挤压）按钮。当激活任一单向轴并按住鼠标左键拖动时，物体会在指定轴向上进行单轴向缩放，这种缩放方式也属于二维缩放。

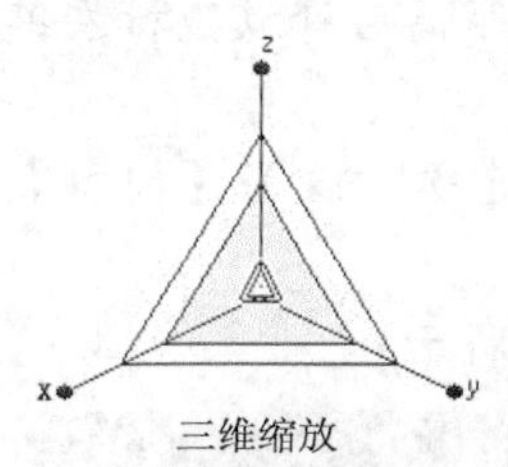

三维缩放

二维缩放

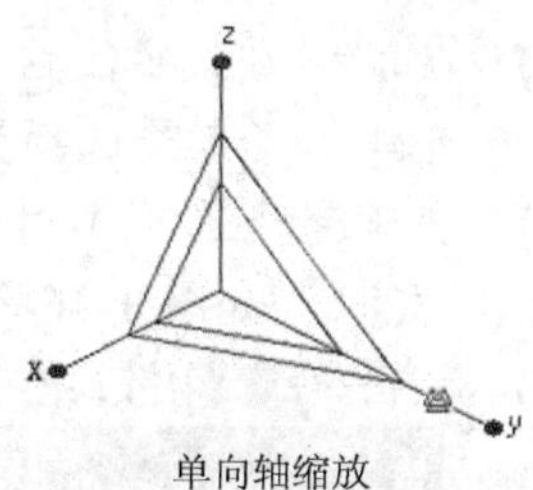

单向轴缩放

图1-40 缩放修改坐标架

要点提示 均匀缩放与非均匀缩放可以不用转换主工具栏中的按钮，但是如果要进行等体积缩放，必须将缩放按钮转换成为（挤压）按钮。等体积缩放是指在保持体积不变的情况下，改变物体的外观尺寸，如同挤压充了气的气球一样。

缩放修改的应用示例如图 1-41 所示。

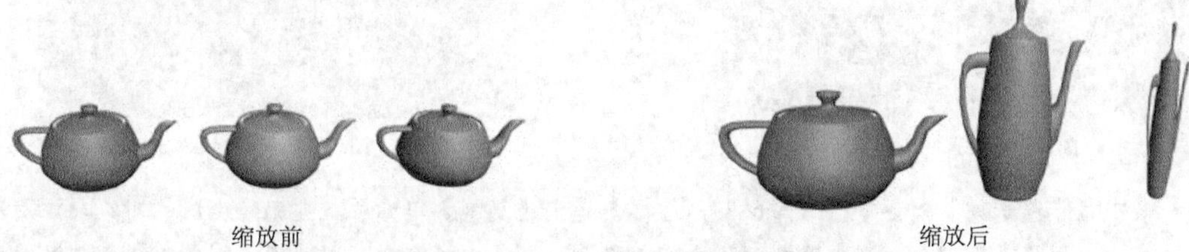
缩放前　　缩放后

图1-41 物体缩放前后的形态变化

【基础训练】——编辑对象

【操作步骤】

1. 移动对象。

(1) 运行 3ds Max 2017 软件，然后打开素材文件“第 1 章\素材\编辑对象\海豹.max”，将透视图最大化显示，如图 1-42 所示。

(2) 在工具栏中单击按钮，然后单击海豹模型，其上出现一个带有 3 个颜色方向箭头的坐标架，如图 1 43 所示。

(3) 将鼠标指针放到任一坐标轴上，待指针变为形状时，即可沿着该方向移动对象，如图 1-44 所示。

(4) 将鼠标指针放到两坐标轴之间，待出现黄色平面并且指针变为形状时，即可沿着该平面移动对象，如图 1-45 所示。

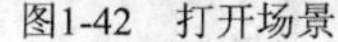
图1-42 打开场景

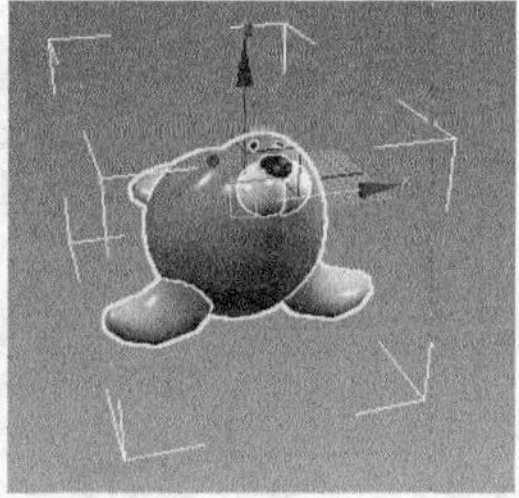
图1-43 显示坐标架

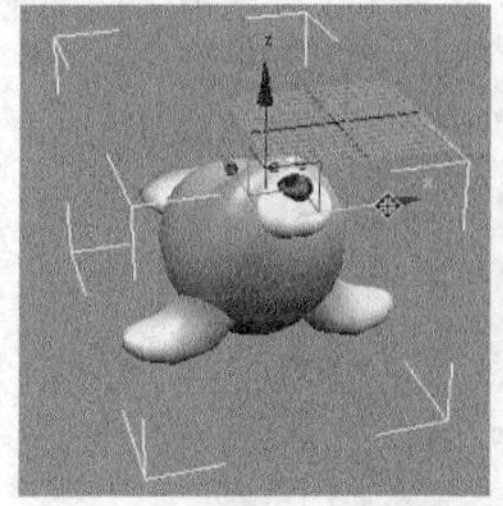
图1-44 沿 x 向移动对象

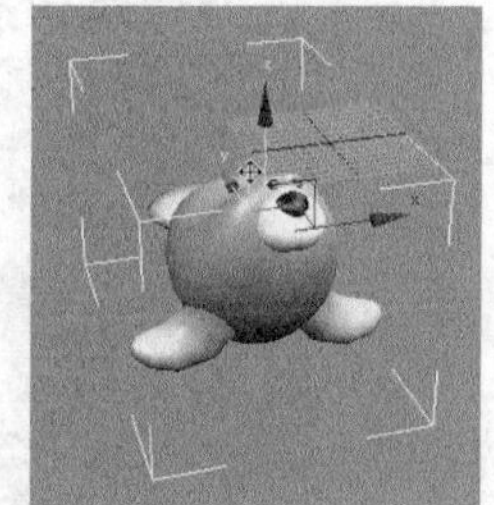
图1-45 沿 xz 平面移动对象

2. 复制对象。

(1) 在工具栏中单击按钮，然后单击选中场景中的“海豹”对象。

(2) 在顶视图中按住 Shift 键不放，沿 x 轴方向拖动对象，到一定距离后释放鼠标左键，即可弹出【克隆选项】对话框。

(3) 在【克隆选项】对话框的【对象】分组框中选中【实例】单选项，设置【副本数】为“2”，如图 1-46 所示。

(4) 单击 按钮即可沿着 x 轴方向复制出两个海豹，如图 1-47 所示。

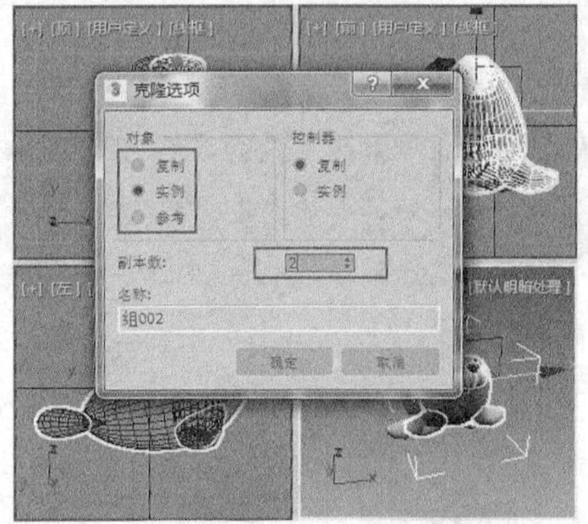

图1-46 设置复制参数

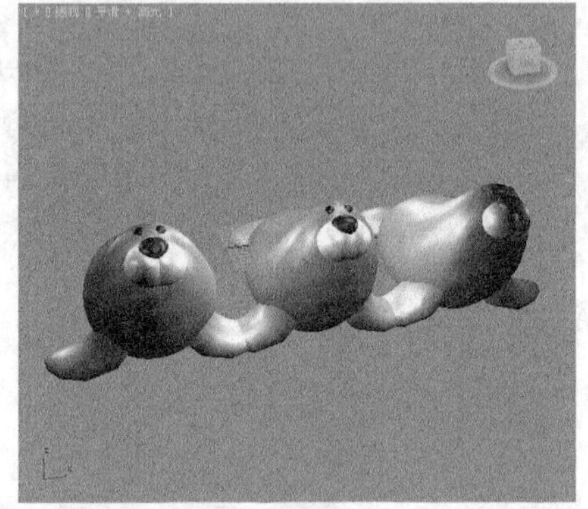

图1-47 复制结果

要点提示 若在【克隆选项】对话框的【对象】分组框中选中【复制】单选项，则克隆生成的对象与源对象独立，如果修改源对象，则克隆对象不会随之修改；若选中【实例】单选项，则复制对象与源对象之间具有关联关系，只要修改源对象和克隆对象中的任意一个，另一个也随之修改；若选中【参考】单选项，则克隆对象完全依附于源对象，并随着源对象的修改而修改，克隆对象不能单独编辑。

3. 缩放对象。

(1) 选中复制出来的其中一个“海豹”对象。

(2) 在工具栏中单击 按钮，“海豹”上出现缩放坐标架。

(3) 将鼠标指针放到坐标架中心，当鼠标指针变为“△”形状时，按住鼠标左键不放并上下拖动，即可缩小或放大该对象，如图 1-48 所示。如果将鼠标指针放到某个坐标轴上，则可以沿该坐标轴缩放对象。

4. 旋转对象。

(1) 选中复制出来的另一个“海豹”对象。

(2) 在工具栏中单击 按钮。

(3) 将鼠标指针放在“海豹”上，当鼠标指针变成旋转箭头时，按住鼠标左键不放并左右拖动，即可旋转该对象，如图 1-49 所示。

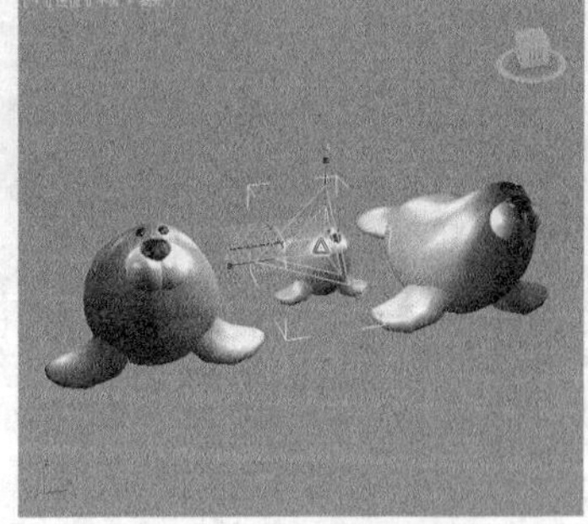

图1-48 缩放对象

图1-49 旋转对象

旋转对象时，被选中的对象上有 4 个圆圈，当鼠标指针置于外侧的灰色圆圈上时，可以在视图平面内旋转对象；将鼠标指针置于其他 3 个颜色不同的圆圈上时，可以分别绕 x、y 和 z 这 3 个坐标轴旋转对象。

1.1.5 配置视口

视口是进行人机交互的基础，3ds Max 的工作环境就是人与 3ds Max 进行对话的接口。

一、 默认视口布局

运行 3ds Max 2017 时，通常使用四视口布局模式，四视口的特点如下。

- 顶视口：从正上方向下观察对象的视口。
- 前视口：从正前方向后观察对象的视口。
- 左视口：从正左方向右观察对象的视口。
- 透视视口：从与上方、前方和左方均成相同角度的侧面观察对象的视口。

与顶视口对应的视口是底视口，是从下方向上方观察对象获得的视口。同理，还有与前视口对应的后视口、与左视口对应的右视口等。摄影机视图和灯光视图是从摄影机镜头或光源点观察对象获得的视口，需要在场景中先创建摄影机或灯光对象后才能使用。

二、 更改视口类型

在设计中，设计者可以根据需要改变视口的类型，具体操作：在任意视口左上角的视口名称（如前、顶、左等）上单击鼠标左键或右键，在弹出的快捷菜单中选取新的视口类型即可，如图 1-50 所示。

三、 配置视口布局

执行【视图】/【视口配置】菜单命令，打开【视口配置】对话框，切换到【布局】选项卡，如图 1-51 所示，利用该选项卡可以进行更加丰富的视口布局配置，如图 1 52 所示。

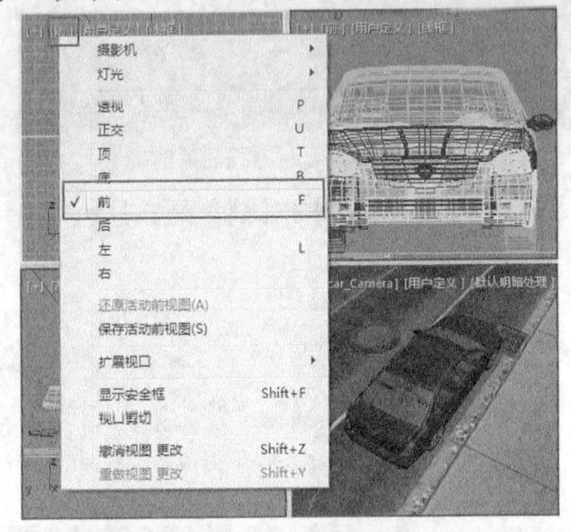

图1-50 调整视口类型

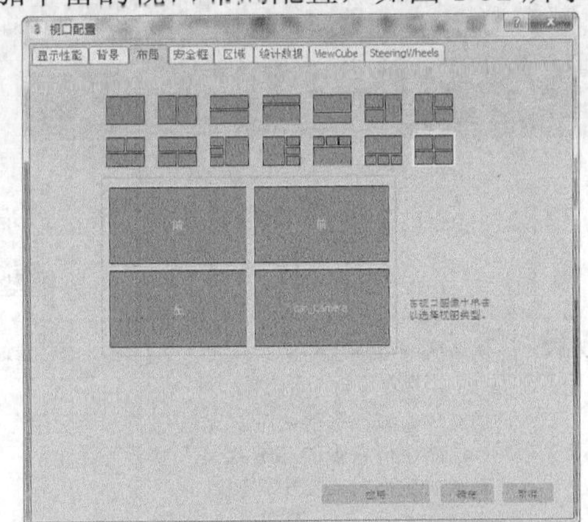

图1-51 【视口配置】对话框

四、 调整视口大小

将鼠标指针移到多个视口的交汇中心，待其变为“十”形状时，即可按住鼠标左键并拖曳，可动态调整各个视口的大小，如图 1-53 所示。

图1-52　调整视口布局

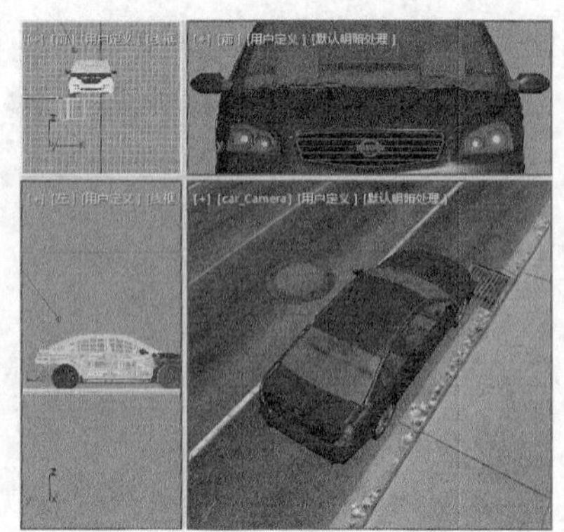

图1-53　调整视口大小

1.1.6　设置模型的显示方式

模型的显示方式是指模型显示的视觉效果，在视口左上角的模型显示方式（如“默认明暗处理”）上单击鼠标左键或右键，在弹出的快捷菜单中选择显示方式，如图 1-54 和图 1-55 所示。

图1-54　更改模型显示方式

图1-55　调整显示方式后的结果

3ds Max 2017 提供了多种方式用于显示模型，其特点和显示效果对比如表 1-3 所示。

表 1-3　　模型的显示方式

显示方式	默认明暗处理	平面颜色	边面
特点	重点对模型色彩的明暗对比进行调节，能获得直观的三维效果，但是显示质量不及“真实”模式	使用单一色彩显示模型的特定表面，不具有色彩的层次感，显示效果较单调	通常与“真实”“明暗处理”及“一致的色彩”等着色模式组合使用，显示出模型上边界及表面的网格划分
图例			

续表

显示方式	面	隐藏线	线框覆盖
特点	在模型表面上显示面结构，在放大模型后可以明显看到模型由多个面拼接而成的效果，面与面之间有明显的交线	隐藏模型上法线指向偏离视口的面和顶点（也称消隐），其上不着色	显示组成模型的全部曲面围成的线框，但是不消隐
图例		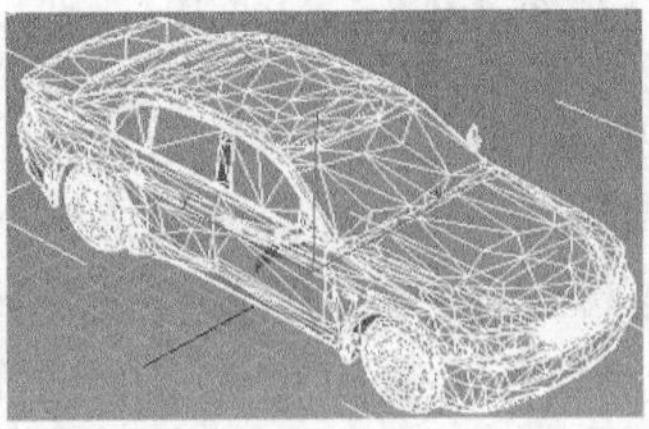	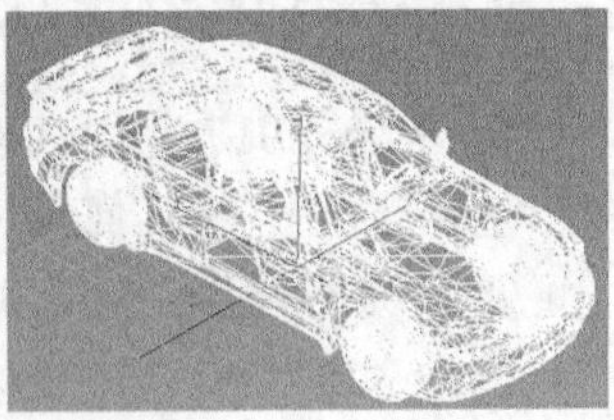
显示方式	边界框	黏土	样式化/石墨
特点	仅用立方体形状的方框来显示模型在长度、宽度和高度上的大小	将模型整体显示为一个陶土模型	采用石墨画形式显示模型
图例	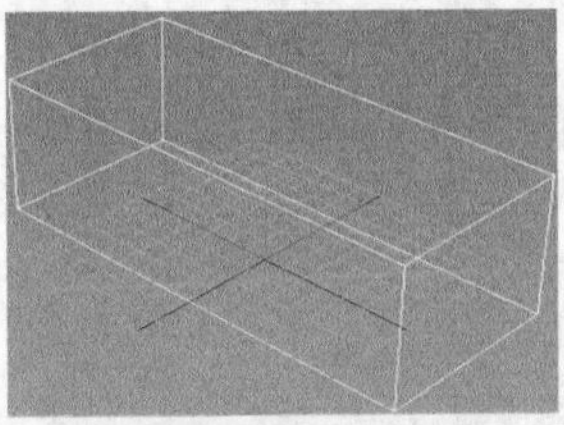		
显示方式	样式化/彩色铅笔	样式化/墨水	样式化/彩色墨水
特点	采用彩色铅笔画形式显示模型	采用墨水画形式显示模型	采用彩色墨水画形式显示模型
图例			
显示方式	样式化/亚克力	样式化/彩色蜡笔	样式化/技术
特点	采用亚克力（一种高分子材料）材质效果显示模型	采用彩色蜡笔画形式显示模型	采用艺术画形式显示模型
图例			

在为模型选择显示方式时，虽然采用“明暗处理”方式的模型看起来更真实、直观，但是其耗费的系统资源也更大；而用“隐藏线”和“线框”等方式耗费的资源小，且能显示模型的大致形状。在实际设计中，通常在不同视口中根据需要设置不同的显示方式来兼顾效果和资源消耗。

1.1.7　3ds Max 的设计流程

3ds Max 2017 是面向对象操作的软件，对象就是在 3ds Max 中所能选择和操作的任何事物，包括场景中的几何体、摄影机和灯光、编辑修改器及动画控制器等。

要熟练掌握 3ds Max 2017，不但需要配置好设置环境，还要熟悉其设计流程。

使用 3ds Max 进行设计时，有一套相对固定的工作流程。

一、　构建模型

构建模型是三维设计的第一步，也是最关键的步骤。在制作模型时，首先要设置好工作环境，如单位、辅助绘图功能等，然后根据实际需要选择合适的建模工具和手段。

二、　赋予材质

材质是 3ds Max 中的一个重要概念，用户可以为模型表面添加色彩、光泽和纹理，不但能美化对象，也为后续的动画制作及渲染输出奠定基础。

三、　布置灯光

灯光是三维制作中的重要要素，在表现场景、气氛方面起着至关重要的作用。灯光本身并不被渲染，只有在视图操作时能看到。通常材质和灯光共同作用来产生良好的设计效果。

四、　设置动画

动画为三维设计增加了一个时间维度的概念。在 3ds Max 中，用户几乎可以为任何对象或参数定义动画效果。系统还为用户提供了大量实用工具来制作和编辑动画。

五、　制作特效

使用 3ds Max 可以制作出各种在真实世界难以发生或鲜有发生的效果，如爆炸、奇幻等。特效能增加作品的美观和悬疑性，用户可以根据实际需要在不同阶段设置不同特效。

六、　渲染输出

渲染输出是整个设计的最后环节。完成前面的各项工作后，需要通过渲染输出把作品与软件分开，独立呈现出来。3ds Max 可以将作品渲染为静态图片或动态影片。

1.2　实战训练

下面结合实例进一步熟悉 3ds Max 2017 的设计环境与基本操作。

1.2.1　从零开始——学会使用 3ds Max 2017

本例旨在强化软件的认识，进一步熟悉操作，借助图 1-56 所示的几何物体熟悉打开文件、移动、旋转、缩放、复制对象以及修改参数、单位设置、基础动画等基本知识。

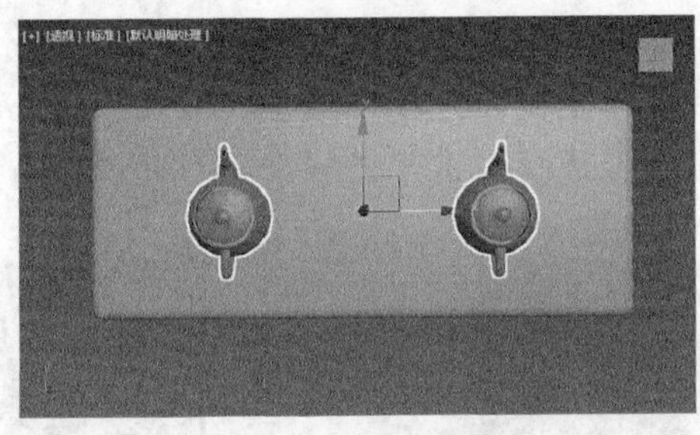

本例视频

图1-56　茶几桌效果

【操作步骤】

1. 认识软件。

(1) 打开 3ds Max 2017 软件以后，界面如图 1-57 所示。

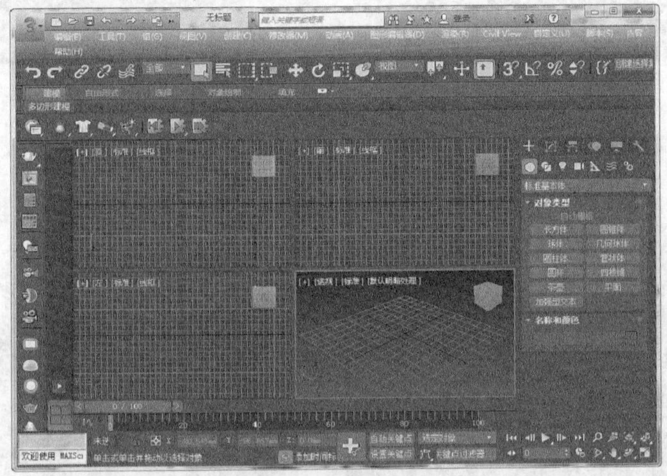

图1-57　软件界面

(2) 执行【文件】/【打开】菜单命令，打开素材文件“第 1 章\素材\基础训练\table.max”，如图 1-58 所示。

2. 设置单位。

(1) 在软件界面的右下角单击☑按钮可以进行视口大小的切换，这里切换到四视口模式。

(2) 执行【自定义】/【单位设置】菜单命令，打开【单位设置】对话框，在【公制】下拉列表中选择【毫米】选项，如图 1-59 所示。

图1-58　打开的“table”文件

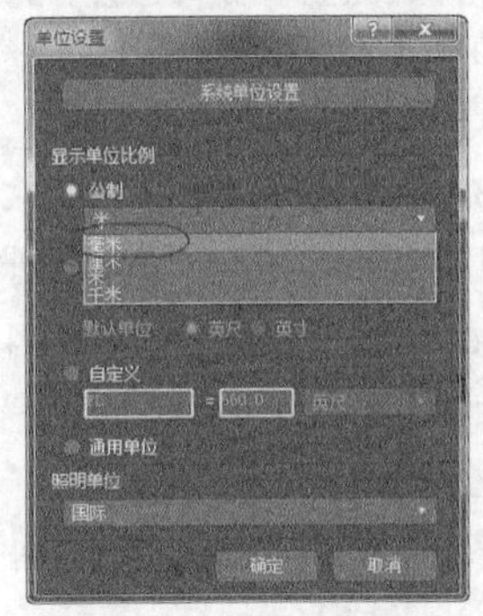

图1-59　修改单位设置

3. 调整对象位置。

(1) 在顶视图中选中打开的模型，单击工具栏中的按钮，此时模型上显示一个二轴坐标系，在其中一条轴上按住鼠标左键即可拖动模型，如图 1-60 所示。

(2) 除了此方法外，还可以直接用鼠标右键单击模型，打开图 1-61 所示的快捷菜单，然后选择相应的命令即可。

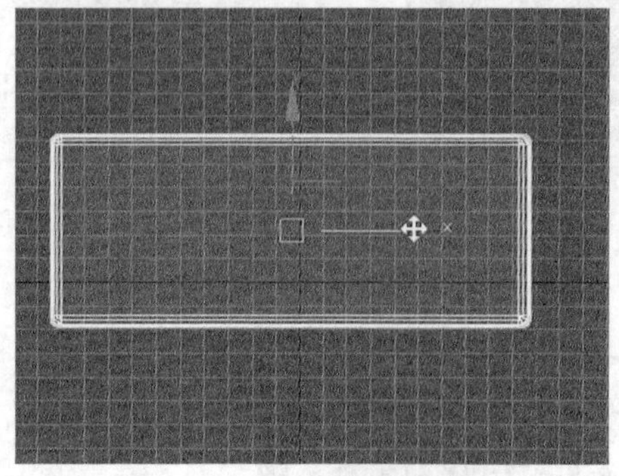

图1-60　移动图形

图1-61　快捷菜单

4. 设置参数。

(1) 在透视图中选中模型并在其上单击鼠标右键，打开快捷菜单，单击【移动】命令后面的按钮（也可用鼠标右键单击工具栏中的按钮），打开【移动变换输入】对话框，设置参数如图 1-62 所示，将模型移动到坐标原点。

(2) 使用同样的方法打开【缩放变换输入】对话框，设置参数如图 1-63 所示，将模型缩小。

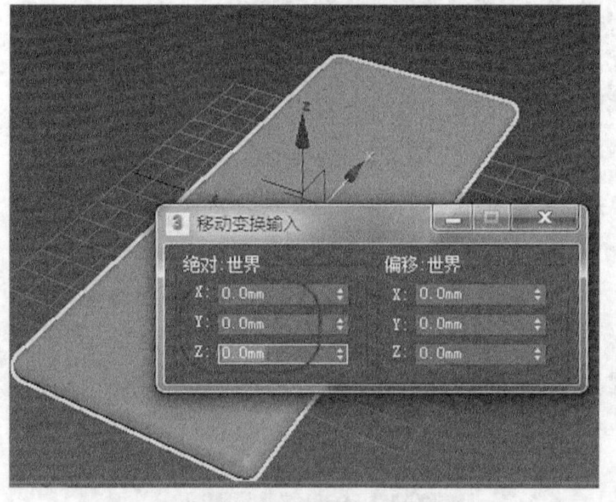

图1-62　【移动变换输入】对话框

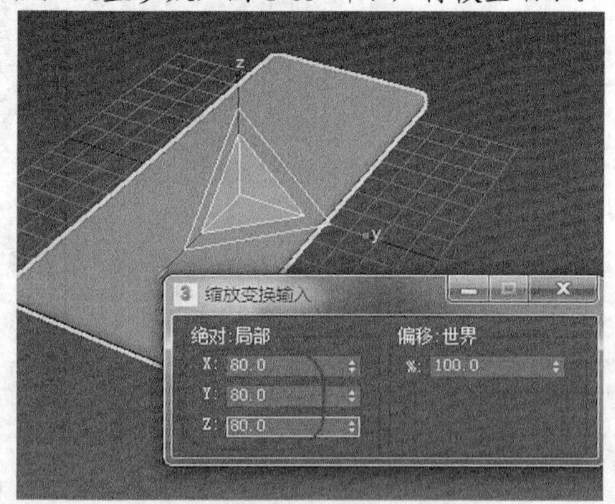

图1-63　【缩放变换输入】对话框

5. 创建茶壶模型。

(1) 在【创建】面板中单击【标准基本体】下面的茶壶按钮，在透视图的平面模型上按住鼠标左键并拖动鼠标光标来创建茶壶（也可以直接打开素材文件“第 1 章\素材\基础训练\Teapot.max”），如图 1-64 所示。

(2) 使用与步骤 4 类似的方法将茶壶进行旋转和缩放，结果如图 1-65 所示。

6. 复制模型。

(1) 选中透视图中的茶壶模型，再激活移动工具。

(2) 按住 Shift 键同时拖动 x 轴，释放鼠标左键后打开【克隆选项】对话框，选中【复制】单选项，最后复制出一个茶壶模型，如图 1-66 所示。

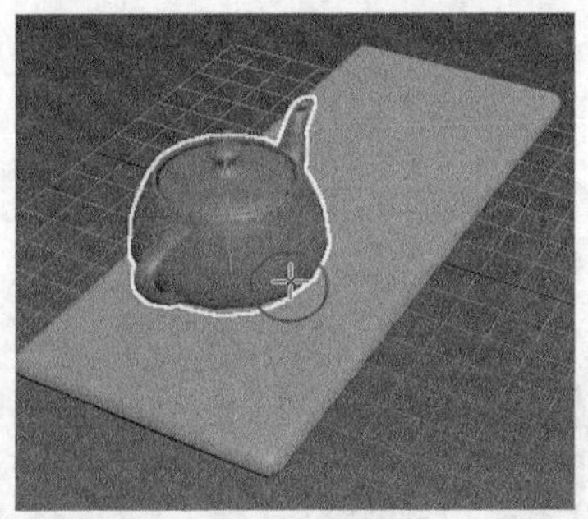
图1-64　创建茶壶模型

图1-65　旋转和缩放茶壶

7.　制作简单动画。

(1)　单击软件界面最下端的自动关键点按钮，激活动画关键帧。将滑块拖动到第 50 帧，再用移动工具选中复制的茶壶，将其沿着 x 轴拖动一段距离，如图 1-67 所示。

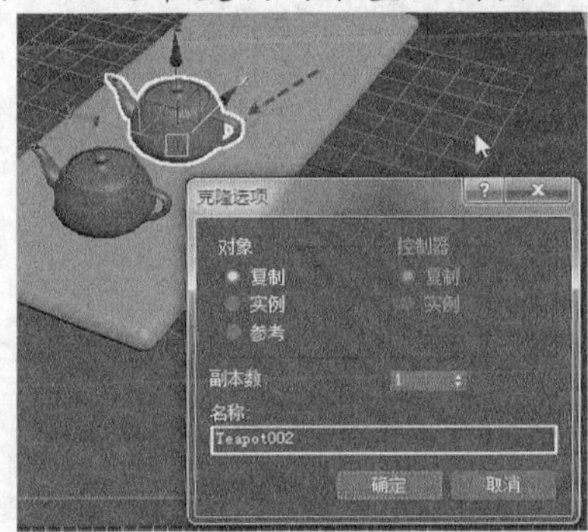

图1-66　复制茶壶模型

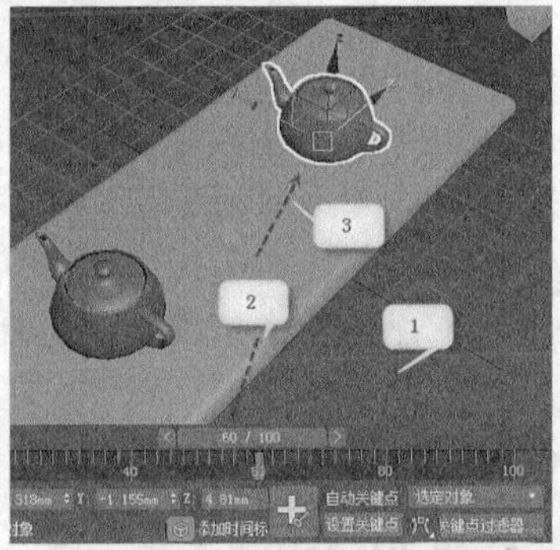

图1-67　打开动画设置步骤

(2)　完成后单击自动关键点按钮将其关闭，然后单击其右边的播放按钮▶，即可播放简单动画，如图 1-68 所示。

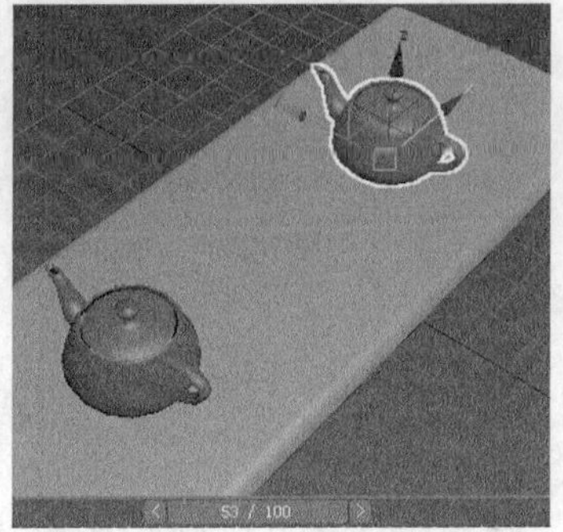

图1-68　播放动画效果

1.2.2　课堂实训——制作“公园一角”

本例视频

本例将帮助读者初步熟悉 3ds Max 2017 的设计界面，并练习常用的基本操作。

【操作步骤】

1.　打开场景。

(1)　运行 3ds Max 2017 软件。

(2) 打开素材文件“第 1 章\素材\公园一角\公园一角.max”，得到场景如图 1-69 所示。

(3) 按 F9 键渲染场景，渲染效果如图 1-70 所示。

图1-69 打开的场景

图1-70 渲染效果

2. 观察场景的组成。

(1) 依次认识 4 个视口的名称，了解在各个视口中观察图形视角的方法。

(2) 练习更改视口名称及模型显示形式。

(3) 练习将视口最大化显示。

(4) 练习使用多种方法选择模型中的对象。

3. 对场景的变换操作。

(1) 练习使用移动工具将第 2 棵树移到图 1-71 所示的位置。

移动前

移动后

图1-71 移动树

要点提示 移动时要同时在多个视口中配合操作。

(2) 练习使用缩放工具将第 2 棵树整体缩小一定比例，如图 1-72 所示。

图1-72 缩小树

(3) 使用移动和复制的方法复制出两棵树，并调整其位置，如图 1-73 所示。

图1-73 复制和移动树

(4) 删除草地上的部分草（选中部分草后，按 Delete 键），删除后的效果如图 1-74 所示。

图1-74 删除草

1.3 习题

1. 简要说明三维动画的特点和应用。
2. 3ds Max 2017 的设计环境主要由哪些要素构成？
3. 3ds Max 2017 的默认视口配置主要由哪四类视口组成？
4. 如何对选定对象进行复制操作？
5. 如何一次选中场景中的多个对象？

第2章　三维建模

【学习目标】

- 明确三维模型的特点和用途。
- 掌握常用基本体的创建方法。
- 明确分段数等模型参数对模型质量的影响。
- 掌握堆砌建模的基本原理。

3ds Max 2017 提供了多种建模方式，如三维建模、二维建模及细分建模等。其中，三维建模是最直接且最初级的建模方式，这种建模方式比较简单、容易操作。本章针对三维建模技术进行集中讨论，并总结一些常用的三维建模技术。

2.1　知识解析

基本体建模如图 2-1 所示，就是利用 3ds Max 2017 软件提供的基本几何体搭建造型。

图2-1　基本体建模

2.1.1　基本体建模原理

3ds Max 2017 提供了 11 种标准基本体，如图 2-2 所示。

一、　鼠标拖动创建法

鼠标拖动创建法是通过拖动鼠标光标来完成的，这种创建方法比较方便、直观。在使用鼠标创建物体的过程中，物体会随着鼠标光标位置的变化产生实时效果。

二、　键盘输入创建法

在创建基本体及二维线型时，都有一个【键盘输入】面板，这里面除了包含各物体的基本参数外，还有 3 个绝对坐标参数，通过它们可以设置该物体的轴点所在位置。

在使用该功能时，应注意在未创建基本体前物体的原始参数可以在此面板中设置，一旦物体创建完成后，就要在其【参数】面板中进行修改。

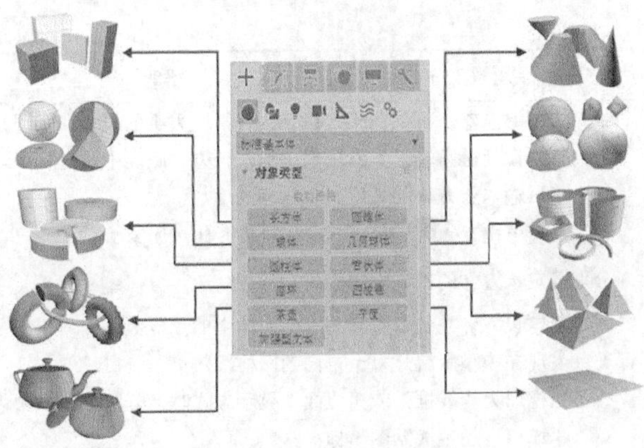

图2-2　标准基本体

2.1.2　创建标准基本体

下面依次介绍各种常用基本体的创建方法。

一、　创建长方体

长方体是建模过程中使用最频繁的形体，既可以将多个长方体组合起来搭建成各种组合体，也可以将长方体转换为网格物体进行细分建模。

(1)　创建长方体的一般步骤如图 2-3 所示。

① 在【创建】面板中选取长方体建模工具

② 在适当的视口中单击或拖动鼠标以创建近似大小和位置的长方体

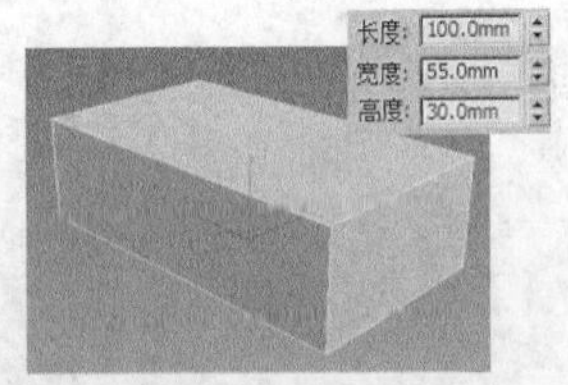

③ 调整长方体的参数和位置

图2-3　创建长方体的一般步骤

要点提示　创建长方体时，首先按住鼠标左键并拖曳鼠标光标绘出其底面大小，随后释放鼠标左键，继续拖动鼠标光标决定长方体的高度，确定高度后单击鼠标左键。绘制底面时如果按住 Ctrl 键，则绘制的底面长宽相等，为正方形。

(2)　长方体的基本参数。

长方体的参数面板如图 2-4 所示，各参数的功能介绍如表 2-1 所示。

表 2-1　　　　长方体常用参数和功能

参数	功能
名称和颜色	☆　为对象命名，在【名称和颜色】卷展栏的文本框中输入对象名称即可 ☆　单击文本框右侧的色块图标，从弹出的【对象颜色】对话框中可为对象设置颜色，如图 2-5 所示
创建方法	☆　选择【立方体】选项时，可以创建长、宽和高均相等的立方体 ☆　选择【长方体】选项时，可以创建长、宽和高不全相等的长方体

续表

参数		功能
键盘输入		☆ 通过键盘输入可以在指定位置创建指定大小的模型，实现精确建模 ☆ 首先在【键盘输入】卷展栏中输入长方体底面中心坐标（x,y,z） ☆ 然后输入长方体的长度、宽度和高度 ☆ 最后单击 创建 按钮即可创建长方体，如图 2-6 所示
参数	长度、宽度、高度	分别确定长方体的长、宽和高
	长度分段、宽度分段、高度分段	☆ 确定长方体在长、宽和高 3 个方向上的片段数 ☆ 表现在模型上就是每个方向的网格线数量 ☆ 当视口为“线框”或“边面”显示方式时，分段数会以白色网格线显示，如图 2-7 所示
参数	生成贴图坐标	☆ 建模后自动生成贴图坐标 ☆ 该选项默认状态下通常被选中，以方便对模型进行贴图操作
	真实世界贴图大小	☆ 若不选中此项，则贴图大小由模型的相对尺寸决定，对象较大时贴图也较大 ☆ 选择此项，贴图大小由对象的绝对尺寸决定

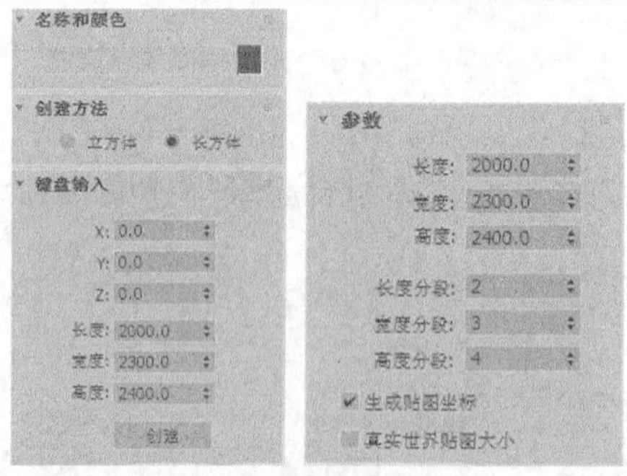

图2-4　长方体的参数面板

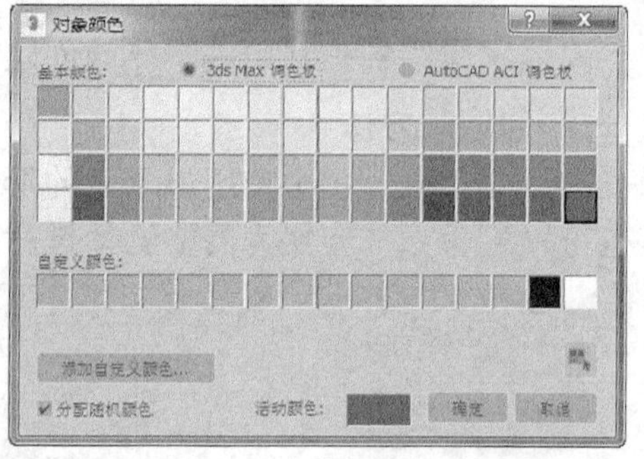

图2-5　【对象颜色】对话框

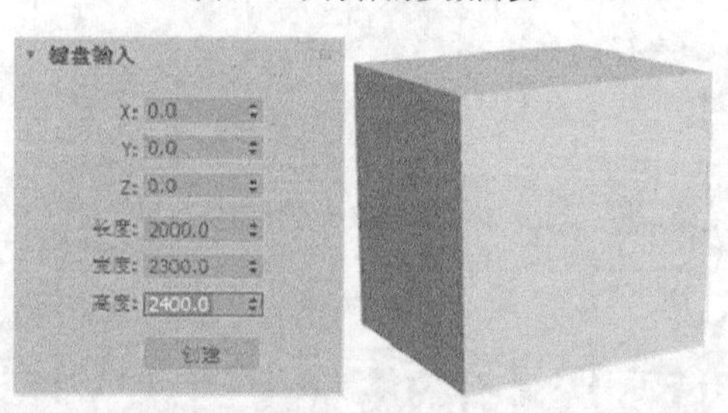

图2-6　键盘输入

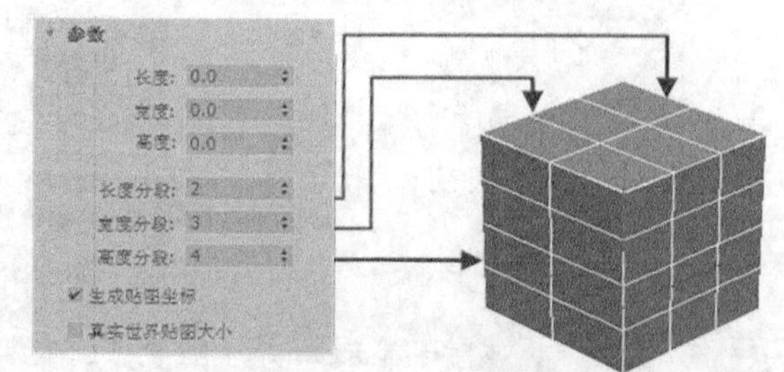

图2-7　设置分段数

(3)　技巧提示。

使用长方体建模时，要注意以下基本技巧。

- 使用基本体建模时，应该养成为每一个新建的基本体进行命名的好习惯，以方便以后选择和查找对象。
- 为了区分不同的对象，可以分别为其设置不同的颜色，但是这里设置的颜色并不能生成逼真的视觉效果，需要借助材质和灯光设置。
- 设置分段参数是为了便于对模型进行修改，特别是使模型产生形状改变，分段数越多，模型变形后的形状过渡越平滑，其对比如图 2-8 和图 2-9 所示。
- 模型分段数越多，占用的系统资源也越大，因此在设计时不要盲目追求模型的精致而设置过高的分段数。

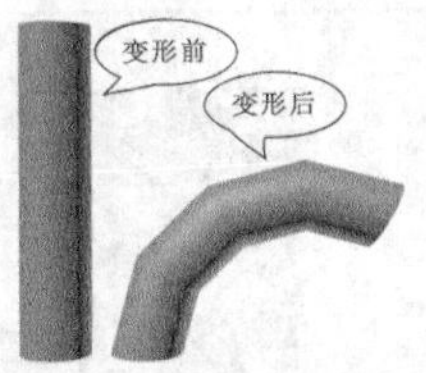

图2-8　分段数为 3

图2-9　分段数为 20

二、 创建圆柱体

使用圆柱体工具除了能创建圆柱体外，还能创建棱柱体、局部的圆柱或棱柱体等，将高度设置为 0 时还可以创建圆形或扇形平面。

(1)　创建圆柱体的基本步骤。

创建圆柱体的一般步骤如图 2-10 所示。

① 在命令面板中选取圆柱体建模工具

② 在适当的视口中单击或拖动鼠标以创建近似大小和位置的圆柱体

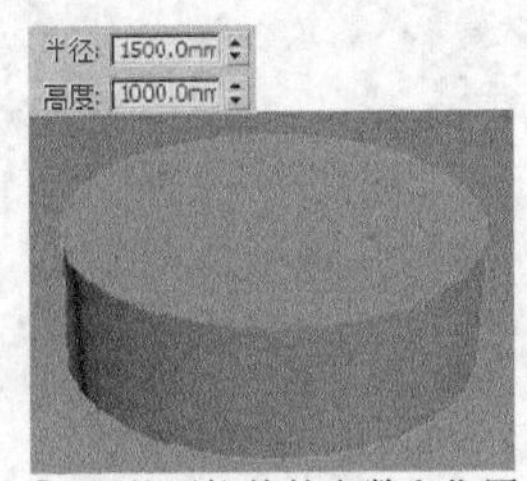

③ 调整圆柱体的参数和位置

图2-10　创建圆柱体的一般步骤

要点提示　创建圆柱体时，首先按住鼠标左键并拖曳鼠标光标，以确定圆柱体底面大小，随后释放鼠标左键，继续拖动鼠标光标决定圆柱体的高度，确定后单击鼠标左键。

(2)　圆柱体的基本参数。

圆柱体的参数面板如图 2-11 所示，各参数的功能介绍如表 2-2 所示。

表 2-2　　圆柱体常用参数和功能

参数		功能
创建方法		☆　选择【边】单选项时，绘制底面时首先单击的点位于圆周上 ☆　选择【中心】单选项时，绘制底面时首先单击的点位于圆心处 ☆　在图 2-12 中，从坐标原点处按住鼠标左键并拖曳鼠标光标创建圆柱体，可以看到两个选项对应的圆柱体的位置有明显差异
键盘输入		依次输入圆柱底面中心坐标、半径和高度来创建圆柱体
参数	半径、高度	确定圆柱的底圆半径和高度
	高度分段、端面分段	☆　确定高度和端面两个方向的分段数 ☆　端面分段为　组同心圆，与高度分段在底面上形成类似蛛网的结构，如图 2-13 所示
参数	边数	☆　圆柱体的底圆并不是绝对的圆形，而是由一定边数的正多边形逼近的 ☆　边数越多，与理想圆柱之间的误差就越小 ☆　将【边数】设置为“3”时为三棱柱，将【边数】设置为“4”时为立方体，如图 2-14 所示
	平滑	☆　由于底圆是由正多边形逼近的，因此圆柱体上有明显的棱边 ☆　为了消除这种视觉影响，可以对棱边采用“平滑”处理，使圆柱各表面过渡更平顺，如图 2-15 所示
	启用切片、切片起始位置、切片结束位置	☆　用来创建局部圆柱体（不完整圆柱体） ☆　首先选中【启动切片】复选项，然后设置切片起始位置（角度值，顺时针为负值，逆时针为正值）和切片结束位置，如图 2-16 所示

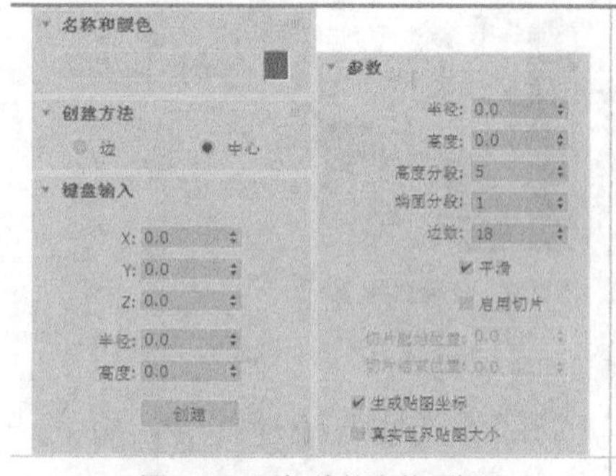

图2-11　圆柱体的参数面板

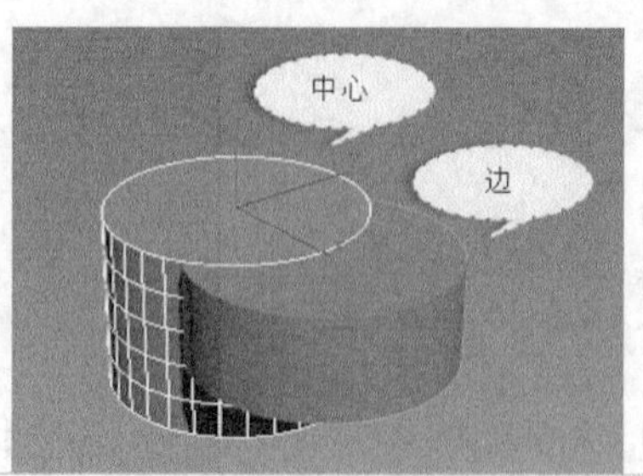

图2-12　创建方法

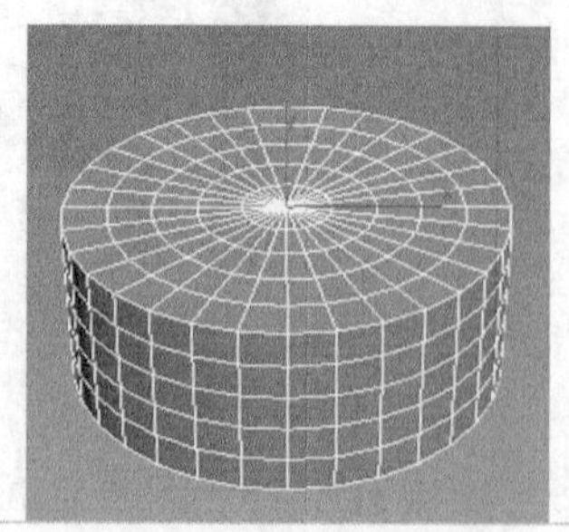

图2-13　分段设置

图2-14　圆柱的边数

图2-15　平滑效果

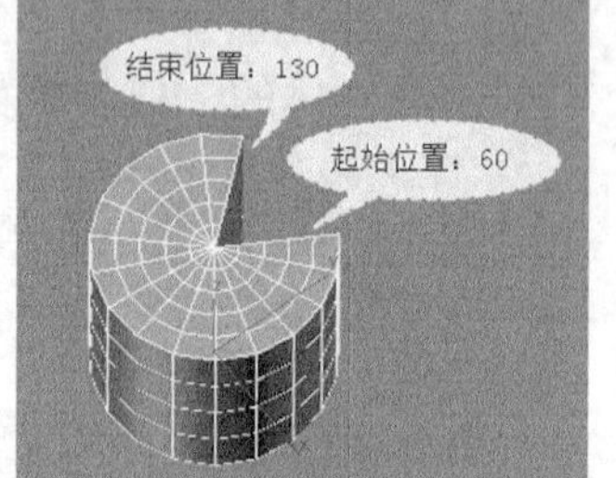

图2-16　切片示例

【基础训练】——制作“餐桌”

本例使用【圆柱体】几何工具初步制作出桌面的三维模型，再用移动工具和对齐工具调整其余部位的位置，尽量做到接近真实效果，如图 2-17 所示。

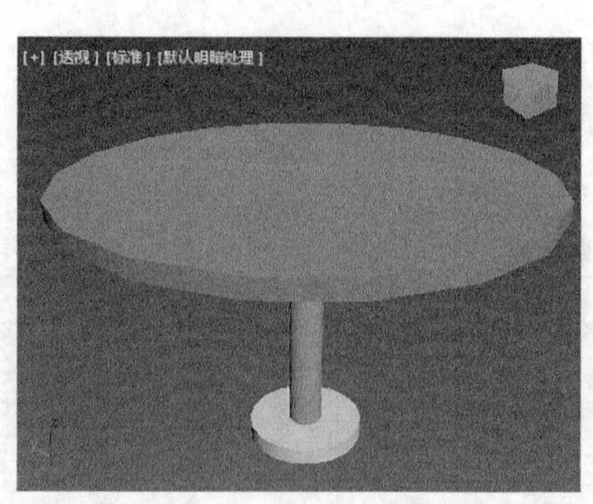

图2-17　制作“餐桌”

【操作步骤】

1.　制作餐桌桌面。

(1)　创建圆柱体，如图 2-18 所示。

①　在【创建】面板中使用 圆柱体 工具在顶视图中创建一个圆柱体。

②　单击 按钮切换至【修改】面板，设置圆柱体的半径参数。

③　设置【半径】为“550”、【高度】为“25”、【边数】为“30”。

(2)　移动桌面，如图 2-19 所示。

①　选中圆柱体，在工具栏中右击 按钮，打开【移动变换输入】对话框。

② 设置坐标【Z】为“600”、【Y】为“0”、【X】为“0”。

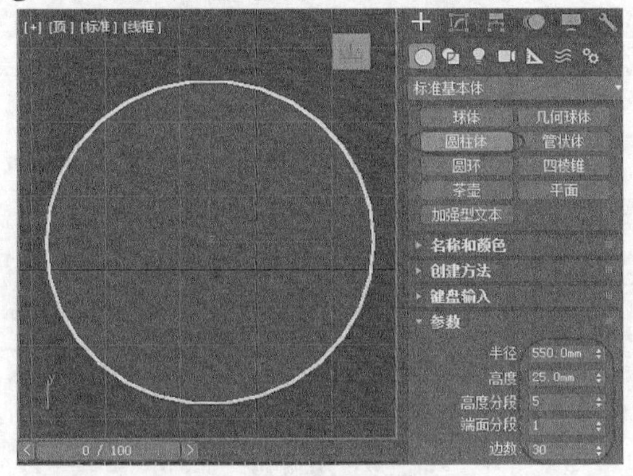

图2-18　创建圆柱体

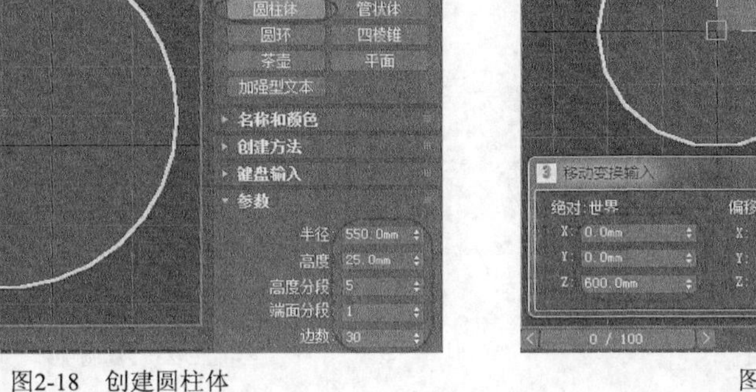

图2-19　修改坐标

2.　制作支撑柱

(1) 创建支撑柱，如图 2-20 所示。

① 切换到前视图，选中桌面，单击工具栏中的按钮。

② 按住 Shift 键的同时，向下移动复制一个圆柱体。

③ 在弹出的【克隆选项】对话框中选中【复制】单选项，再单击 确定 按钮。

(2) 修改参数，如图 2-21 所示。

① 选择复制的圆柱体，切换至【修改】面板。

② 在【参数】卷展栏下设置【半径】为“40”、【高度】为“600”。

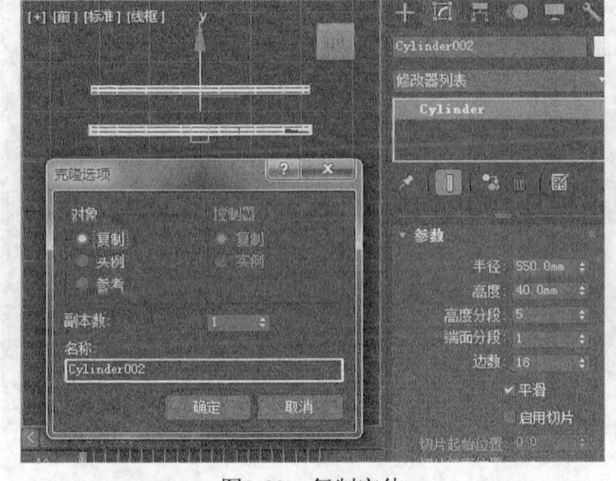

图2-20　复制实体

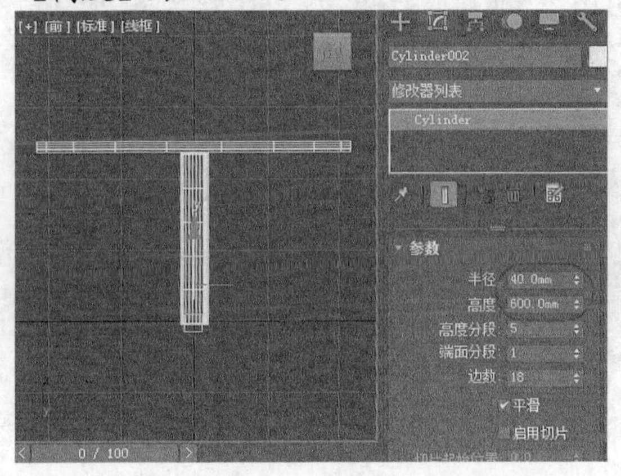

图2-21　修改参数

(3) 设置对齐，如图 2-22 所示。

① 在前视图中选择圆柱体，单击工具栏中的按钮，再单击最初创建的“桌面”。

② 在弹出的对话框中设置【对齐位置】为【Y 位置】。

③ 设置【当前对象】为【最大】，【目标对象】为【最小】。

3.　制作底部支撑面。

(1) 复制桌面，如图 2-23 所示。

① 选择桌面模型，单击工具栏中的按钮。

② 在前视图中向下移动复制一个圆柱体，在弹出的【克隆选项】对话框中选中【复制】单选项。

③　输入【副本数】为“2”，完成后单击 确定 按钮。

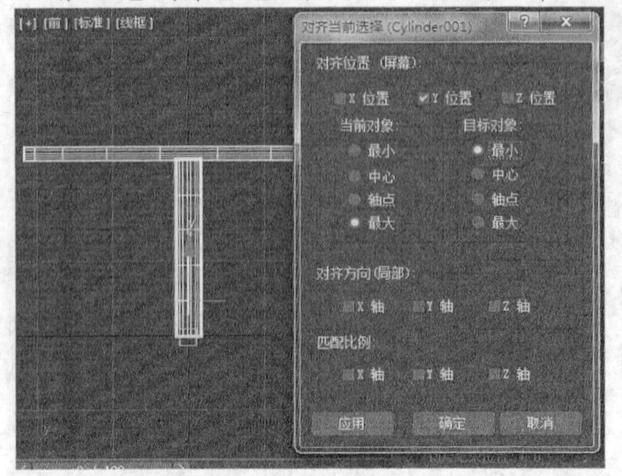

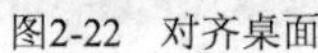

图2-22　对齐桌面

图2-23　复制实体

(2)　修改参数，如图 2-24 所示。

①　选中中间的圆柱体，将【半径】修改为“80”。

②　再选中下面的圆柱体，将【半径】修改为“140”。

③　使用移动工具将两个圆柱体移动到合适位置。

(3)　设置对齐，如图 2-25 所示。

①　采用与步骤 2（2）类似的方法将两个圆柱体设置为与支撑柱对齐。

②　完成后保存模型。

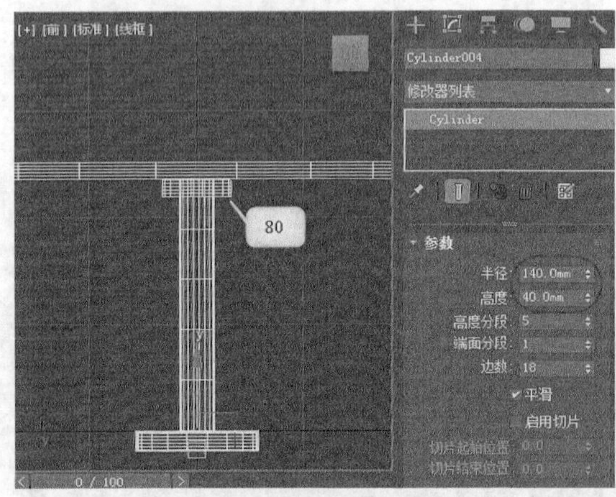

图2-24　修改半径

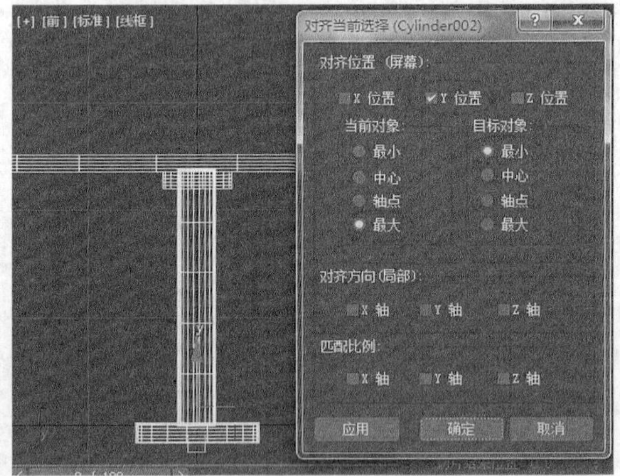

图2-25　对齐支撑柱

三、　创建圆锥体

使用“圆锥体”工具可以创建正立或倒立的圆锥或圆台，如图 2-26 所示，其参数面板如图 2-27 所示。

在【参数】卷展栏中，圆锥体的主要参数如下。

- 【半径 1】：圆锥体底圆半径，其值不能为 0。
- 【半径 2】：圆锥体顶圆半径，其值为 0 时创建圆锥；为非零值时创建圆台。

如要创建倒立的圆锥或圆台，则在【高度】文本框中输入负值。

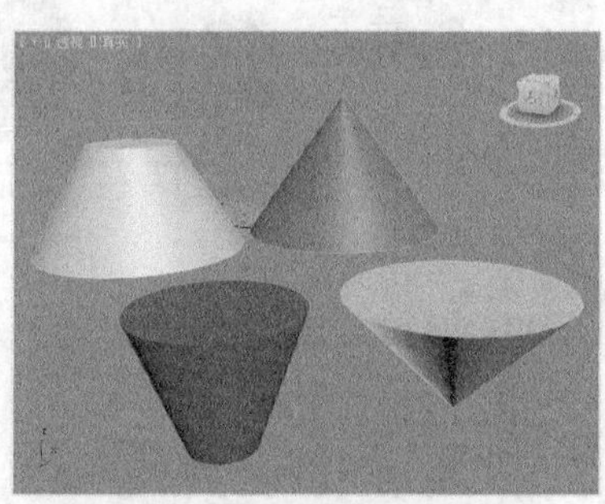

图2-26　各类圆锥体

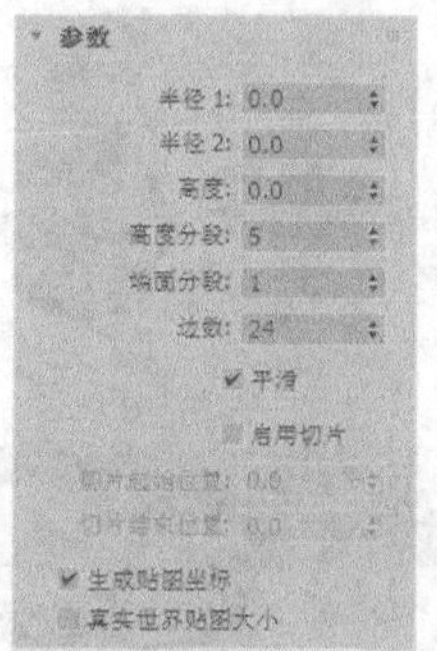

图2-27　圆锥体参数

要点提示　手动创建圆锥体时，首先按住鼠标左键并拖曳鼠标光标确定底圆半径，然后松开鼠标左键确定圆锥高度，随后单击鼠标左键并拖动鼠标光标确定顶圆半径，完成后单击鼠标左键。

四、 创建球体

使用“球体”工具可以制作面状或平滑的球体，也可以制作局部球体（如半球体），如图 2-28 所示，其参数面板如图 2-29 所示。球体的主要参数和功能如表 2-3 所示。

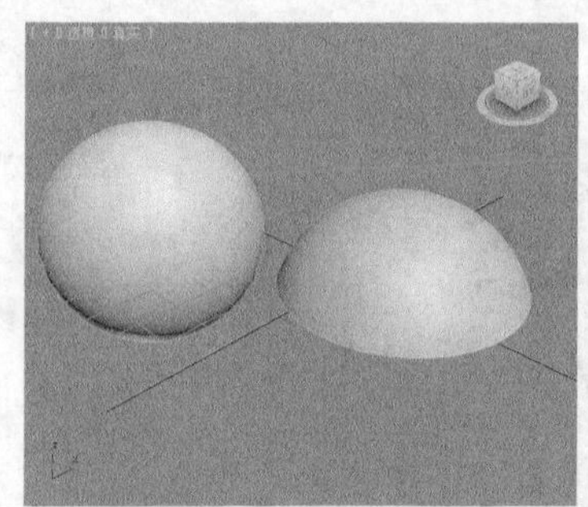

图2-28　各类球体

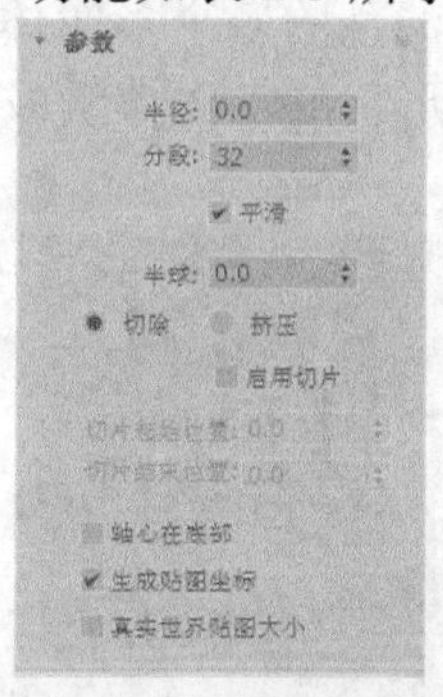

图2-29　球体参数面板

表 2-3　　球体主要参数和功能

参数	功能
分段	☆　分段表现在球体上为一定数量的经圆和纬圆 ☆　球体的最小分段数为 4 ☆　分段数较少时，球体显示为多面体 ☆　分段数增加时则逐渐逼近理想的球体，如图 2-30 所示
半球	☆　【半球】参数用于创建不完整球体 ☆　其值越大，球体缺失的部分越多，如图 2-31 所示
切除、挤压	☆　选中【切除】单选项，多余的球体会被直接切除 ☆　选中【挤压】单选项，整个球体挤压为半球，可以看到球体上的网格线密度增加，如图 2-32 所示
轴心在底部	☆　未选中【轴心在底部】复选项时，按住鼠标左键并拖曳鼠标光标来绘制球体，首先单击的点用来确定球的中心 ☆　选中【轴心在底部】复选项时，首先单击的点用来确定球的下底点，如图 2-33 所示

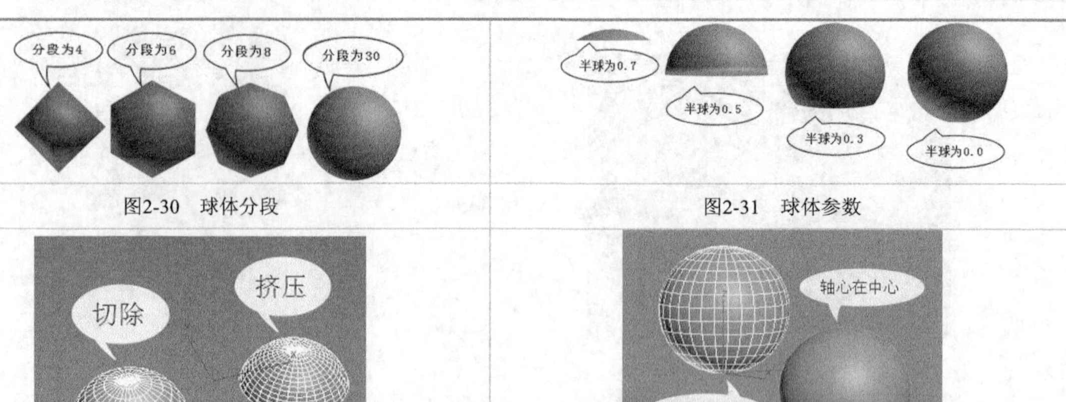

图2-30　球体分段

图2-31　球体参数

图2-32　切除与挤压示例

图2-33　轴心位置示例

五、 创建几何球体

几何球体使用三角面拼接的方式来创建球体，在制作面的分离特效（如爆炸）时，可以分解为无序而混乱的多个多面体，其参数如图 2-34 所示。在【基点面类型】分组框中可选取由哪种规则形状的多面体组成几何球体，如图 2-35 所示。

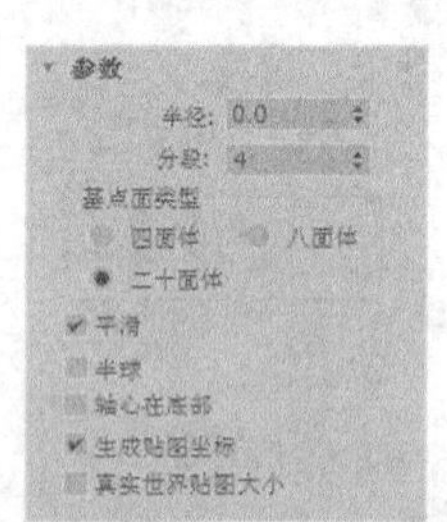

图2-34　几何球体参数

图2-35　不同基点面类型的球体

球体由矩形面组成，几何球体由三角面组成。

六、 创建管状体

利用管状体工具可生成圆形或棱柱形的中空圆柱体，其参数如图 2-36 所示。【半径 1】为圆管的内径，【半径 2】为圆管的外径，将【边数】设置为不同值时管道的形状不同，如图 2-37 所示。

七、 创建圆环

利用圆环工具可以创建圆环或具有圆形横截面的环，其参数如图 2-38 所示。其中【半径 1】和【半径 2】分别为圆环外圆半径和内圆半径。在【平滑】分组框中有 4 种圆环面平滑方式，其效果对比如图 2-39 所示。

- 【全部】: 在圆环整个曲面上生成完整平滑的效果。
- 【侧面】: 平滑相邻分段之间的边线，生成围绕圆环的平滑带。
- 【无】: 无平滑效果，在圆环上形成锥面形状。
- 【分段】: 分别平滑每个分段。

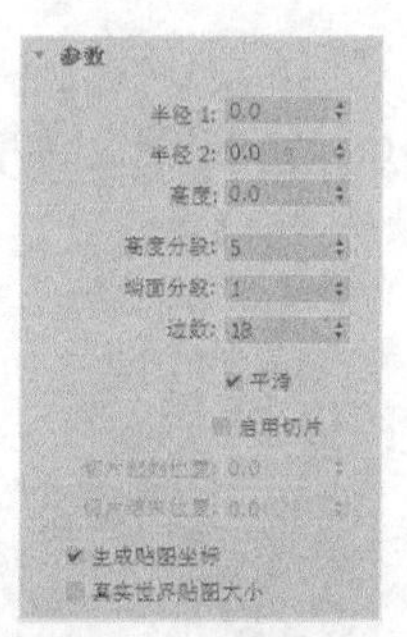

图2-36 管状体参数

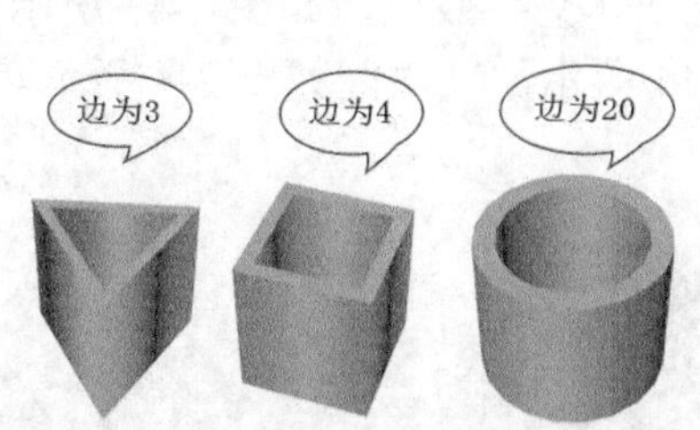

图2-37 不同边数的管状体

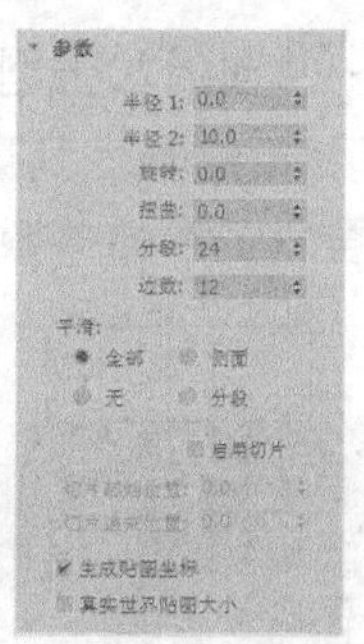

图2-38 圆环参数

八、 创建四棱锥

利用 四棱锥 工具可以创建四棱锥。四棱锥具有方形或矩形底面和三角形侧面，外形与金字塔类似，其参数如图 2-40 所示。其中【宽度】和【深度】分别表示底面的宽和长。

图2-39 不同平滑效果的圆环

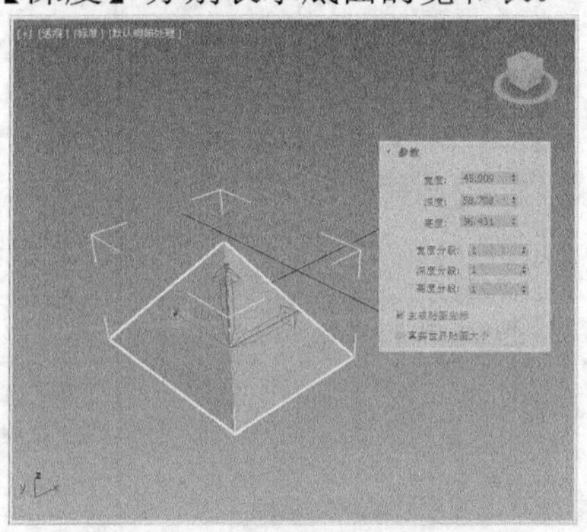

图2-40 四棱柱及其参数

九、 创建茶壶

利用 茶壶 工具可以创建茶壶体。茶壶包括 4 个部件，在【茶壶部件】分组框中可以选择创建其中某一个或几个部件，如图 2-41 所示。

十、 创建平面

利用 平面 工具可以创建没有厚度的平面。在【渲染倍增】分组框的【缩放】文本框中可以设置长度和宽度在渲染时的倍增因子，在【密度】文本框中可以设置长度和宽度分段数在渲染时的倍增因子，如图 2-42 所示。

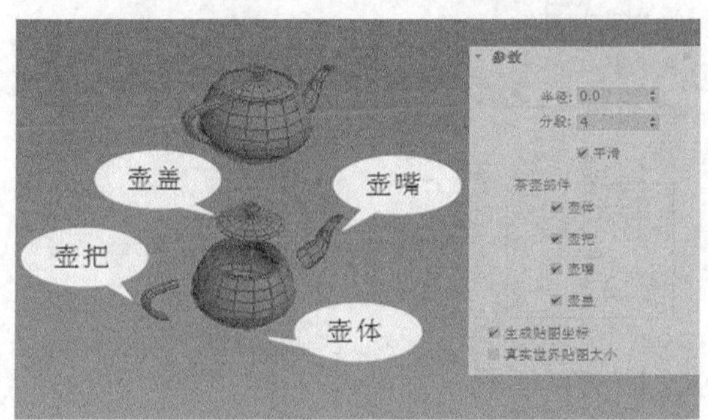

图2-41 茶壶部件

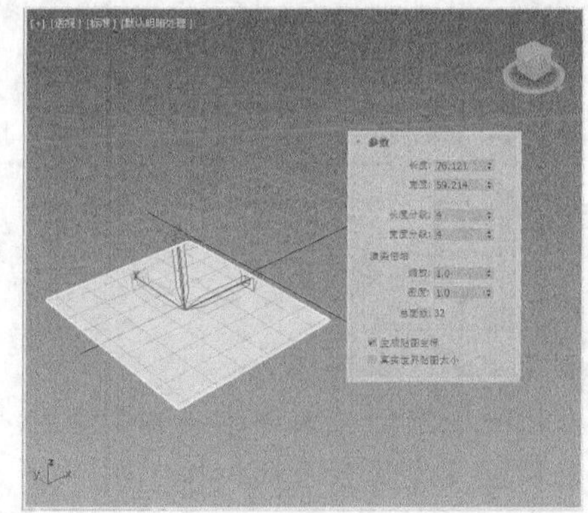

图2-42 平面及其参数

十一、创建加强型文本

利用 加强型文本 工具可以创建立体文字效果，如图 2-43 所示，这是 3ds Max 2017 新增的功能。加强型文本的参数如图 2-44 所示，其功能如表 2-4 所示。

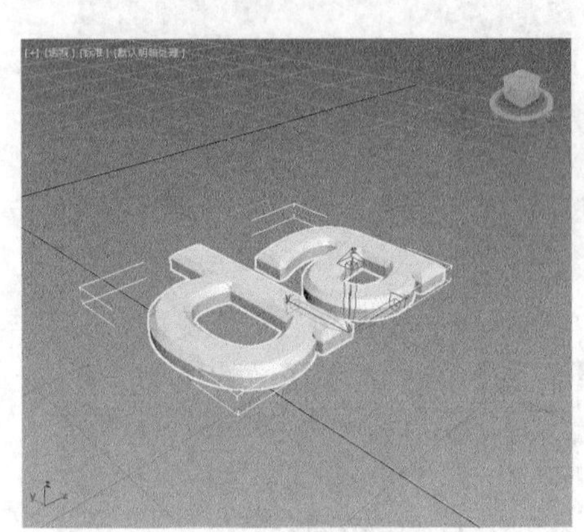

图2-43　加强型文本

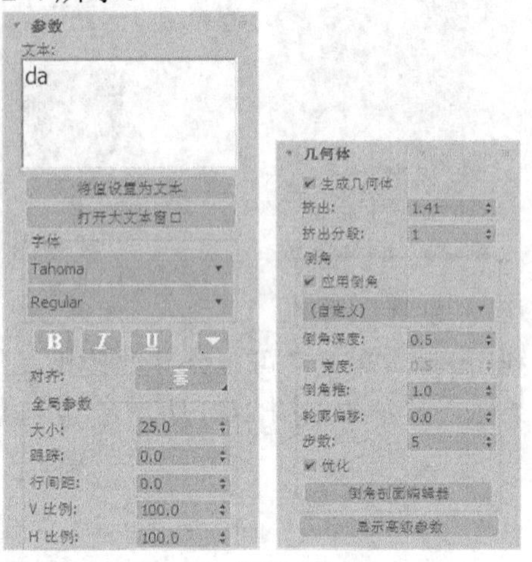

图2-44　平面及其参数

表 2-4　加强型文本主要参数和功能

参数组	参数	功能
参数	文本	可以输入多行文本。按 Enter 键开始新的一行。默认文本是“加强型文本”。可以通过“剪贴板”复制并粘贴单行文本和多行文本
	将值设置为文本	打开【将值编辑为文本】对话框，将文本链接到要显示的值。该值可以是对象值（如半径），也可以是从脚本或表达式返回的任何其他值
	打开大文本窗口	切换大文本窗口，以便更好地查看大量文本
	字体	从可用字体（包括 Windows 中安装的字体和类型 1 PostScript 字体）列表中进行选择
	大小	设置文本高度，其中测量方法由活动字体定义
	追踪	设置字母间距
	行间距	设置行间距。适合于多行文本
几何体	生成几何体	将二维的几何效果切换为三维的几何效果
	挤出	设置挤出深度
	挤出分段	指定在挤出文本中创建的分段数
	应用倒角	切换对文本执行倒角

【基础训练】——制作“茶几”

【操作步骤】

1. 创建桌面。

(1) 在顶视图中创建长方体，如图 2-45 所示。

(2) 切换至【修改】面板，按照图 2-46 所示修改长方体参数。

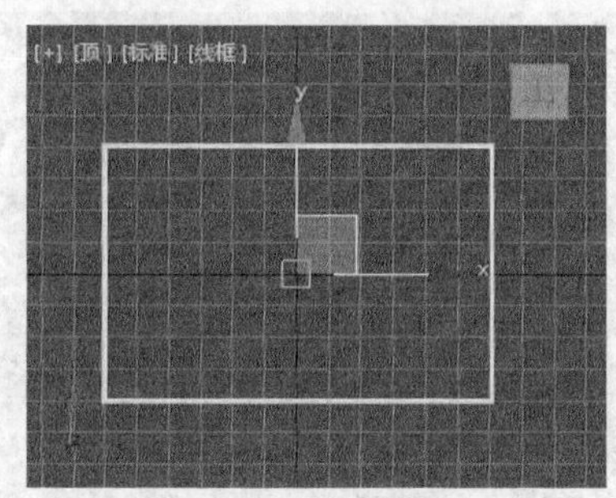

图2-45　创建长方体

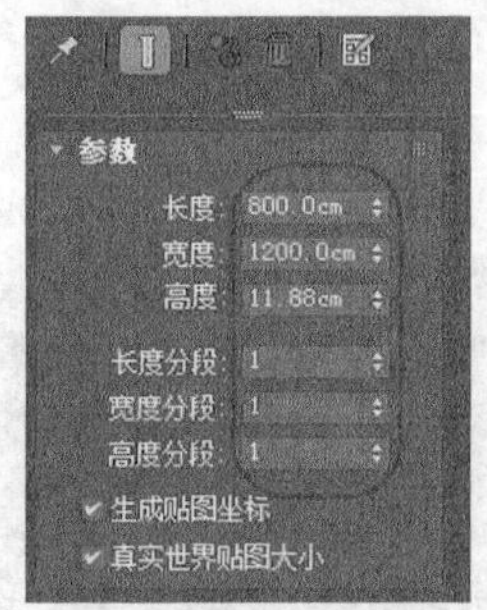

图2-46　修改长方体参数

2.　创建茶几腿。

(1)　在顶视图内创建一个圆柱体，如图 2-47 所示。

(2)　切换至【修改】面板，按照图 2-48 所示修改圆柱体参数。

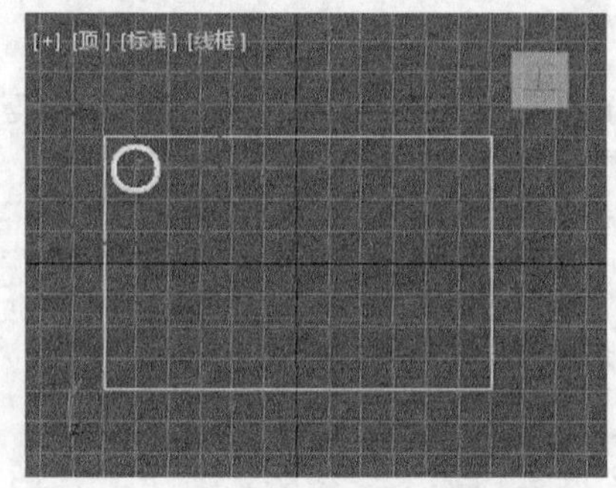

图2-47　创建圆柱体

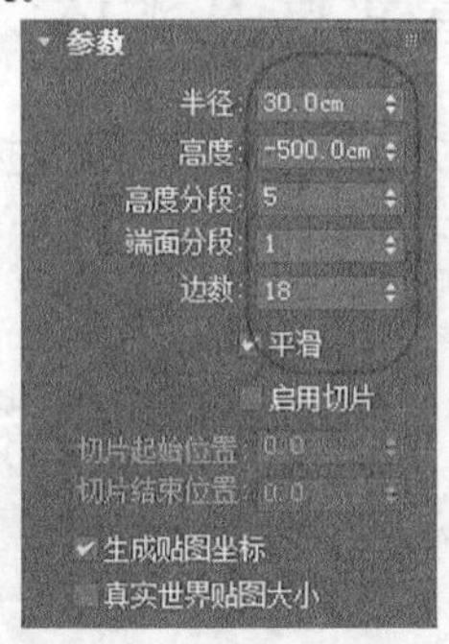

图2-48　修改圆柱体参数

3.　复制茶几腿。

(1)　选中圆柱体，单击工具栏中的按钮，按住 Shift 键同时拖动鼠标光标，松开鼠标左键后打开【克隆选项】对话框，选中【实例】单选项，单击 确定 按钮复制对象，如图 2-49 所示。

(2)　适当调整茶几腿的位置，结果如图 2-50 所示。

(3)　使用同样的方法再次复制一对茶几腿，结果如图 2-51 所示。

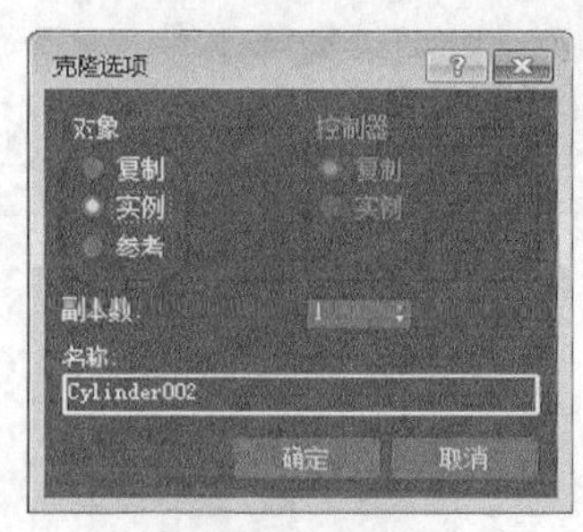

图2-49　复制参数

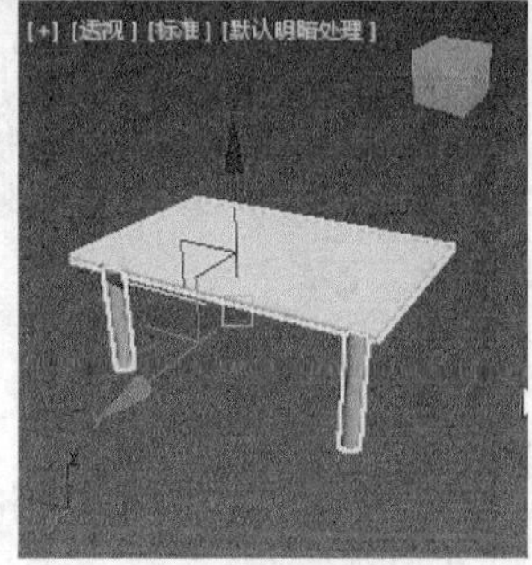

图2-50　复制结果（1）

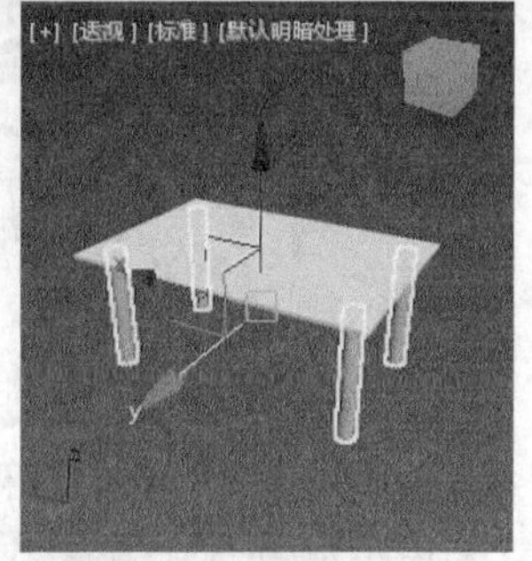

图2-51　复制结果（2）

4.　创建隔板。

(1)　选中桌面并对其进行移动和复制操作，设置【对象】为【复制】，如图 2-52 所示。

(2)　修改其参数，如图 2-53 所示。

(3)　完成后保存文件并命名为“茶几”，供本章稍后的实例使用。

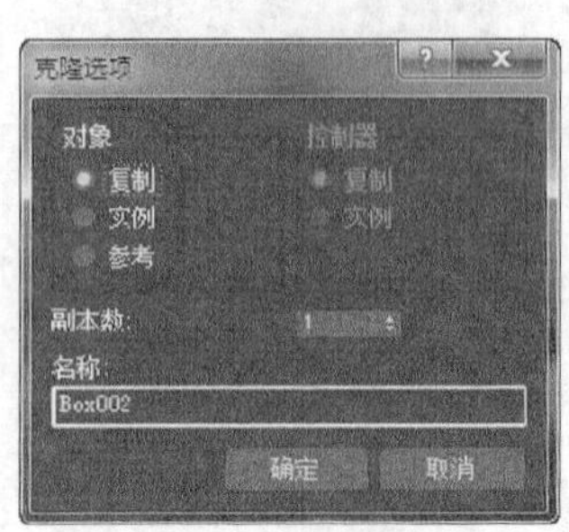

图2-52　创建隔板

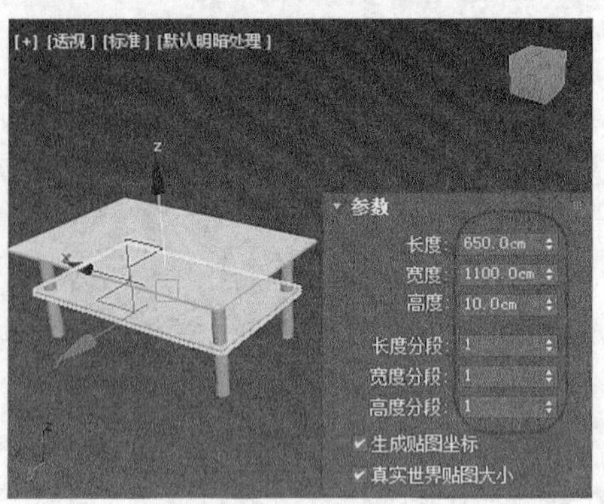

图2-53　设置对象参数

2.1.3　创建扩展基本体

3ds Max 2017 提供了 13 种扩展基本体，如图 2-54 所示。扩展基本体的创建方法与标准基本体的创建方法类似，其设计参数更加丰富，设计灵活性更大。

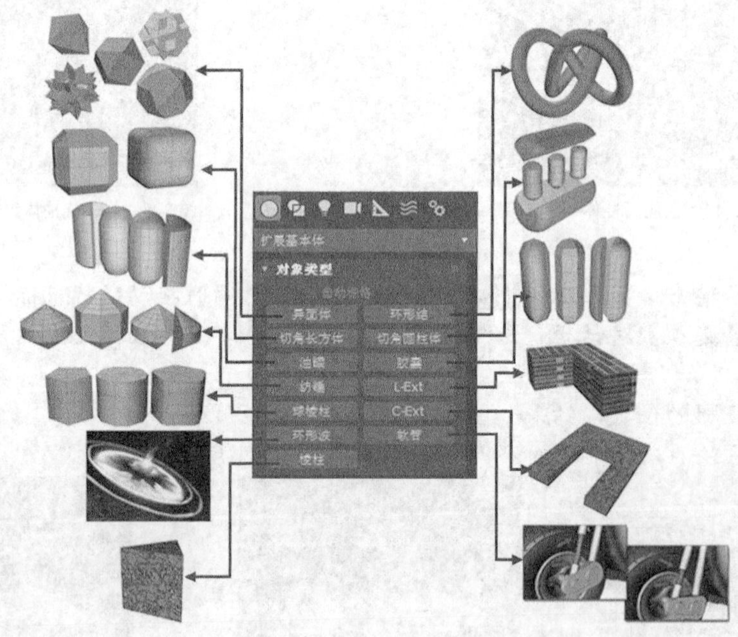

图2-54　扩展基本体

一、　创建异面体

利用异面体工具可以创建各种具有奇异表面组成的多面体，通过参数调节，制作出各种复杂造型的物体。其参数如图 2-55 所示。

- 【系列】：在该分组框中可以创建 5 种基本形体，如图 2-56 所示。
- 【系列参数】：在该分组框中可以为多面体顶点和各面之间提供 P、Q 两个关联参数，用来改变其几何形状。
- 【轴向比率】：包括 P、Q 和 R 这 3 个比例系统，用于控制 3 个方向的轴向尺寸大小。

- 【顶点】：可以使用【基点】【中心】【中心和边】3 种方式来确定顶点的位置。
- 【半径】：确定异面体的主体尺寸大小。

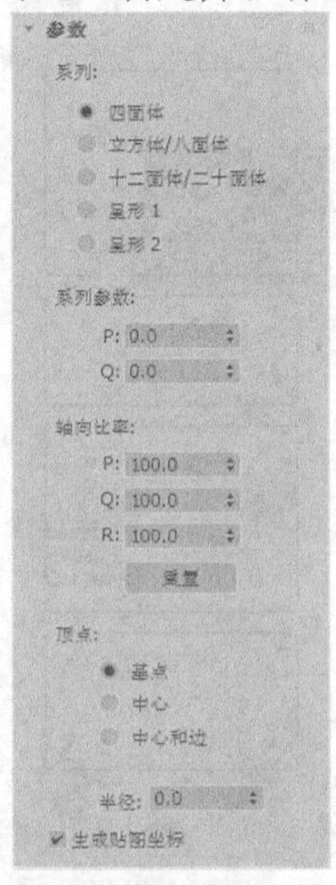

图2-55　异面体参数

图2-56　各种异面体

二、 创建切角长方体

切角长方体用于直接创建带有圆形倒角的长方体，省去了后续“倒角”操作的麻烦，用于创建棱角平滑的物体，其参数如图 2-57 所示。

建模时，首先按照长、宽和高创建出长方体的轮廓，然后拖曳鼠标光标确定圆形倒角的半径大小，不同参数的圆角效果如图 2-58 所示。

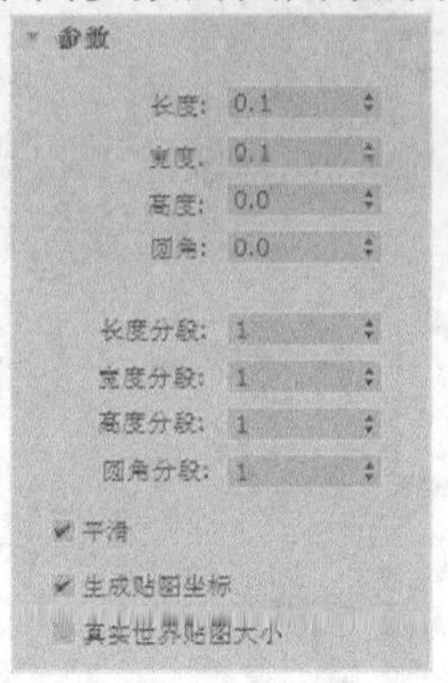

图2-57　切角长方体参数

图2-58　各种切角长方体

切角圆柱体的创建方法与用法与切角长方体类似。

2.1.4 创建建筑对象

建筑对象主要包括“AEC 扩展”对象（包含植物、栏杆和墙）、楼梯、门及窗等。

一、 建筑对象的种类

常用建筑对象的类型及其用途如表 2-5 所示。

表 2-5　　　　AEC 扩展、楼梯、门、窗

AEC 扩展 
楼梯 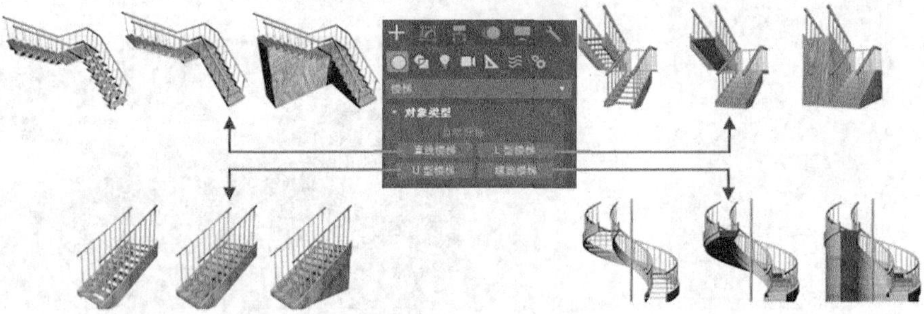
门 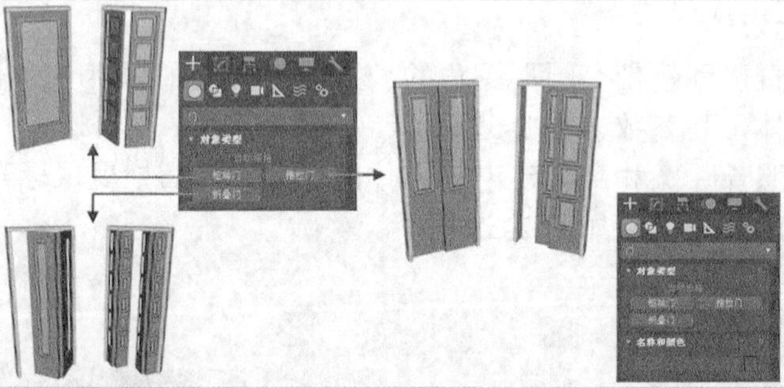
窗 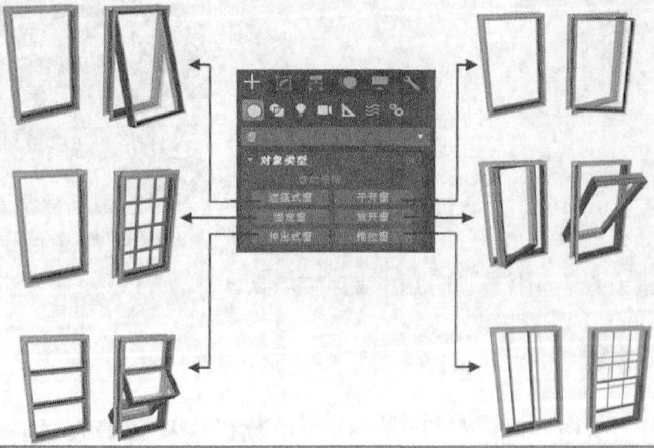

二、 建筑对象的创建方法

建筑对象的创建方法与前面两种基本体的创建方法类似，但建筑对象创建完成后大多需

要进入【修改】面板对其参数进行修改才能更好地使用。

图 2-59 所示为创建的一个“枢轴门”，在修改参数之前很难辨认出它具体是何种对象，通过图 2-60 所示的修改才能成为可用的“枢轴门”对象。

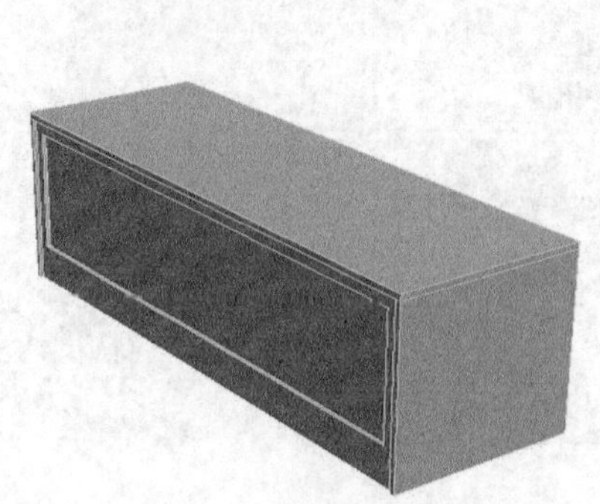

图2-59 创建枢轴门

图2-60 设置参数

2.2 实战训练

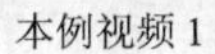

本例视频 1

本例视频 2

下面结合实例介绍三维建模的基本操作。

2.2.1 从零开始——制作“精美小屋”

本例将使用【标准基本体】【门】【窗】及【AEC 扩展】对象来搭建一个精美的小屋，如图 2-61 所示。

图2-61 制作“精美小屋”

【操作步骤】

1. 设置单位。

运行 3ds Max 软件，执行【自定义】/【单位设置】菜单命令，弹出【单位设置】对话框，将单位设置为【厘米】。

2. 创建地面和房屋主体结构。

(1) 创建地面，如图 2-62 所示。

① 在【创建】面板中单击 平面 按钮，在顶视图上绘制平面。

② 单击 按钮切换到【修改】面板，设置名称为“地面”，为模型设置适当的颜色。

③ 设置平面的长度和宽度。

④ 在工具栏中用鼠标右键单击 按钮，将平面的坐标全部改为“0”，使其为坐标中心。

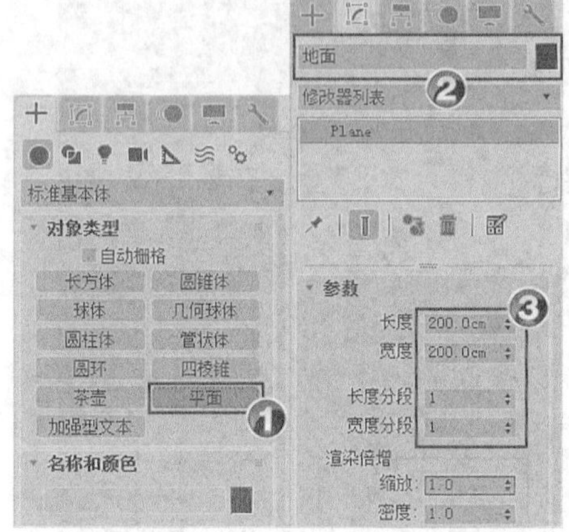

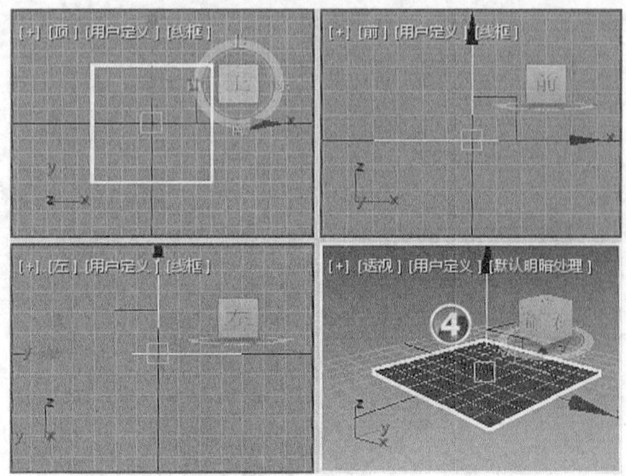

图2-62　创建地面

(2) 创建屋体，如图 2-63 所示。

① 在【创建】面板中单击 长方体 按钮，在顶视图上绘制长方体。

② 切换到【修改】面板，设置名称为“屋体”，为模型设置适当的颜色。

③ 设置长方体的长、宽和高。

④ 在工具栏中用鼠标右键单击 按钮，设置长方体底面中心相对于坐标系的坐标。

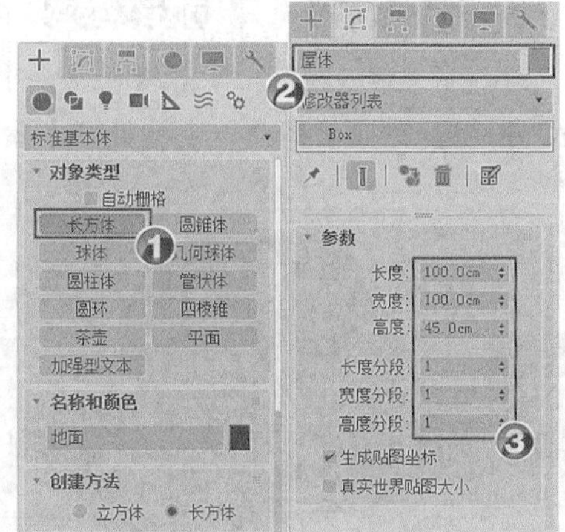

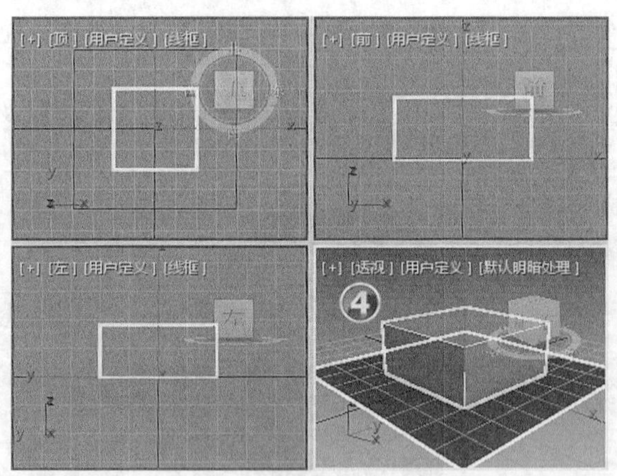

图2-63　创建屋体

(3) 创建屋顶，如图 2-64 所示。

① 在【创建】面板中单击 圆柱体 按钮，在前视图中创建圆柱体。

② 在【修改】面板中设置名称为“屋顶”，为模型设置适当的颜色。

③ 设置圆柱体的基本参数。

④ 在工具栏中单击 按钮，调整屋顶位置。在工具栏中用鼠标右键单击 按钮，设置圆柱体旋转的角度。

⑤ 长按工具栏中的 按钮，在弹出的下拉列表中单击 按钮。用鼠标右键单击 按钮，调整屋顶的大小。

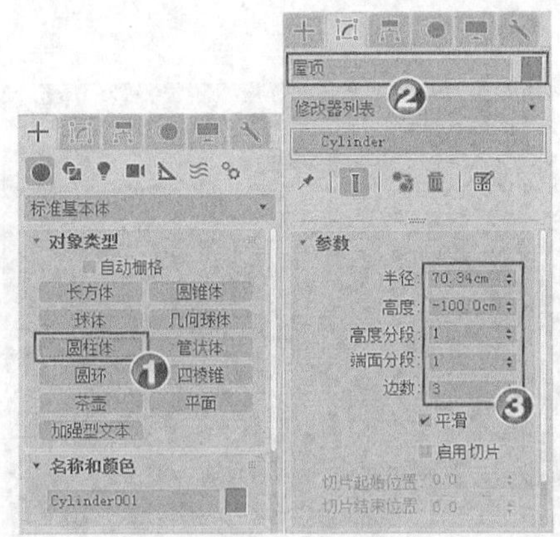

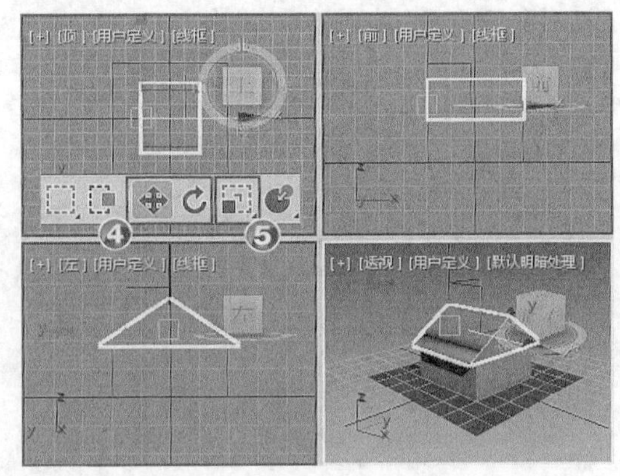

图2-64　创建屋顶

> **要点提示** 此处使用【缩放】工具进行屋顶缩放时，具体压缩参数并无限制，读者可根据形状大小自行调整，无须太过在意。

(4) 创建房檐，如图 2-65 所示。

① 单击【创建】面板上的 长方体 按钮，在前视图上绘制一个长方体。

② 在【修改】面板中设置名称为“房檐”，为模型设置适当的颜色。

③ 设置长方体的基本参数。

④ 使用移动和旋转工具调整房檐位置。

⑤ 单击按钮，在顶视图中按住 Shift 键沿 y 轴复制一个“房檐”对象。

⑥ 单击按钮调整其位置。

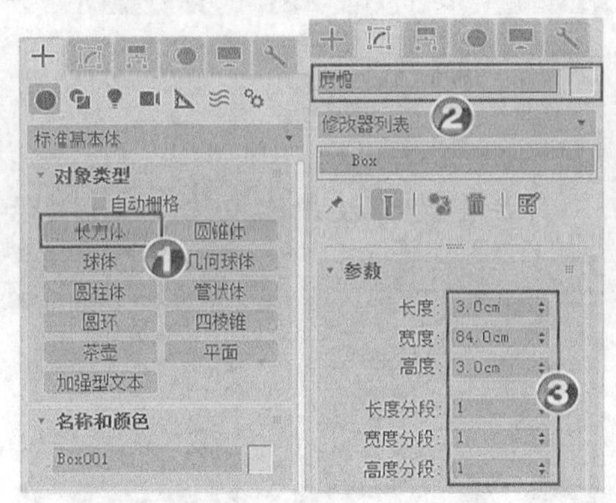

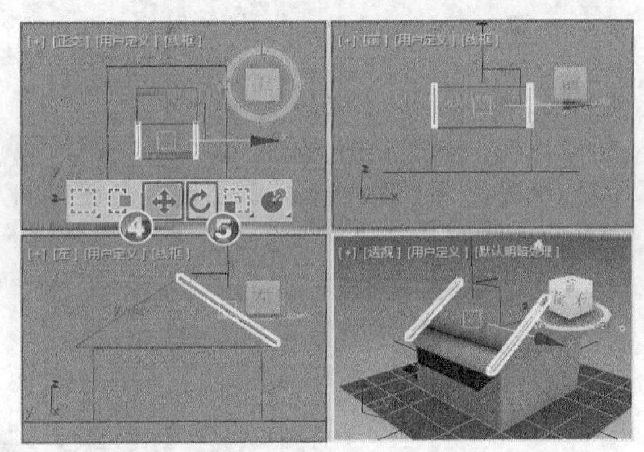

图2-65　创建房檐

(5) 创建屋檐，如图 2-66 所示。

① 单击【创建】面板上的 长方体 按钮，在顶视图上绘制一个长方体。

② 在【修改】面板中设置名称为“屋檐”，为模型设置适当的颜色。

③ 设置长方体的基本参数。

④ 使用移动和旋转工具调整屋檐位置。

(6) 创建房顶，如图 2-67 所示。

① 单击【创建】面板上的 长方体 按钮，在前视图上绘制一个长方体。

② 在【修改】面板中设置名称为“房顶”，为模型设置适当的颜色。

③ 设置长方体的基本参数。

④　使用移动工具调整房顶位置。

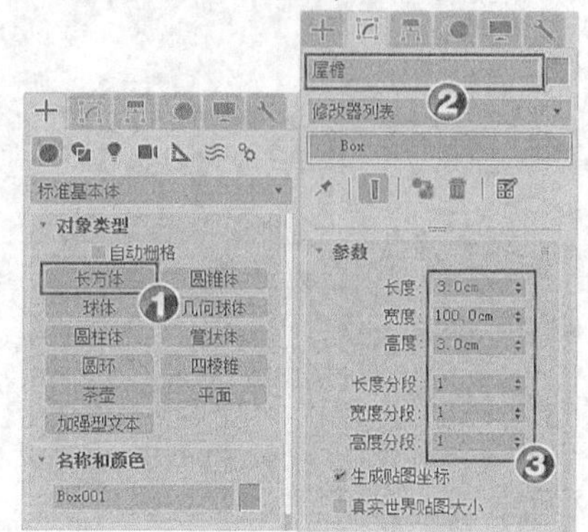

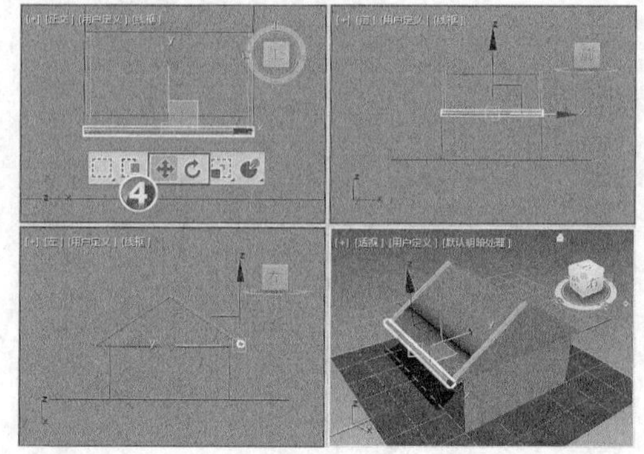

图2-66　创建屋檐

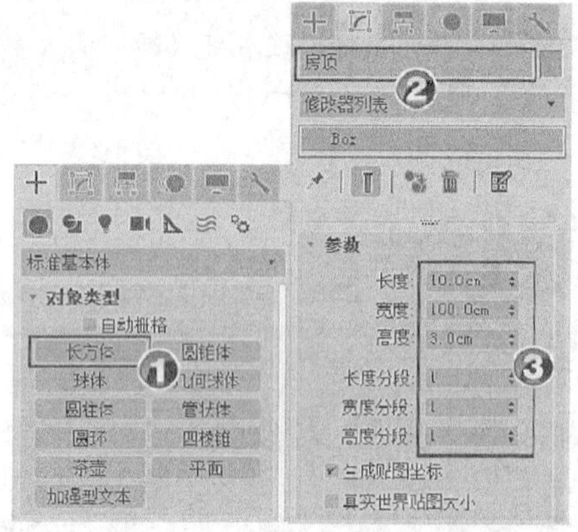

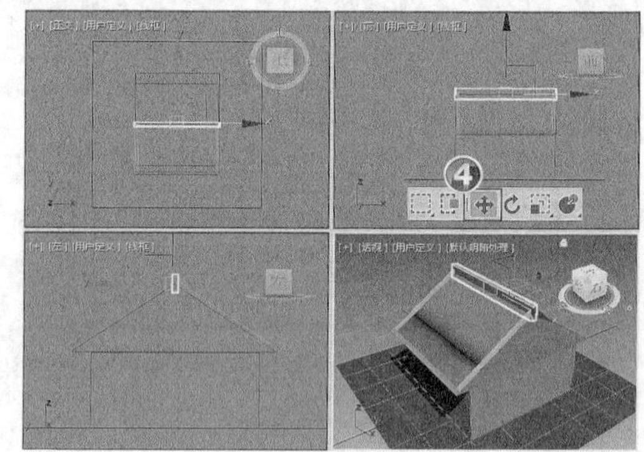

图2-67　创建房顶

3.　创建瓦砾结构。

(1)　创建瓦砾，如图 2-68 所示。

①　在顶视图选中视图下方的“房檐”对象，然后单击工具栏中的按钮，按住 Shift 键沿 y 轴拖曳复制出一个对象。

②　设置复制参数，并将对象重命名为“瓦砾”。

③　在【修改】面板中设置基本参数。

④　使用移动工具调整瓦砾位置。

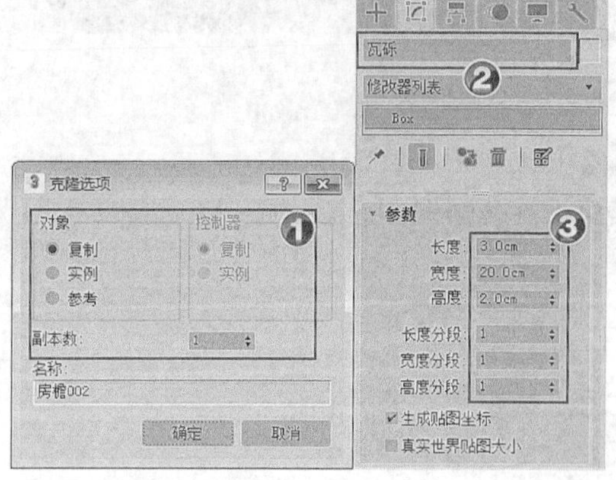

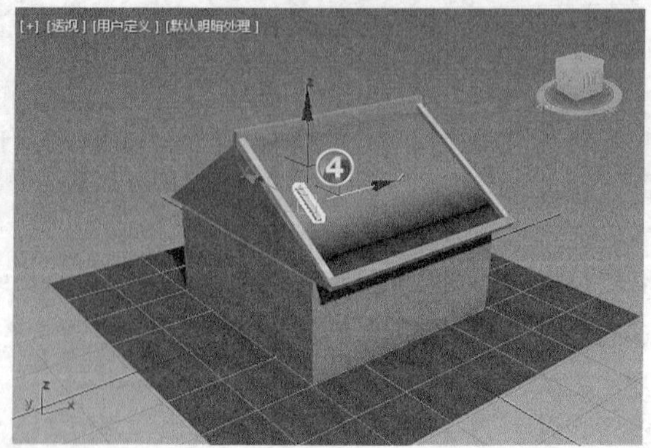

图2-68　创建瓦砾

(2) 阵列瓦砾，如图 2-69 所示。

① 选中“瓦砾”对象，执行【工具】/【阵列】菜单命令，弹出【阵列】对话框，设置阵列增量参数【X】为“4”。

② 设置【对象类型】为【复制】。

③ 设置【阵列维度】参数为“23”。

④ 选中所有“瓦砾”对象，使用移动工具调整位置。

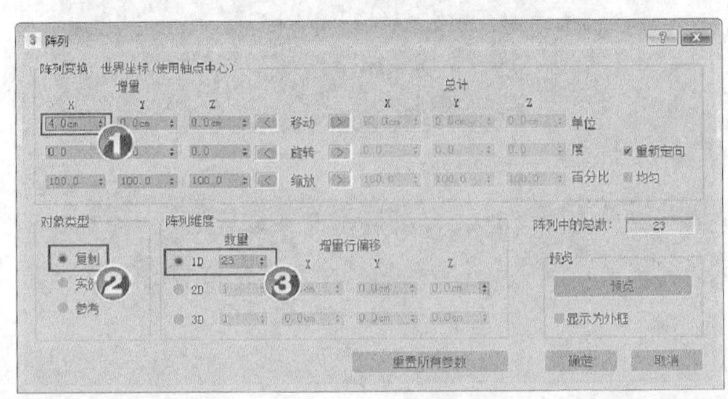

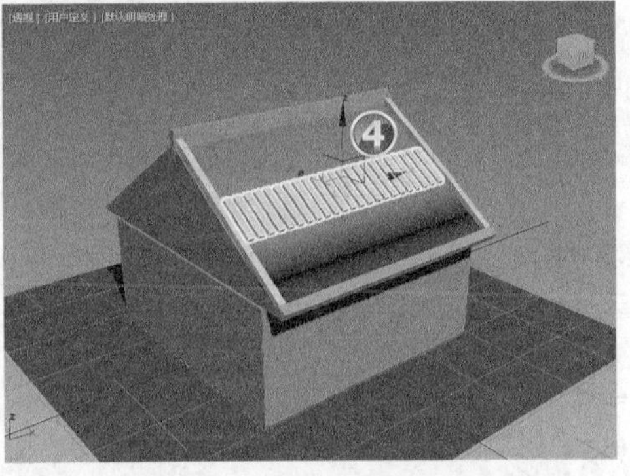

图2-69 阵列瓦砾

要点提示 此处使用阵列工具进行瓦砾阵列时，操作结果可能与本例不一致，或者按照阵列参数中的 x 轴方向无法阵列出结果。如遇这种情况，可使用 y 轴进行尝试。

(3) 复制瓦砾，如图 2-70 所示。

① 将参考坐标系切换成【局部】。

② 选中所有“瓦砾”对象，在透视图中按住 Shift 键沿 x 轴正向复制出一排瓦砾。

③ 使用同样的方法沿 x 轴反向复制出一排瓦砾。

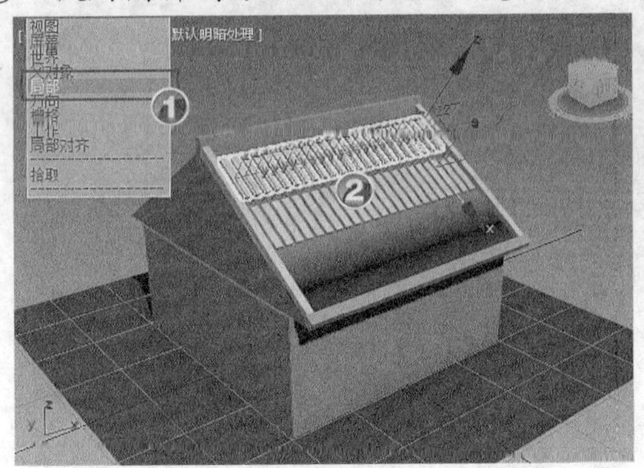

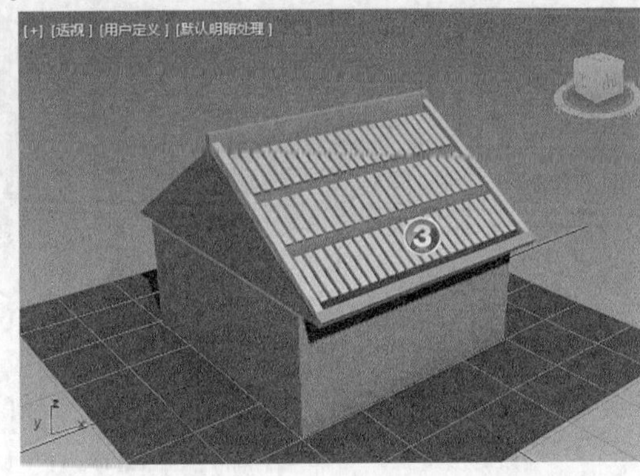

图2-70 复制瓦砾

要点提示 当选择的对象不易在场景中被选取时，可按 H 键打开【从场景选择】对话框，根据对话框中的对象名称来选择。

(4) 镜像复制对象，如图 2-71 所示。

① 将参考坐标系切换成【视图】，选中场景所有的“瓦砾”“屋檐”“房檐”对象。

② 执行【工具】/【镜像】菜单命令，弹出【镜像:世界 坐标】对话框，设置参数，复制出另一端的“瓦砾”“屋檐”“房檐”对象。

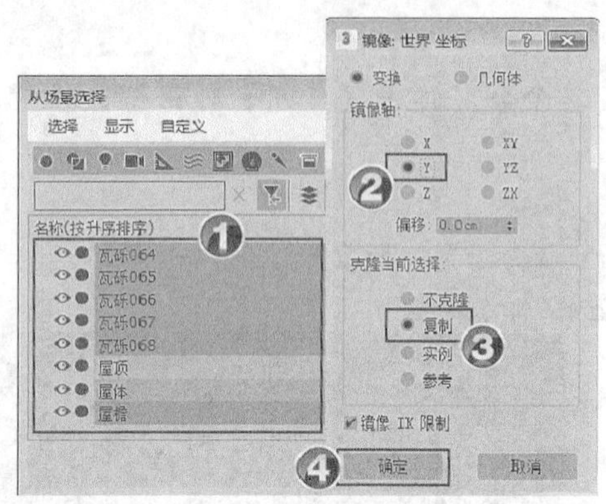

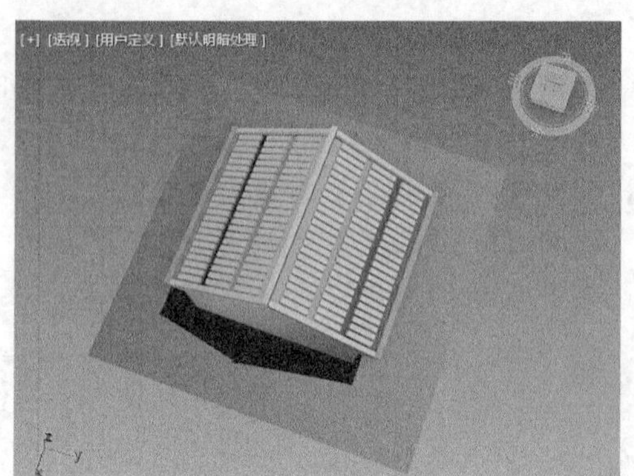

图2-71　镜像复制对象

要点提示　在制作过程中，当几个对象在场景中合成表达一个物体时，可以视情况将其转化为一个组，执行【组】/【组】菜单命令，即可将其转化为一个整体，从而方便选择和操作。

4.　创建门窗。

(1)　创建枢轴门，如图 2-72 所示。

①　在【创建】面板的下拉列表中选择【门】选项，在【对象类型】卷展栏中单击 枢轴门 按钮，在前视图中创建一个水平的“Pivot001”对象。

②　在【修改】面板中设置门的基本参数。

③　设置门框参数。

④　设置页扇参数。

⑤　使用移动工具调整门的位置。

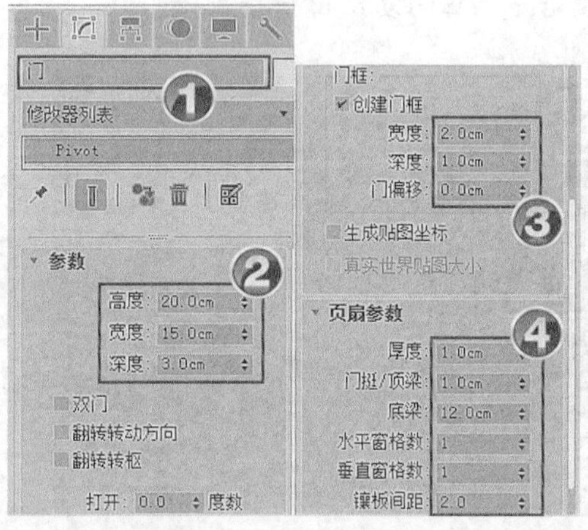

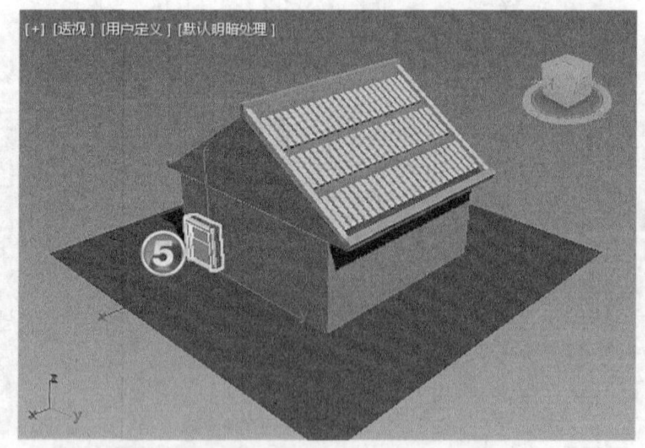

图2-72　创建枢轴门

(2)　创建旋开窗，如图 2-73 所示。

①　在【创建】面板的下拉列表中选择【窗】选项，然后在【对象类型】卷展栏中单击 旋开窗 按钮。

②　在左视图中创建一个水平的“PivotedWindow001”对象，然后在【修改】面板中设置窗的基本参数。

③　使用移动和旋转工具调整窗户至合适位置。

④　选择【局部】坐标系，选中“窗”对象，按住 Shift 键沿 y 轴复制出另一个“窗”对象。

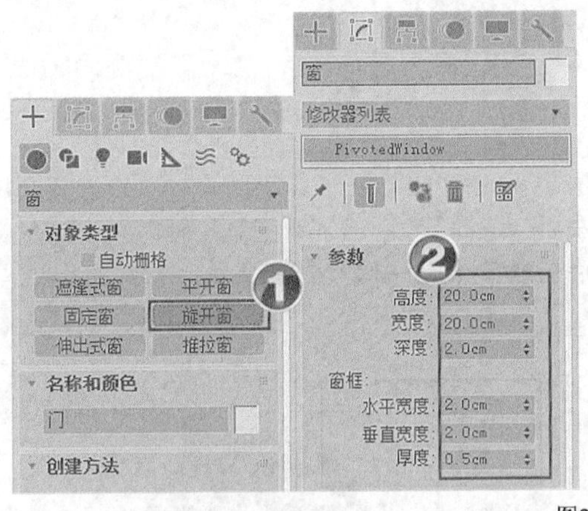

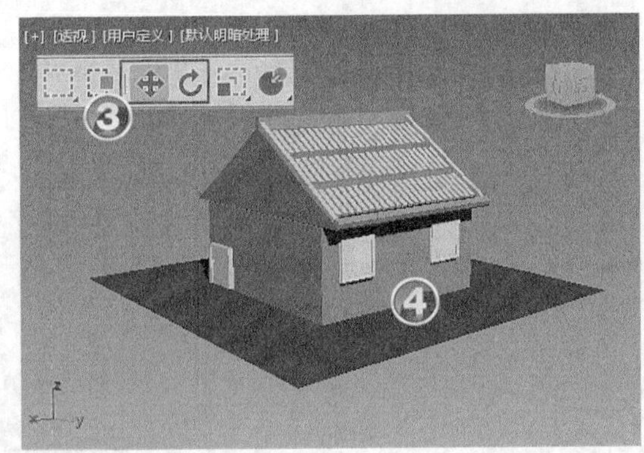

图2-73　创建旋开窗

5.　创建栅栏和植物。

(1)　制作栅栏，如图 2-74 和图 2-75 所示。

①　在【创建】面板中单击按钮，在【对象类型】卷展栏中单击 线 按钮。

②　在顶视图中绘制开口等长直线，组成线框。

③　在【创建】面板中选择【AEC 扩展】选项，然后单击 栏杆 按钮。

④　单击 拾取栏杆路径 按钮，然后选择已经创建的线框为路径。

⑤　设置栏杆参数。

⑥　设置立柱基本参数。

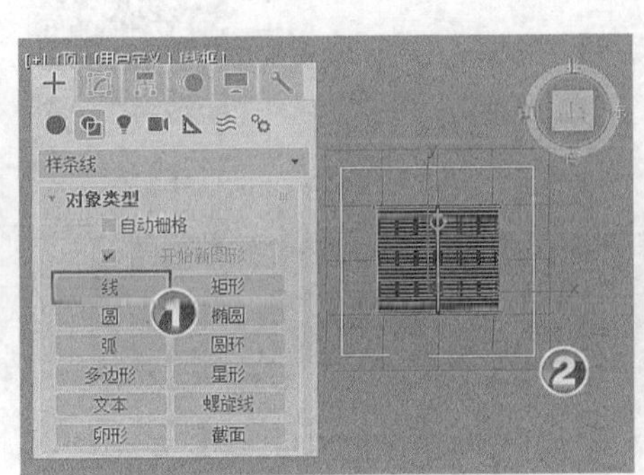

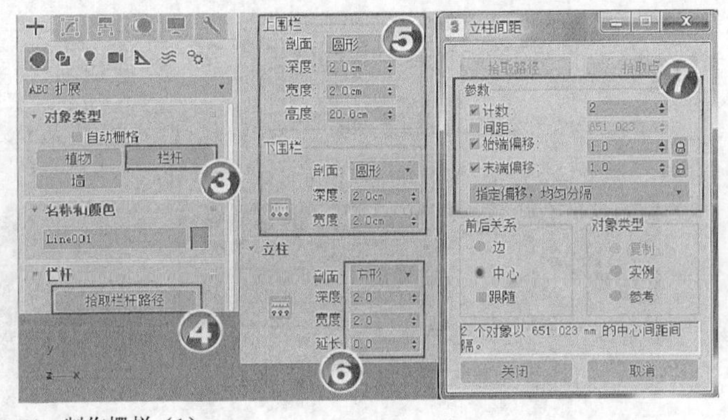

图2-74　制作栅栏（1）

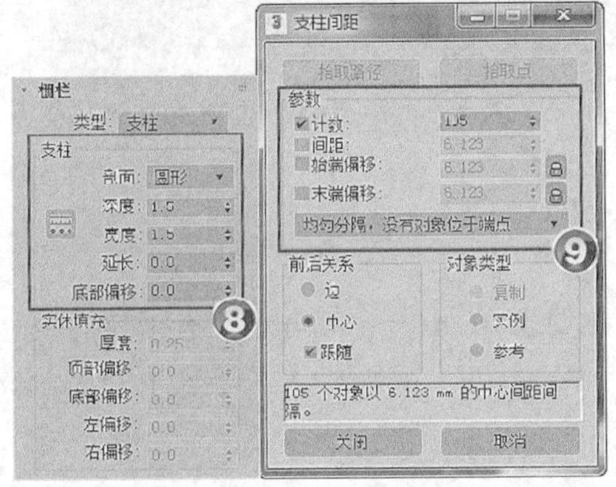

图2-75　制作栅栏（2）

⑦　单击按钮，设置立柱间距参数。

⑧　设置栅栏基本参数，然后单击按钮。

⑨　设置支柱间距参数。

(2)　创建植物，如图 2-76 所示。

①　在【创建】面板中选择【AEC 扩展】选项，然后单击 植物 按钮。

②　在【收藏的植物】列表框中拖入一个自己喜欢的植物到场景中的适当位置。

③　在【修改】面板中设置植物参数。

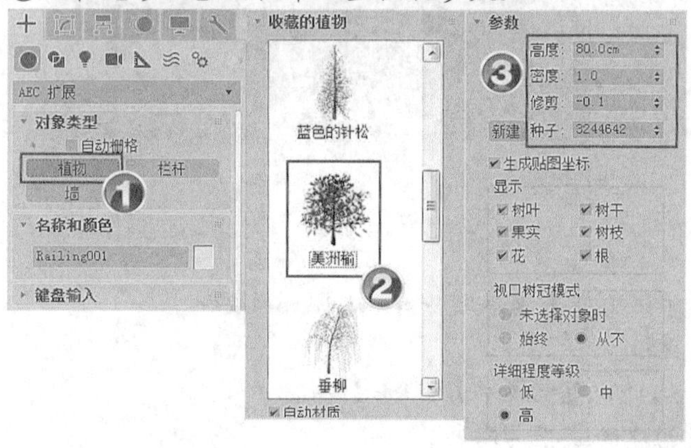

图2-76　创建植物

最终结果如图 2-61 所示。

2.2.2　课堂实训——制作“简易家具”

本例视频

下面将综合使用【标准基本体】和【扩展基本体】来快速搭建一个简易的沙发和茶几，效果如图 2-77 所示。

图2-77　制作“简易家具”

【操作步骤】

1.　制作沙发。

(1)　使用【扩展基本体】中的 切角长方体 工具在顶视图上绘制一个切角长方体作为沙发的“坐垫”，如图 2-78 所示。

(2)　使用 切角长方体 工具创建左脚垫，如图 2-79 所示。

(3)　使用 切角长方体 工具创建左扶手，如图 2-80 所示。

(4)　使用 切角长方体 工具创建靠背，如图 2-81 所示。

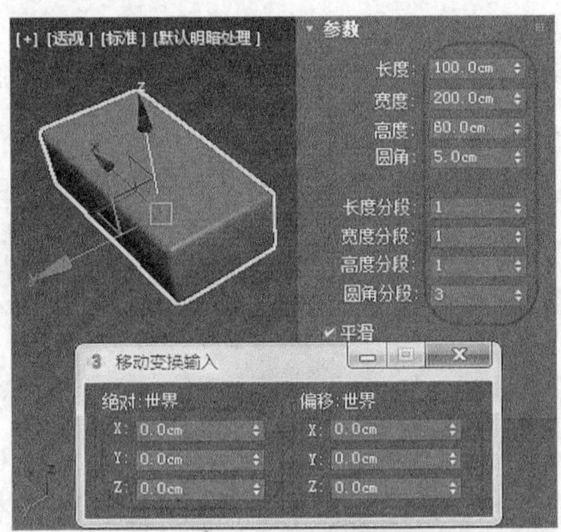

图2-78 绘制坐垫

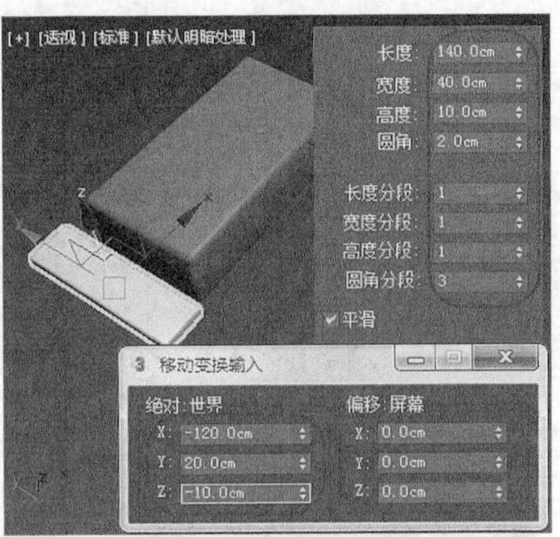

图2-79 创建左脚垫

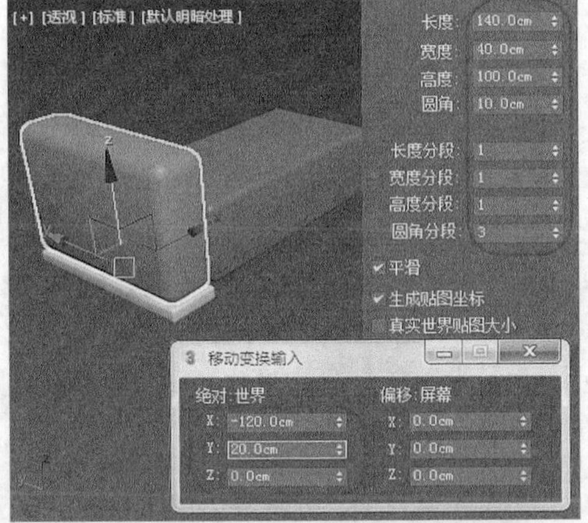

图2-80 创建左扶手

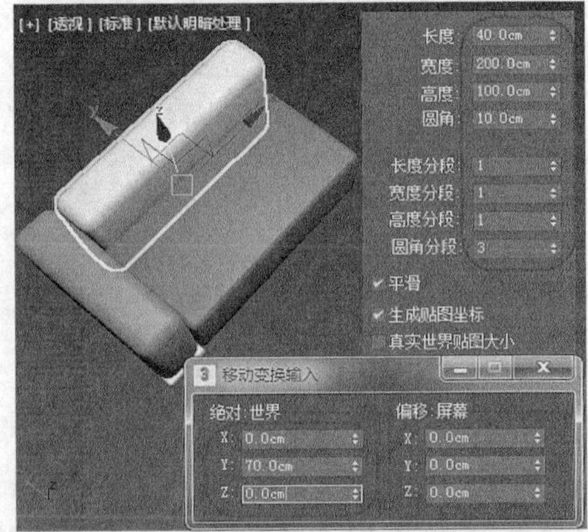

图2-81 创建靠背

(5) 使用移动和复制的方法，将左边扶手和脚垫一并复制并移动到右方，效果如图 2-82 所示。

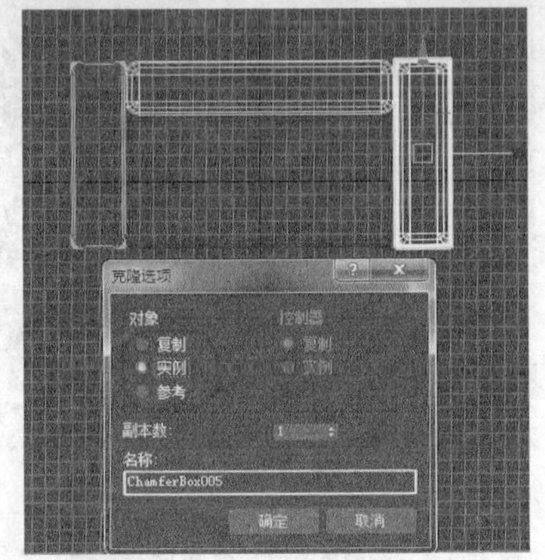

图2-82 创建右扶手

要点提示 在制作沙发时，读者可以根据个人喜好设置切角长方体的【圆角】参数，圆角参数值越大，沙发看起来就越圆滑。

2. 复制沙发。

(1)　使用复制方法创建出两个沙发对象。

(2)　根据设计需要，适当修改复制出两个沙发的尺寸，可将其尺寸略微减小。

(3)　使用移动和旋转工具布置 3 个沙发的位置，参考效果如图 2-83 所示。

> **要点提示**　本书在一般情况下都是采用按住 Shift 键并联合使用【移动】或【旋转】的方式进行复制。

3.　制作茶几。

(1)　执行【导入】/【合并】命令，如图 2-84 所示。

(2)　在打开的【合并文件】对话框中选择 2.1.2 小节创建好的“茶几”模型。

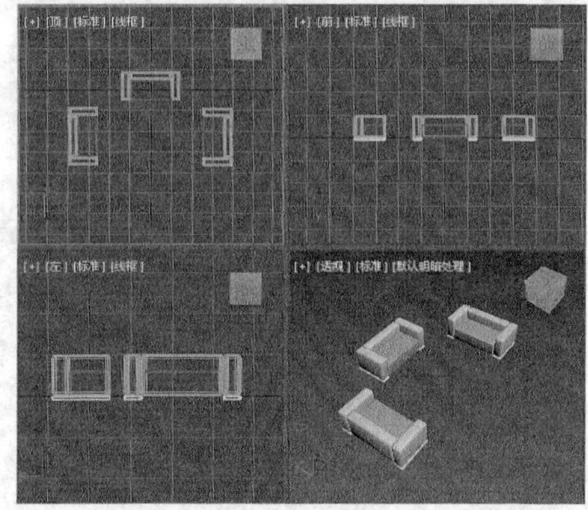

图2-83　复制沙发并移动和旋转

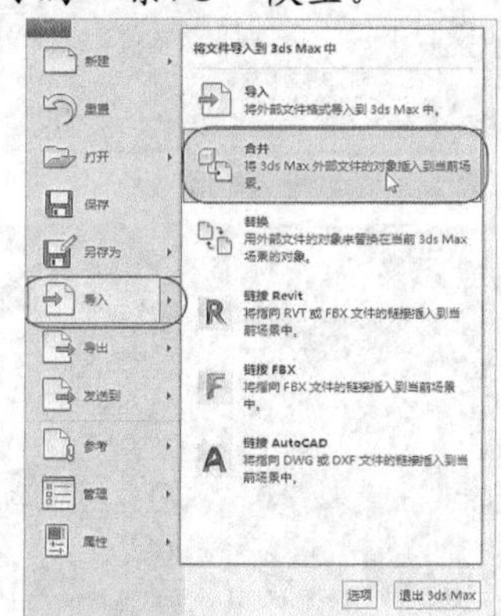

图2-84　菜单操作

(3)　在打开的【合并-茶几】对话框中依次选中全部模型，如图 2-85 所示。再单击 确定 按钮，结果如图 2-86 所示。

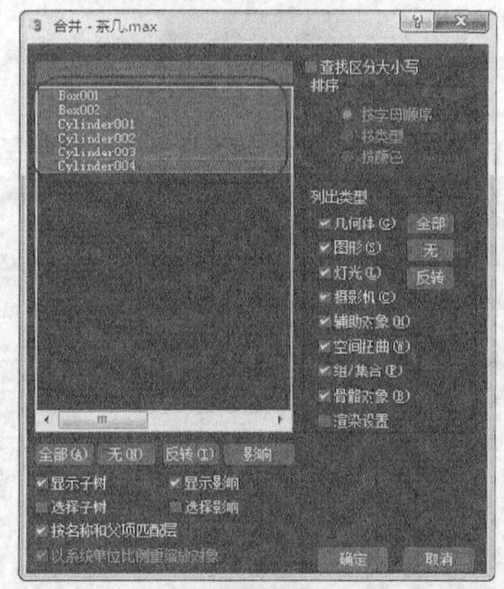

图2-85　复制沙发

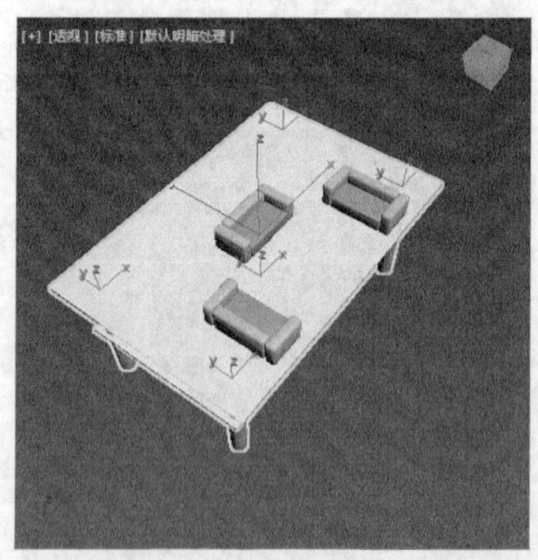

图2-86　导入茶几

> **要点提示**　注意茶几腿的底端所处的平面应与沙发脚的底端在同一平面上，这样可以方便后面创建地面对象。

(4)　由于导入的茶几尺寸明显超出沙发太多，在确保茶几模型选中的状态下单击鼠标右键，如图 2-87 所示。

(5)　在弹出的快捷菜单中选择【缩放】命令，将茶几模型缩放至适当大小，如图 2-88 所示。

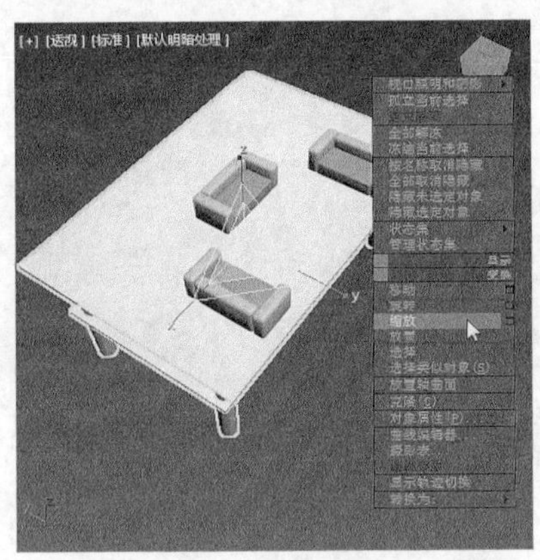

图2-87　弹出快捷菜单

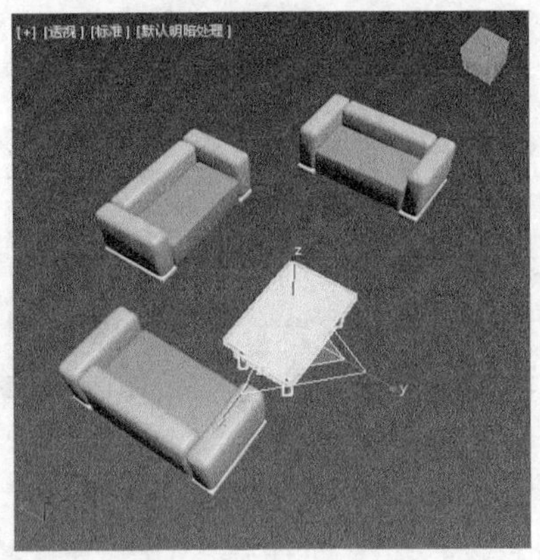

图2-88　缩小茶几

(6) 选择移动工具，将茶几移动到合适的位置，如图 2-89 所示。

4. 制作地面和墙壁。

(1) 单击【创建】面板上的 平面 按钮，创建 4 个平面作为“地面”“天花板”“墙壁”，如图 2-90 所示。

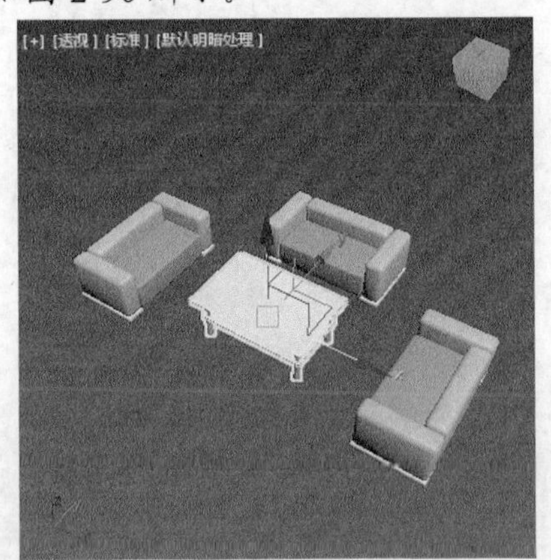

图2-89　创建茶几连接架

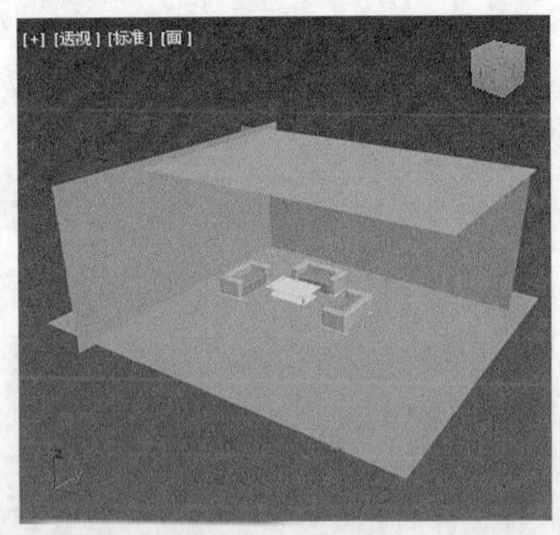

图2-90　创建平面

要点提示 创建平面时，在适当的视图窗口中进行创建可以起到事半功倍的效果。例如，“地面”或“天花板”可在顶视图中创建，而“墙壁”则应在前视图或左视图中创建。

(2) 至此，简易沙发效果制作完成。最终效果如图 2-91 所示。

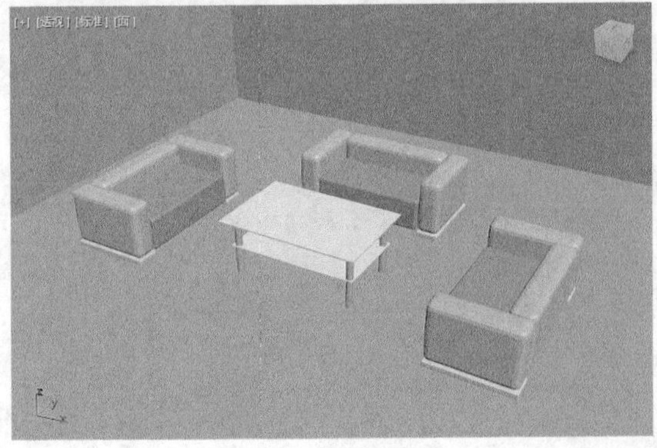

图2-91　最终效果

2.3 习题

1. 标准基本体有哪些类型？使用其建模各有何特点？
2. 设置模型分段数时应注意什么问题？
3. 标准球体和几何球体在用法上有何不同？
4. 扩展几何体有哪些种类？各有何用途？
5. 建筑对象有哪些种类？各有何用途？

第3章　修改器建模

【学习目标】

- 明确修改器的用途。
- 掌握为模型添加修改器的方法和原则。
- 掌握常用修改器的用法。
- 明确对模型进行塌陷操作的意义。

修改器是 3ds Max 的重要设计功能，主要用于改变对象的创建参数，是一种对模型进行精细调整的工具，可以让对象产生丰富的形状变化。修改器为模型的结构设计提供了更加多样的手段，在创建形状特殊的模型时具有强大的优势。

3.1　知识解析

修改器建模是 3ds Max 2017 中非常重要的建模方式，其编辑功能非常灵活、强大，并且易于使用。

3.1.1　修改器概述

创建好一个对象后，即可使用修改器将一个简单的物体变为复杂的物体或用户需要的模型。修改器建模效果如图 3-1 所示。

图3-1　修改器建模的产品

一、　修改面板

在创建模型后，切换到【修改】面板，其主要组成部分如图 3-2 所示。简单地说，修改器就是“修改对象显示效果的工具”，通过选取修改器类型和设置修改器参数可以改变对象的外观，从而获得丰富的设计结果。

(1)　名称。

设置修改对象的名称，如图中的“Box001”。用户在创建模型后，最好养成立即修改对

象名称的习惯，一方面做到“见名知义”，另一方面也方便查找模型。

(2)　颜色。

单击“颜色”按钮，打开【对象颜色】对话框，为对象设置颜色。

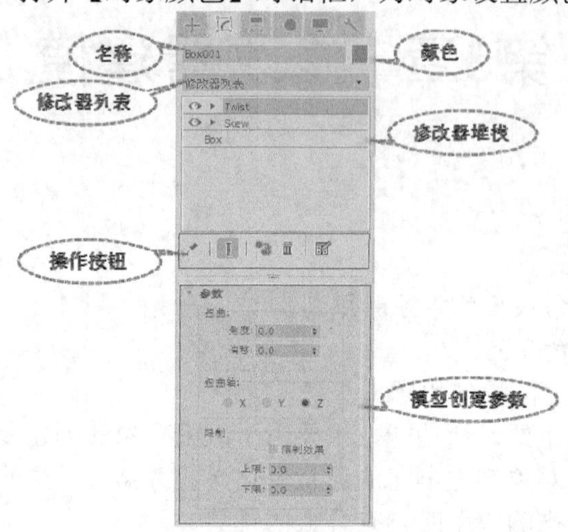

图3-2　修改面板

(3)　修改器列表。

修改器列表为一个下拉列表，其中包含了各种类型的修改器，如图 3-3 所示。

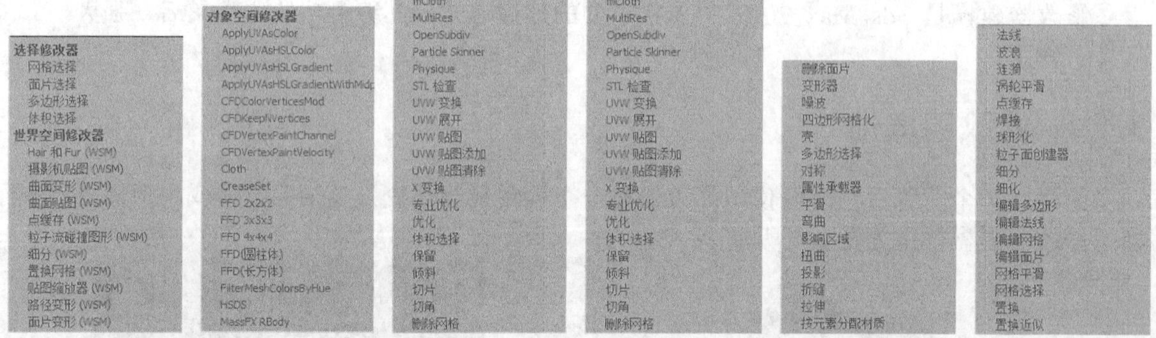

图3-3　修改器列表

(4)　修改器堆栈。

在 3ds Max 2017 中，每一个被创建物体的参数及被修改的过程都会被记录下来，并按照操作顺序显示在修改器堆栈中，修改器堆栈具有以下特点。

- 先执行的操作放置在最下方，后执行的操作放置在列表上方。
- 可以将任意数量的修改器应用到一个或多个对象上，删除修改器，对象的所有更改也将消失。
- 在【修改】面板中可以应用修改器堆栈来查看创建物体过程的记录，并可以对修改器堆栈进行各种操作。
- 拖动修改器在堆栈中的位置，可调整修改器的应用顺序（系统始终按由底到顶的顺序应用堆栈中的修改器），此时对象最终的修改效果将随之发生变化。
- 用鼠标右键单击堆栈中修改器的名称，通过弹出的快捷菜单可以剪切、复制、粘贴、删除或塌陷修改器。

要点提示 单击修改器前面的按钮可以关闭当前修改器，再次单击又可以重新启用；单击修改器前面的按钮可以关闭展开修改器的子层级，然后选择相应的层级进行操作。

(5) 操作按钮。

【修改】面板中常用修改器操作按钮的功能如下。

- （锁定堆栈）：将堆栈锁定到当前选定对象，适用于保持已修改对象的堆栈不变的情况下变换其他对象。
- （显示最终结果开/关切换）：若此按钮为（按下）状态，则视口中显示堆栈中所有修改器应用完毕后的设计效果，与当前在堆栈中选中的修改器无关；若此按钮为（弹起）状态时，则显示堆栈中选定修改器及其以下修改器的最新修改结果。

要点提示 在图 3-4 中，立方体模型上依次添加了【拉伸】（Stretch，使对象轴向伸长）、【锥化】（Taper，使对象尺寸一端增大）、【扭曲】（Twist，使对象绕轴线旋转）和【弯曲】（Bend，使对象沿轴线弯曲）4 个修改器，借助工具可以依次查看各修改器组合应用后的效果。

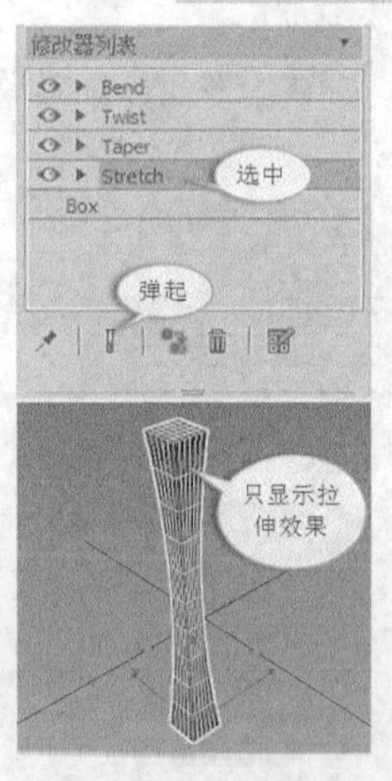

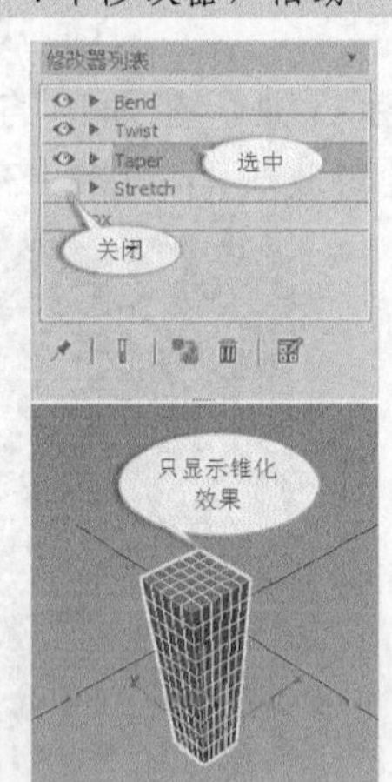

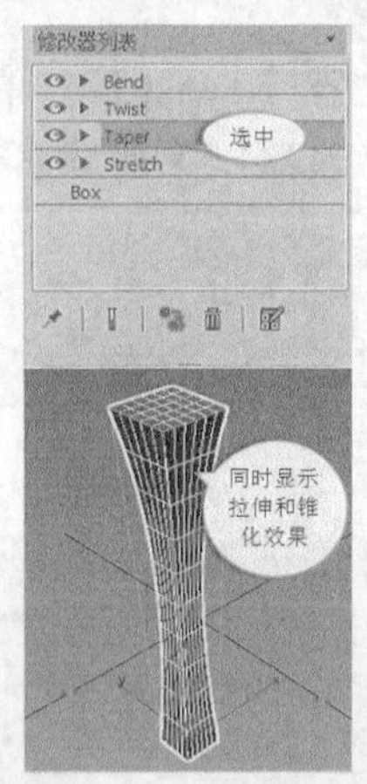

图3-4 显示修改效果

- （使唯一）：将实例化修改器转化为副本，其对于当前对象是唯一的。
- （从堆栈中移除修改器）：删除当前修改器，其应用效果随之消失。
- （配置修改器集）：详细设置修改器配置参数。

二、 塌陷修改器堆栈

塌陷修改器可以将物体转换为可编辑网格，并删除其上的所有修改器，这样可以简化对象的结构，还可以节约内存空间。但是在塌陷修改器之后，不可以再对修改器参数进行调整，也不可以恢复修改器的应用历史。

(1) 塌陷方法。

在选定修改器上单击鼠标右键，在弹出的快捷菜单中有【塌陷到】和【塌陷全部】两个命令，如图 3-5 所示。【塌陷到】命令只塌陷当前选定修改器之前的修改器（这些被塌陷的修改器位于当前修改器列表下方），保留当前修改器上面的所有修改器。

使用【塌陷全部】命令则会塌陷整个修改器堆栈，删除所有修改器，并将整个对象转换为一个可编辑网格物体。

(2) 塌陷操作。

在应用塌陷操作时，会弹出图 3-6 所示的【警告】对话框。单击 暂存(H)/是 按钮可以将当前的状态暂存到【暂存】缓冲区，然后再应用塌陷命令，执行【编辑】/【取回】菜单命令即可恢复到塌陷前的状态；单击 是(Y) 按钮则直接完成塌陷操作，并不可取回；单击 否(N) 按钮则取消本次操作。

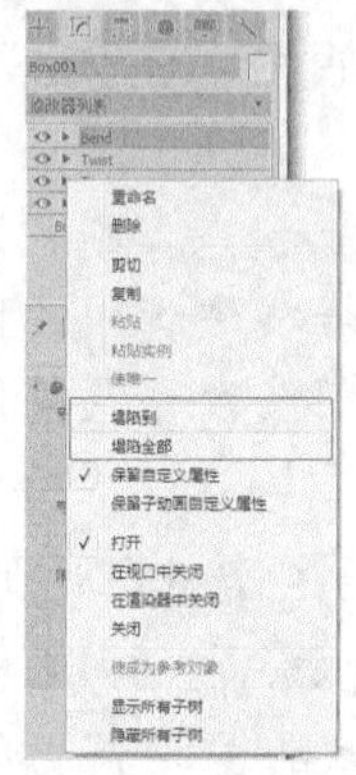

图3-5 塌陷操作

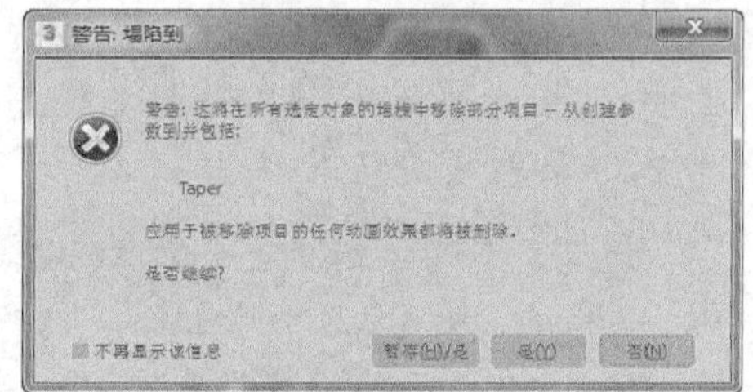

图3-6 【警告】对话框

在图 3-7 中，在修改器【Twist】上单击鼠标右键，在弹出的快捷菜单中选取【塌陷到】命令，则包括 Twist 修改器以下的所有修改器均被塌陷，如图 3-8 所示。

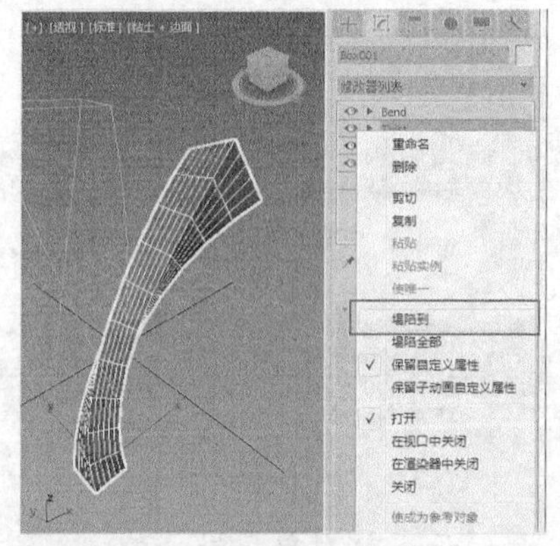

图3-7 【塌陷到】操作

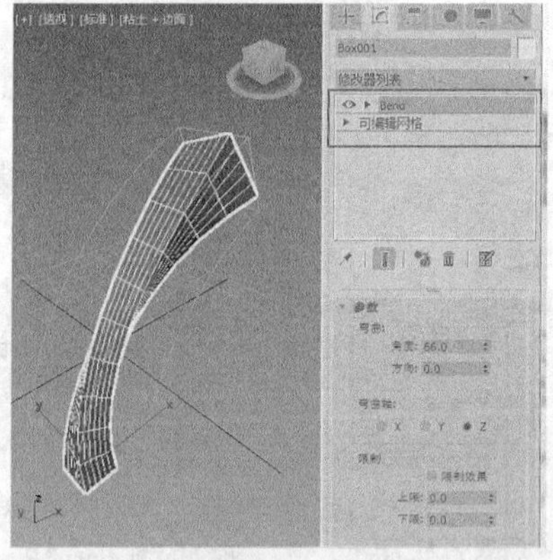

图3-8 塌陷结果

在图 3-9 中，在任一修改器上单击鼠标右键，在弹出的快捷菜单中选取【塌陷全部】命令，则整个模型塌陷为一个可编辑网格物体，如图 3-10 所示。

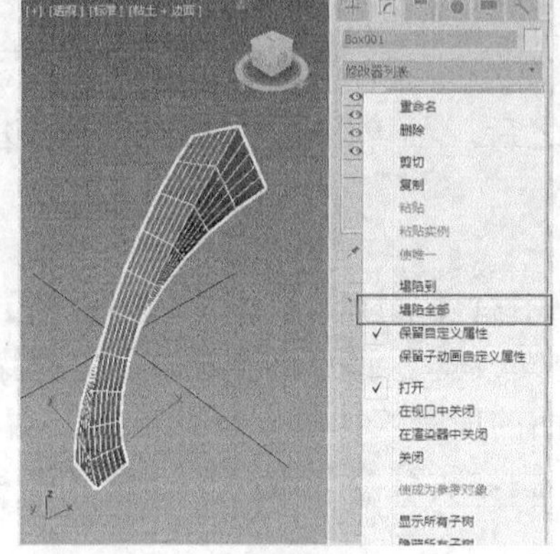

图3-9 【塌陷全部】操作

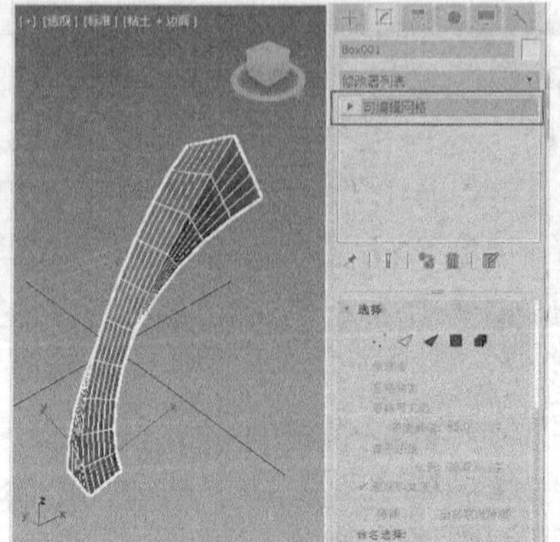

图3-10 塌陷结果

3.1.2 常用修改器

下面介绍 3ds Max 2017 中常用的修改器。

一、【弯曲】修改器

【弯曲】修改器可以让物体发生弯曲变形，用户可以调节弯曲角度和方向及弯曲坐标轴向，还可以将弯曲限制在一定范围内，其应用实例和主要参数分别如图 3-11 和图 3-12 所示。其主要参数和功能如表 3-1 所示。

图3-11 使用【弯曲】修改器制作的楼梯

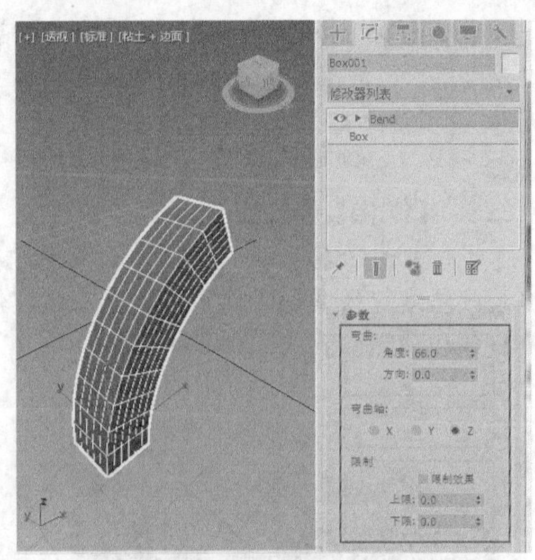

图3-12 【弯曲】修改器参数

表 3-1 【弯曲】修改器常用参数用法

参数		功能	示例
角度		设置弯曲角度大小	
方向		调整弯曲变化的方向	
弯曲轴		设置弯曲的坐标轴向	
限制效果	上限	设置弯曲上限，在此限度以上的区域不会产生弯曲效果	
	下限	设置弯曲下限，在此限度与上限之间的区域都将会产生弯曲效果	

【弯曲】修改器包括两个次层级，即 Gizmo 和中心。对 Gizmo 进行旋转、移动和缩放等变换操作来改变弯曲效果；对中心进行移动操作来改变弯曲中心点，如图 3-13 至图 3-15 所示。

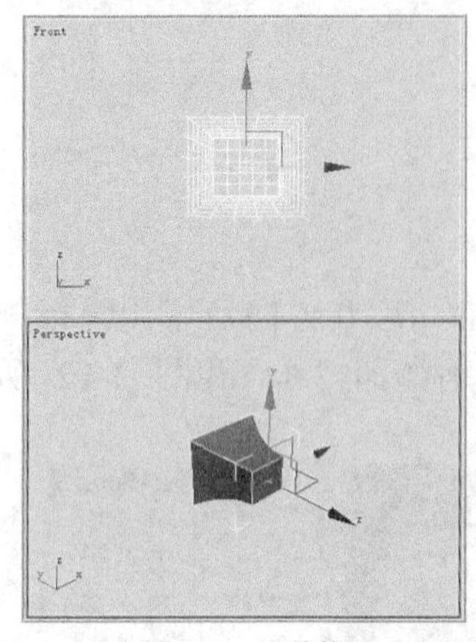

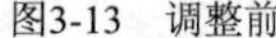
图3-13 调整前

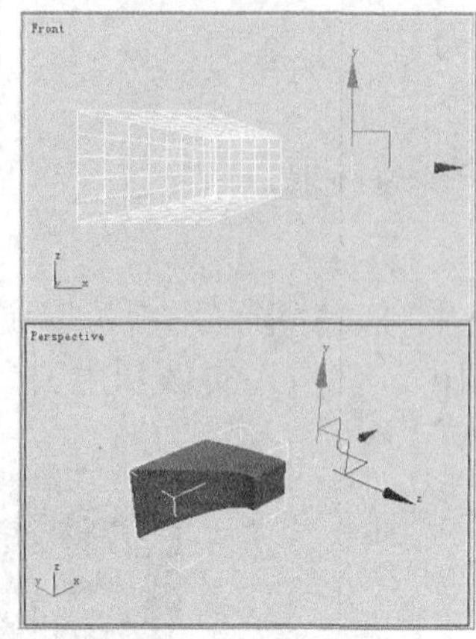

图3-14 移动 Gizmo

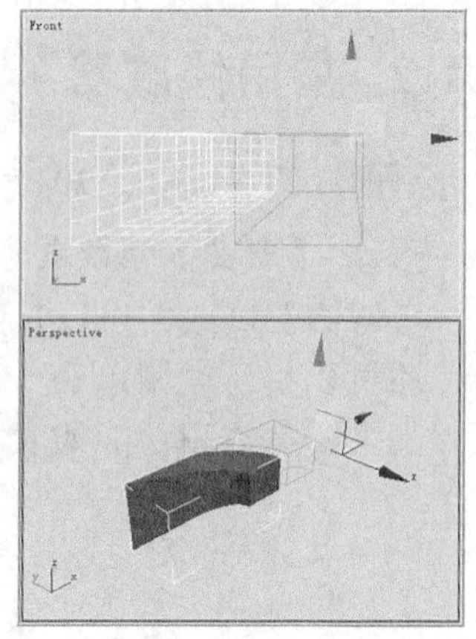

图3-15 移动中心

二、【锥化】修改器

【锥化】修改器可以缩小物体的两端，从而产生锥形轮廓，用户可以设置锥化曲线轮廓曲度及倾斜度等来调整锥化效果，其应用实例和主要参数分别如图 3-16 和图 3-17 所示。其主要参数和功能如表 3-2 所示。

图3-16 使用【锥化】修改器制作的台灯

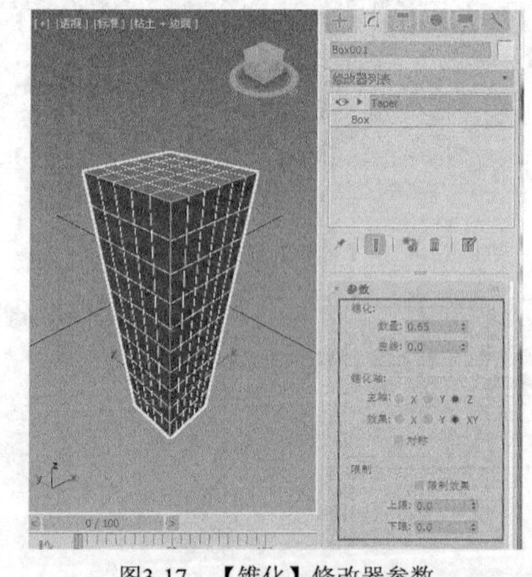

图3-17 【锥化】修改器参数

表 3-2 【锥化】修改器常用参数用法

参数		功能	示例
数量		设置锥化倾斜的程度	
曲线		设置锥化曲线的弯曲程度	
锥化轴		选择发生锥化的坐标轴向	
限制效果	上限	设置锥化上限，在此限度以上的区域不会产生锥化效果	
	下限	设置锥化下限，在此限度与上限之间的区域都将会产生锥化效果	

数量用于设置锥化倾斜程度，缩放扩展的末端，是一个相对值；曲线用于设置锥化曲线的弯曲程度，正值会沿着锥化侧面产生向外的曲线，负值产生向内的曲线，值为 0 时侧面不变。

三、【扭曲】修改器

【扭曲】修改器可以让物体产生类似“麻花”状的扭曲效果，可以分别控制 3 个坐标轴上的扭曲角度，其应用实例和主要参数分别如图 3-18 和图 3-19 所示。其主要参数和功能如表 3-3 所示。

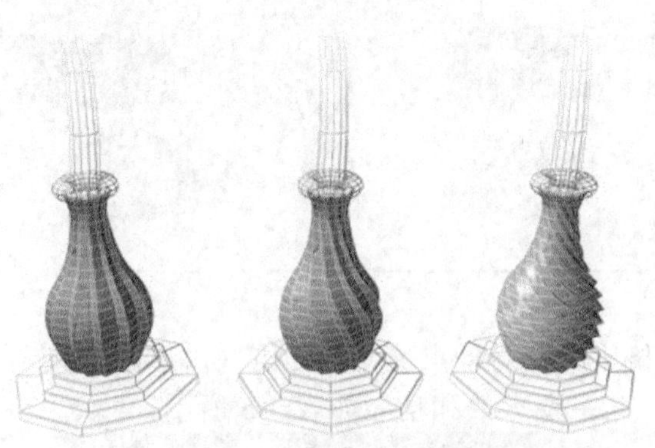

图3-18 使用【扭曲】修改器制作的花瓶

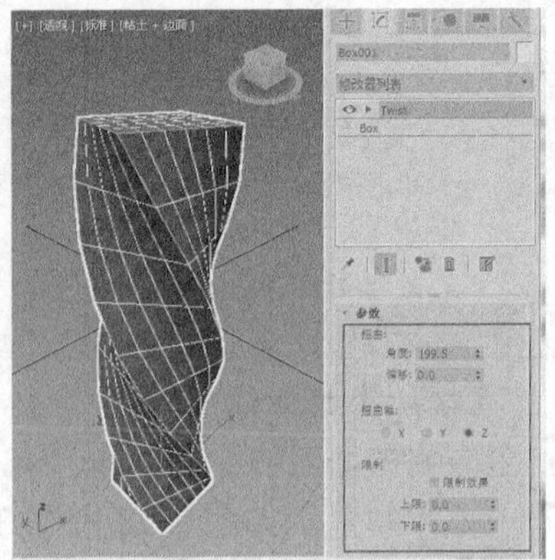

图3-19 【扭曲】修改器参数

表 3-3 【扭曲】修改器常用参数用法

参数		功能	示例
角度		设置扭曲角度的大小	扭曲: 角度: 170.0 偏移: 80.0；扭曲: 角度: 170.0 偏移: 0.0；扭曲: 角度: 170.0 偏移: -50.0
偏移		设置扭曲向上或向下的偏向度	
扭曲轴		选择发生扭曲的坐标轴向	
限制效果	上限	设置扭曲上限，在此限度以上的区域不会产生扭曲效果	
	下限	设置扭曲下限，在此限度与上限之间的区域都将会产生扭曲效果	

四、【拉伸】修改器

【拉伸】修改器可以让物体沿着拉伸轴向伸长，同时中部产生挤压变形的效果，与传统将物体拉长的效果类似，其应用实例和主要参数分别如图 3-20 和图 3-21 所示。其主要参数和功能如表 3-4 所示。

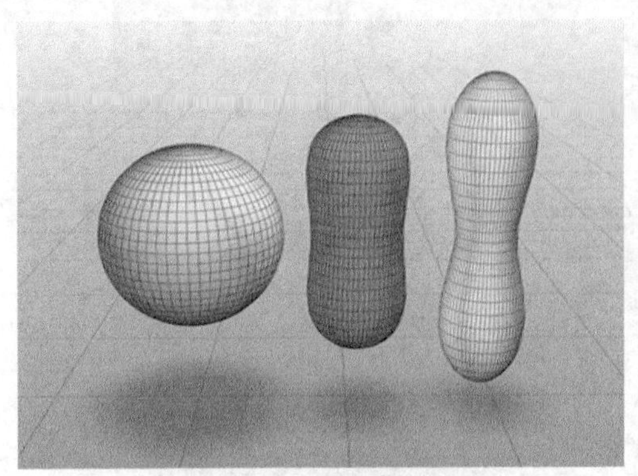

图3-20 【拉伸】修改器应用实例

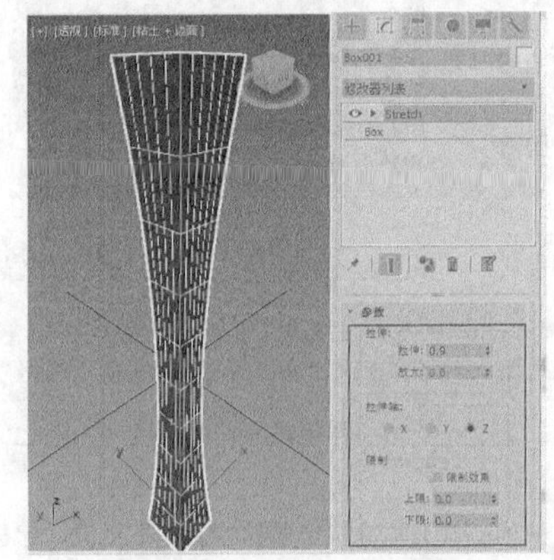

图3-21 【拉伸】修改器参数

表 3-4　　【拉伸】修改器常用参数用法

参数		功能	示例
拉伸	拉伸	设置拉伸的强度，其值越大，伸展效果越明显	
	放大	设置拉伸时模型中部扩大变形的程度	
拉伸轴		选择发生拉伸的坐标轴向	
限制效果	上限	设置拉伸上限，在此限度以上的区域不会产生拉伸效果	
	下限	设置拉伸下限，在此限度与上限之间的区域都将会产生拉伸效果	

五、　【挤压】修改器

【挤压】修改器可以让物体产生挤压效果。挤压时，与轴点最接近的点向内移动，其应用实例和主要参数分别如图 3-22 和图 3-23 所示。其主要参数和功能如表 3-5 所示。

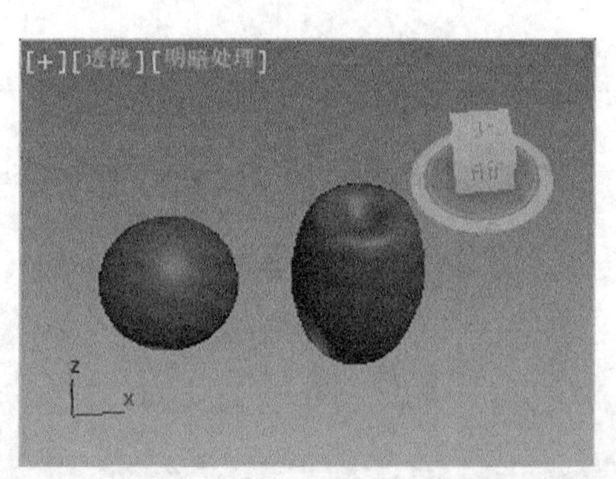

图3-22　【挤压】修改器应用实例

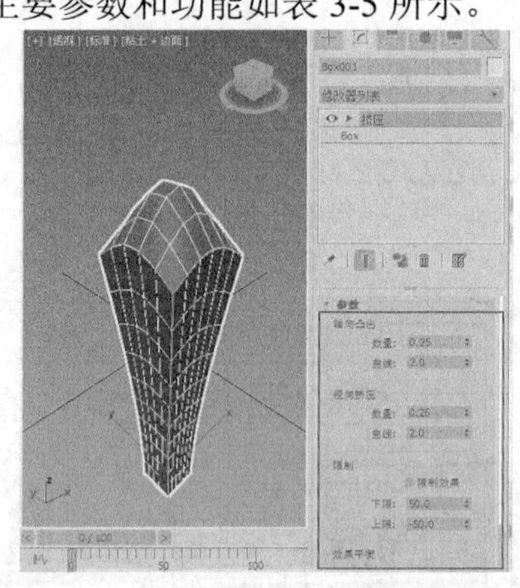
图3-23　【挤压】修改器参数

表 3-5　　【挤压】修改器常用参数用法

参数		功能	示例
轴向凸出	数量	控制凸起效果，数量越多时，效果越显著，并能使末端向外弯曲	数量:0 数量:1 数量:2
	曲线	设置凸起末端的曲率大小	
径向挤压	数量	大于 0 时将压缩对象中部；小于 0 时中部外凸。其值越大，效果越显著	曲线:0.5 曲线:5 曲线:50
	曲线	其值较小时，挤压效果尖锐；其值较大时，挤压效果平缓	
限制效果	上限	设置挤压上限，在此限度以上的区域不会产生挤压效果	体积：10 体积：50
	下限	设置挤压下限，在此限度与上限之间的区域都将会产生挤压效果	
效果平衡	偏移	在对象恒定体积的前提下更改凸起与挤压的相对数量	
	体积	增大或减小“挤压”或“凸起”效果	

六、【噪波】修改器

【噪波】修改器可以让物体产生凹凸不平的效果，可以用来制作山地或表面不光滑的物体，其应用实例和主要参数分别如图 3-24 和图 3-25 所示。其主要参数和功能如表 3-6 所示。

图3-24 使用【噪波】修改器制作的山地

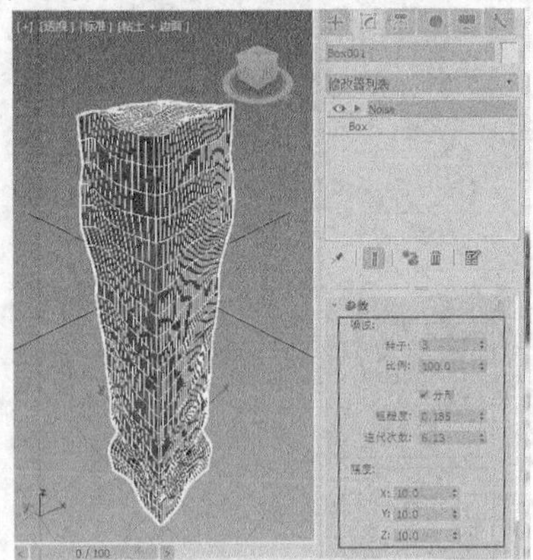

图3-25 【噪波】修改器参数

表 3-6 【噪波】修改器常用参数用法

参数		功能	示例
噪波	种子	设置一个随机起始点，种子不同，凹凸效果发生的位置和效果也不同	
	比例	设置噪波影响（非强度）的大小。其值较大时，噪波较平滑；其值较小时，噪波较尖锐	
	分形	选中后产生分形效果，形成更加细小和显著的噪波	
	粗糙度	设置分形变化的程度，其值越低，效果越精细	
	迭代次数	迭代次数越少，分形效果越不明显，噪波效果越平滑	
强度		设置强度后才会产生噪波效果，可以在 *x*、*y* 和 *z* 等 3 个方向设置强度	
动画	动画噪波	调节【噪波】和【强度】参数的组合效果	
	频率	设置噪波的速度，频率越高，噪波振动越快；频率越低，噪波越平滑、温和	
	相位	设置波形的起始点和结束点	

对修改器进行操作时通常都要占用内存，为了节约内存，要灵活应用【塌陷】操作。塌陷操作通常在模型修改完毕不再需要继续调整时进行。塌陷操作后，物体将转换为多边形物体或网格物体。

七、【置换】修改器

【置换】修改器是以力场的形式来推动和重塑对象的几何外形，其应用实例和主要参数

分别如图 3-26 和图 3-27 所示。其各项参数的作用如表 3-7 所示。

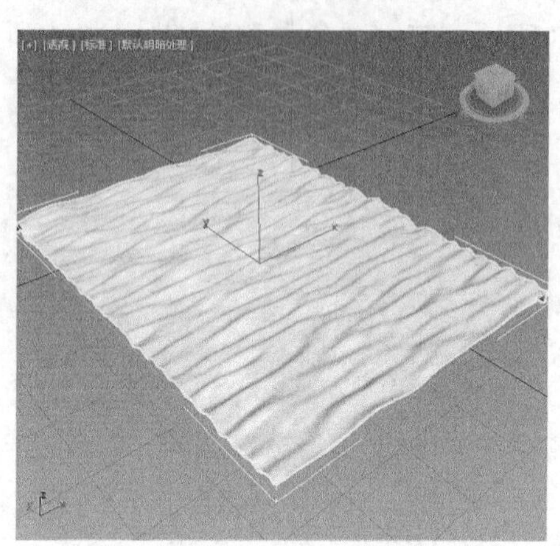

图3-26　使用【置换】修改器模拟海面

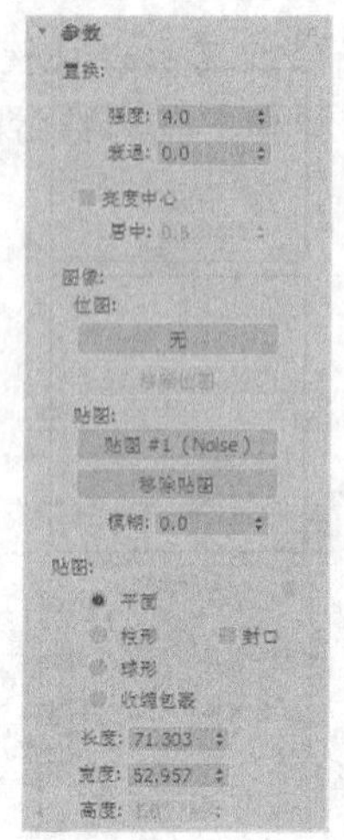

图3-27　【置换】修改器参数

表 3-7　【置换】修改器参数

参数组	参数	作用
置换	强度	设置置换强度，其值为 0 时将不产生效果
	衰退	设置后，置换强度会随着距离变化而衰减
	亮度中心	设置作为 0 置换值的灰度值，选中后可以设置其下的【居中】参数
图像	位图	单击 无 按钮加载位图
	贴图	单击 无 按钮加载贴图
	无	删除指定的位图
	移除贴图	删除指定的贴图
	模糊	模糊或柔化位图的置换效果
贴图	平面	以单独的平面对贴图进行投影
	柱形	以环绕在圆柱体上的方式对贴图进行投影。选择【封口】复选项可以从圆柱体的末端投射贴图副本
	球形	从球体出发对贴图进行投影，位图边缘在球体两极的交汇处均为奇点
	收缩包裹	与【球形】相似，也从球体投射贴图，但投射时会截取贴图的各个角，然后在一个单独的奇点处将它们全部结合在一起，在底部创建一个奇点
	长度/宽度/高度	指定置换 Gizmo 的边界框尺寸，其中【高度】值对【平面】贴图无影响
	U/V/W 向平铺	设置位图沿 *U/V/W* 方向重复的次数
	翻转	沿着相应的 *U/V/W* 轴翻转贴图的方向
	使用现有贴图	为对象应用贴图后，置换使用堆栈中较早的贴图设置
	应用贴图	将置换 *UV* 贴图应用到绑定对象

续表

参数组	参数	作用
通道	贴图通道	指定 *U*/*V*/*W* 通道用来贴图，其后面的文本框用来设置通道数量
	顶点颜色通道	启用后可以对贴图使用顶点颜色通道
对齐	*X*/*Y*/*Z*	选择对齐方式，可以沿着 *x*/*y*/*z* 轴对齐
	适配	缩放 Gizmo 以适应对象的边界框大小
	居中	相对于对象中心来调整 Gizmo 中心
	位图适配	单击该按钮打开【选择图像】对话框，可以缩放 Gizmo 来适配选定位图的纵横比
	法线对齐	按照曲面法线对齐对象
	视图对齐	使 Gizmo 指向视图的方向
	区域适配	在指定区域适配对象
	重置	将 Gizmo 恢复到默认值
	获取	选择另一个对象并获得其置换 Gizmo 设置

【基础训练】——制作“海面”效果

本例将介绍如何使用【置换】与【噪波】修改器来制作海面效果，如图 3-28 所示。

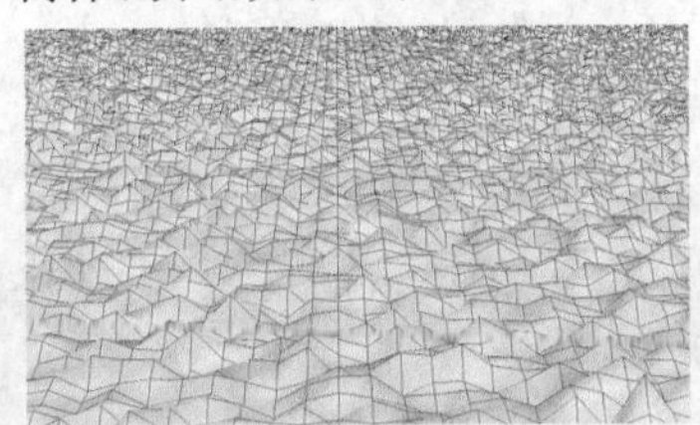

图3-28　制作“海面”效果

【操作步骤】

1. 创建平面。

(1) 在【创建】面板中使用 平面 工具在顶视图中创建一个平面，如图 3-29 所示。

(2) 单击按钮切换到【修改】面板，在【参数】卷展栏下设置【长度】为“200”、【宽度】为“300”、【长度分段】和【宽度分段】均为“400”，具体参数及平面效果如图 3-30 所示。

图3-29　创建平面

图3-30　修改参数

2. 设置贴图。

(1) 为平面加载一个【置换】修改器，然后在【参数】卷展栏下设置【强度】为“3.8”，如图 3-31 所示。

(2) 在图 3-31 底部的【贴图】通道上单击 无 按钮，在弹出的【材质/贴图浏览器】对话框中选择【噪波】贴图，如图 3-32 所示。

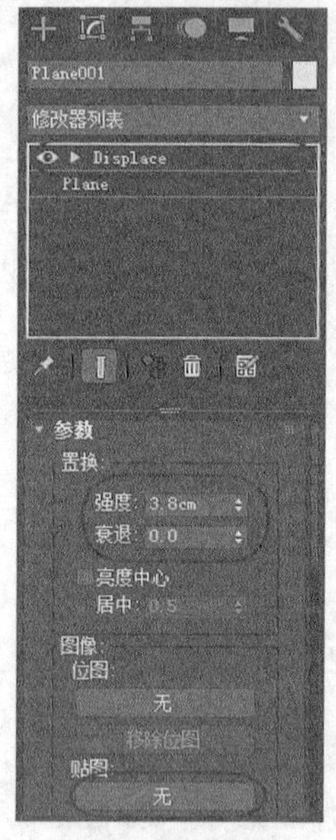

图3-31　添加修改器

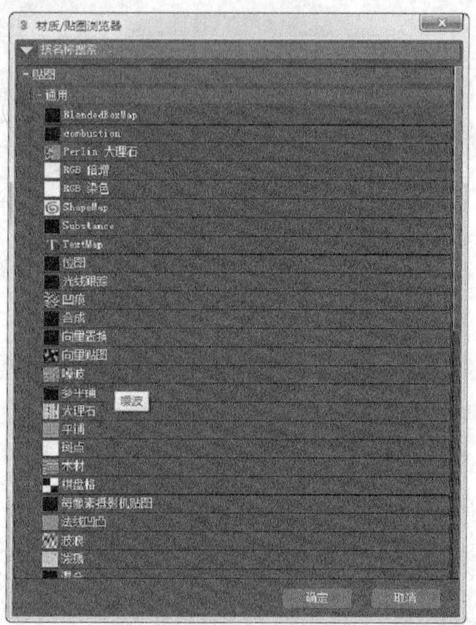

图3-32　添加贴图

3. 添加材质。

(1) 按 M 键打开【材质编辑器】窗口，将【贴图】通道中的【噪波】贴图拖曳到一个空白材质球上，在弹出的【实例(副本)贴图】对话框中设置【方法】为【实例】，如图 3-33 所示。

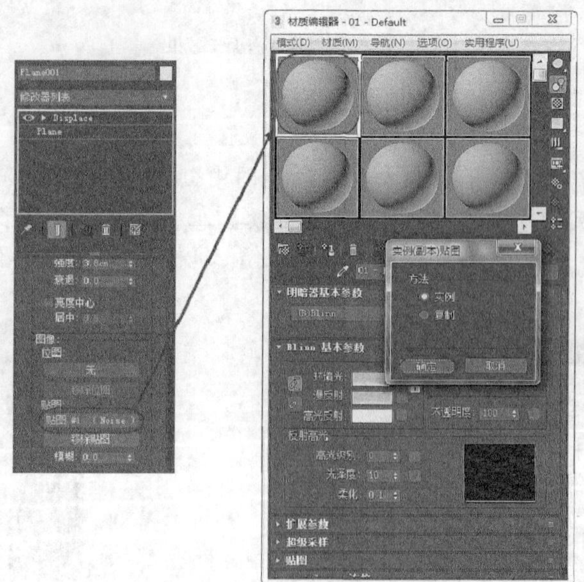

图3-33　添加材质

(2) 展开【坐标】卷展栏，设置【瓷砖】的【X】为“40”、【Y】为“160”、【Z】为“1”。

(3) 展开【噪波参数】卷展栏，设置【大小】为“55”，如图 3-34 所示。最终效果如图 3-35 所示。

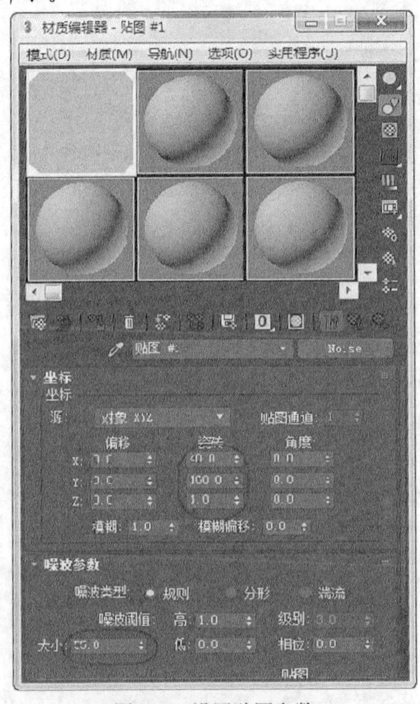

图3-34　设置贴图参数

图3-35　最终效果

八、【FFD】修改器

【FFD】修改器的作用是使用晶格包围选中的对象，通过调整晶格的控制点，可以改变封闭几何体的形状，其应用实例和主要参数分别如图 3-36 和图 3-37 所示。其各项参数的作用如表 3-8 所示。

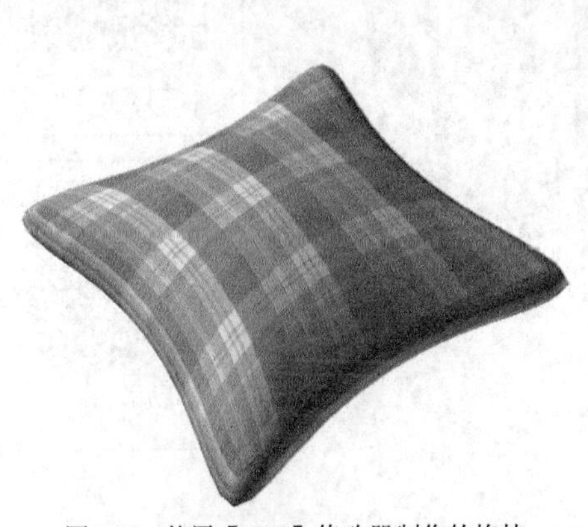

图3-36　使用【FFD】修改器制作的抱枕

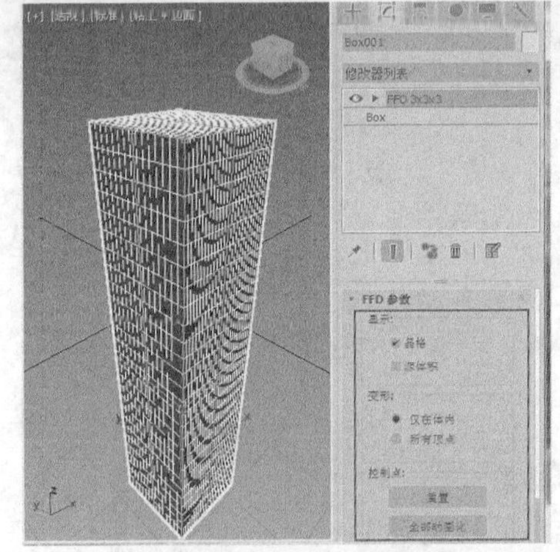

图3-37　【FFD】修改器参数

【FFD】修改器根据控制点的不同可分为【FFD 2×2×2】【FFD 3×3×3】和【FFD 4×4×4】3 种形式，根据形状的不同又可分为【FFD(长方体)】和【FFD(圆柱体)】两种形式。

表 3-8　　常用的【FFD】修改器参数

参数	作用
晶格	选择该复选项，将显示晶格的线框；否则只显示控制点
源体积	选择该复选项，调整控制点时只改变物体的形状，不改变晶格的形状
仅在体内	选中该单选项，只有位于 FFD 晶格内的部分才会受到变形影响
所有顶点	选中该单选项，对象的所有顶点都受到变形影响，不管它们位于 FFD 晶格的内部还是外部
重置	将所有控制点恢复到原始状态
全部动画化	将控制器指定给所有控制点，使其在轨迹视图中可见
与图形一致	在对象中心控制点位置之间沿直线方向延长线条，将每一个 FFD 控制点移到修改对象的交叉点上
内部点	仅控制受 与图形一致 影响的对象内部的点
外部点	仅控制受 与图形一致 影响的对象外部的点
偏移	设置控制点偏移对象曲面的距离

3.2　实战训练

下面结合实例介绍修改器的基本用法。

3.2.1　从零开始——制作“中式屏风”

本例通过绘制多个样条线，并对样条线进行修剪，然后添加【挤出】修改器来制作屏风的外形。本案例主要讲解了二维图形的绘制、调整方法与技巧。最终效果如图 3-38 所示。

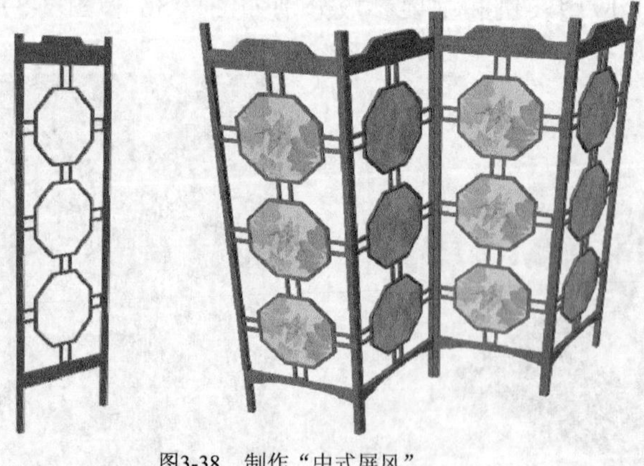

图3-38　制作“中式屏风”

本例视频 1

本例视频 2

【操作步骤】

1.　制作屏风的支架 1。

(1)　创建矩形，如图 3-39 所示。

①　单击 按钮切换到【创建】面板。

②　单击 按钮切换到【图形】面板。

③ 单击 矩形 按钮。

④ 在前视图中按住鼠标左键并拖曳鼠标光标，创建一个矩形。

(2) 设置矩形参数，如图 3-40 所示。

① 选中创建的矩形。

② 单击按钮切换到【修改】面板。

③ 在【参数】卷展栏中设置矩形的【长度】为“220”、【宽度】为“10”。

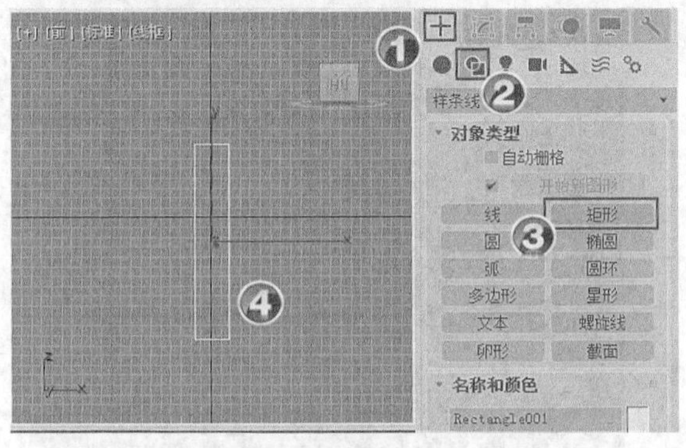

图3-39 创建矩形

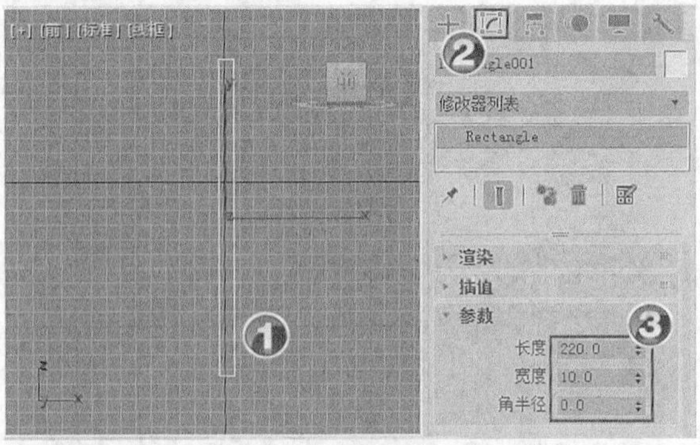

图3-40 设置矩形参数

(3) 创建多边形，如图 3-41 所示。

① 单击按钮切换到【创建】面板。

② 单击按钮切换到【图形】面板。

③ 单击 多边形 按钮。

④ 在前视图中创建一个多边形。

(4) 设置多边形参数，如图 3-42 所示。

① 选中创建的多边形。

② 单击按钮切换到【修改】面板。

③ 在【参数】卷展栏中设置多边形的【半径】为“30”、【边数】为“8”。

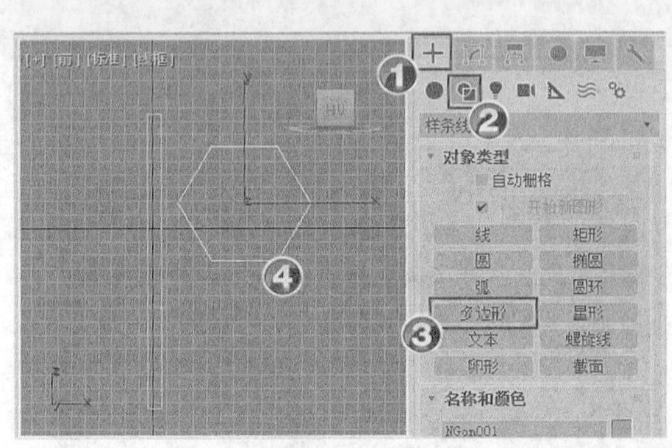

图3-41 创建多边形

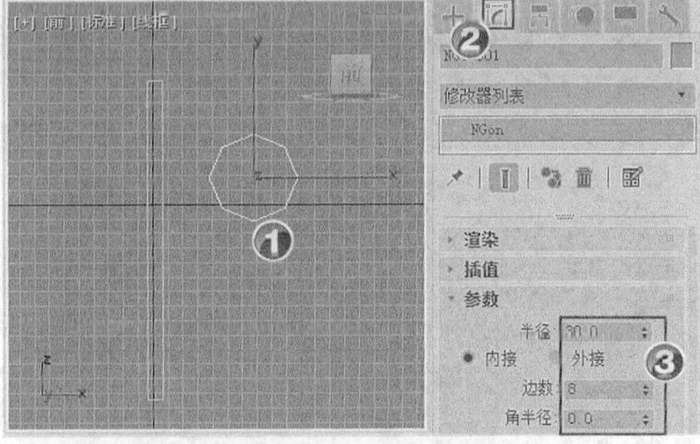

图3-42 设置多边形参数

(5) 旋转多边形，如图 3-43 所示。

① 选中场景中的多边形。

② 在工具栏中单击按钮。

③ 旋转多边形，使其底边平行于水平面。

(6) 对齐多边形，如图 3-44 所示。

① 选中场景中的多边形。

② 在工具栏中单击按钮。

③ 单击拾取前面绘制的矩形，打开【对齐当前选择】对话框。

④ 在【对齐当前选择】对话框中选择【X 位置】【Y 位置】和【Z 位置】复选项，然后选中【当前对象】分组框中的【轴点】选项和【目标对象】分组框中的【轴点】单选项。

⑤ 单击 确定 按钮，使多边形对齐到矩形的中心。

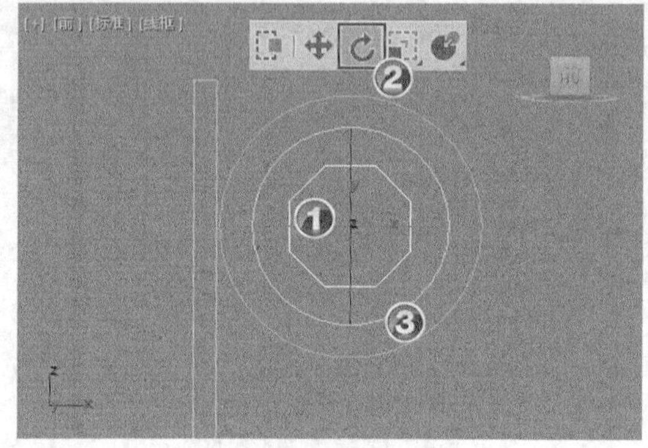

图3-43　旋转多边形

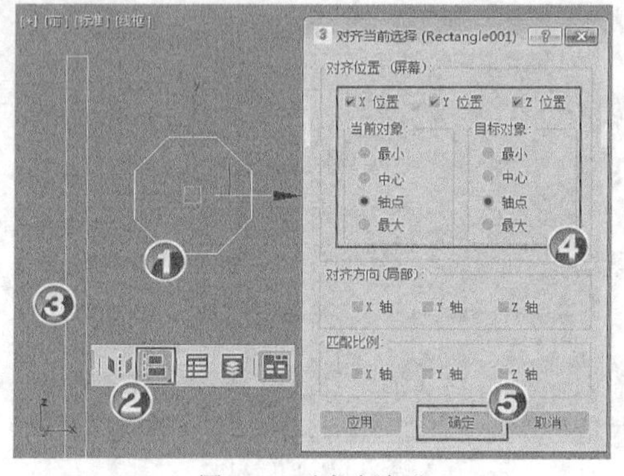

图3-44　对齐多边形

(7) 复制多边形，如图 3-45 所示。

① 选中场景中的多边形，按住 Shift 键向上移动多边形，即可弹出【克隆选项】对话框。

② 在【克隆选项】对话框中选中【复制】单选项。

③ 设置【副本数】为“2”。

④ 单击 确定 按钮，完成复制。

⑤ 移动 3 个多边形，使其在矩形上分布间隔相等。

2.　制作屏风的支架 2。

(1)　再次创建矩形，如图 3-46 所示。

① 按照上面的方法在前视图中创建一个矩形。

② 在【参数】卷展栏中设置矩形的【长度】为“10”、【宽度】为“80”。

③ 让矩形对齐多边形的中心。

④ 复制出两个矩形，并分别对齐到另外两个多边形的中心。

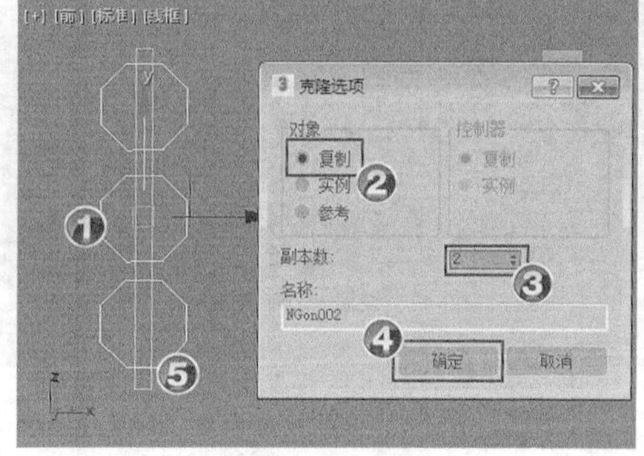

图3-45　复制多边形

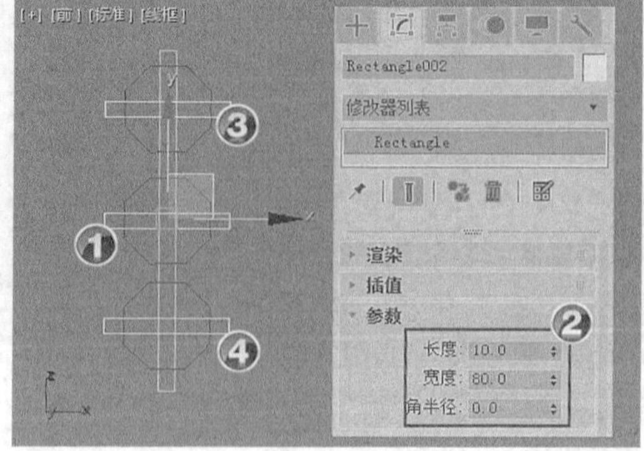

图3-46　再次创建矩形

(2) 转换为可编辑样条线，如图 3-47 所示。

① 选中图 3-46 中创建的矩形。

② 单击鼠标右键，在弹出的快捷菜单中选择【转换为】/【转换为可编辑样条线】命令，将矩形转换为可编辑样条线。

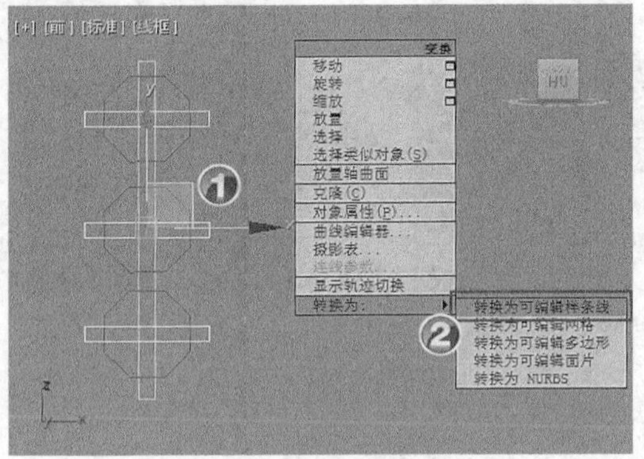

图3-47　转换为可编辑样条线

(3) 附加矩形，如图 3-48 所示。

① 选中转换为可编辑样条线的矩形。

② 单击 按钮切换到【修改】面板。

③ 在【几何体】卷展栏中单击 附加多个 按钮，弹出【附加多个】对话框。

④ 在【附加多个】对话框中按住 Shift 键选中所有的对象。

⑤ 单击 附加 按钮，将所有的图形附加在一起。

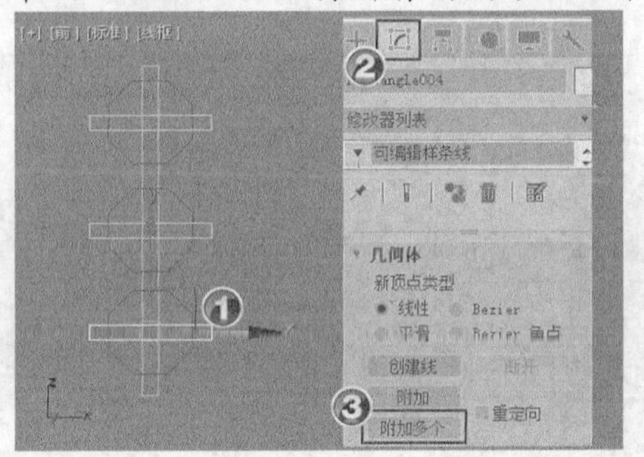

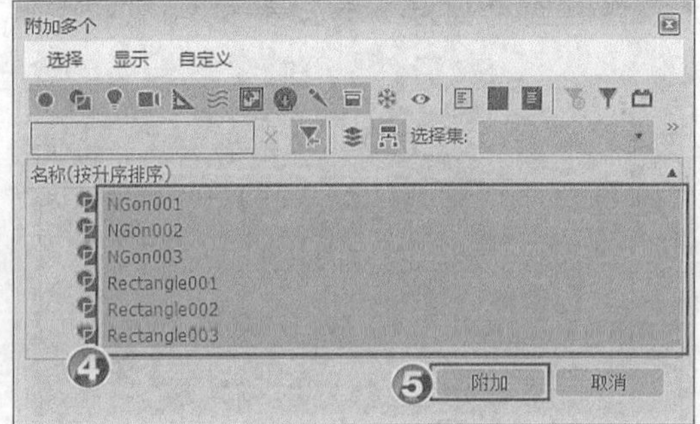

图3-48　附加矩形

(4) 修剪样条线，如图 3-49 所示。

① 选中场景中的样条线。

② 单击 按钮切换到【修改】面板。

③ 单击展开修改器堆栈中的【可编辑样条线】选项。

④ 选择【样条线】子对象层级。

⑤ 单击【几何体】卷展栏中的 修剪 按钮。

⑥ 逐个单击剪切掉中间部分的样条线。

(5) 创建轮廓，如图 3-50 所示。

① 在场景中框选所有的样条线。

② 在【几何体】卷展栏中设置【轮廓】值为“2”。

③ 单击【几何体】卷展栏中的 轮廓 按钮，即可创建轮廓。

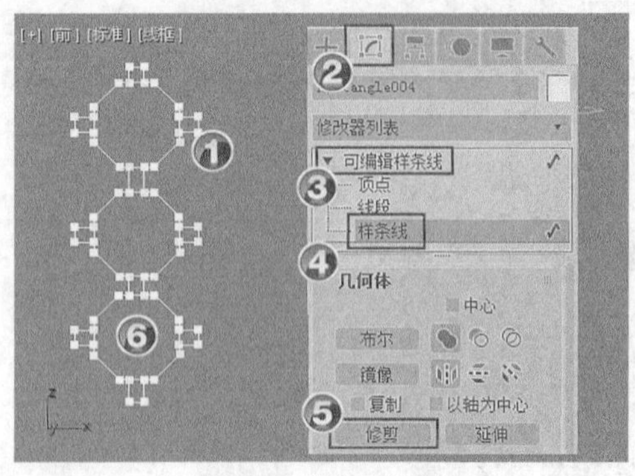

图3-49　修剪样条线

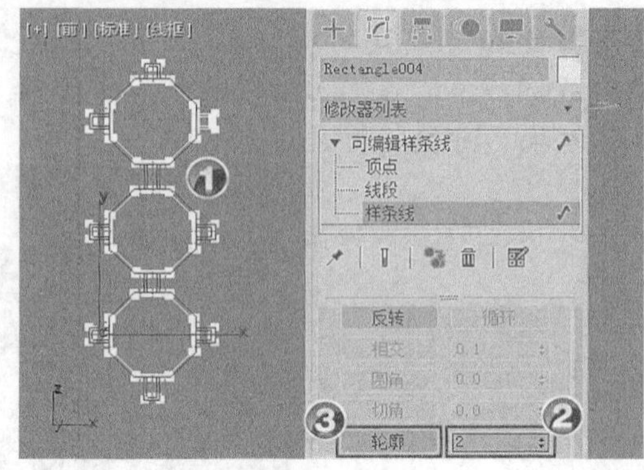

图3-50　创建轮廓

(6) 挤出图形，如图 3-51 所示。

① 将视图上的对象命名为“支架”。

② 在【修改器列表】中选择【挤出】命令，为“支架”添加【挤出】修改器。

③ 在【参数】卷展栏中设置【数量】为“2”。

3. 制作屏风的左右轮廓 1。

(1) 创建长方体，如图 3-52 所示。

① 单击按钮切换到【创建】面板。

② 单击按钮切换到【标准基本体】面板。

③ 单击 长方体 按钮。

④ 在前视图中创建一个长方体。

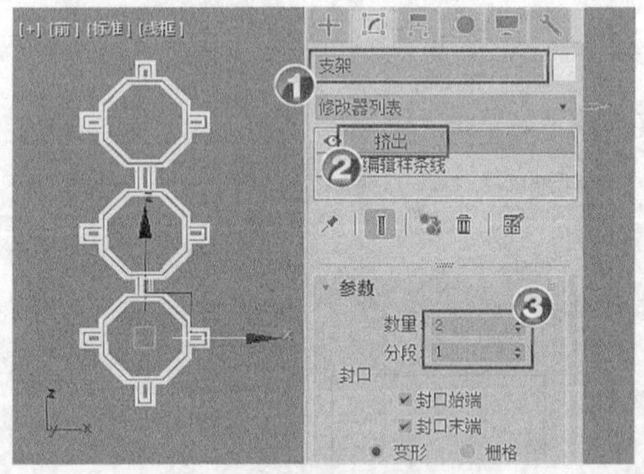

图3-51　挤出图形

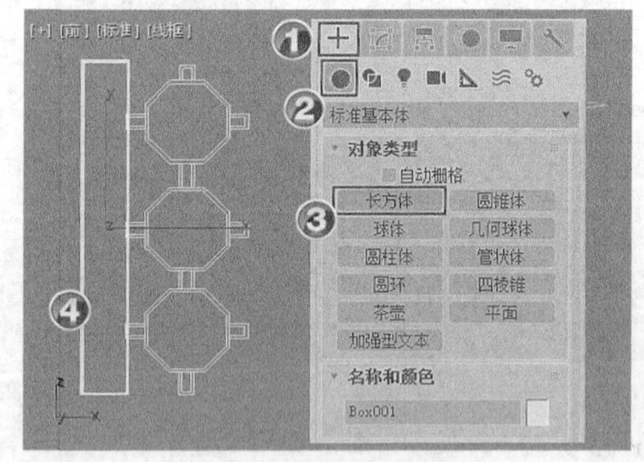

图3-52　创建长方体

(2) 设置长方体参数并复制长方体，如图 3-53 所示。

① 选中创建的长方体。

② 单击按钮切换到【修改】面板。

③ 在【参数】卷展栏中设置长方体的【长度】为“280”、【宽度】为“4”、【高度】为“4”。

④ 将长方体移至支架的边缘，然后复制出一个长方体，移至支架另一边的边缘。

(3) 创建矩形并转换可编辑样条线，如图 3-54 所示。

① 在前视图中创建一个矩形，并移至支架的顶部。

② 在【参数】卷展栏中设置矩形的【长度】为“10”、【宽度】为“80”。

③ 选中矩形，单击鼠标右键，在弹出的快捷菜单中选择【转换为】/【转换为可编辑样条线】命令，将矩形转换为可编辑样条线。

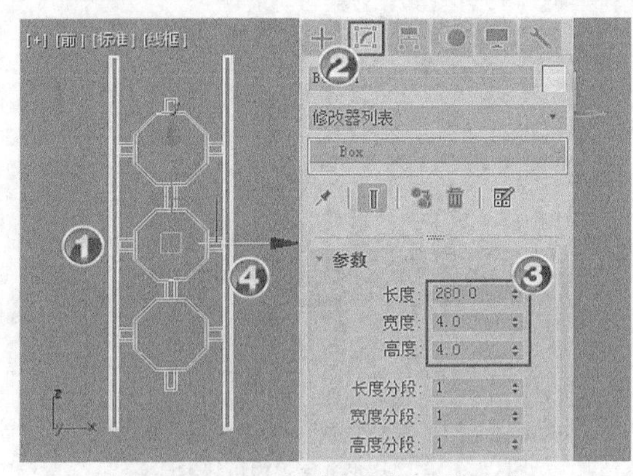

图3-53 设置长方体参数并复制长方体

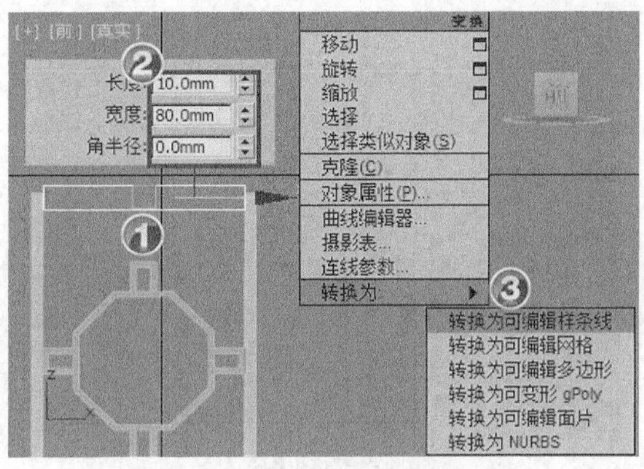

图3-54 创建矩形并转换为可编辑样条线

(4) 添加顶点，如图 3-55 所示。

① 选中转换后的可编辑样条线。

② 单击按钮切换到【修改】面板。

③ 展开【可编辑样条线】选项，进入【顶点】子对象层级。

④ 在【几何体】卷展栏中单击 优化 按钮。

⑤ 在矩形上边上单击添加 4 个顶点。

(5) 调整矩形形状，如图 3-56 所示。

① 框选中间的两个顶点。

② 拖动鼠标光标向上移动选中的顶点。

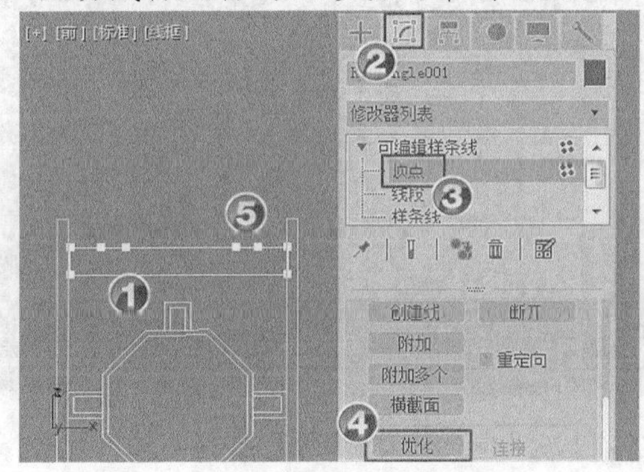

图3-55 添加顶点

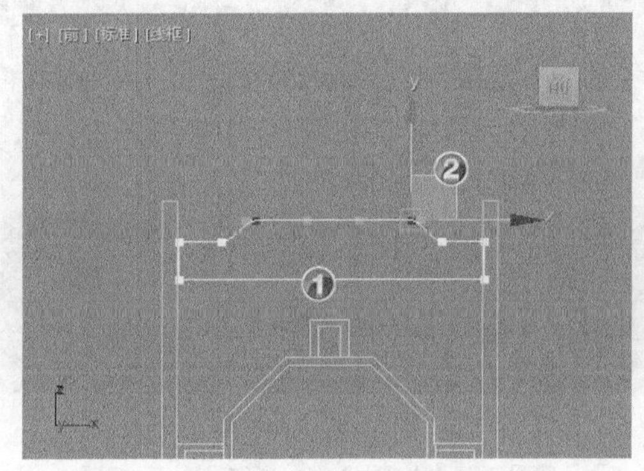

图3-56 调整矩形形状

(6) 挤出图形，如图 3-57 所示。

① 选中调整后的矩形。

② 在【修改】面板中添加【挤出】修改器。

③ 在【参数】卷展栏中设置【数量】为“3”。

4. 制作屏风的左右轮廓 2。

(1) 创建矩形，如图 3-58 所示。

① 在前视图中创建一个矩形，并移至支架的底部。

② 在【参数】卷展栏中设置矩形的【长度】为“10”、【宽度】为“80”。

③ 选中矩形，单击鼠标右键，在弹出的快捷菜单中选择【转换为】/【转换为可编辑样条线】命令，将矩形转换为可编辑样条线。

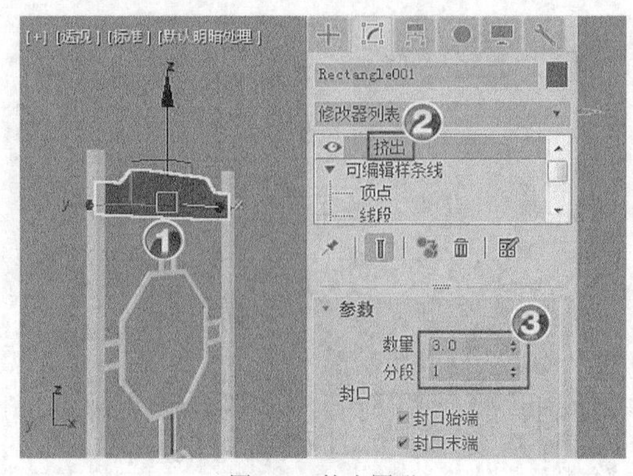

图3-57　挤出图形

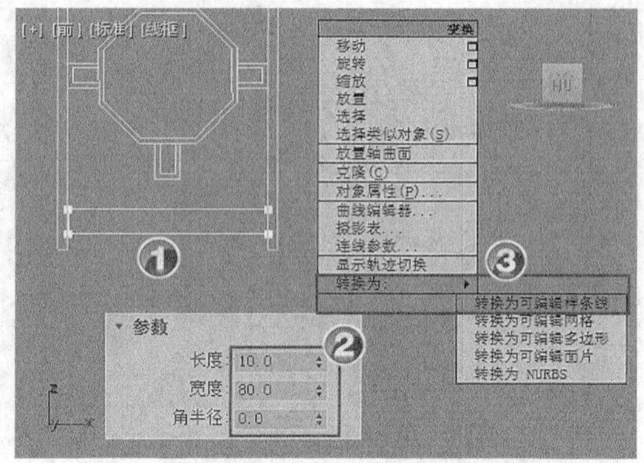

图3-58　创建矩形并转换为可编辑样条线

(2) 添加顶点，如图 3-59 所示。

① 选中转换后的可编辑样条线。

② 单击 按钮切换到【修改】面板。

③ 展开【可编辑样条线】选项，进入【顶点】子对象层级。

④ 单击【几何体】卷展栏中的 优化 按钮。

⑤ 在矩形底边单击添加 6 个顶点。

(3) 逐个选中添加的顶点，然后向上移动，使其形成阶梯状，如图 3-60 所示。

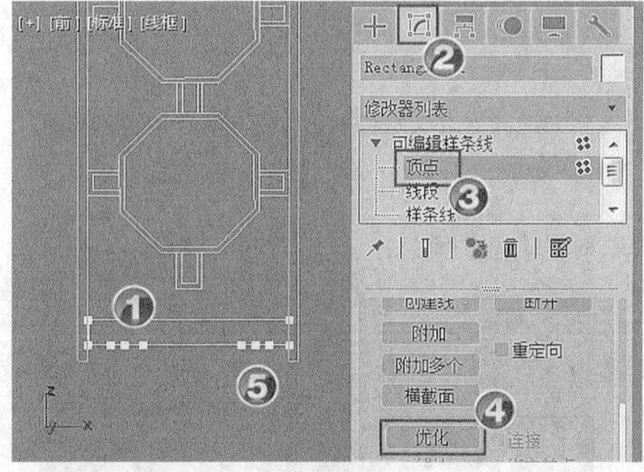

图3-59　添加顶点

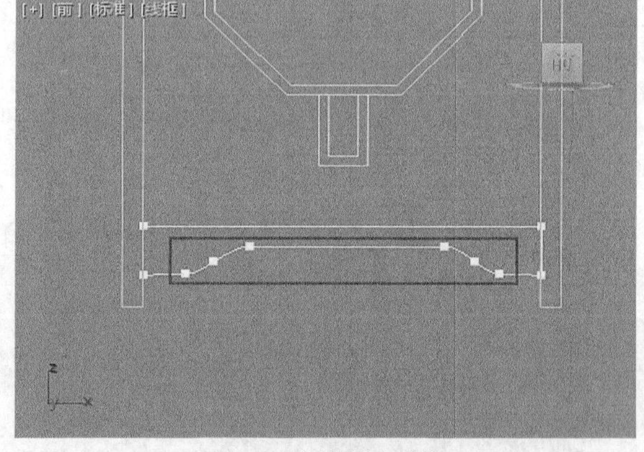

图3-60　调整矩形形状

(4) 挤出图形，如图 3-61 所示。

① 选中步骤（3）创建的矩形。

② 在【修改】面板中添加【挤出】修改器。

③ 在【参数】卷展栏中设置【数量】为“3”。

5.　制作画布。

(1)　创建多边形，如图 3-62 所示。

① 单击 按钮切换到【创建】面板。

② 单击 多边形 按钮。

③ 在前视图中绘制一个多边形。

④ 在【参数】卷展栏中设置多边形的【半径】为“28”、【边数】为“8”。

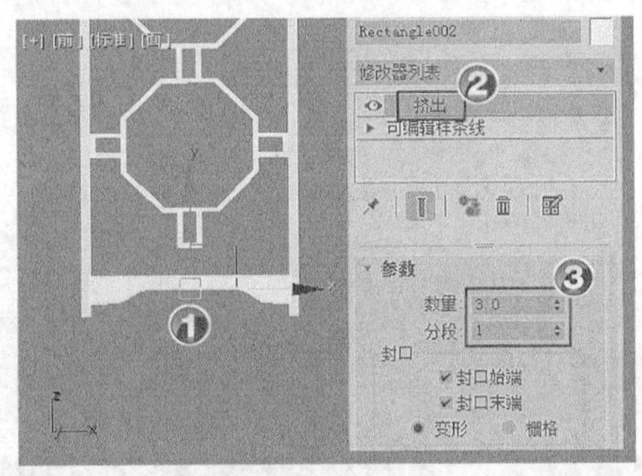

图3-61　挤出图形

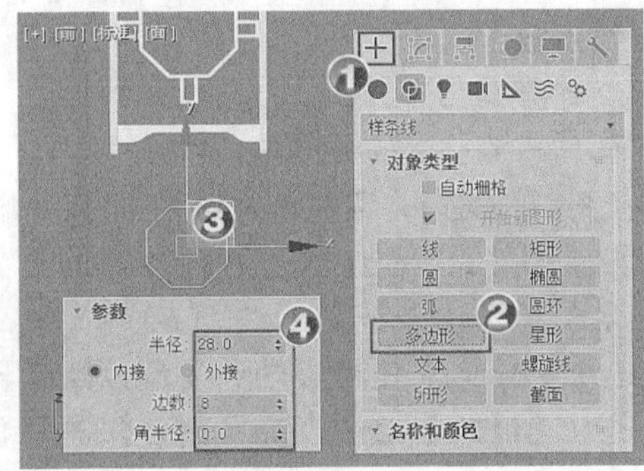

图3-62　创建多边形

(2) 挤出多边形，如图 3-63 所示。

① 在【修改】面板中添加【挤出】修改器。

② 在【参数】卷展栏中设置【数量】为“0.5”。

③ 复制出两个多边形，并分别将 3 个多边形放置到支架的 3 个方框中。

(3) 将创建好的屏风进行复制，然后组合到一起，结果如图 3-64 所示。

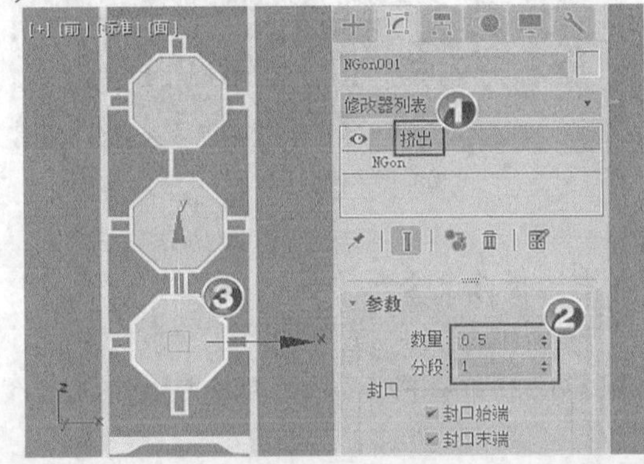

图3 63　挤出多边形

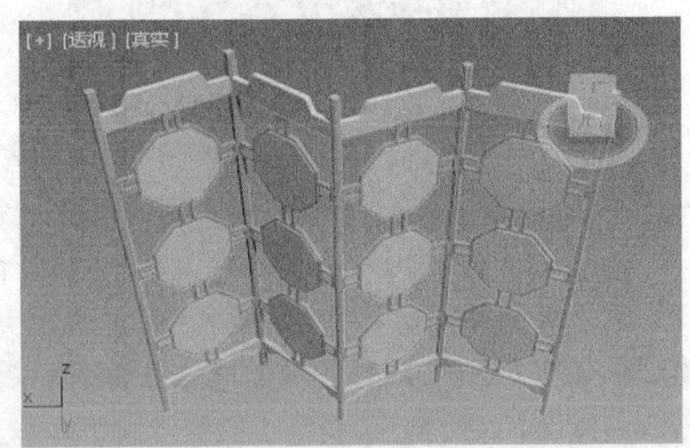

图3-64　屏风制作效果

(4) 保存场景文件到指定目录，本案例制作完成。

3.2.2 课堂实训——制作“蘑菇”

本例视频

本例使用【布尔】运算工具初步制作出蘑菇的三维模型，再由【FFD4×4×4】和【FFD3×3×3】修改器调整出蘑菇的真实效果，如图 3-65 所示。

图3-65　制作“蘑菇”

【操作步骤】

1.　制作蘑菇上部。

(1)　创建半球体，如图 3-66 所示。

①　使用 几何球体 工具在顶视图中创建一个几何球体。

②　在【修改】面板中设置几何球体的大小参数。

(2)　复制半球体，如图 3-67 所示。

①　选中半球体，使用移动和复制方法复制一个副本。

②　进入【修改】面板设置复制对象的参数。

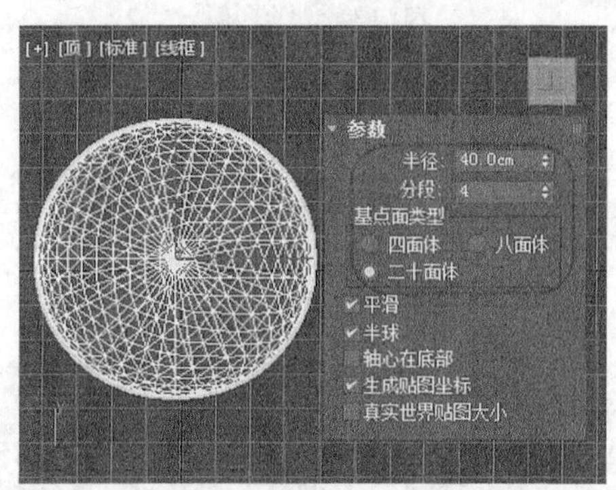

图3-66　创建半球体

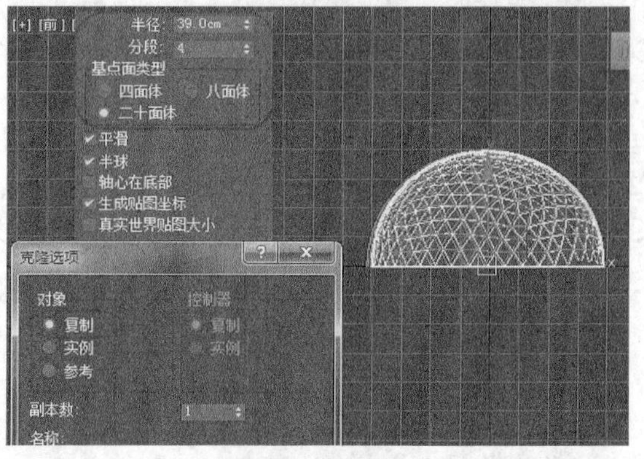

图3-67　复制半球体

(3)　对两半球体进行【布尔】运算，如图 3-68 所示。

①　在【几何体】选项卡的【标准基本体】下拉列表中选择【复合对象】选项。

②　选中大的半球体，单击 布尔 按钮。

③　在【布尔参数】卷展栏中单击 添加运算对象 按钮，然后在场景中拾取小半球体进行布尔运算。

要点提示　布尔运算可以对两个实体进行组合和切割，最后获得理想的结构和形状，是一种复合建模工具，其相关用法将在第 5 章详细介绍。

(4)　添加【融化】修改器，如图 3-69 所示。

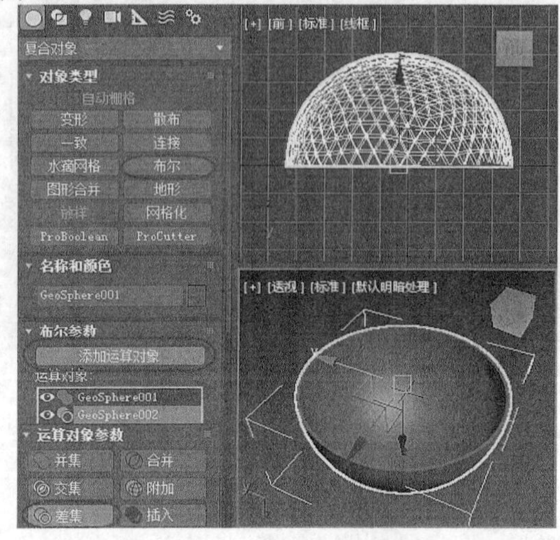

图3-68　进行【布尔】运算

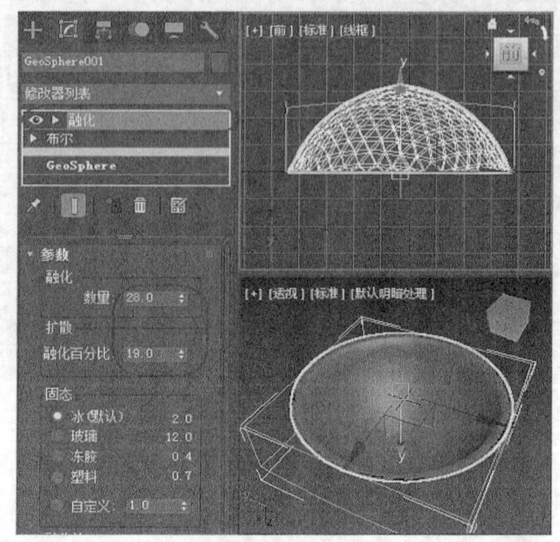

图3-69　添加【融化】修改器

① 在【修改】面板中为蘑菇上部添加【融化】修改器。

② 在【参数】卷展栏中设置【数量】值为“28”、【融化百分比】为“19”。

(5) 添加【FFD4×4×4】修改器，如图 3-70 所示。

① 在【修改】面板中为蘑菇上部添加【FFD4×4×4】修改器，选择【控制点】子层级。

② 使用【移动】工具拖动控制点，调整蘑菇的形状。

2. 制作蘑菇梗。

(1) 创建圆柱体，如图 3-71 所示。

① 在顶视图中创建一个圆柱体。

② 在【修改】面板中设置圆柱体的大小参数。

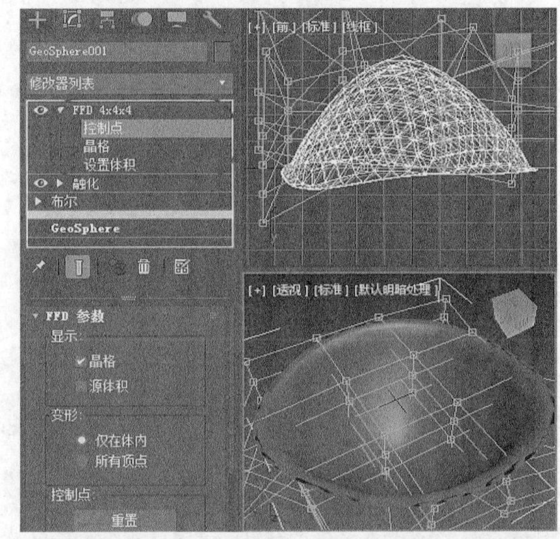

图3-70 添加【FFD 4×4×4】修改器

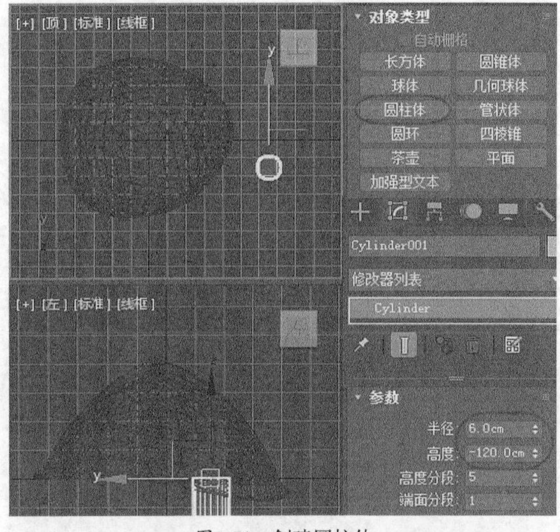

图3-71 创建圆柱体

(2) 添加【FFD 3×3×3】修改器，如图 3-72 所示。

① 在【修改】面板中为圆柱体添加【FFD 3×3×3】修改器，选择【控制点】子层级。

② 使用【移动】工具拖动控制点使圆柱体弯曲，呈蘑菇梗状。返回【FFD3×3×3】修改器层级，使用【移动】工具将蘑菇梗移至适当位置。

(3) 将制作好的蘑菇复制几个，如图 3-73 所示。

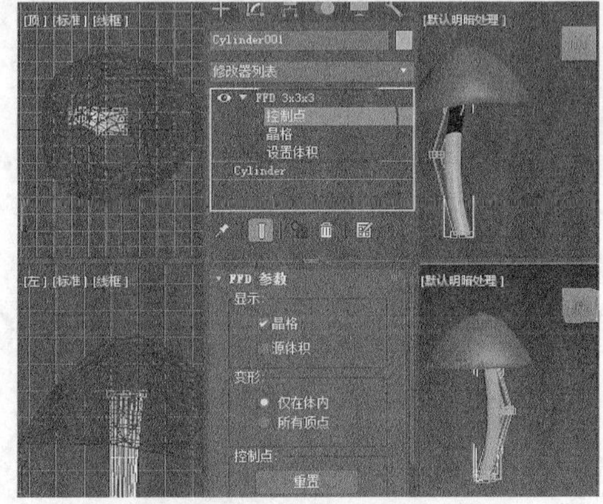

图3-72 添加【FFD 3×3×3】

图3-73 复制蘑菇

(4) 按 Ctrl+S 组合键保存场景文件到指定目录，本案例制作完成。

3.3 习题

1. 修改器的主要用途是什么？
2. 什么是修改器堆栈？有何用途？
3. 可以对一个对象使用多个修改器吗？
4. 为对象添加修改器的顺序不同，其结果会有区别吗？
5. 将修改器塌陷有什么意义？需要注意什么问题？

第4章　二维建模

【学习目标】

- 明确二维图形的基本用途。
- 掌握常用二维图形的创建方法。
- 掌握常用二维图形的编辑方法。
- 掌握常用二维修改器的用法。

二维建模是指利用二维图形生成三维模型的建模方法。二维建模是 3ds Max 2017 建模中具有技巧性的建模方法，能使三维设计更加多样化、灵活化。本章将详细介绍二维图形的创建和编辑方法以及利用二维图形建模的方法。

4.1　知识解析

使用二维图形创建细节更丰富、结构更细致的三维模型。

4.1.1　二维建模概述

二维建模的主要流程：创建二维图形→编辑二维图形→将其转换为三维模型，如图 4-1 所示。因此，二维图形的创建和编辑是三维建模的基础。

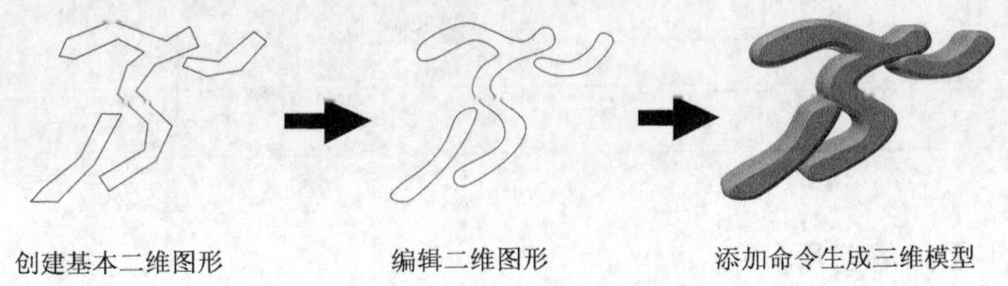

图4-1　二维建模到三维建模的流程

一、　二维图形的类型

二维图形的创建是通过图形创建面板来完成的，如图 4-2 所示。使用面板上的工具按钮创建出来的对象都可以称为二维图形。

3ds Max 2017 为用户提供的图形有基本二维图形和扩展二维图形两类。

(1)　基本二维图形。

基本二维图形是指一些几何形状图形对象，有线、矩形、圆、椭圆、弧、圆环、多边形、星形、文本、螺旋线、卵形和截面 12 种对象类型，如图 4-3 所示。

(2)　扩展二维图形。

扩展二维图形是对基本二维图形的一种补充，包括 NURBS 曲线和扩展样条线两类，如

图 4-4 和图 4-5 所示。

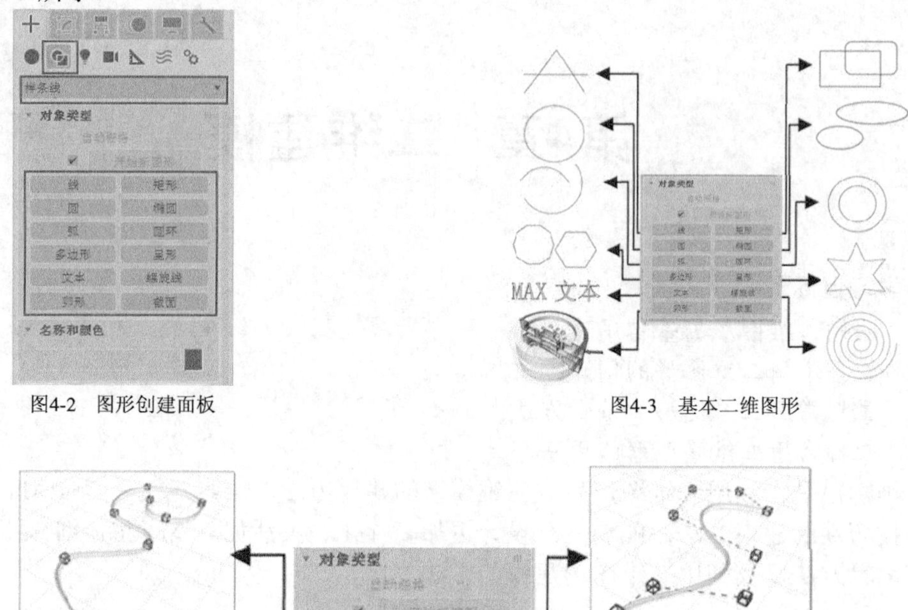

图4-2　图形创建面板　　图4-3　基本二维图形

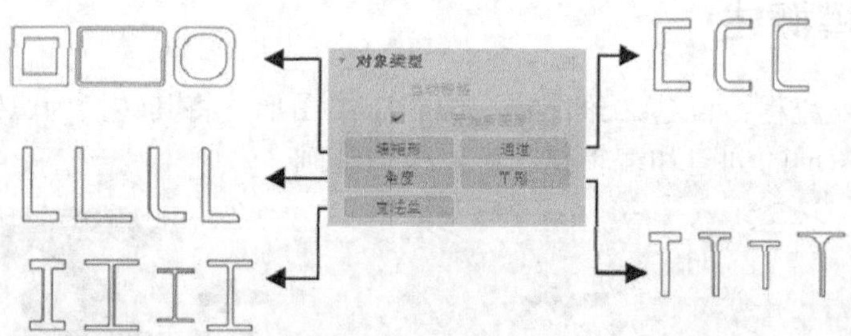

图4-4　NURBS 曲线

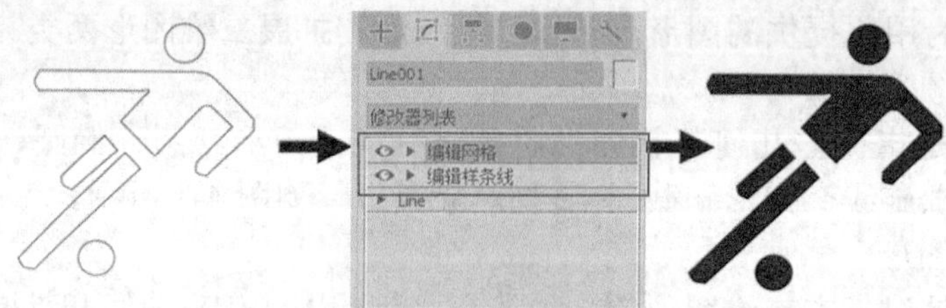

图4-5　扩展样条线

二、　二维图形的应用

二维图形在 3ds Max 2017 中的应用主要表现在以下 4 个方面。

(1)　作为平面和线条物体。

对于封闭图形，可以添加【编辑网格】修改器将其变为无厚度的薄片物体，用作地面、文字图案和广告牌等，如图 4-6 所示，还可以对其进行点面设置，产生曲面造型。

图4-6　添加【编辑网格】修改器制作广告牌

(2) 作为【挤出】【车削】和【倒角】等修改器加工成型的截面图形。

- 【挤出】修改器可以将图形增加厚度，产生三维框，如图 4-7（a）所示。
- 【车削】修改器可以将曲线进行中心旋转放样，产生三维模型，如图 4-7（b）所示。
- 【倒角】修改器可以将二维图形进行挤出成型的同时在边界上加入线性或弧形倒角，从而创建带倒角的三维模型，如图 4-7（c）所示。

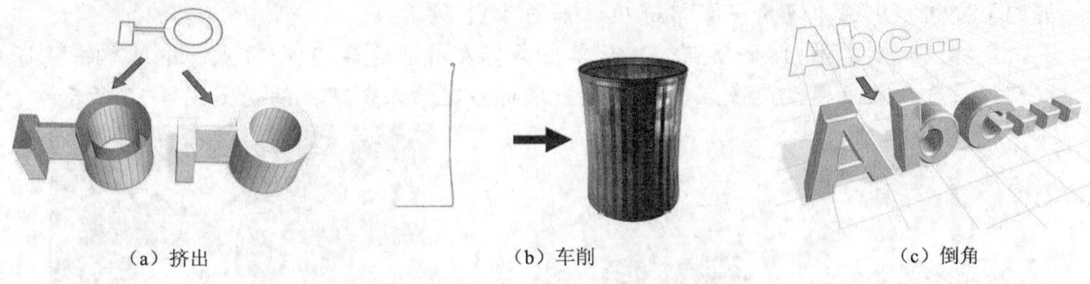

（a）挤出　（b）车削　（c）倒角

图4-7 应用修改器的前后效果

(3) 作为放样功能的截面和路径。

在放样过程中，图形可以作为路径和截面图形来完成放样造型，如图 4-8 所示。

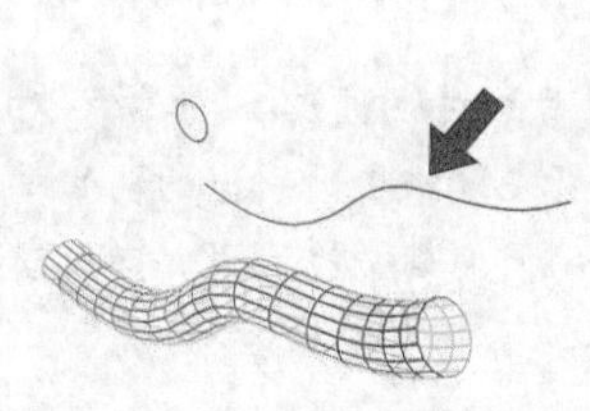

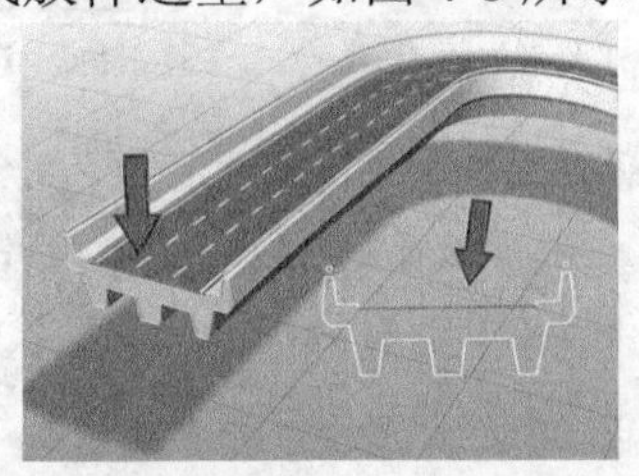

图4-8 放样造型

(4) 作为摄影机或物体运动的路径。

图形可以作为物体运动时的轨迹，使物体沿着线形进行运动，如图 4-9 所示。

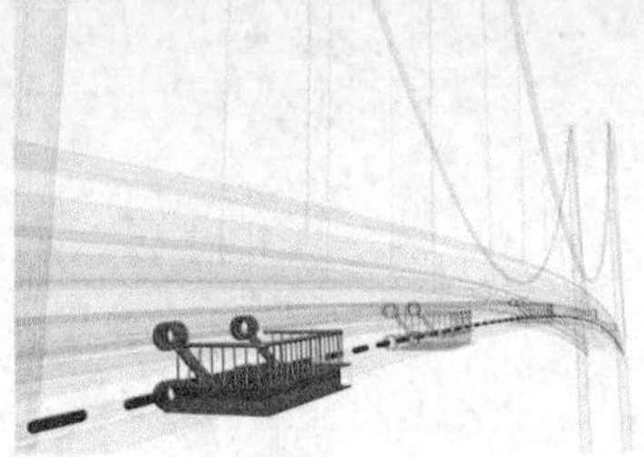

图4-9 路径约束动画效果

4.1.2 创建二维图形

二维图形的创建方法和基本体的创建方法相似，都是通过鼠标左键的操作进行的。下面介绍 3 种典型的二维图形创建方法，其他类型可依此类推。

一、 创建线

线条是通过 线 工具绘制而成的，其创建步骤如下。

【基础训练】——创建线

【操作步骤】

1. 单击按钮切换到【创建】面板，单击按钮切换到【图形】面板，单击线按钮选中【线】工具，如图 4-10 所示。
2. 展开【创建方法】卷展栏，在【初始类型】分组框中选中【角点】单选项，在【拖动类型】分组框中选中【角点】单选项，如图 4-11 所示。
3. 单击鼠标左键确定第 1 个顶点，然后单击鼠标左键创建第 2 个顶点，继续单击鼠标左键创建第 3 个顶点甚至更多点，最后单击鼠标右键结束创建，结果如图 4-12 所示。

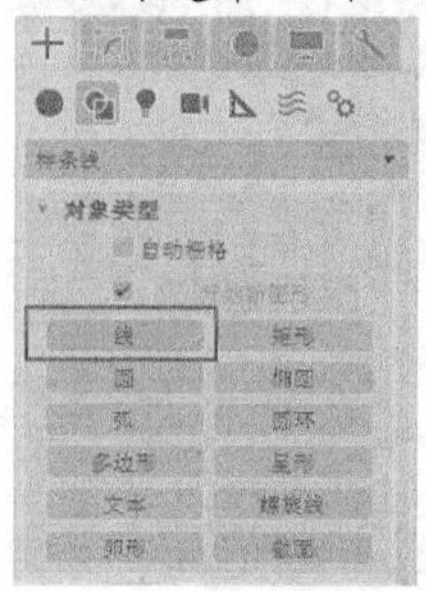

图4-10　【图形】面板

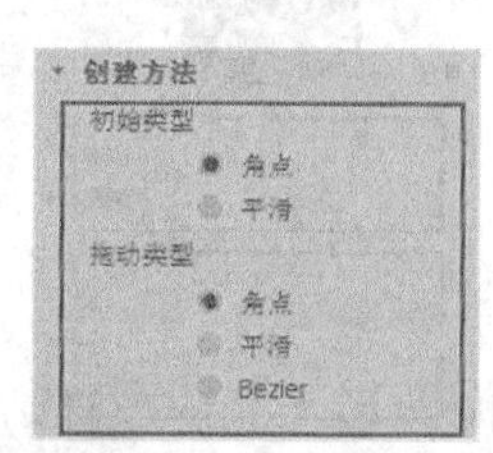

图4-11　【创建方法】卷展栏

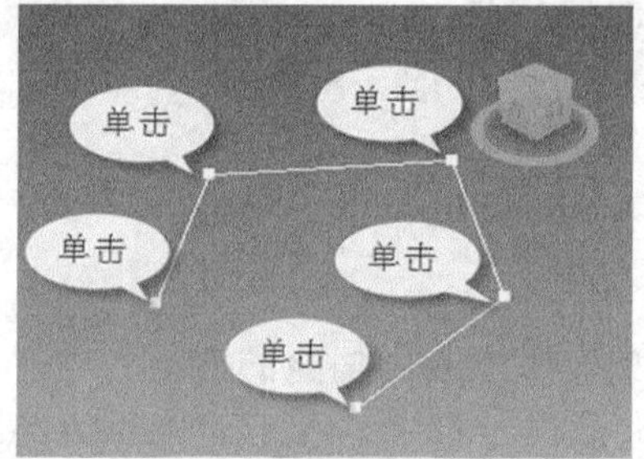

图4-12　绘制线条

要点提示 【初始类型】分组框主要用于设置线条类型。例如，【角点】对应直线，【平滑】对应曲线，如图 4-13 所示。【拖动类型】分组框主要是单击并按住鼠标左键拖曳时引出的曲线类型，包括【角点】【平滑】和【Bezier】3 种。Bezier 曲线是最优秀的曲度调节方式，它通过两个手柄来调节曲线的弯曲。

要点提示 在绘制线条时，当线条的终点与起始点重合时，系统会弹出【样条线】对话框，如图 4-14 所示。单击按钮即可创建一个封闭的图形。如果单击按钮，则继续创建线条。在绘制样条线时，按住 Shift 键可绘制直线。

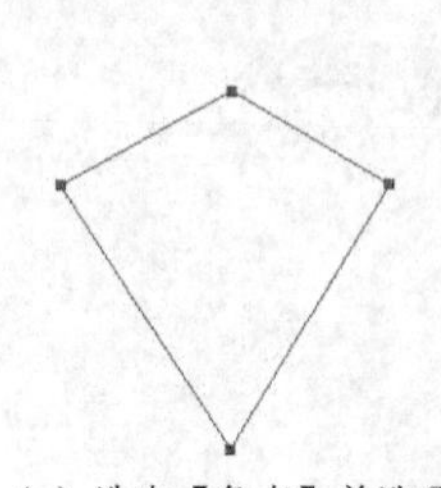

（a）选中【角点】单选项

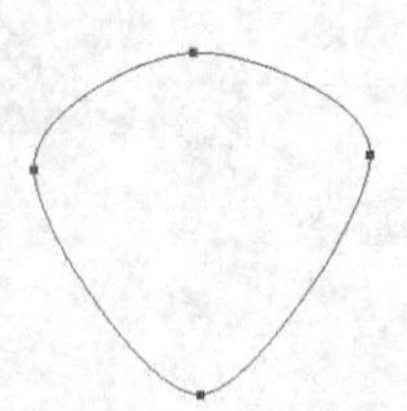

（b）选中【平滑】单选项

图4-13　设置不同参数的绘制效果

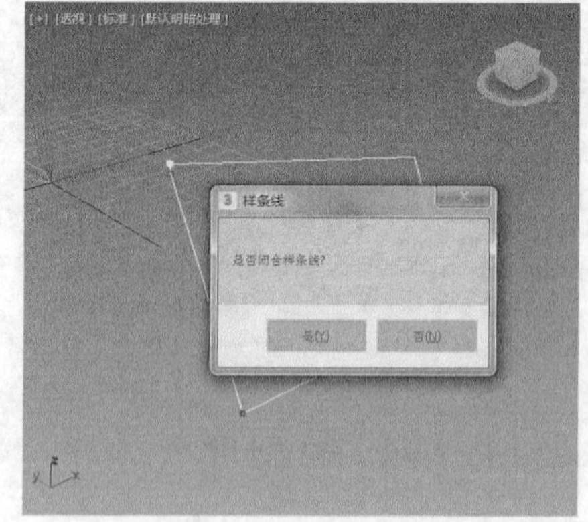

图4-14　【样条线】对话框

完整的样条线参数面板包括【渲染】【插值】【创建方法】及【键盘输入】4 个卷展栏，如图 4-15 所示，其参数说明如表 4-1 所示。

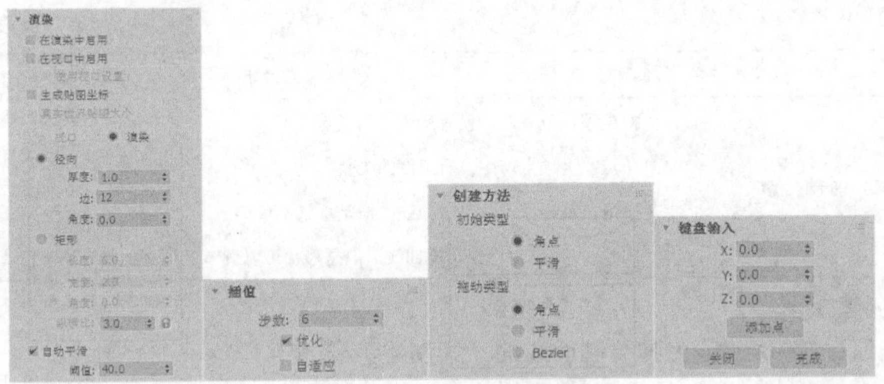

图4-15 【样条线】参数面板

表 4-1 **【样条线】参数说明**

卷展栏	参数	说明
渲染	在渲染中启用	选中时，显示渲染的样条线，其轮廓会被加粗
	在视口中启用	选中后，样条线会以网格形式在视图中显示
	使用视口设置	仅在启用【在视口中启用】复选项后可用，用于设置渲染参数
	生成贴图坐标	设置是否创建贴图坐标
	真实世界贴图大小	控制应用于对象的纹理贴图材质所使用的缩放方法
	视口/渲染	选中【在视口中启用】复选项，样条线将显示在视图中，同时选中【在视口中启用】和【渲染】选项时，样条线在视图和渲染效果中都可以显示出来
	径向	将 3D 网格显示为圆柱形线条 厚度：指定样条线网格的直径大小，范围为 0~100 边：设置样条线网格的横截面多边形的边数 角度：调整样条线网格横截面的旋转角度
	矩形	将 3D 网格显示为矩形线条 长度：设置样条线网格沿局部 y 轴的横截面大小 宽度：设置样条线网格沿局部 x 轴的横截面大小 角度：调整样条线网格横截面的旋转角度 纵横比：设置矩形截面的纵横比
	自动平滑	启用后，激活【阈值】选项，调整其数值可以自动平滑样条线
插值	步数	手动设置样条线的插值步数，其值越大，线条精度越高，用来生成的三维对象质量越高
	优化	启用后，在样条线的直线部分将不设置插值点
	自适应	启用后，系统根据样条线各部位曲率大小自动设置插值点，曲率半径越大的区域，插值点越稀疏，曲率半径越大的区域，插值点越密集
创建方法	初始类型	指定创建第 1 个顶点的类型 角点：过顶点产生没有弧度的尖角 平滑：过顶点产生平滑曲线，但是形状不可调节

续表

卷展栏	参数	说明
创建方法	拖动类型	拖曳顶点位置时，设置所创建的顶点类型 角点：过顶点产生没有弧度的尖角 平滑：过顶点产生平滑曲线，但是形状不可调节 Bezier：过顶点产生平滑曲线，但是形状可以调节，顶点上带有调节柄

二、 创建矩形

矩形是通过 矩形 工具绘制而成的，其创建步骤如下。

【基础训练】——创建矩形

【操作步骤】

1. 单击 按钮切换到【创建】面板，单击 按钮切换到【图形】面板。单击 矩形 按钮，即可选中【矩形】工具。
2. 在场景中按住鼠标左键并拖曳鼠标光标，即可创建矩形，如图 4-16 所示。
3. 选中矩形，单击 按钮切换到【修改】面板，在【参数】卷展栏中设置【长度】为“150”、【宽度】为“200”、【角半径】为“20”，如图 4-17 所示。

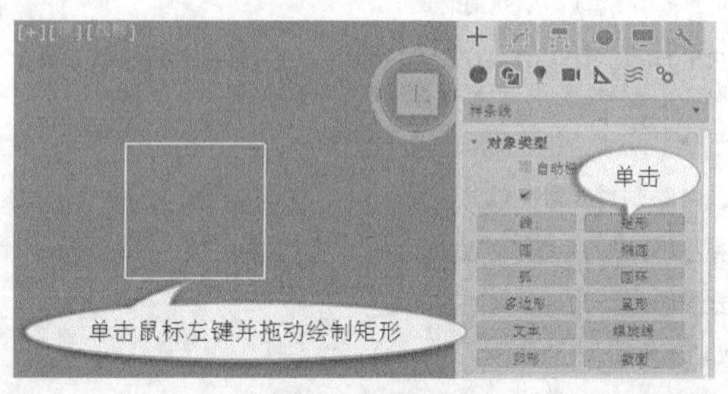

图4-16 创建矩形

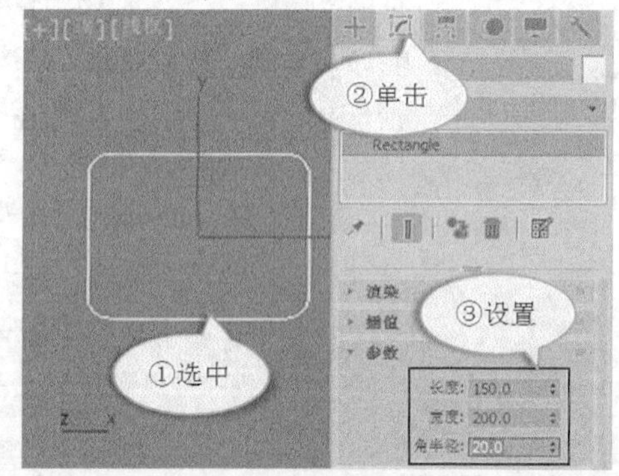

图4-17 设置矩形参数

三、 创建二维复合图形

使用二维图形工具创建的图形，默认情况下是相互独立的，在建模过程中经常会遇到用一些基本的二维图形来组合创建曲线，然后进行一系列剪辑等操作来满足用户的要求。

【基础训练】——创建复合图形

【操作步骤】

1. 单击 按钮切换到【创建】面板，单击 按钮切换到【图形】面板。
2. 在【对象类型】卷展栏中取消对【开始新图形】复选项的选择。
3. 在场景中绘制多个图形，此时绘制的图形会成为一个整体，它们共用一个轴心点，如图 4-18 所示。

要点提示：当需要重新创建独立图形时，需要重新选中【开始新图形】复选项。复合图形的线条通常具有相同的颜色，这是区分复合图形与其他独立图形最简易的方法。

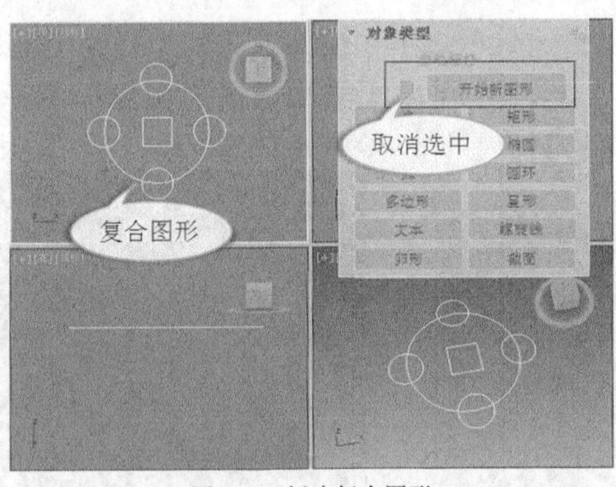

图4-18　创建复合图形

【基础训练】——制作“字母灯箱”

本例将使用文本工具并结合变换操作来制作一个漂亮的字母灯箱，如图 4-19 所示。

图4-19　制作“字母灯箱”

【操作步骤】

1.　创建灯箱。

(1)　创建长方体。使用 长方体 工具在顶视图中创建一个长方体。

(2)　调整参数。单击按钮，在【参数】卷展栏下设置【长度】为“20”、【宽度】为“20”、【高度】为“40”，其余参数设置及模型效果如图 4-20 所示。

2.　创建文本。

(1)　使用文本工具在前视图中创建一个文本，然后在【参数】卷展栏中设置字体为【微软雅黑】,【大小】为“6”，接着在文本框中输入字母 A，如图 4-21 所示。

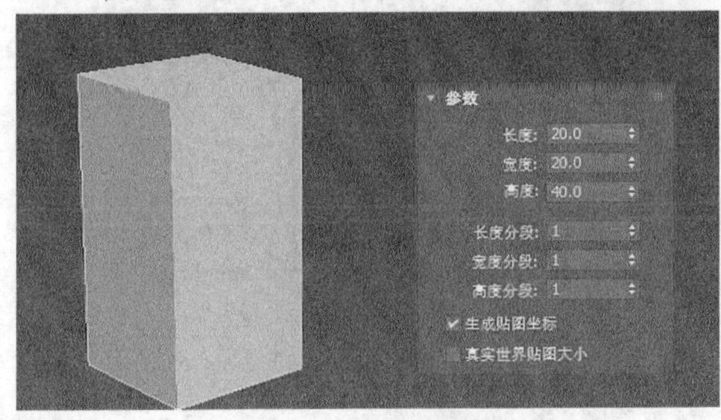

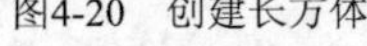

图4-20　创建长方体

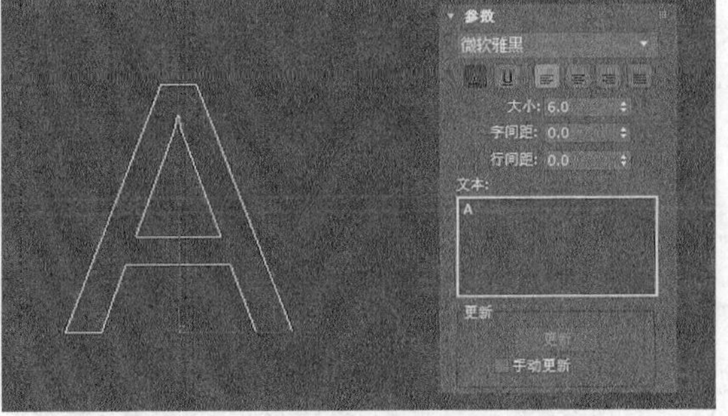

图4-21　创建文本

(2)　复制文本。将上一步创建的字母 A，使用移动工具并按住 Shift 键进行复制，然后在每

个数字的文本框中输入其他的字母（可根据自己的喜好输入），如图 4-22 所示。

(3) 挤出文本。选择所有文本，然后在【修改器列表】下拉列表中为文本加载一个【挤出】修改器，挤出【数量】为“1”，如图 4-23 所示。

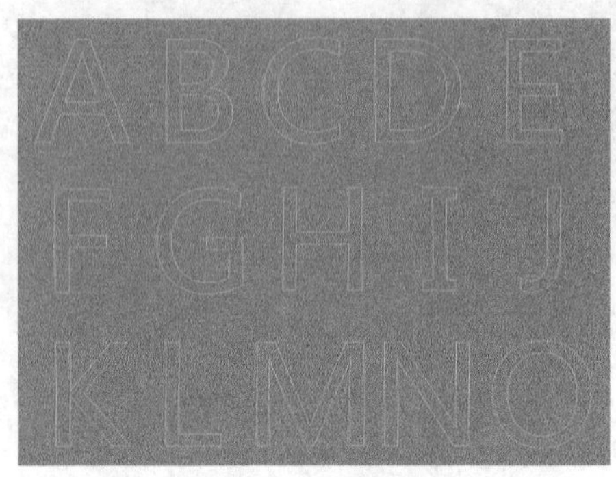

图4-22　创建文本

图4-23　添加【修改器】

3. 布置字母。

(1) 调整字母位置。使用旋转和移动工具调整文本的角度和位置，结果如图 4-24 所示。

(2) 将字母铺满灯箱面。使用移动工具将文本移动并复制到长方体上面，直到铺满整个面为止，结果如图 4-25 所示。

图4-24　调整字母位置和角度

图4-25　布置字母

(3) 选择所有文本，将其创建为组，如图 4-26 所示。

(4) 选择组 1，按住 Shift 键用移动工具对其进行复制，然后使用旋转工具调整位置，结果如图 4-27 所示。

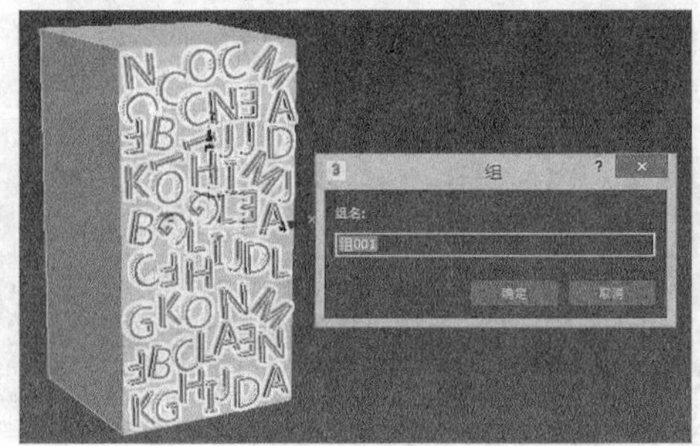

图4-26　创建组

图4-27　移动和旋转字母

4. 创建电线。

(1) 使用线工具在前视图中绘制一条样条线，结果如图 4-28 所示。

(2) 选择样条线，在【渲染】卷展栏中按照图 4-29 所示设置参数，设置【径向】的【厚度】为“0.3”，得到最终渲染效果。

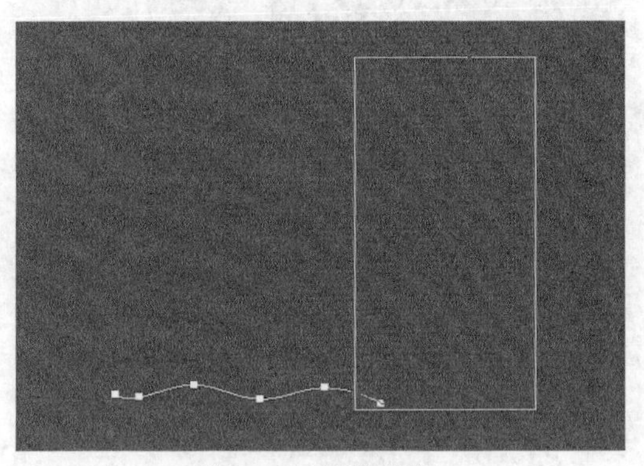
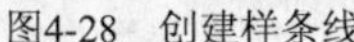
图4-28　创建样条线

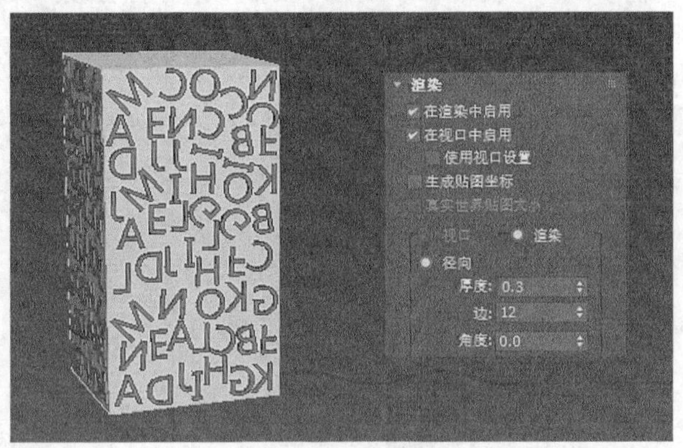

图4-29　最终效果

4.1.3　编辑二维图形

直接使用图形工具创建的二维图形都是一些简单的基本图形，在实际运用中经常需要对二维图形的顶点、线段、样条线进行修改，如图 4-30 所示。

编辑前

编辑后

图4-30　编辑二维图形

一、　二维图形的层级

默认情况下，二维图形是不可渲染的，即在渲染场景时是看不到二维图形的，所以二维图形在创建后还需要进行一些操作将其转换为三维模型，经渲染后才能获得渲染效果。图 4-31 所示为二维建模效果。

图4-31　二维建模效果

创建样条线后，进入【修改】面板，展开样条线的 3 个层级，如图 4-32 所示。顶点是样条线中的端点或转折点；两个顶点之间的部分为线段；各个线段连接起来不间断的部分则为样条线，如图 4-33 所示。选中不同的层级，可以使用不同的编辑工具。

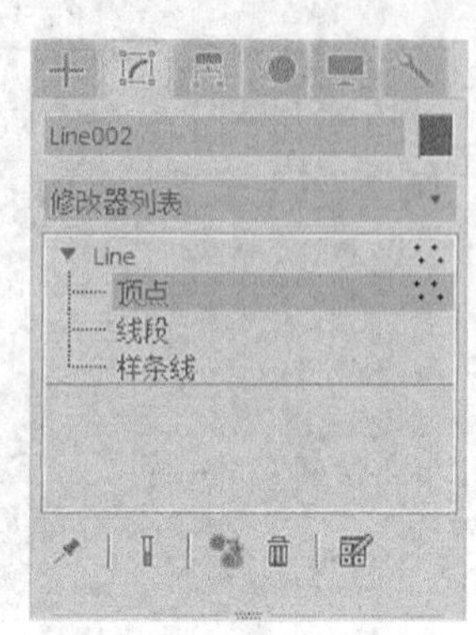

图4-32　创建矩形

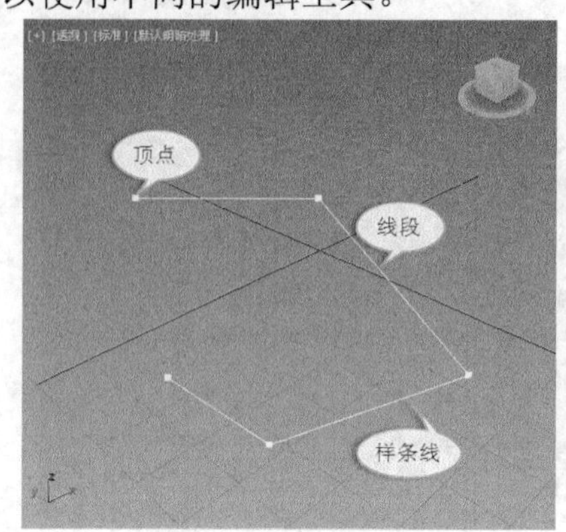

图4-33　设置矩形参数

二、【顶点】选择集的修改

【顶点】选择集在修改时最常用。其主要的修改方式是通过在样条曲线上进行添加点、移动点、断开点及连接点等操作将图形修改至用户满意所需要的各种复杂形状。

下面通过为矩形添加【编辑样条线】修改器来学习【顶点】选择集的修改方法及常用的【顶点】修改命令。

要点提示　除【线】工具绘制的图形可直接使用【修改】面板进行全面修改外（图 4-34），其他图形都只能在【修改】面板中对创建参数作简单修改，需要转换为可编辑样条线后才能全面修改。将图形转换为可编辑样条线有以下两种方法。

① 为图形添加【编辑样条线】修改器，如图 4-35 所示，具体方法稍后介绍。

② 选择右键快捷菜单中的【转换为】/【转换为可编辑样条线】命令，如图 4-36 所示。

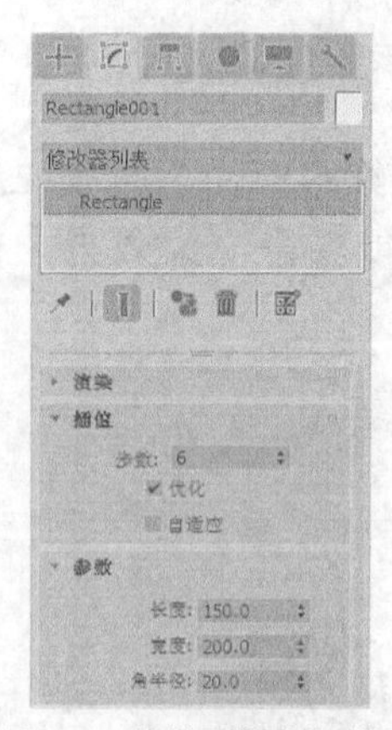

图4-34　线的【修改】面板

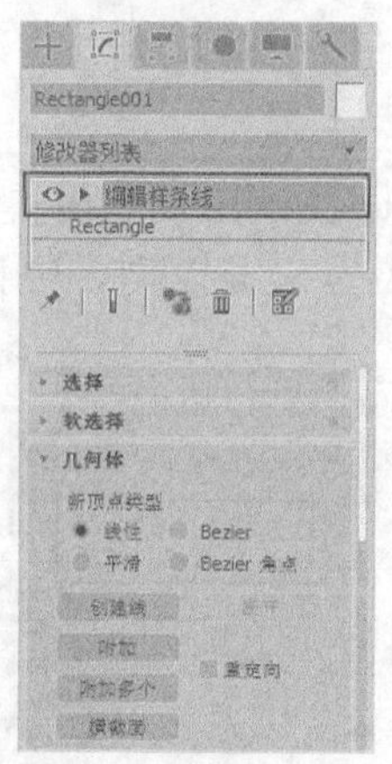

图4-35　添加【编辑样条线】修改器

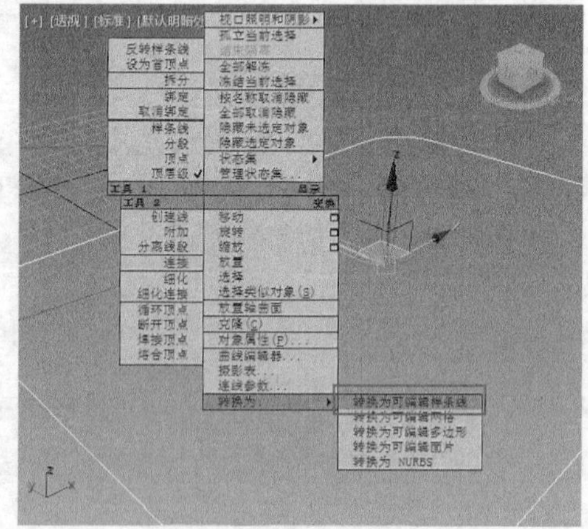

图4-36　右键快捷菜单

【基础训练】——编辑样条线

【操作步骤】

1.　编辑顶点。

(1)　选择【矩形】工具，在前视图中创建一个矩形，如图 4-37 所示。

(2) 切换到【修改】面板，在【修改器列表】下拉列表中选择【编辑样条线】选项，为矩形添加【编辑样条线】修改器，如图 4-38 所示。

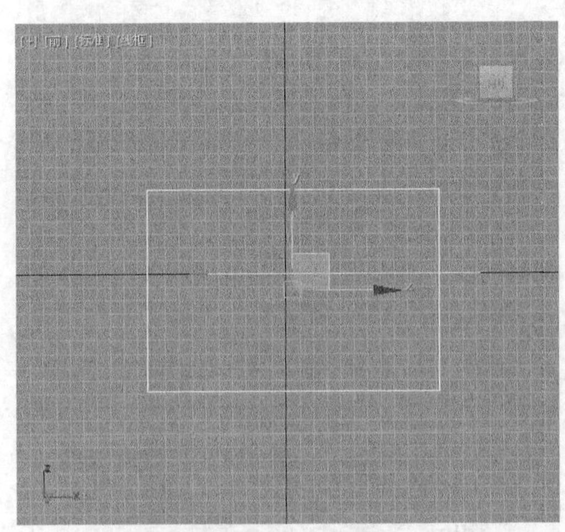

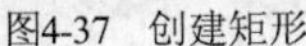

图4-37 创建矩形

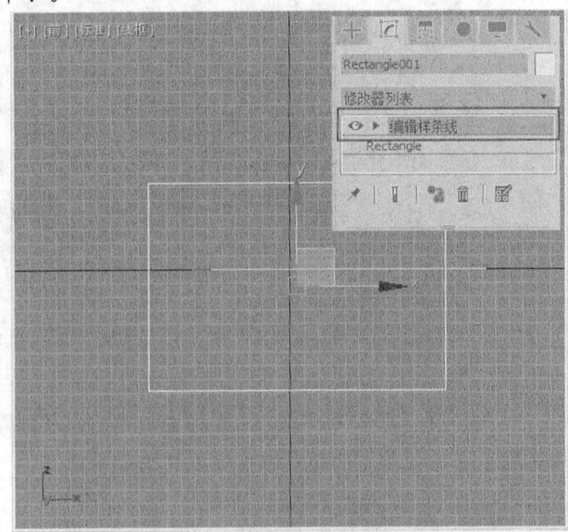

图4-38 添加【编辑样条线】修改器

(3) 单击【编辑样条线】修改器前面的▸符号，展开【编辑样条线】修改器选项。选中【顶点】选项，如图 4-39 所示。

(4) 展开【几何体】卷展栏，单击 优化 按钮。

(5) 将鼠标指针移至矩形的线段上，单击鼠标左键就可以在相应位置插入新的顶点。最后在视图中单击鼠标右键关闭优化功能，设计效果如图 4-40 所示。

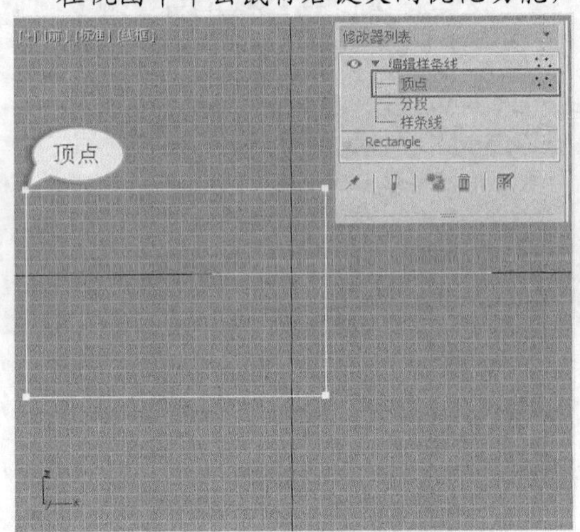

图4-39 选择【顶点】子对象层级

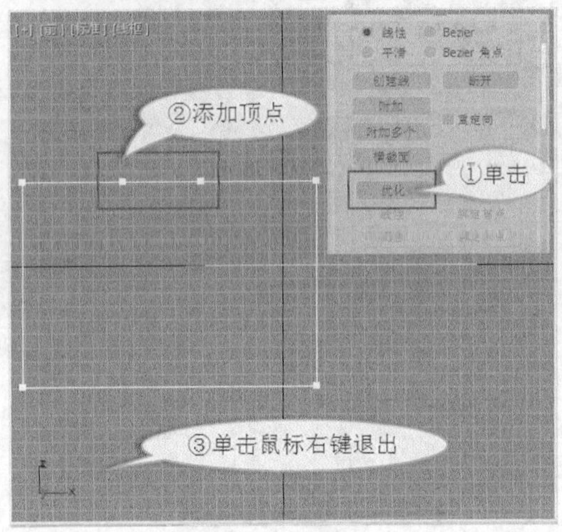

图4-40 添加顶点

2. 调整顶点。

(1) 在工具栏中单击✥按钮。

(2) 逐个选中顶点并移动顶点，最后获得的设计结果如图 4-41 所示。

当顶点被选中时，顶点左右会出现两个控制手柄，通过调节手柄可以调整样条线的曲度。

3ds Max 2017 为用户提供了 4 种类型的顶点，即角点、平滑、Bezier 和 Bezier 角点。选择顶点后单击鼠标右键，弹出快捷菜单，在【工具 1】区内可以看到点的 4 种类型，如图 4-42 所示，选择其中的类型选项，就可以将当前点转换为相应的类型。它们的区别如下。

① 角点：角点类型会将顶点两侧的曲率设置为直线，在两个顶点之间会产生尖锐的转折效果，如图 4-43（a）所示。

② 平滑：平滑类型会将线段切换为圆滑的曲线，平滑顶点处的曲率是由相邻顶点的间距决定的，如图 4-43（b）所示。

③ Bezier：Bezier 类型在顶点上方会出现控制柄，两个控制柄会锁定成一条直线并与顶点相切，顶点处的曲率由切线控制柄的方向和距离确定，如图 4-43（c）所示。

④ Bezier 角点：Bezier 角点类型在顶点上方会出现两个不相关联的控制柄，分别用于调节线段两侧的曲率，如图 4-43（d）所示。

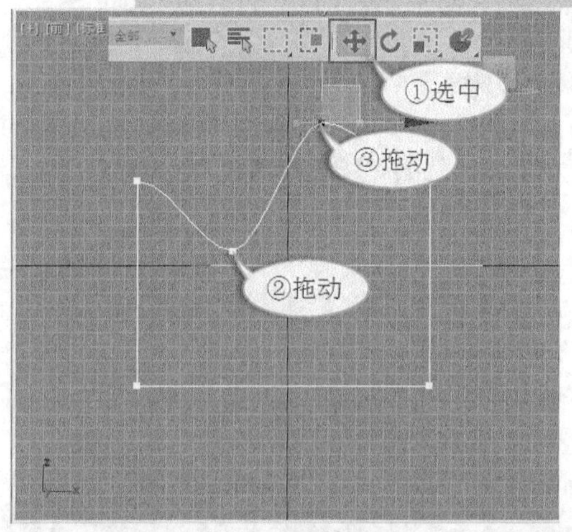

图4-41 调整顶点

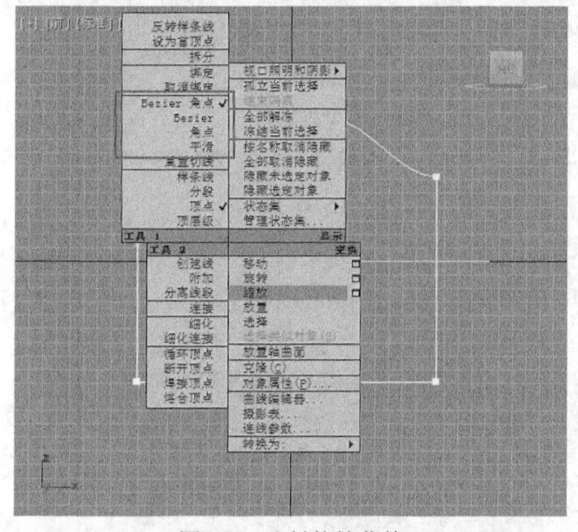

图4-42 右键快捷菜单

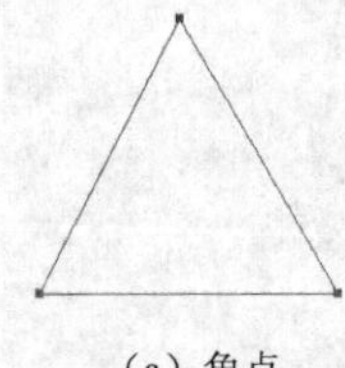

（a）角点

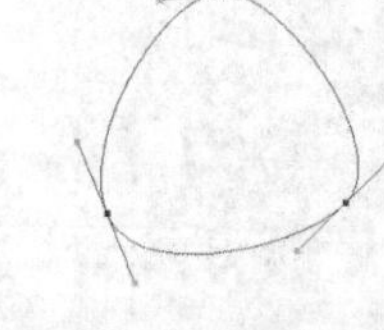

（b）平滑

（c）Bezier

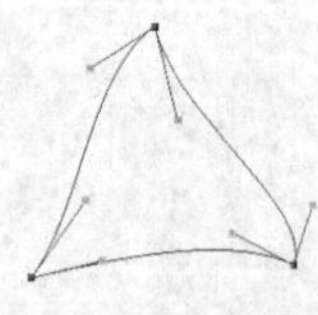

（d）Bezier 角点

图4-43 不同的顶点类型

三、 【分段】选择集的修改

如果要对线段进行调整，就需要在【编辑样条线】修改器选项中选择【分段】子对象层级，并在场景中选中线段，就可以对线段进行一系列的操作，如移动、断开和拆分等。

四、 【样条线】选择集的修改

【样条线】级别是二维图形中另一个功能强大的次物体修改级别，相连接的线段即为一条样条曲线。在【样条线】级别中，最常用的是【轮廓】和【布尔】运算的设置。

五、 样条线的编辑工具

样条线的编辑工具如图 4-44 所示，包括【渲染】【插值】【选择】【软选择】【几何体】

等 5 个卷展栏，前面两个卷展栏已作介绍，表 4-2 介绍了后 3 个卷展栏中命令的功能。

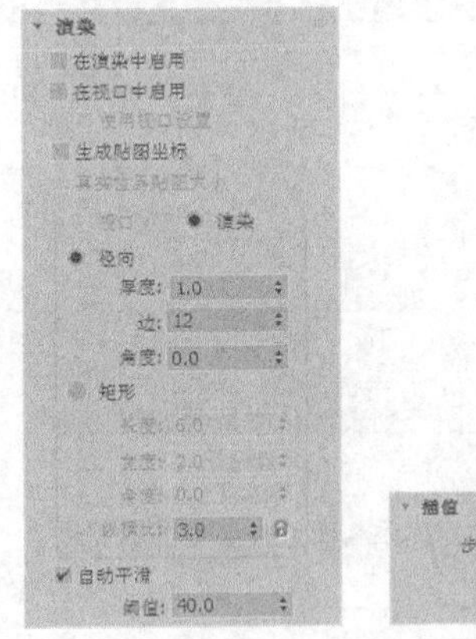

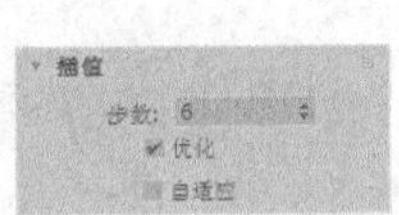

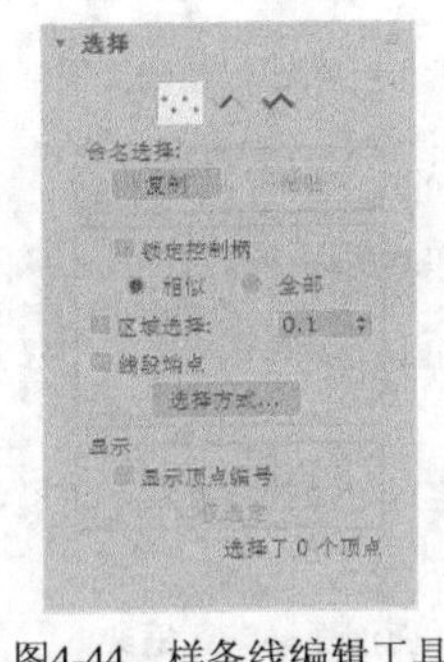

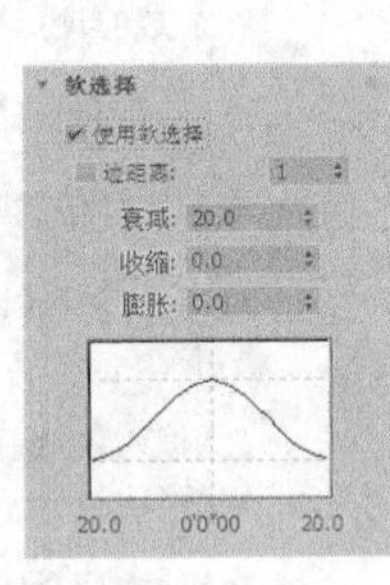

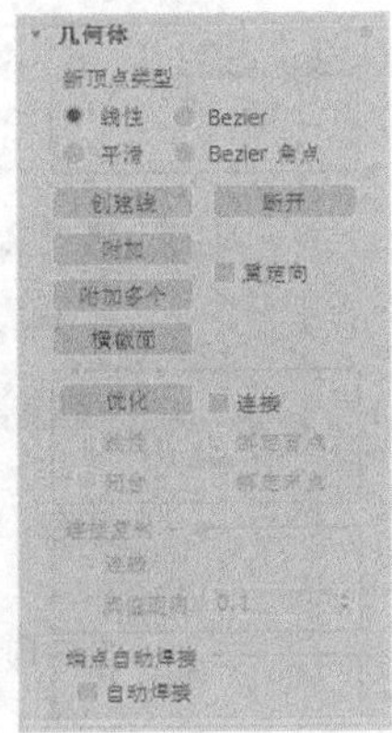

图4-44　样条线编辑工具

表 4-2　　　　样条线常用的编辑命令

卷展栏	命令	功能
选择	顶点	访问【顶点】层级，对样条线的顶点进行调节
	线段	访问【线段】层级，对样条线的线段进行调节
	样条线	访问【样条线】层级，可以对整个样条线进行调节
	命名选择	复制：先将要选择的对象创建选择集，然后复制该选择集 粘贴：粘贴选择集
	锁定控制柄	该命令只对【Bezier】和【Bezier 角点】类型的顶点有效。选择该命令后，框选多个顶点，移动其中一个顶点的控制手柄，其他顶点的控制手柄也随着相应变动
	相似	拖动选定顶点上某一控制柄时，区域顶点上只有与拖动控制柄同侧的控制柄跟随移动
	全部	拖动选定顶点上某一控制柄时，区域顶点上全部控制柄跟随移动
	区域选择	允许自动选择以所单击顶点为圆心指定半径区域内的顶点，在其后数字框中设置半径
	线段端点	选中后，可以单击线段来选中其端点
	选择方式...	单击可打开【选择方式】对话框，选择所选线段或样条线上的全部顶点
	显示	显示顶点编号：启用后，将显示所有顶点的编号 仅选定：仅在选定顶点处显示其编号
软选择	使用软选择	启用后，在选定对象周围的对象也将受到不同程度的选择，其影响程度用下方的曲线表示
	边距离	启用后，可将软选择限制到指定的边数
	衰减	定义影响区域的距离。其值越高，曲线变化越平缓
	收缩	沿垂直轴提升或降低曲线的顶点。其值为负时将生成凹陷效果，为 0 时为平滑变换
	膨胀	沿着垂直轴展开或收缩曲线
	软选择几何曲线	以图形方式显示选择的实际效果

续表

卷展栏	命令		功能
几何体	创建线		向所选择对象中添加更多样条线，这些线是独立的样条线子对象
	断开		在选定的顶点处拆分样条线，使闭合图形变为开放图形
	连接		连接两个断开的点
	附加		将其他样条线附加到所选样条线，使之成为一个整体
	附加多个		单击可打开【附加多个】对话框，其中包含场景中的所有其他图形列表，从中选择要附加的图形
	重定向		启用后，将重新定向附加的样条线，使每个样条线的创建局部坐标系与所选样条线的局部坐标系对齐
	横截面		在横截面形状的外面创建样条线框架
	优化		在样条线上添加顶点，且不改变样条线的形状
	设为首顶点		第一个顶点是用来标明一个二维图形的起点，在放样设置中各个截面图形的第 1 个节点决定【表皮】的形成方式，此功能就是使选中的点成为第 1 个顶点
	焊接		将两个断点合并为一个顶点，在其后的文本框中设置阈值大小，其值越大，越能把距离远的点焊接在一起
	连接		连接两个端点或顶点，生成一条线性线段
	插入		该功能与 优化 命令相似，都是加点命令，只是 优化 命令是在保持原图形不变的基础上增加顶点，而【插入】命令是一边加点一边改变原图形的形状
	熔合		将所有选定顶点移动到其平均中心位置
	反转		反转样条线的方向，用于【样条线】层级
	循环		选择顶点后，单击该按钮可以循环选择同一样条线上的顶点，单击一次选择下一个顶点
	相交		在属于同一样条线对象的两个样条线相交处添加顶点
	圆角		在线段交汇处设置圆角，以添加新的控制点
	切角		在线段交汇处设置倒角
	轮廓		创建样条线的副本，用于【样条线】层级
	布尔	（并集）	将两条重叠样条线组合为一条样条线，删除重叠部分，保留不同部分
		（差集）	从第 1 条样条线中减去与第 2 条样条线重叠的部分，并删除第 2 条样条线剩余部分
		（交集）	保留两条线的重叠部分，删除其余部分
	镜像	（水平镜像）	沿水平方向镜像样条线
		（垂直镜像）	沿垂直方向镜像样条线
		（双向镜像）	沿对角线方向镜像样条线
	修剪		清理形状中的重叠部分，使端点连接在一个点上
	延伸		清理形状中的开口部分，使端点连接在一个点上

续表

卷展栏	命令	功能
几何体	隐藏	隐藏所选顶点和任何相连的线段
	全部取消隐藏	显示隐藏的全部子对象
	绑定	允许创建绑定顶点
	取消绑定	允许断开绑定顶点与所附加线段的连接
	删除	删除选中的顶点。选中顶点后，利用 Delete 键也可删除该顶点
	闭合	将所选样条线顶点与新样条线相连，使样条线闭合
	拆分	在样条线上添加顶点将其拆分为等分的线段
	分离	对不同样条线中的几个线段进行拆分构成一个新图形
	炸开	将选定的样条线分割为一组独立对象

4.1.4 常用二维修改器

3ds Max 2017 提供了各种二维修改器，修改器用于将二维图形转换为三维模型。

一、【车削】修改器

【车削】修改器可以通过旋转二维图形产生三维模型，其效果如图 4-45 所示。

将修改器堆栈中的【车削】修改器展开后，在【轴】层级上可以进行变换和设置绕轴旋转动画，同时也可以通过调整车削参数改变造型外观，如图 4-46 所示。

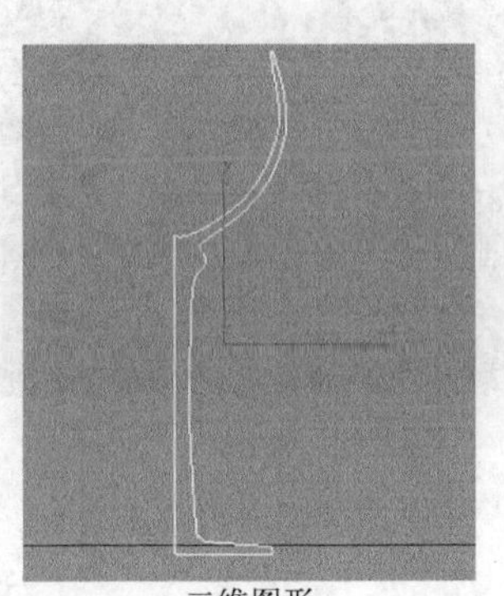

二维图形　　添加【车削】修改器

图4-45　车削效果

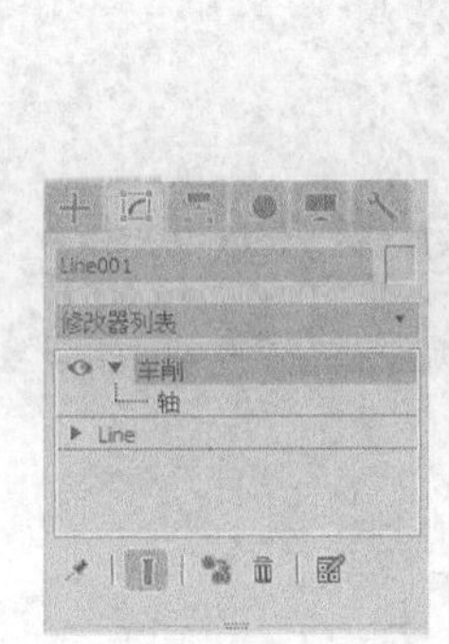

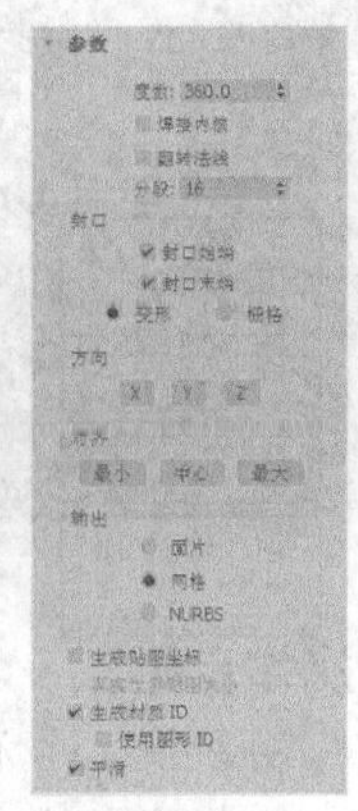

图4-46　【车削】修改器

在【参数】卷展栏中可以设置【度数】【封口】【方向】【对齐】等参数，常用的参数及功能如表 4-3 所示。

表 4-3　【车削】修改器中常用的参数及功能

参数	功能
度数	设置旋转成型的角度，360° 为一个完整环形，小于 360° 为不完整的扇形
焊接内核	将中心轴向上重合的点进行焊接精简，以得到结构相对简单的造型，如果要作为变形物体，就不能选择此复选项

续表

参数	功能
翻转法线	将造型表面的法线方向反转
分段	设置旋转圆周上的片段划分数，值越高，造型越光滑
封口始端	将顶端加面覆盖
封口末端	将底端加面覆盖
变形	不进行面的精简计算，以便用于变形动画的制作
栅格	进行面的精简计算，不能用于变形动画的制作
方向	设置旋转中心轴的方向。X / Y / Z 分别用于设置不同的轴向
对齐	设置图形与中心轴的对齐方式。最小 是将曲线内边界与中心轴对齐，中心 是将曲线中心与中心轴对齐，最大 是将曲线外边界与中心轴对齐

【基础训练】——制作“高脚酒杯”

本例使用【线条】工具初步绘制出酒杯的二维轮廓图形，再由【车削】修改器和对齐工具生成酒杯并调整其位置，做到接近真实效果，如图 4-47 所示。

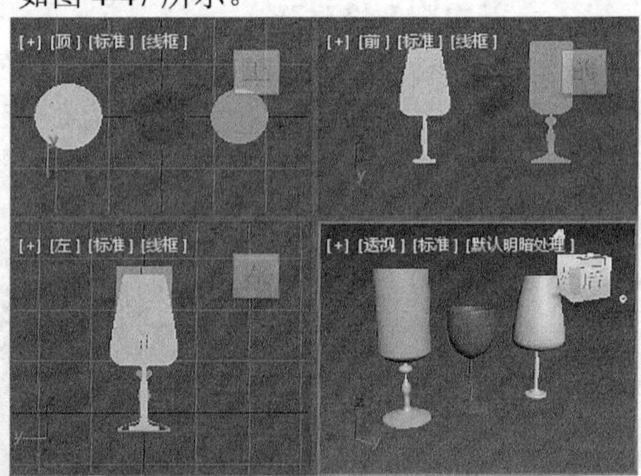

图4-47 制作“高脚酒杯”

【操作步骤】

1. 制作第 1 个酒杯。

(1) 绘制轮廓线条，如图 4-48 所示。

① 在【创建】面板中单击按钮切换至【图形】面板，单击 线 按钮启动线条工具。

② 在前视图中绘制酒杯轮廓线，再切换至【修改】面板。

③ 展开【顶点】层级，通过 Bezier 角点调整线条形状。

(2) 添加【车削】修改器，如图 4-49 所示。

① 返回父层级，确保样条线为选中状态。

② 在【修改器列表】中为其添加一个【车削】修改器。

③ 在【参数】卷展栏下设置【分段】为“50”、【方向】为【Y】轴、【对齐】方式为【最大】。

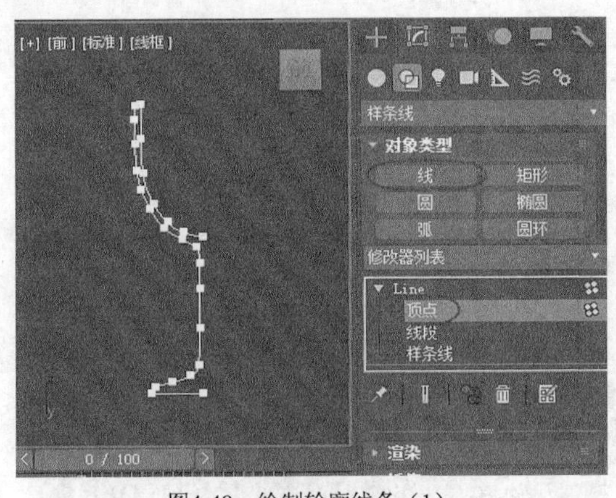
图4-48 绘制轮廓线条（1）

图4-49 添加【车削】修改器（1）

2. 制作第 2 个酒杯。

(1) 绘制轮廓线条，如图 4-50 所示。

① 切换到前视图，在【图形】面板中单击 线 按钮。

② 绘制另一个酒杯的二维轮廓线段。

③ 再切换至【修改】面板，展开【顶点】层级，调整其形状。

(2) 添加【车削】修改器，如图 4-51 所示。

① 返回父层级，选中样条线段，在【修改器列表】中为其添加【车削】修改器。

② 在【参数卷】展栏下设置【分段】为“80”、【方向】为【Y】轴、【对齐】方式为【最大】。

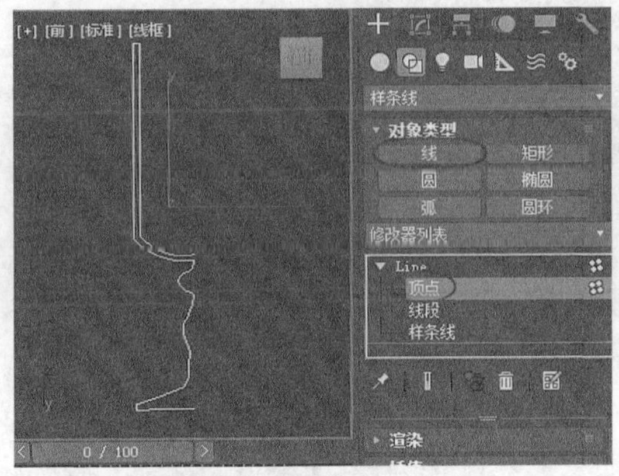
图4-50 绘制轮廓线条（2）

图4-51 添加【车削】修改器（2）

3. 制作第 3 个酒杯。

(1) 绘制轮廓线条，如图 4-52 所示。

① 切换到前视图，在【图形】面板中单击 线 按钮。

② 绘制另外一个酒杯的二维轮廓线段。

③ 再切换至【修改】面板，展开【顶点】层级，通过 Bezier 点调整线条形状。

(2) 添加【车削】修改器，如图 4-53 所示。

① 返回父层级，选中样条线段，在【修改器列表】中为其添加【车削】修改器。

② 在【参数】卷展栏下设置【分段】为“100”、【方向】为【Y】轴、【对齐】方式为【最

大】。

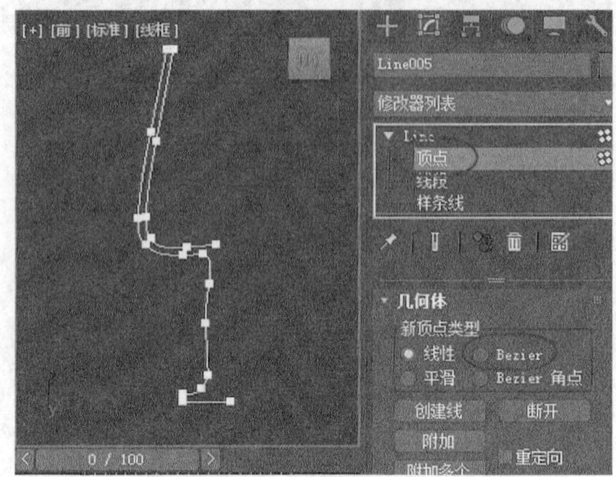

图4-52　绘制轮廓线条（3）

图4-53　添加【车削】修改器（3）

4. 对齐对象（图 4-54）。

(1) 使用移动工具调整 3 个酒杯的位置。

(2) 在透视图中查看模型。最终效果如图 4-54 所示。

图4-54　最终效果

二、【倒角】修改器

【倒角】修改器的作用是对二维图形进行挤出成型，并且在挤出的同时，在边界上加入线性或弧形倒角，主要用于对二维图形进行三维化操作，如图 4-55 所示。

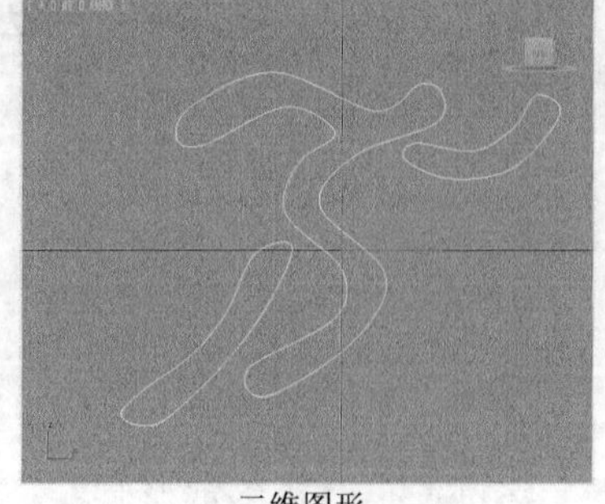

二维图形

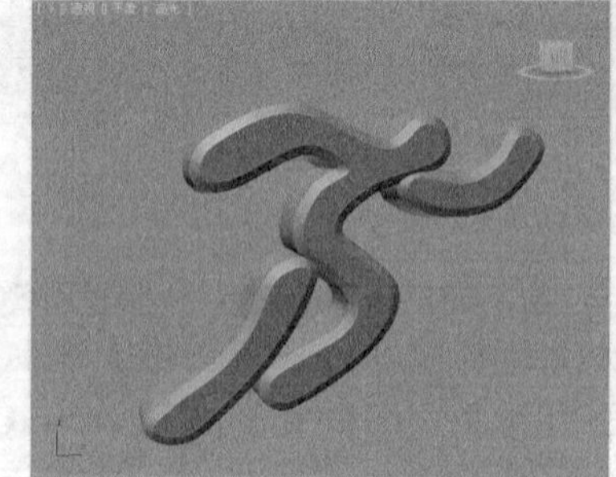

添加【倒角】修改器

图4-55　倒角效果

【倒角】修改器包含【参数】和【倒角值】两个卷展栏，如图 4-56 所示。

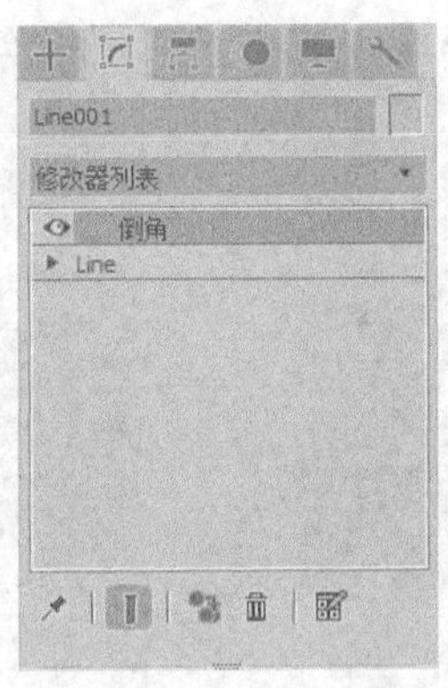

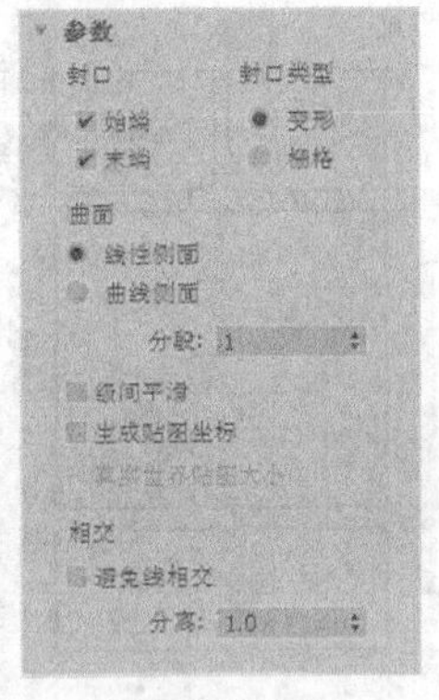

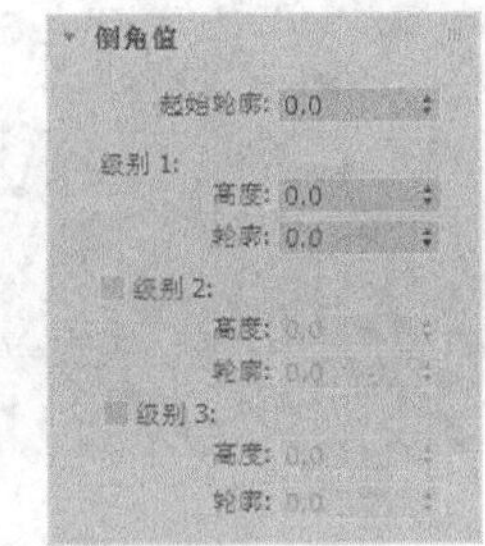

图4-56 【倒角】修改器

【倒角】修改器中常用的参数及功能如表 4-4 所示。

表 4-4 【倒角】修改器中常用的参数及功能

参数		功能
封口	对造型两端进行加盖控制，如果两端都加盖处理，则为封闭实体	
	始端	将开始截面封顶加盖
	末端	将结束截面封顶加盖
封口类型	设置顶端表面的构成类型	
	变形	不处理表面，以便进行变形操作，制作变形动画
	栅格	进行线面网格处理，它产生的渲染效果要优于【变形】方式
曲面	控制侧面的曲率、光滑度及指定贴图坐标	
	线性侧面	设置倒角内部片段划分为直线方式
	曲线侧面	设置倒角内部片段划分为弧形方式
	分段	设置倒角内部片段划分数，多的片段划分主要用于弧形倒角
	级间平滑	控制是否将平滑组应用于倒角对象侧面。封口会使用与侧面不同的平滑组。选择此复选项后，对侧面应用平滑组，侧面显示为弧状。禁用此项后不应用平滑组，侧面显示为平面倒角
相交	避免线相交	对倒角进行处理，但总保持顶盖不被光滑处理，防止轮廓彼此相交。它通过在轮廓中插入额外的顶点并用一条平直的线覆盖锐角来实现
	分离	设置边之间所保持的距离。最小值为“0.01”
倒角值	起始轮廓	设置原始图形的外轮廓大小，如果它为“0”，则以原始图形为基准进行倒角制作
	级别 1、级别 2、级别 3	分别设置 3 个级别的【高度】和【轮廓】大小

三、【挤出】修改器

【挤出】修改器的作用是将一个二维图形挤出一定的厚度，使其成为三维物体，使用该命令的前提是制作的造型必须由上到下具有一致的形状，如图 4-57 所示。

【挤出】修改器的【参数】卷展栏中包括图 4-58 所示的数量、分段等参数，常用的参数及功能如表 4-5 所示。

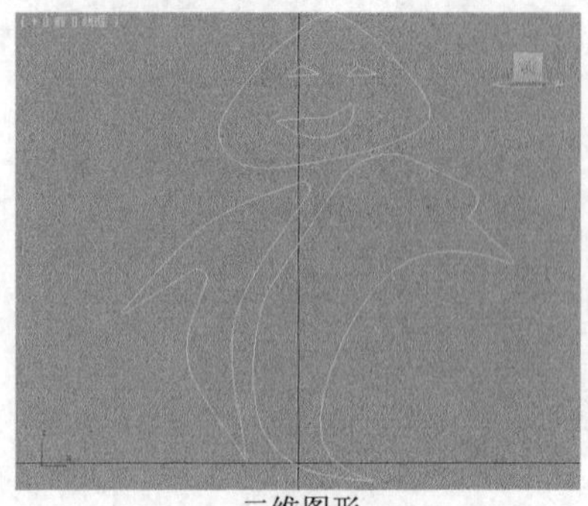

二维图形

添加【挤出】修改器

图4-57　挤出效果

图4-58　【参数】卷展栏

表 4-5　【挤出】修改器中常用的参数及功能

参数	功能
数量	设置挤出的深度
分段	设置挤出厚度上的片段划分数
封口始端	在顶端加面封盖物体
封口末端	在底端加面封盖物体
变形	用于变形动画的制作，保证点面恒定不变
栅格	对边界线进行重排列处理，以最精简的点面数来获取优秀的造型
面片	将挤出物体输出为面片模型，可以使用【编辑面片】修改器
网格	将挤出物体输出为网格模型
NURBS	将挤出物体输出为 NURBS 模型
生成材质 ID	对顶盖指定 ID 号为“1”，对底盖指定 ID 号为“2”，对侧面指定 ID 号为“3”
使用图形 ID	使用样条曲线中为【分段】和【样条线】分配的材质 ID 号
平滑	应用光滑到挤出模型

4.2 实战训练

下面结合实例介绍二维建模的基本方法。

本例视频

4.2.1 从零开始——制作“古典折扇”

折扇是由扇面、扇骨和销钉构成的。扇面是通过创建样条线后挤出，而扇骨和销钉是用基本体制作而成。本实例重点讲解样条线的创建和修改，最终效果如图 4-59 所示。

图4-59　制作“古典折扇”

【操作步骤】

1. 制作扇面。

(1) 创建样条线，如图 4-60 和图 4-61 所示。

① 单击按钮切换到【创建】面板，单击按钮进入【图形】面板，单击 线 按钮。

② 展开【键盘输入】卷展栏，设置【X】值为“-100”、【Y】和【Z】的值均为“0”，单击 添加点 按钮，即可创建一个顶点。

③ 重新设置【X】值为“100”、【Y】和【Z】的值均为“0”，单击 添加点 按钮，即可创建第 2 个点，单击 完成 按钮，即可创建一条长 200 的线条。

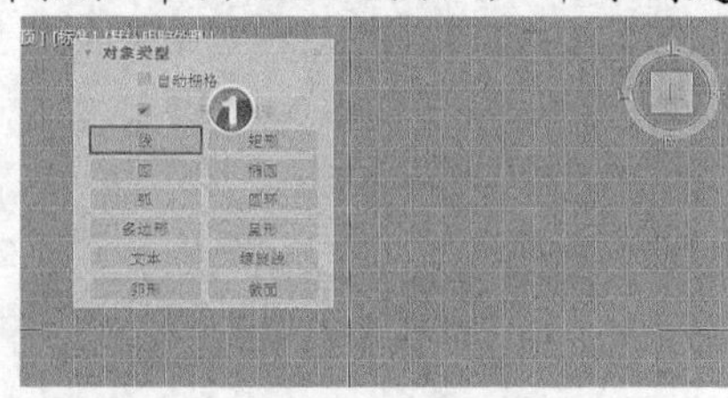

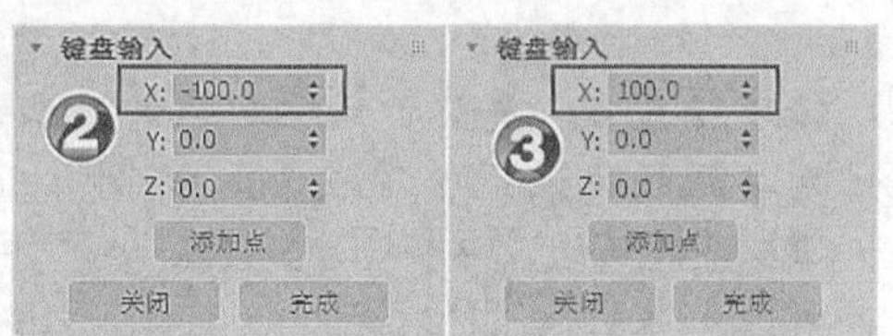

图4-60 创建样条线（1）

(2) 显示顶点编号，如图 4-62 所示。

① 选中场景中的线条，单击按钮切换到【修改】面板。

② 展开修改器堆栈，选择【线段】子对象层级。

③ 在【选择】卷展栏的【显示】分组框中选择【显示顶点编号】复选项。

图4-61 创建样条线（2）

图4-62 显示顶点编号

要点提示 显示顶点编号是为了让操作对象更加直接、清晰。

(3) 拆分线段并转换顶点类型，如图 4-63 所示。

① 选中视图中的线段，在【修改】面板中设置【几何体】/【拆分】为“28”。

② 单击 拆分 按钮，即可将线段拆分为 29 份。

③ 在修改器堆栈中，选择【顶点】子对象层级。拖动鼠标指针框选所有顶点，单击鼠标右键，在弹出的快捷菜单中选择【Bezier】命令，将选中的点转换为 Bezier 点。

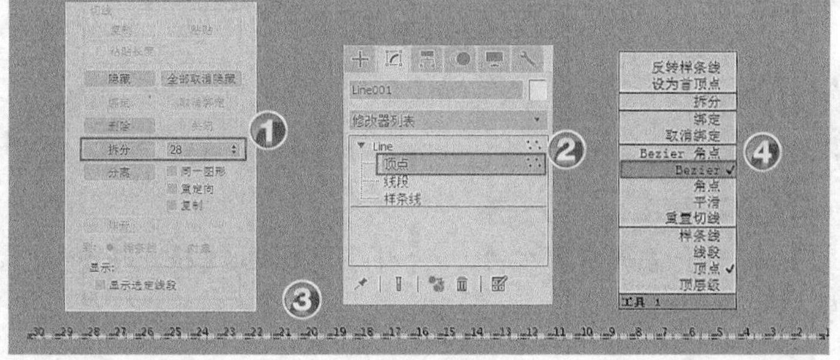

图4-63 拆分线段

(4) 调整线段形状 1。

① 按住 Ctrl 键依次选中偶数的顶点，然后向下移动一段距离，如图 4-64 所示。

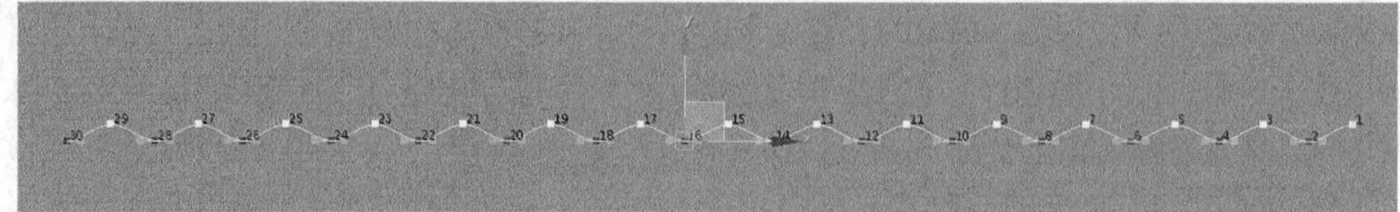

图4-64　拖动偶数点

② 选中顶点 1，调整手柄使曲线的弯曲接近斜线，如图 4-65 所示。

③ 用类似的方法调整顶点 30，如图 4-66 所示。

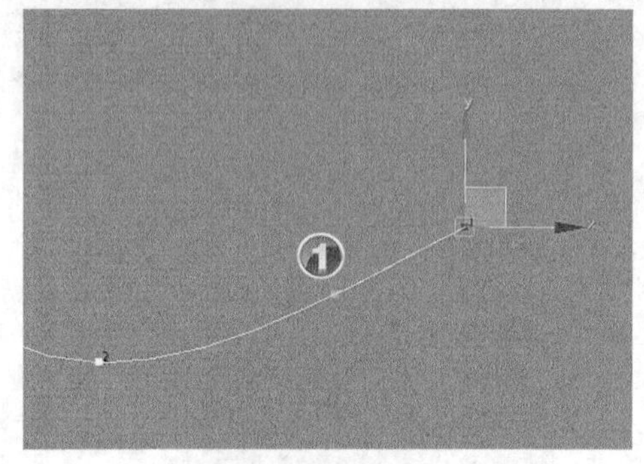

图4-65　调整顶点 1

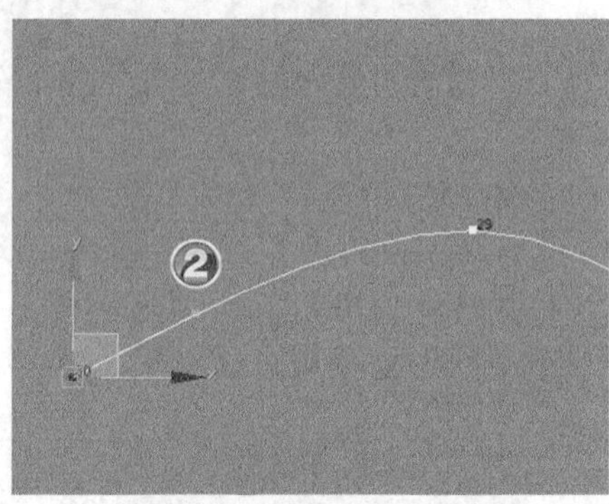

图4-66　调整顶点 30

(5) 调整线段形状 2，如图 4-67 所示。

① 在【选择】卷展栏中选择【锁定控制柄】复选项。

② 选中 2~29 所有的顶点。

③ 使用旋转工具选择手柄，使曲线的弯曲接近斜线。

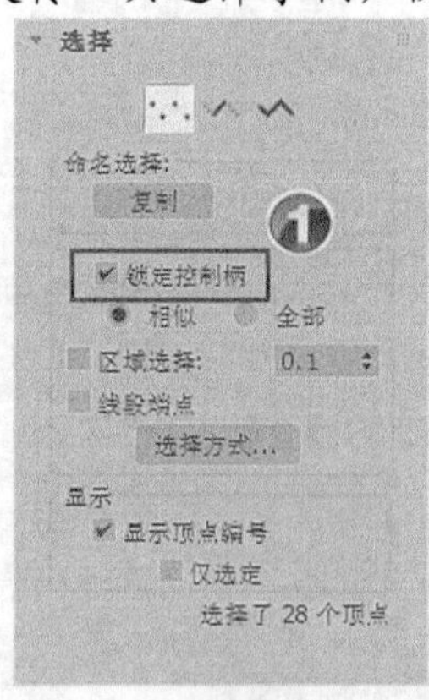

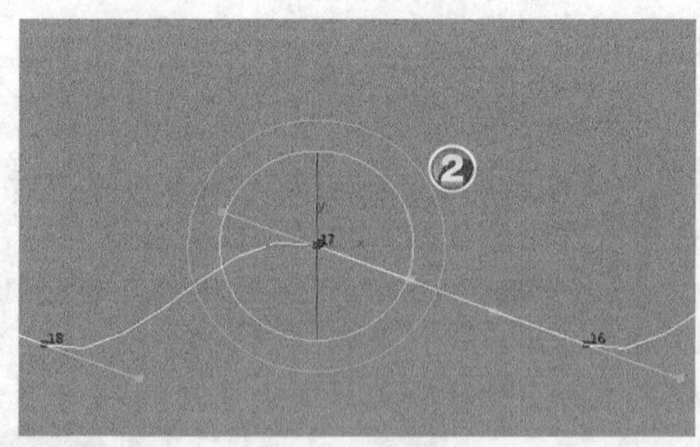

图4-67　调整线段形状 2

选择【锁定控制柄】复选项后就能一起调整多个顶点的控制手柄。

(6) 添加【挤出】修改器，如图 4-68 所示。

① 在【修改器列表】中选择【挤出】命令，为样条线添加【挤出】修改器。

② 在【参数】卷展栏中设置【数量】为“120”。

图4-68 添加【挤出】修改器

2. 制作扇骨。

(1) 创建长方体，如图 4-69 所示。

① 单击 按钮切换到【创建】面板。

② 单击 按钮切换到【标准基本体】面板。

③ 单击 长方体 按钮。

④ 在前视图创建一个长方体

⑤ 在【参数】卷展栏中设置【长度】为“180”、【宽度】为“6”、【高度】为“1”、【宽度分段】为“4”。

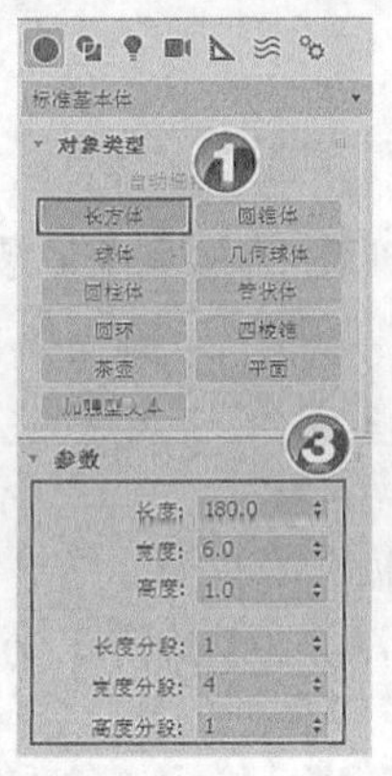

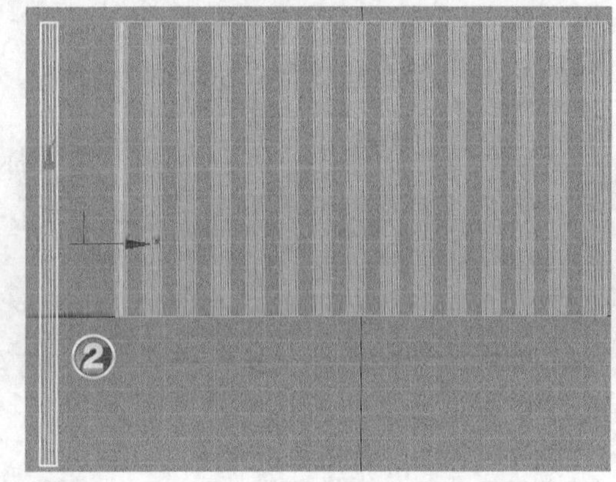

图4-69 创建长方体

(2) 旋转并复制长方体，如图 4-70 所示。

① 在顶视图中旋转长方体，使矩形靠近样条线。

② 在左视图中移动长方体，使其顶端对齐扇面的顶端。

③ 在顶视图中复制矩形，使每一格都有一矩形。

(3) 添加【弯曲】修改器并调整弯曲中心，如图 4-71 所示。

① 按 Ctrl+A 组合键选中所有的对象，单击 按钮切换到【修改】面板。在【修改器列表】中选择【弯曲】命令，为对象添加【弯曲】修改器。

② 在【参数】卷展栏中设置【弯曲】/【角度】为“170”。

③ 在【弯曲轴】分组框中选中【X】单选项。

④ 在修改器堆栈中展开【弯曲】修改器，选择【中心】子对象层级。

⑤　在前视图中将中心向下移，使扇骨交点的下部分较小。

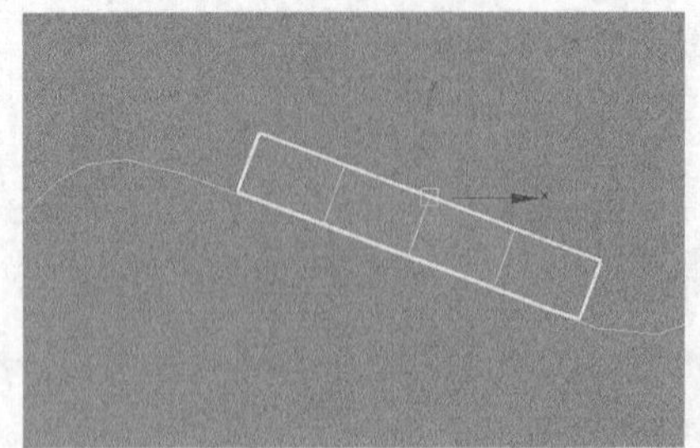

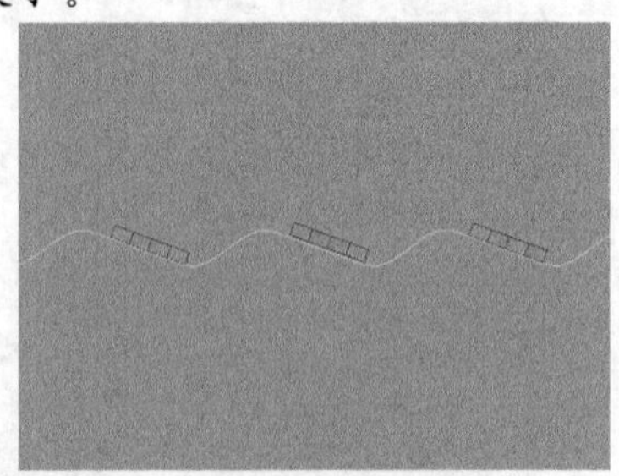

图4-70　旋转并复制长方体

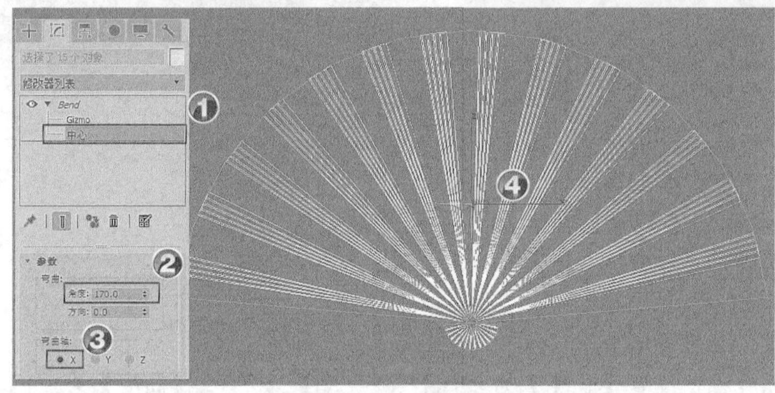

图4-71　添加【弯曲】修改器

3.　制作销钉。

(1)　创建切角圆柱体，如图 4-72 所示。

①　单击按钮打开【创建】面板。

②　单击按钮打开【几何体】面板，在【标准基本体】下拉列表中选择【扩展基本体】选项，打开【扩展基本体】面板。

③　单击 切角圆柱体 按钮，在前视图创建一个切角圆柱体，移动至扇骨交点处。

(2)　设置切角圆柱体的参数，如图 4-72 所示。

①　选中场景中的切角圆柱体，单击按钮切换到【修改】面板。

②　在【参数】卷展栏中设置【半径】为“1.5”、【高度】为“6.0”、【圆角】为“0.5”、【边数】为“32”。最终结果如图 4-73 所示。

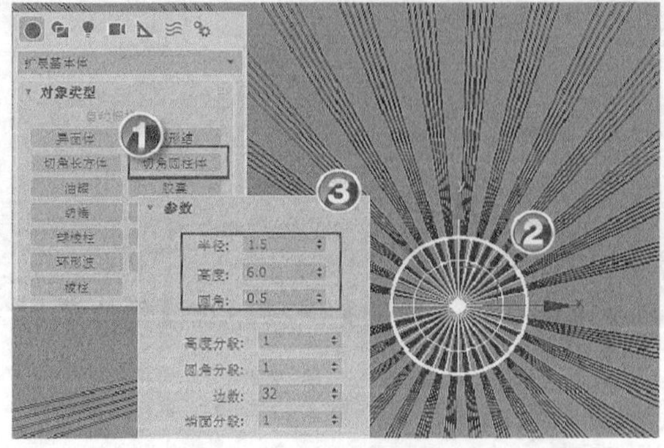

图4-72　设置切角圆柱体的参数

图4-73　最终结果

4.2.2 课堂实训——制作“草帽”

本案例将使用【车削】【FFD 长方体】及【涟漪】修改器来制作草帽和布毯效果，如图4-74 所示。

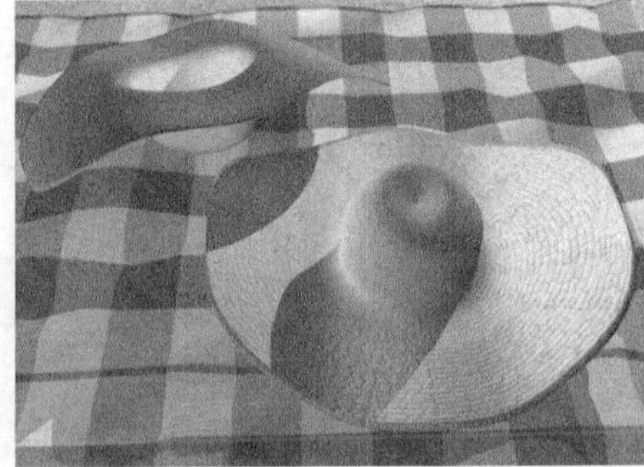

本例视频

图4-74 制作“草帽”

【操作步骤】

1. 制作草帽雏形（见图 4-75）。

(1) 在前视图中绘制样条线。

(2) 添加【车削】修改器。

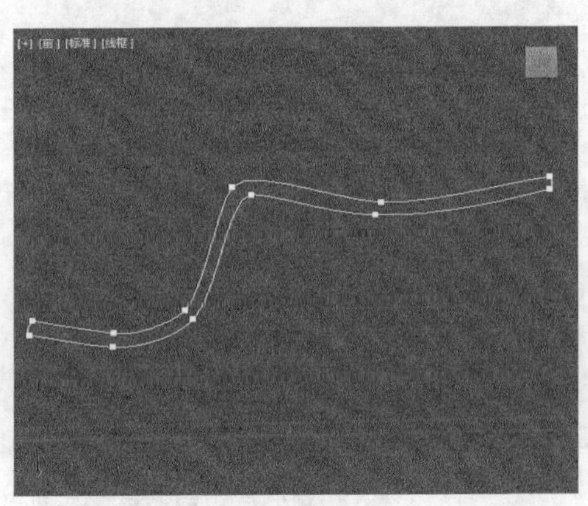

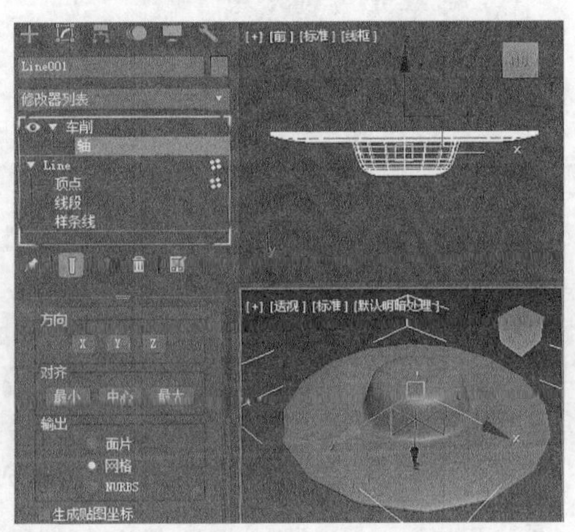

图4-75 制作草帽雏形

要点提示 为样条线添加【车削】修改器后，可通过单击 X Y Z 按钮来修改车削轴，通过 最小 中心 最大 按钮来控制轴相对样条线的位置。

2. 修改草帽造型（见图 4-76）。

(1) 在【修改】面板中为车削对象添加一个【FFD 长方体】修改器。

(2) 单击 设置点数 按钮，设置控制点数为“5 × 5 × 4”。

(3) 选择【FFD 长方体】修改器中的【控制点】子层级，在前视图中使用框选控制点的方式来调整控制点的位置。

(4) 平滑草帽造型，如图 4-77 所示。

返回【FFD 长方体】层级，为草帽添加一个【网格平滑】修改器，使草帽效果更加圆滑。

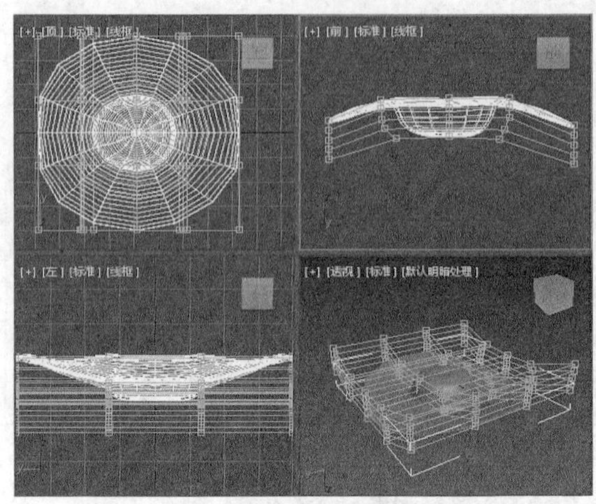

图4-76　修改草帽造型

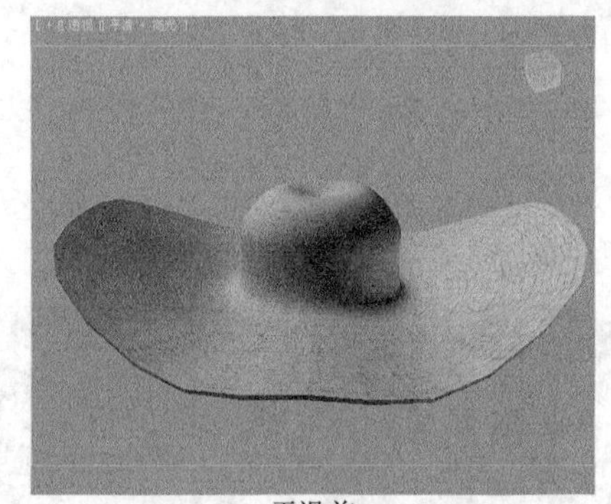

平滑前

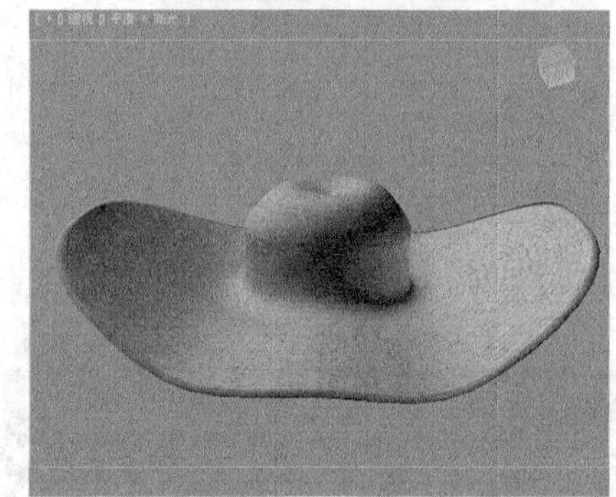

平滑后

图4-77　平滑草帽造型

3.　制作布毯。

(1)　单击【创建】面板上的 平面 按钮，在顶视图上绘制一个平面。

(2)　设置平面参数【长度分段】【宽度分段】均为“20”，适当调整其位置，如图 4-78 所示。

(3)　在【修改】面板中为平面添加【涟漪】修改器。

(4)　设置涟漪参数【振幅 1】【振幅 2】分别为“254”“127”，如图 4-79 所示。

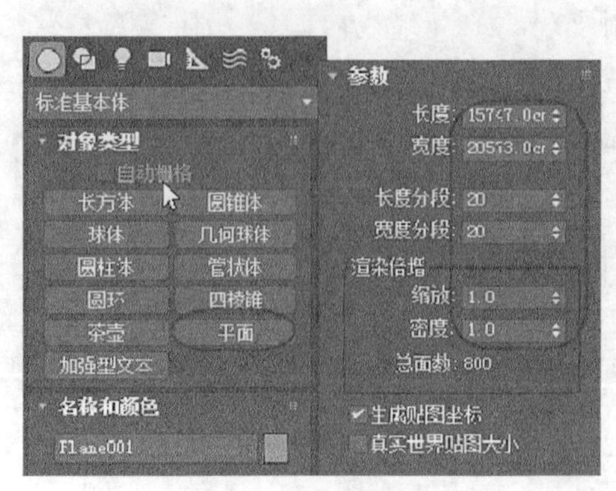

图4-78　创建平面

图4-79　添加修改器

(5)　复制一个草帽，将其放置在场景中，并调整到合适的位置，结果如图 4-80 所示。

图4-80 复制对象

(6) 保存场景文件到指定目录，案例制作完成。

4.3 习题

1. 在 3ds Max 中，二维图形的主要用途是什么？简要列举三项。
2. 如何将矩形转换为可编辑样条线？
3. 可编辑样条线具有几个子层级？在每个层级下能进行哪些常用操作？
4. 说明【车削】修改器和【挤出】修改器的主要用途。
5. 二维图形的顶点有哪些模式？各有何特点？

第5章 高级建模

【学习目标】

- 明确复合建模的基本工具及其用途。
- 掌握散布、布尔等复合建模工具的用法。
- 了解多边形建模的基本原理。
- 掌握可编辑多边形不同层级下的常用操作。

在 3ds Max 2017 中，通过复合建模和多边形建模可以创建各种各样形状复杂的曲面或三维模型，本章将详细介绍这两种建模方法的操作步骤。

5.1 知识解析

高级建模提供了更加丰富的建模手段来创建三维模型。

5.1.1 复合建模

复合建模是 3ds Max 2017 中十分常用的建模方式，通过复合建模可以快速地将两个或两个以上的对象按照一定的规范组合成为一个新的对象，从而达到一定的建模目的。

在【创建】面板中选中【几何体】选项卡，在其下拉列表中选取【复合对象】，其【对象类型】有变形、散布、连接及布尔等 12 种复合工具，如图 5-1 所示。图 5-2 所示为【散布】应用示例。

图5-1 【复合建模】工具

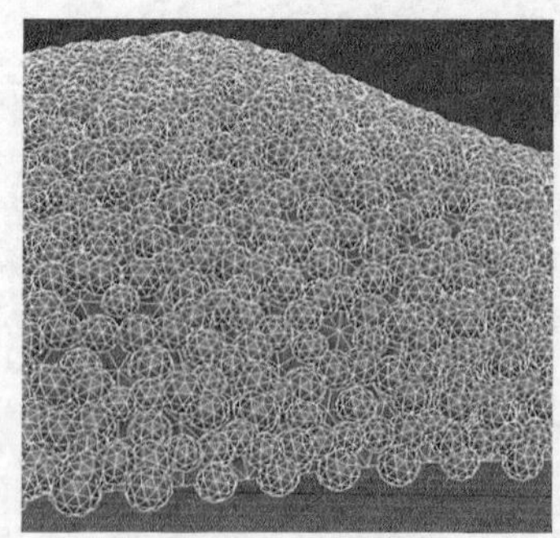
图5-2 【散布】应用示例

各种复合工具的含义及用途如表 5-1 所示。

表 5-1　　各种复合工具的含义及用途

复合工具名称	图样	复合工具名称	图样
变形 通过两个或两个以上物体间的形状变化来制作动画		散布 将一个物体无序地散布在另一个物体的表面	
一致 将一个对象的顶点投射到另一个物体上，使被投射的物体变形		连接 将两个对象连成一个对象	
水滴网格 将距离很近的物体融合到一起，可用于表现流动的液体		图形合并 将二维对象融合到三维网格对象上	
布尔 将物体按照交、并、减规则进行合成		地形 将一个或几个二维造型转化为一个面	
放样 将两个或两个以上的二维图形组合成为一个三维对象		网格化 以每帧为基准将程序对象转化为网格对象，这样可以应用修改器，如弯曲	
ProBoolean（超级布尔） 可将二维和三维对象组合在一起建模		ProCutter（超级切割） 用于爆炸、断开、装配、建立截面或将对象拟合在一起的工具	

下面说明常用复合建模工具的用法。

一、 散布

可以将所选源对象散布为阵列或散布到分布对象的表面，用来制作头发、草地、胡须、羽毛或刺猬等。【散布】工具的参数面板如图 5-3 所示，主要参数说明如表 5-2 所示。

表 5-2　　【散布】工具主要参数说明

卷展栏	参数	说明
拾取分布	对象	显示单击 拾取分布对象 按钮选择的分布对象的名称
对象	拾取分布对象按钮	单击 拾取分布对象 按钮，然后在场景中单击一个对象，将其指定为分布对象

续表

卷展栏	参数		说明
拾取分布对象	参考/复制/移动/实例		用于指定将分布对象转换为散布对象的方式。它可以作为参考、副本、实例或移动的对象（如果不保留原始图形）进行转换
散布对象	分布	仅使用变换	使用分布对象根据分布对象的几何体来散布源对象
		使用分布对象	使用【变换】卷展栏上的偏移值来定位源对象的重复项。如果所有变换偏移值均保持为 0，则看不到阵列，这是因为重复项都位于同一个位置
	对象	源名	用于重命名散布复合对象中的源对象，可以修改
		分布名	用于重命名分布对象，可以修改
	源对象参数	重复数	指定散布的源对象的重复项数目，默认情况下，该值设置为 1，不过，如果要设置重复项数目的动画，则可以从零开始，将该值设置为 0
		基础比例	改变源对象的比例，同样也影响到每个重复项。该比例作用于其他任何变换之前
		顶点混乱度	对源对象的顶点应用随机扰动
		动画偏移	用于指定每个源对象重复项的动画随机偏移原点的帧数
变换	旋转		在 3 个轴向上旋转散布对象
	局部平移		沿散布对象的自身坐标进行位置改变
	在面上平移		沿所依附面的重心坐标进行位置改变
	比例		在 3 个轴向上缩放散布对象
	使用最大范围		若启用，则强制所有 3 个设置匹配最大值。其他两个设置将被禁用，只启用包含最大值的设置
	锁定纵横比		若启用，则保留源对象的原始纵横比

“散布”的源对象必须是网格物体或可以转化为网格物体的对象；否则该工具不能被激活使用。

二、 图形合并

使用【图形合并】工具可以将一个或多个图形嵌入到其他对象的网格中，或者从网格中移除该图形。【图形合并】参数面板如图 5-4 所示，主要参数说明如表 5-3 所示。

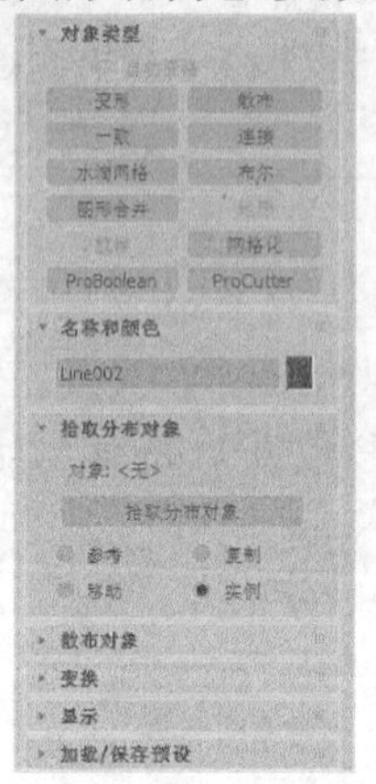

图5-3　【散布】参数面板

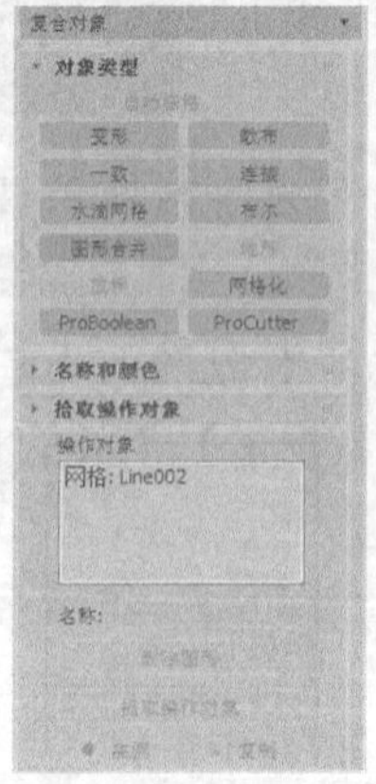

图5-4　【图形合并】参数面板

表 5-3　　【图形合并】工具主要参数说明

卷展栏	参数		说明
拾取操作对象	拾取图形		单击该按钮，然后单击要嵌入网格对象中的图形。此图形沿图形局部$-z$轴方向投射到网格对象上
	参考/复制/移动/实例		指定如何将图形传输到复合对象中
参数	操作对象		在复合对象中列出所有操作对象
	删除图形		从复合对象中删除选中图形
	提取操作对象		提取选中操作对象的副本或实例。只有在【操作对象】列表框中选择操作对象时，该按钮才有效
	实例/复制		指定如何提取操作对象。可以作为实例或副本进行提取
	操作	饼切	切去网格对象曲面外部的图形
		合并	将图形与网格对象曲面合并
		反转	反转“饼切”或“合并”效果。使用【饼切】选项，此效果明显。禁用【反转】时，图形在网格对象中是一个孔洞。启用【反转】时，图形是实心的而网格消失
	输出子网格选择		它提供指定将哪个选择级别传送到“堆栈”中的选项

三、布尔

布尔运算可以对两个或两个以上的物体进行并集、交集和差集运算，从而得到新的对象。【布尔】参数面板如图 5-5 所示，主要参数说明如表 5-4 所示。

表 5-4　　【布尔】工具主要参数说明

卷展栏	参数	说明
布尔参数	添加操作对象	单击该按钮用以完成布尔操作的第 2 个对象
	操作对象	用来显示当前的操作对象
	移除操作对象	从列表中移除选定的操作对象
	打开布尔操作资源管理器	打开【布尔操作资源管理器】对话框，利用该对话框管理操作对象
操作对象参数	并集	将两对象合并，移除几何体的相交部分或重叠部分
	交集	将两对象相交的部分保留下来，删除不相交的部分
	差集	在 A 物体（先选择的对象）中减去与 B 物体（后选择的对象）重合的部分

物体在进行布尔运算后随时可以对两个运算对象进行修改，最后产生的结果也随之变化。布尔运算的修改过程还可以记录为动画，产生出“切割”或“合并”等效果。

四、放样

放样操作可以将一组二维图形作为沿着一定路径分布的模型剖面，从而创建出具有复杂外形的物体。【放样】参数面板如图 5-6 所示，主要参数说明如表 5-5 所示。

图5-5　【布尔】参数面板

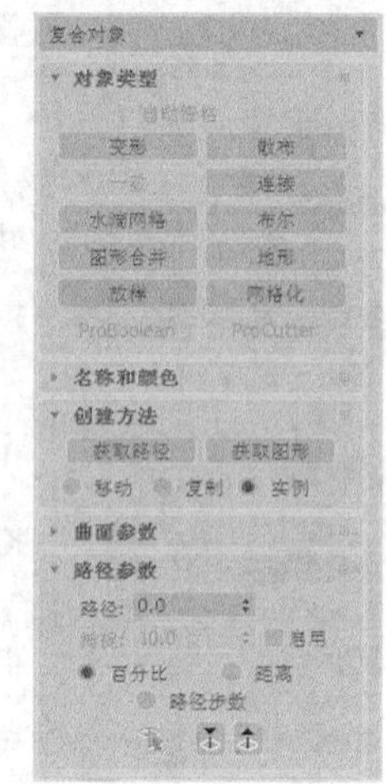

图5-6　【放样】参数面板

表 5-5　　【放样】工具主要参数说明

参数	说明
获取路径	将路径指定给选定图形或更改当前指定的路径
获取图形	将图形指定给选定图形或更改当前指定的路径
移动/复制/实例	用于指定路径或图形转换为放样对象的方式

【基础训练】——制作“节能灯”

本例将使用放样工具来创建一盏节能灯，其最终效果如图 5-7 所示。

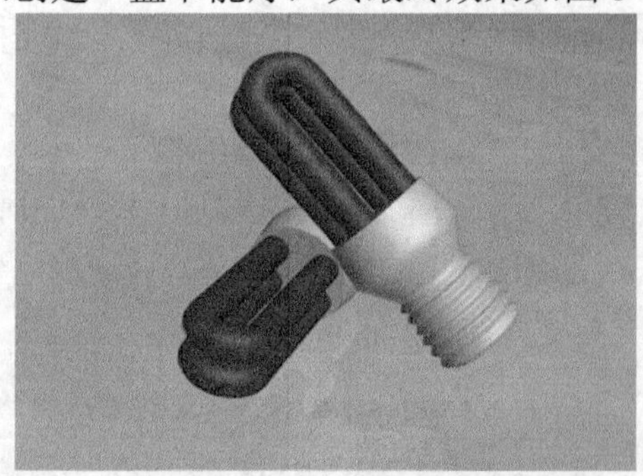

图5-7　制作“节能灯”

【操作步骤】

1. 在前视图中绘制一个矩形，在【参数】分组框中设置矩形的基本参数，如图 5-8 所示。
2. 创建灯管路径，如图 5-9 所示。

(1) 在【修改器列表】下拉列表框中选择【编辑样条线】选项，为圆角矩形添加【编辑样条线】修改器。

(2) 选择【顶点】子层级，框选上部的两个顶点，在【几何体】卷展栏中依次单击 熔合 按钮和 焊接 按钮。

(3) 选择【分段】子层级，删除底边。

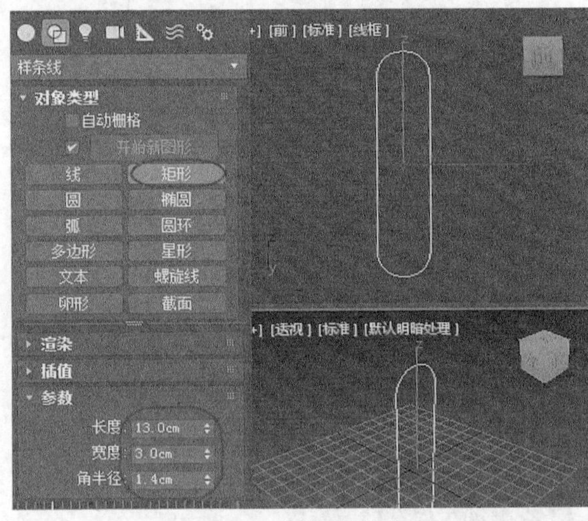

图5-8　绘制圆角矩形

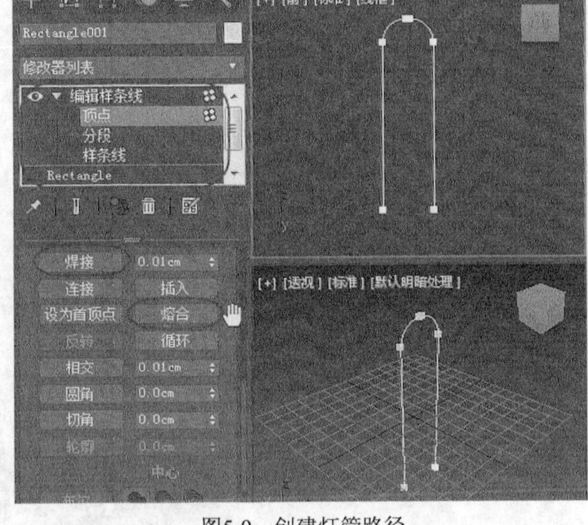

图5-9　创建灯管路径

3. 创建灯管，如图 5-10 所示。

(1) 在顶视图中绘制一个半径为“1”的圆作为灯管的截面。

(2) 在【创建】面板的下拉列表中选择【复合对象】，选中放样工具，拾取灯管截面放样出灯管模型。

4. 创建灯座，如图 5-11 所示。

(1) 在前视图中绘制一长度为 10 的样条线。

(2) 在顶视图中绘制一半径为 3.5 的圆。

(3) 以样条线为路径、圆为截面，使用【放样】工具生成灯座模型。

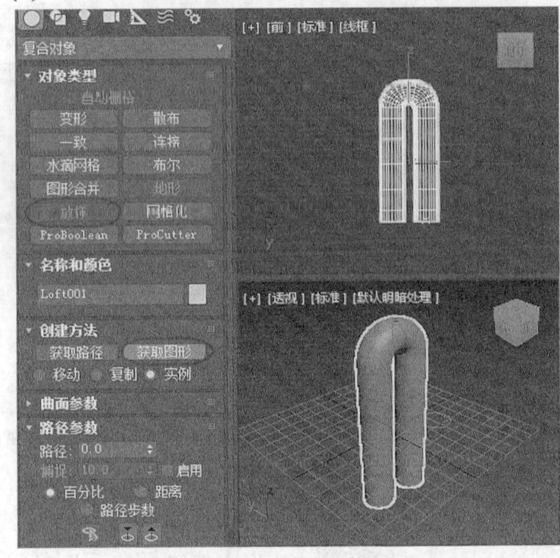

图5-10　创建灯管模型

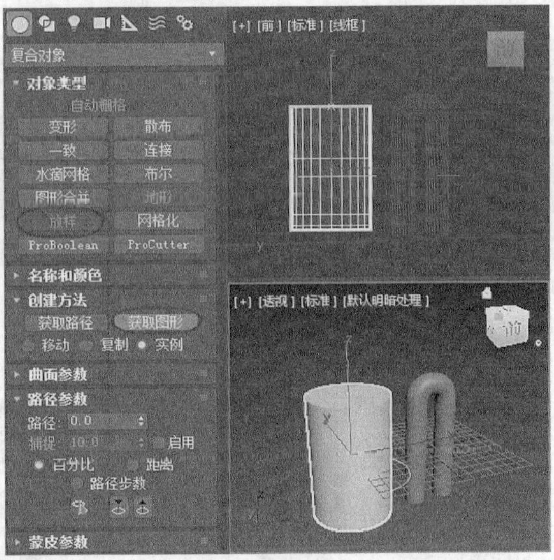

图5-11　创建灯座

5. 在【变形】卷展栏下单击 缩放 按钮，在弹出的【缩放变形】窗口中修改灯座模型，结果如图 5-12 所示。

6. 按住 Shift 键移动灯管复制出另一个，并与灯座进行组合，得到灯泡模型，如图 5-13 所示。

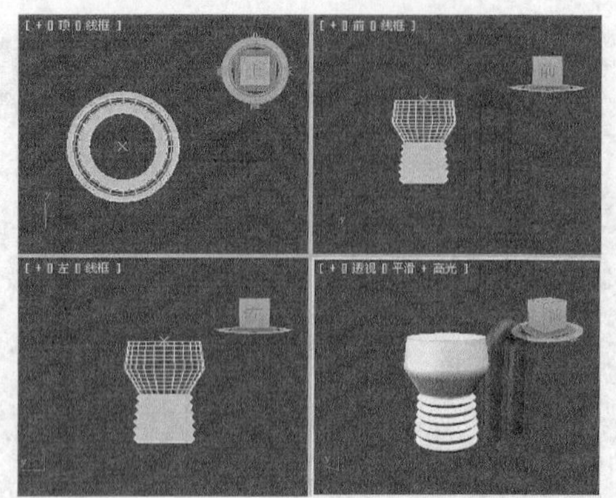

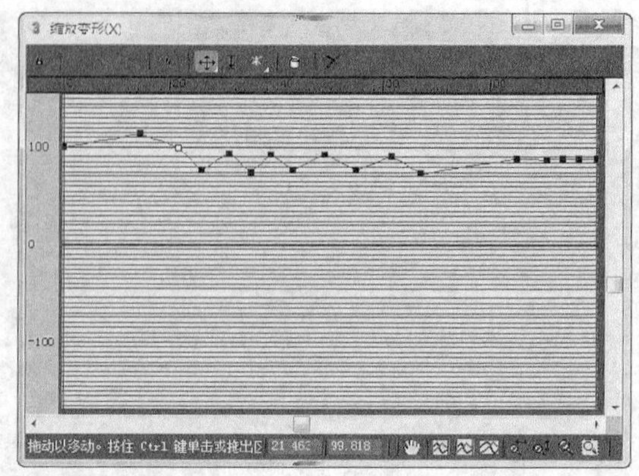

图5-12　缩放灯座

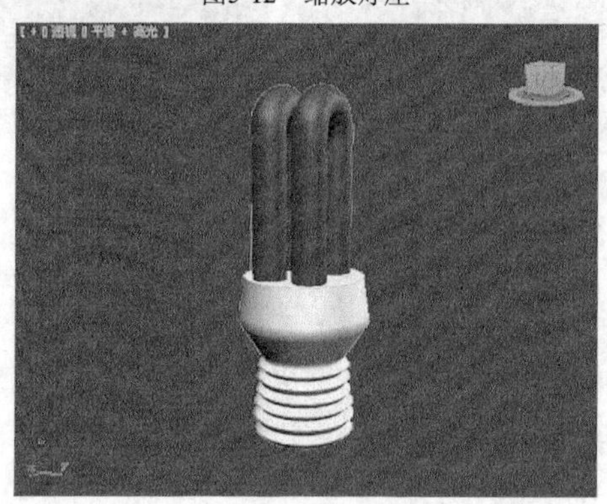

图5-13　组合模型

5.1.2　多边形建模

多边形建模是最早也是应用最广泛的建模方法。一般模型都是由许多面组成的，每个面都有不同的尺寸和方向。通过创建和排列面可以创建出复杂的三维模型。

与基本形体以“搭积木”方式创建“堆砌建模”不同，多边形建模属于“细分建模”，就是将物体表面划分为不同大小的多边形，然后对其进行“精雕细琢”。

一、　多边形建模的流程

多边形建模的一般流程如图 5-14 所示。

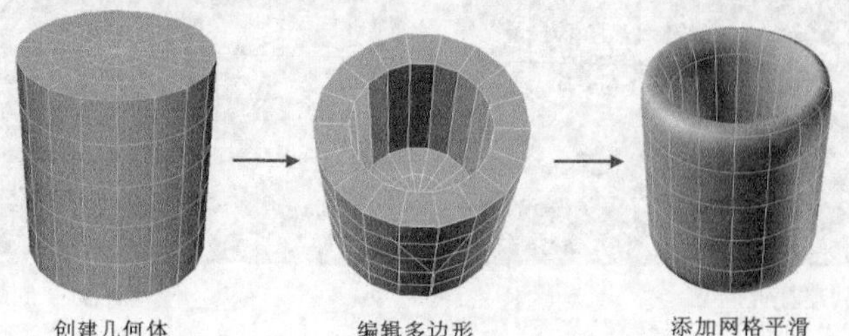

图5-14　多边形建模的一般流程

(1)　通过创建几何体或其他方式建模得到大致的模型。

(2)　将基础模型转化（塌陷）为可编辑多边形，进入可编辑多边形的子级别进行编辑。

(3)　使用【网格平滑】或【涡轮平滑】修改器对模型进行平滑处理。

二、 将对象转化为多边形物体的方法

多边形物体不是使用特殊方法创建出来的，而是将各种对象通过塌陷等方式转换而来，具体有以下 4 种方法。

(1) 为物体添加【编辑多边形】修改器，如图 5-15 所示。

(2) 在物体上单击鼠标右键，在弹出的快捷菜单中选择【转换为】/【转换为可编辑多边形】命令，即可将其转化为可编辑多边形，如图 5-16 所示。

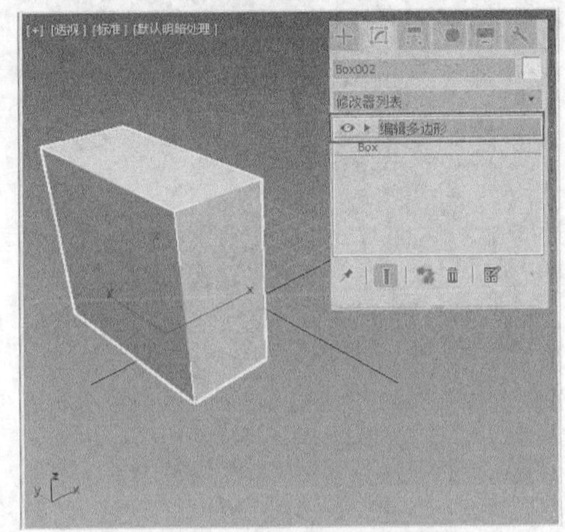

图5-15 转化为可编辑多边形方法（1）

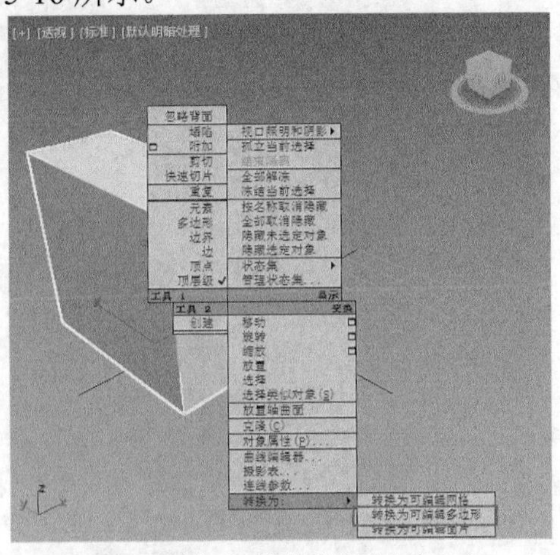

图5-16 转化为可编辑多边形方法（2）

(3) 在修改器堆栈中选中物体，然后单击鼠标右键，在弹出的快捷菜单中选择【可编辑多边形】命令，也可将其转化为可编辑多边形，如图 5-17 所示。

(4) 选中物体，在【建模】工具栏中单击 多边形建模 ▾ 按钮，在弹出的面板中选择【转化为多边形】选项，如图 5-18 所示。

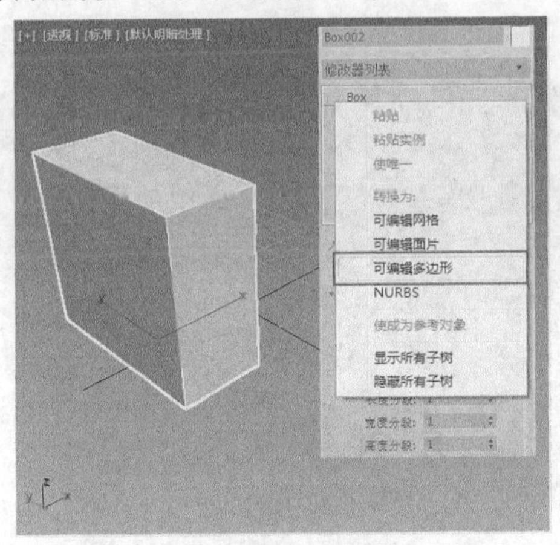

图5-17 转化为可编辑多边形方法（3）

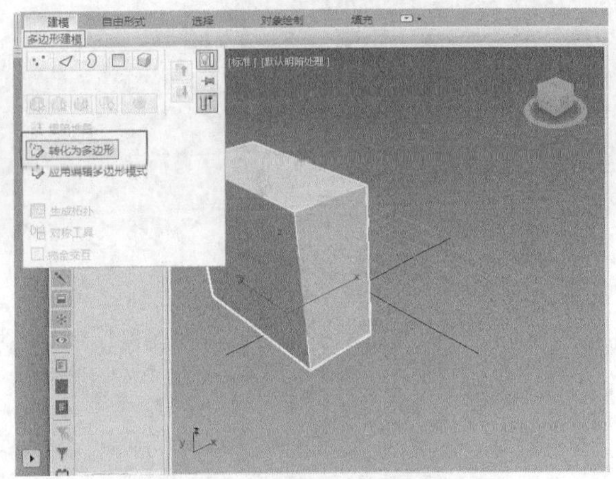

图5-18 转化为可编辑多边形方法（4）

要点提示 除使用第 1 种方法得到的多边形物体将全部保留模型的创建参数外，使用其余 3 种方法创建的多边形物体将丢失全部创建参数。

三、 多边形物体的层级

将物体转化为可编辑多边形后进入【修改】面板，展开【可编辑多边形】选项可以分别对其子选项进行编辑，用户可以看到其下的 5 个层级，如图 5-19 所示。

(1)　顶点。

顶点是多边形网格线的交点，用来定义多边形的基础结构，当移动或编辑顶点时，可以局部改变几何体的形状。在【参数】面板中单击按钮进入【顶点】级别后，即可使用图 5-19 所示的工具对多边形物体的顶点进行编辑，如图 5-20 所示。

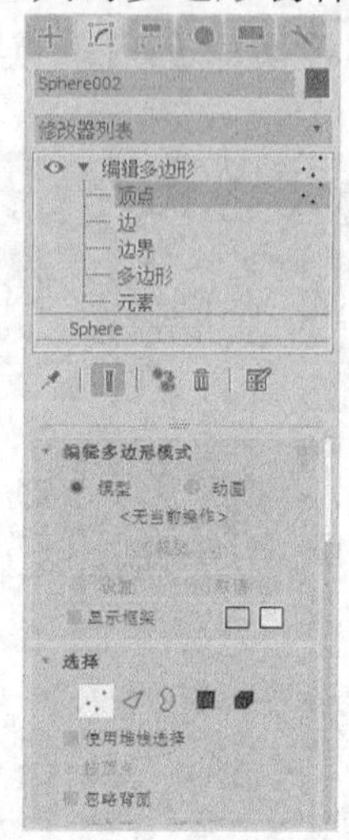

图5-19　【顶点】层级

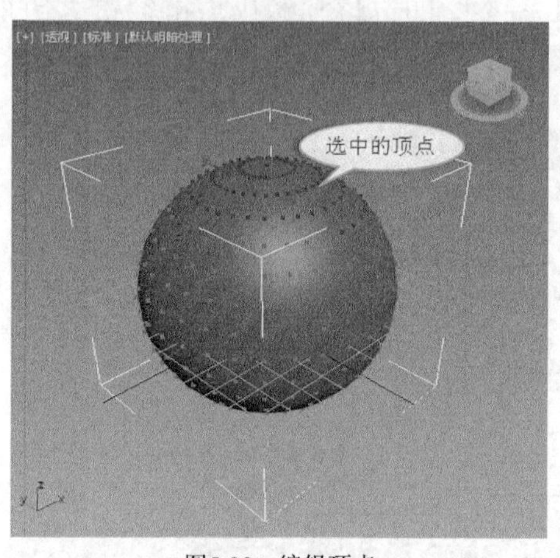

图5-20　编辑顶点

(2)　边。

边是连接两个顶点间的线段，但在多边形物体中，一条边不能由两个以上的多边形共享。在【参数】面板中单击按钮进入【边】级别后，即可使用图 5-21 所示的工具对多边形物体的边进行编辑，如图 5-22 所示。

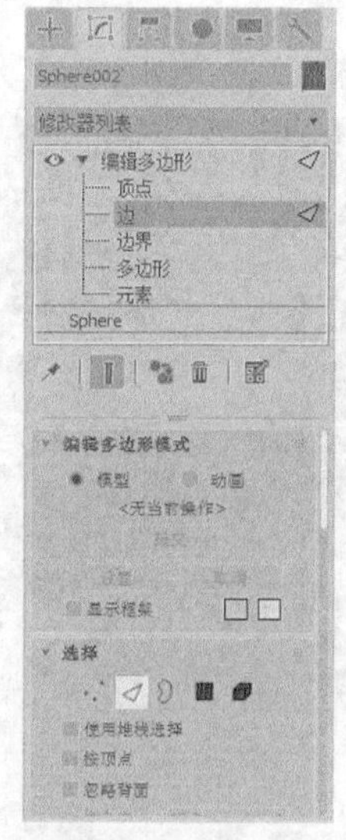

图5-21　【边】层级

图5-22　编辑边

(3)　边界。

边界是网格的线性部分，通常可描述为空洞的边缘，如创建物体后删除其上选定的多边形区域，则将形成边界。在【参数】面板中单击按钮进入【边界】级别后，即可使用图 5-23 所示的工具对多边形物体的边界进行编辑，如图 5-24 所示。

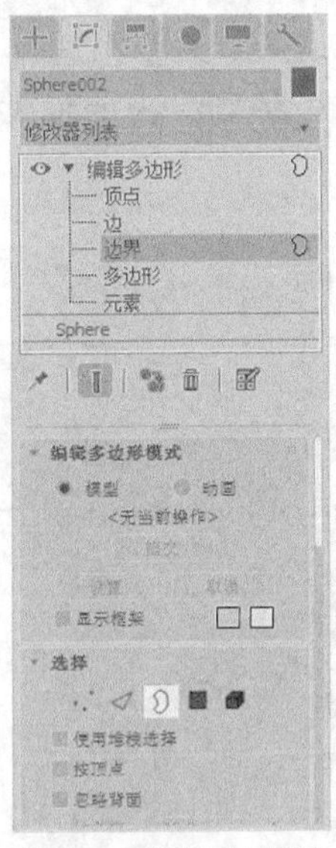

图5-23 【边界】层级

图5-24 编辑边界

(4) 多边形。

多边形是通过曲线连接的一组边的序列，为物体提供可渲染的曲面。在【参数】面板中单击■按钮进入【多边形】级别后，即可使用图 5-25 所示的工具对多边形物体的多边形进行编辑，如图 5-26 所示。

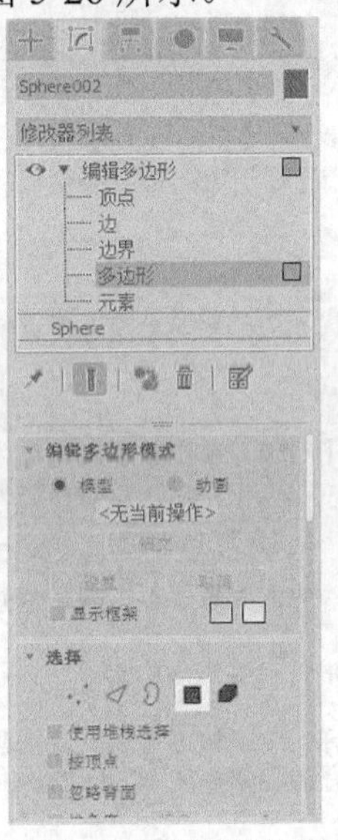

图5-25 【多边形】层级

图5-26 编辑多边形

(5) 元素。

元素是指单个独立的网格对象，可将其组合为更大的多边形物体，如将一个物体删除中间部分形成两个独立区域时，则形成两个元素。在【参数】面板中单击■按钮进入【元素】级别后，即可使用图 5-27 所示的工具对多边形物体的元素进行编辑，如图 5-28 所示。

四、 公共参数卷展栏

多边形物体在不同的级别下能实现的操作和基本工具都有所差异，下面分别对这些工具

和参数的用法进行简要介绍。

无论当前处于何种层级下，参数卷展栏中都具有相同的公共参数，主要包括【选择】和【软选择】两项，下面对其中的常用参数做简要介绍。

(1)　【选择】卷展栏。

【选择】卷展栏的内容如图 5-29 所示，各主要参数的说明如表 5-6 所示。

图5-27　【元素】层级

图5-28　编辑元素

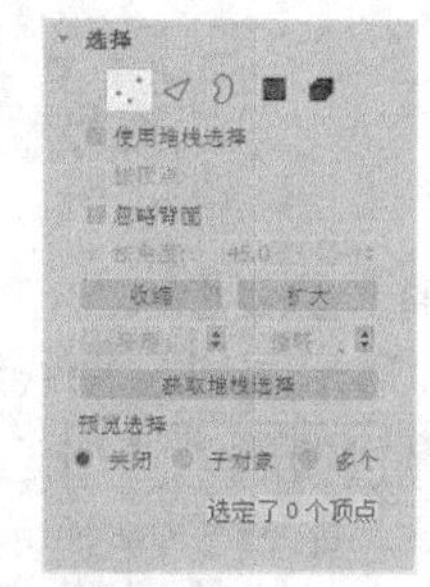

图5-29　【选择】卷展栏

表 5-6　【选择】卷展栏主要参数说明

参数	说明
（顶点）、（边）、（边界）、（多边形）、（元素）	这一组按钮分别表示 5 个层级，单击每个按钮可以进入相应的子对象层级进行编辑操作
按顶点	选择该复选项时，只有通过选择所用的顶点才能选择子对象，单击某顶点时将选中使用该顶点的所有对象（如在【边】层级下单击选择某顶点，则可以选中与该顶点相连的所有边）。该功能在【顶点】层级下无效
忽略背面	选择该复选项后，选择子对象时将只影响朝向用户这一侧的对象，不影响其背侧的对象；否则将同时选中两侧对象，如图 5-30 所示 当在非透视视口中使用框选方式选择对象时必须明确是否启用了该功能
按角度	该功能只在【多边形】层级下有效，启用该项时，选择一个多边形会基于该复选项右侧设置的角度值大小同时选中相邻多边形，该值用于确定要选择的相邻多边形之间的最大角度
收缩	单击一次该按钮，可以在当前选择范围内减少一圈对象
扩大	与【收缩】相反，单击一次该按钮，选择范围向外扩大一圈
环形	只能在【边】和【边界】级别中使用。当选定一部分对象后，单击该按钮可以自动选中平行于该对象的其他对象，如一个球面上与选定边同纬度的其他边
循环	只能在【边】和【边界】级别中使用。选定一部分对象后，单击该按钮可以自动选择与当前对象在同一曲线上的其他对象

(2)　【软选择】卷展栏。

【软选择】卷展栏的内容如图 5-31 所示，各主要参数的说明如表 5-7 所示。

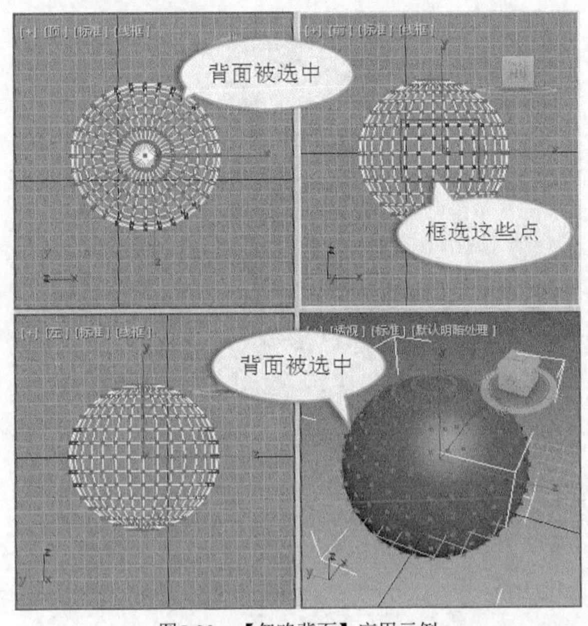

图5-30 【忽略背面】应用示例

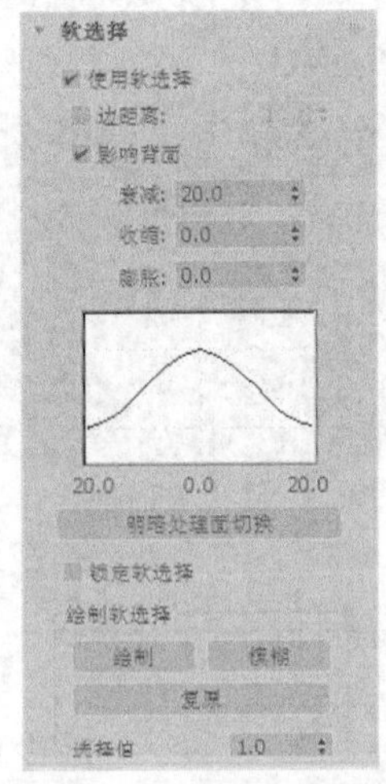

图5-31 【软选择】卷展栏

表 5-7 【软选择】卷展栏主要参数说明

参数	说明
使用软选择	选中该复选项后，会将修改应用到选定对象周围未选定的其他对象上
边距离	选中该复选项后，将软选择限定到指定的面数
影响背面	选中该复选项后，法线方向与选定子对象平均法线方向相反的、取消选择的面将会受到软选择的影响
衰减	用来定义软选择影响区域的距离，衰减值越高，衰减曲线越平缓，软选择的范围也越大
收缩	设置选择区域的“突出度”，沿着垂直方向升高或降低曲线的顶点，为负值时将形成凹陷
膨胀	设置选择区域的“丰满度”，沿垂直方向展开或收缩曲线
软选择曲线图	以图形方式显示软选择效果
锁定软选择	锁定当前选择，以防止被修改

要点提示 在图 5-32 中，均只选中一个顶点，未启用软选择时，移动该顶点，周围顶点并不发生移动；启用软选择后，移动该顶点，周围顶点将跟随移动，距离选定顶点越近的顶点移动距离越大，距离选定顶点越远的顶点移动距离越小。

五、 子物体层级卷展栏

在选择不同的子物体层级时，相应的参数卷展栏也将有所不同。例如，在【顶点】层级下有【编辑顶点】和【顶点属性】卷展栏，在【边】层级下有【编辑边】卷展栏。

(1) 【编辑几何体】卷展栏。

【编辑几何体】卷展栏下的工具适用于所有的子对象级别，如图 5-33 所示，主要用于对多边形物体进行全局性的修改，其主要参数说明如表 5-8 所示。

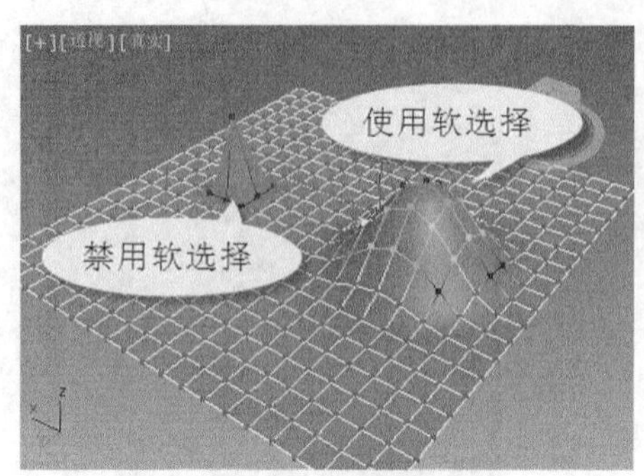

图5-32　软选择的应用

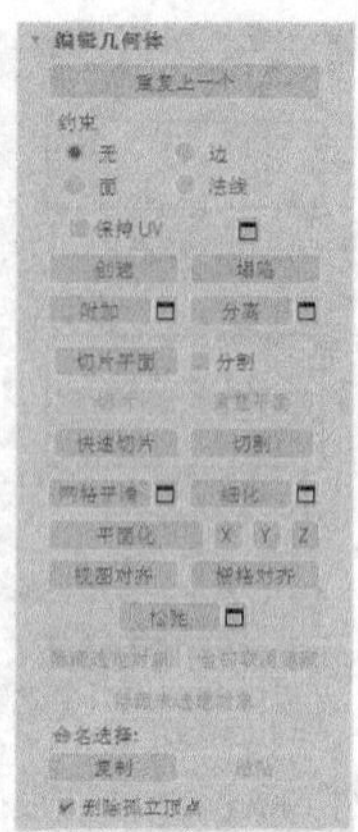

图5-33　【编辑几何体】卷展栏

表 5-8　　【编辑几何体】卷展栏主要参数说明

参数	说明
重复上一个	单击该按钮可以重复使用上一次用过的命令
约束	使用现有几何体来约束子对象的变换，其中包含 4 种约束方式
保持 UV	启用该选项后，在编辑子对象时不影响其 UV 贴图
▭	打开图 5-34 所示的【保持贴图通道】对话框，指定要保持的贴图通道
创建	创建新的几何体
塌陷	将顶点与选择中心的顶点焊接，使连续选定的子对象产生塌陷
附加	将场景中的其他对象加入到当前多边形网格物体中
分离	将选定对象作为单独的对象或元素分离出来
切片平面	用于沿某一平面分开网格物体
分割	可以使用 快速切片 工具和 切割 工具在划分边的位置处创建两个顶点集合
切割	在一个或多个多边形上创建出新的边
网格平滑	使选定的对象产生平滑效果
细化	增加局部网格的密度，以方便对对象细节进行处理

(2)　【编辑顶点】卷展栏。

选中【顶点】层级后，将展开【编辑顶点】卷展栏，如图 5-35 所示，其主要参数的说明如表 5-9 所示。

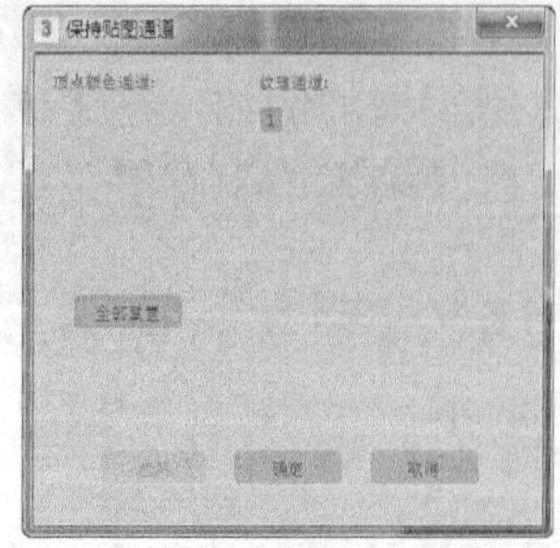

图5-34　【保持贴图通道】对话框

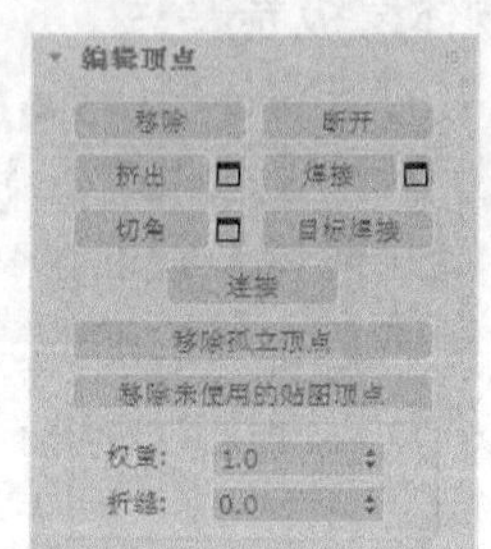

图5-35　【编辑顶点】卷展栏

表 5-9 【编辑顶点】卷展栏主要参数说明

参数	说明
移除	删除选定的顶点
断开	在与选定顶点相连的每个多边形上都创建一个新顶点，使得每个多边形在此位置都拥有独立的顶点
挤出	选中顶点后，按住鼠标左键并拖曳鼠标光标可以手动对其进行挤出操作，形成凸起或凹陷的结构，如图 5-36 所示。单击 挤出 按钮右侧的□按钮，可以在弹出的对话框中设置详细的参数
焊接	选择需要焊接的顶点后，单击 焊接 按钮可以将其焊接到一起。单击其右侧的□按钮，在打开的对话框中设置阈值（焊接顶点间的最大距离）大小，在此距离内的顶点都将焊接到一起，如图 5-37 所示
切角	单击该按钮后，可以拖动选定点进行切角处理，如图 5-38 所示。单击其右侧的□按钮，可以在弹出的对话框中设置详细的参数
目标焊接	用于焊接成对的连续顶点，选择一个顶点将其焊接到相邻的目标顶点。单击一个顶点后将出现一条目标线，选取一个相邻顶点即可
连接	在选定顶点之间创建新边，如图 5-39 所示
移除孤立顶点	删除所有不属于任何多边形的顶点
移除未使用的贴图顶点	移除所有没有使用的贴图顶点

选定顶点后，按 Delete 键可以删除该顶点，这会在网格中留下一个空洞。而移除顶点则不同，移除顶点后并不会破坏表面的完整性，顶点周围会重新接合起来形成多边形，如图 5-40 所示。

图5-36 挤出操作

图5-37 焊接操作

图5-38 切角操作

图5-39 连接操作

图5-40 删除与移除的区别

【编辑几何体】卷展栏中的“塌陷”工具与【编辑顶点】卷展栏中的“焊接”工具用法类似，但是“塌陷”工具不需要设置“阈值”就可以实现类似于“焊接”的操作。

(3) 【编辑边】卷展栏。

选中【边】层级后，将展开【编辑边】卷展栏，如图 5-41 所示，常用参数的说明如表 5-10 所示。

表 5-10　　【编辑边】卷展栏主要参数说明

参数	说明
插入顶点	在选定边上插入顶点，进一步细分该边，如图 5-42 所示
移除	删除选定边并将剩余边线组合为多边形
分割	沿指定边分割网格，网格在指定边线处分开
桥	使用多边形的“桥”连接对象的边。“桥”只连接边界边，选中两边后，将在其间创建类似“桥”的曲面，如图 5-43 所示
连接	在选定边之间创建新边，如图 5-44 所示
编辑三角剖分	用于修改绘制内边或对角线时多边形细分为三角形的方式
旋转	用于通过单击对角线修改多边形细分为三角形的方式

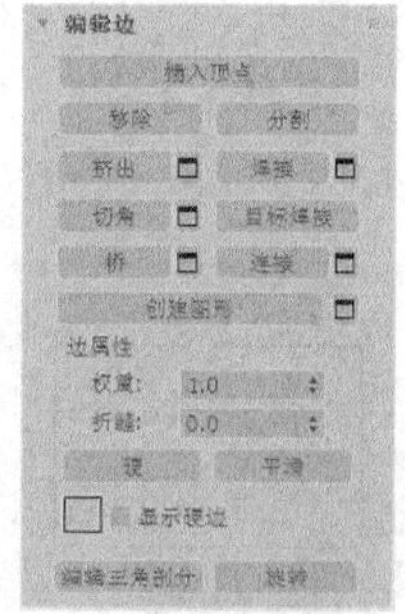

图5-41　【编辑边】卷展栏

图5-42　插入顶点操作

图5-43　桥操作

(4)　【编辑边界】卷展栏。

选中【边界】层级后，将展开【编辑边界】卷展栏，如图 5-45 所示，常用参数的说明如表 5-11 所示。

表 5-11　　【编辑边界】卷展栏主要参数说明

参数	说明
挤出	对选定边界进行手动挤出操作，如图 5-46 所示
插入顶点	在选定边界上添加顶点
切角	对选定边界进行切角操作，如图 5-47 所示
封口	使用单个多边形封住整个边界，如图 5-48 所示

(5)　【编辑多边形】卷展栏。

选中【多边形】层级后，将展开【编辑多边形】卷展栏，如图 5-49 所示，常用参数的说明如表 5-12 所示。

图5-44　连接操作

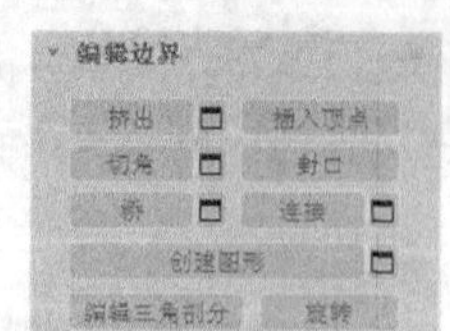

图5-45　【编辑边界】卷展栏

图5-46　挤出操作

图5-47　切角操作

图5-48　封口操作

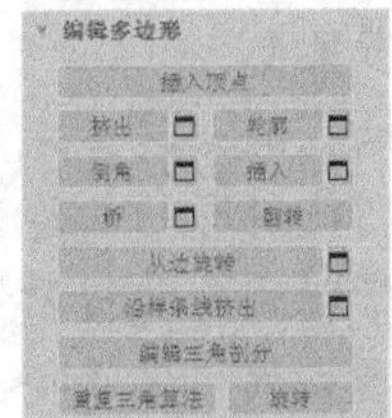

图5-49　【编辑多边形】卷展栏

表 5-12　【编辑多边形】卷展栏主要参数说明

参数	说明
轮廓	用于增大或减小选定多边形的外边轮廓尺寸，如图 5-50 所示
倒角	对选定的多边形进行手动倒角操作，如图 5-51 所示
插入	在选定的多边形平面内执行插入操作，如图 5-52 所示
翻转	翻转选定多边形的法线方向

图5-50　轮廓操作

图5-51　倒角操作

图5-52　插入操作

(6)　【编辑元素】卷展栏。

选中【元素】层级后，将展开【编辑元素】卷展栏，其中大部分参数与前面 5 种层级下的同名参数用途类似，这里不再赘述。

5.2 实战训练

下面结合实例介绍复合建模的基本方法。

本例视频 1

本例视频 2

5.2.1 从零开始——制作“百合花”

本案例将运用【放样】工具和【NURBS】建模工具制作一朵美丽的百合花，完成后的最终效果如图 5-53 所示。

图5-53　制作“百合花”

【操作步骤】

1. 制作花瓣放样曲线。

(1) 绘制花瓣形状曲线，如图 5-54 所示。

① 在【创建】面板的【图形】选项卡中单击 线 按钮。

② 在【创建方法】卷展栏下的【初始类型】分组框中选中【平滑】单选项，然后在前视图中绘制一条由 6 个顶点形成的曲线。

(2) 调整顶点的坐标参数，如图 5-55 所示。

① 单击 按钮切换到【修改】面板，选择【顶点】子层级。

② 依次选中各顶点，设置其 x 轴和 z 轴坐标参数，y 值均为 0。

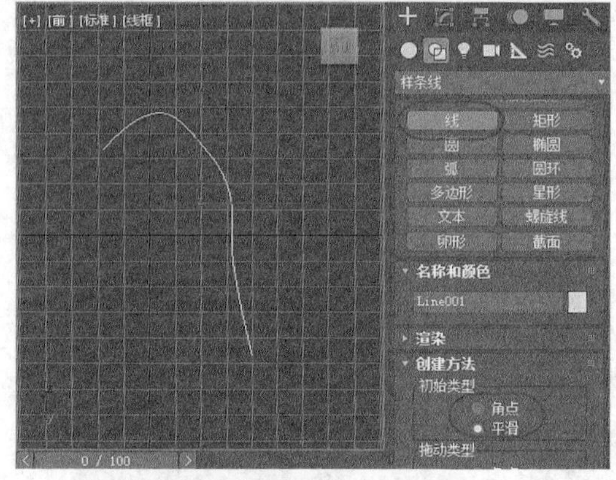

图5-54 绘制花瓣形状曲线

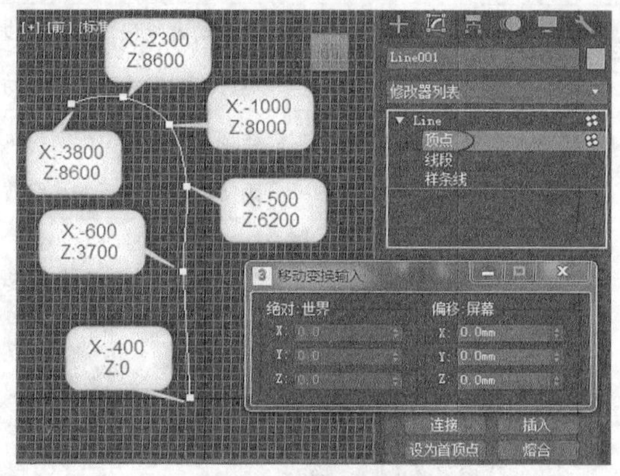

图5-55 调整顶点的坐标参数

(3) 绘制花瓣截面曲线，如图 5-56 所示。

① 在【创建】面板中单击 线 按钮，然后在前视图中绘制一条由 3 个顶点形成的曲线。

② 依次选中各顶点，设置其 x 轴和 z 轴坐标参数。

2. 制作花朵。

(1) 放样花瓣，如图 5-57 所示。

① 在【创建】面板的【几何体】选项卡中设置创建对象类型为【复合对象】。

② 选中花瓣形状曲线，单击 放样 按钮。

③ 在【创建方法】卷展栏中单击 获取图形 按钮，然后在场景中拾取花瓣截面曲线，创建放样对象。

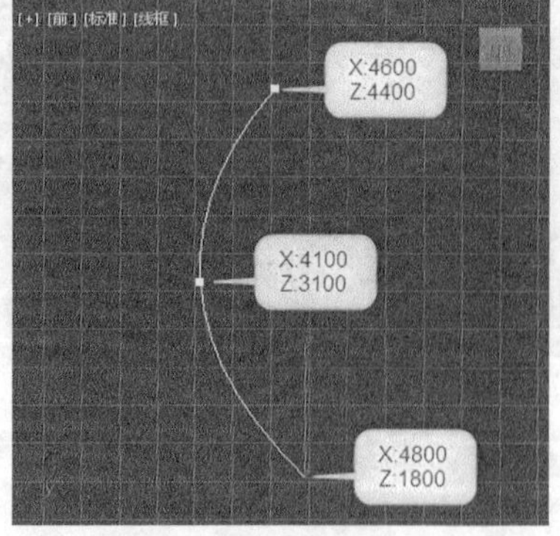

图5-56 绘制花瓣截面曲线

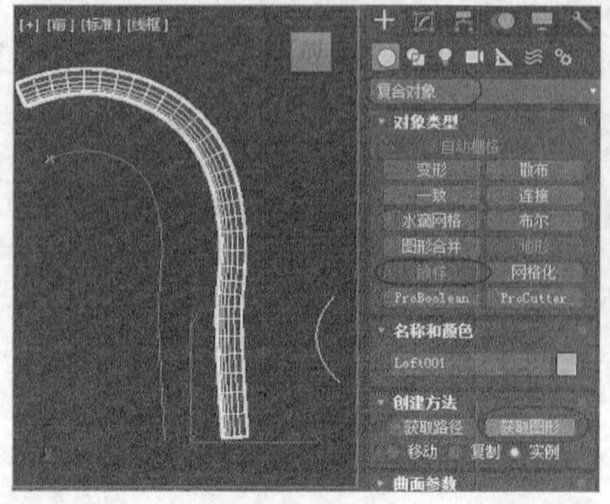

图5-57 放样花瓣

(2) 调整放样模型，如图 5-58 所示。

① 单击按钮切换到【修改】面板，选择【图形】子层级。

② 选中放样模型上的截面模型，单击【图形命令】分组框中的居中按钮。

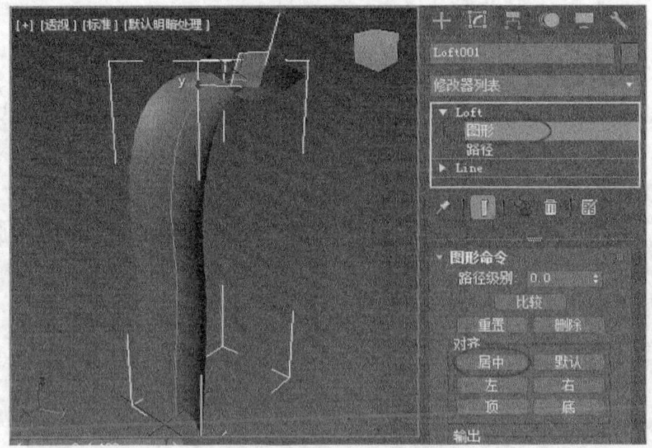

图5-58 调整放样模型

(3) 调整花瓣上部，如图 5-59 所示。

① 返回父级，在【变形】分组框中单击缩放按钮，弹出【缩放变形】窗口。

② 选中左侧控制点，设置垂直方向位置参数为“8”。

③ 在控制点上单击鼠标右键，在弹出的快捷菜单中选择【Bezier-角点】命令，然后调整控制手柄的位置。

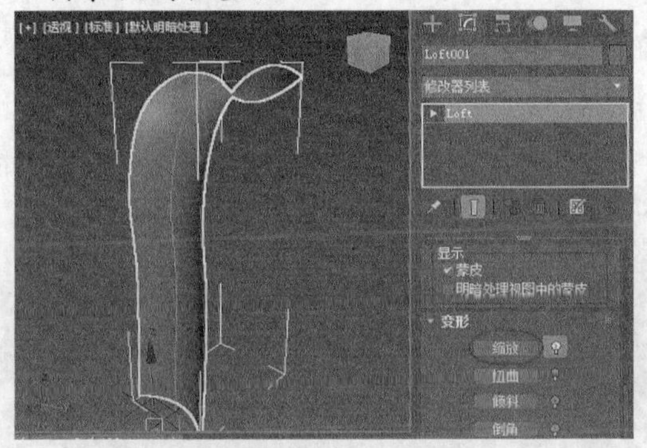

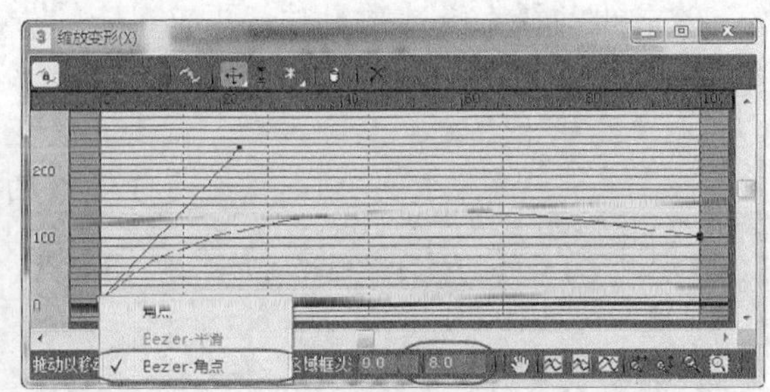

图5-59 调整花瓣上部

(4) 调整花瓣下部，如图 5-60 所示。

① 在【缩放变形】窗口中选中右侧控制点，设置垂直方向位置参数为“8”。

② 在控制点上单击鼠标右键，在弹出的快捷菜单中选择【Bezier-角点】命令，然后调整控制手柄的位置。

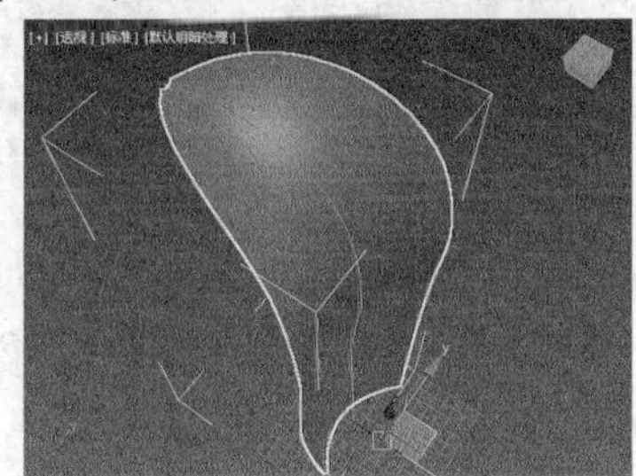

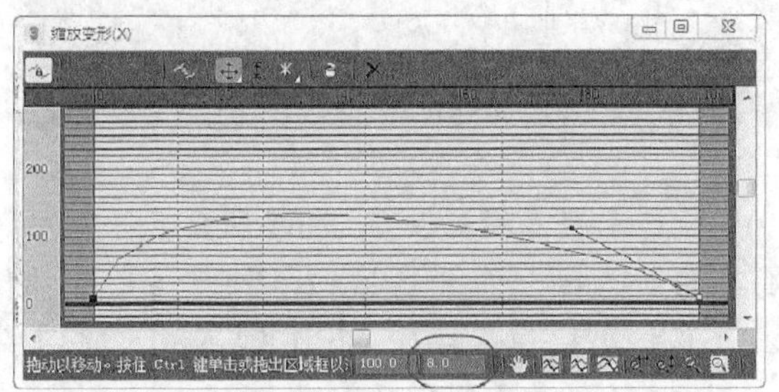

图5-60 调整花瓣下部

(5) 调整轴，如图 5-61 所示。

① 在【层次】面板中单击 仅影响轴 按钮。

② 使用【移动】工具调整轴的位置，然后切换到【修改】面板退出调整状态。

(6) 旋转复制花瓣，如图 5-62 所示。

① 在工具栏上单击按钮，打开【角度捕捉】开关，并设置每次捕捉的角度为“120”。

② 单击按钮，按住 Shift 键不放，将花瓣绕 z 轴旋转 120°，在弹出的对话框中设置【副本数】为“2”。

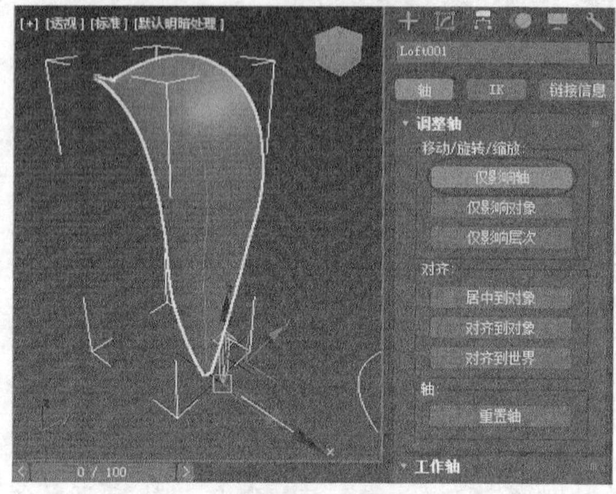

图5-61　调整轴

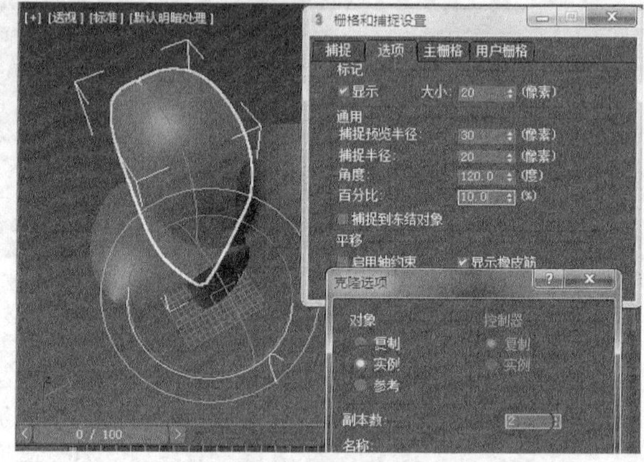

图5-62　旋转复制花瓣

(7) 克隆花瓣，如图 5-63 所示。

① 选中第一个放样出的花瓣，单击鼠标右键，在弹出的快捷菜单中选择【克隆】命令。

② 在弹出的【克隆选项】对话框中单击 确定 按钮。

(8) 调整克隆花瓣，如图 5-64 所示。

① 在工具栏上右键单击按钮，设置克隆花瓣的旋转参数。

② 在工具栏上单击按钮，设置克隆花瓣的缩放参数，并适当调整其位置。

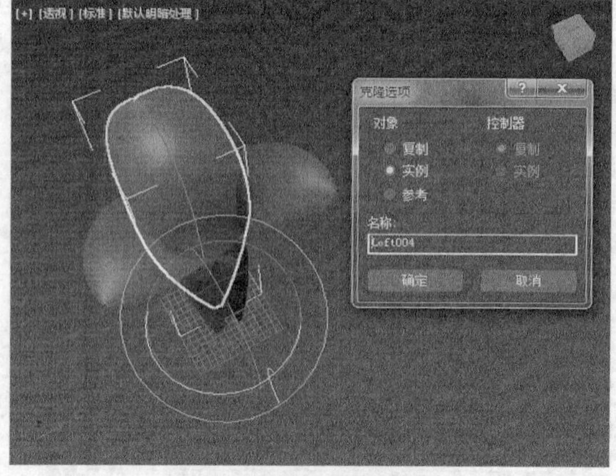

图5-63　克隆花瓣

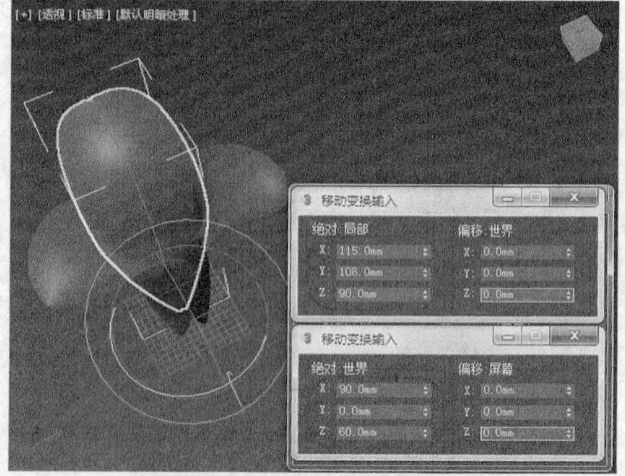

图5-64　调整克隆花瓣

(9) 旋转克隆花瓣，如图 5-65 所示。

① 在工具栏上单击按钮，打开【角度捕捉】开关，并设置每次捕捉的角度为“120”。

② 单击按钮，按住 Shift 键不放，将花瓣绕 z 轴旋转 120°，在弹出的【克隆选项】对话框中设置【副本数】为“2”。

3. 制作花蕊。

(1) 制作放样曲线，如图 5-66 所示。

① 在【创建】面板的【图形】选项卡中单击 线 按钮。

② 在【创建方法】卷展栏的【初始类型】分组框中选中【平滑】单选项，然后在前视图中绘制一条曲线。

③ 单击 圆 按钮，在前视图中创建一半径为 70 的圆。

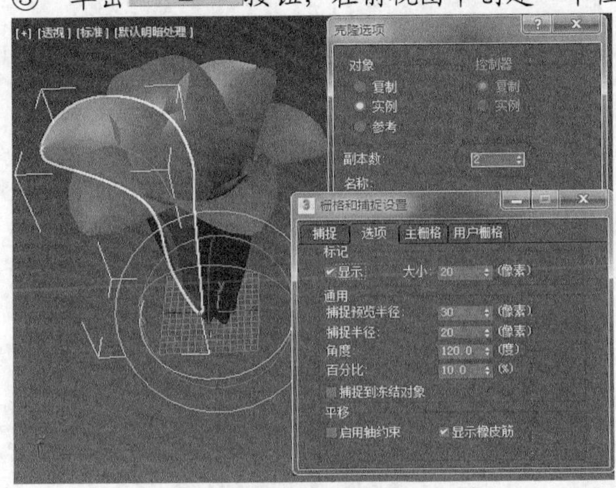

图5-65 旋转克隆花瓣

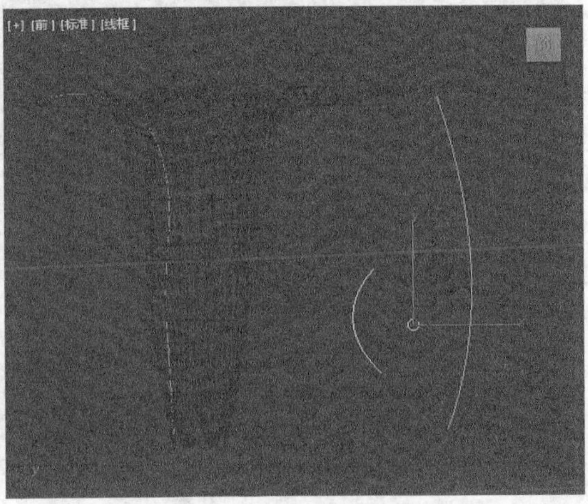

图5-66 制作放样曲线

(2) 放样花蕊，如图 5-67 所示。

① 选中花蕊形状曲线，单击 放样 按钮。

② 单击 获取图形 按钮，然后在场景中拾取圆，完成放样模型。

(3) 制作球体，如图 5-68 所示。

① 在【创建】面板的【几何体】选项卡中单击 球体 按钮，在前视图中创建一个半径为 200 的球体。

② 单击 按钮，设置球体的缩放参数。

③ 将球体移动至放样图形上方，并将两者成组，然后移至花瓣中央。

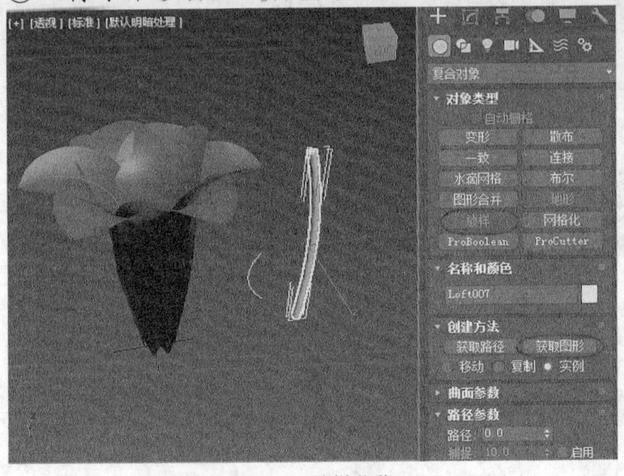

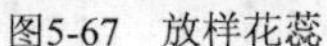

图5-67 放样花蕊

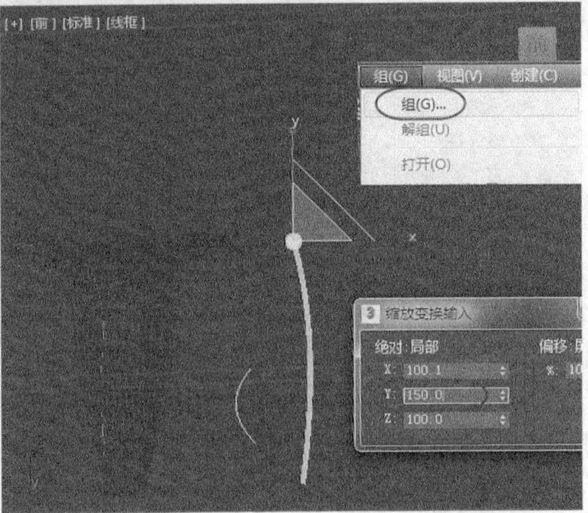

图5-68 制作球体

(4) 按照上述方法制作出更多的花蕊，结果如图 5-69 所示。

4.　制作花茎。

(1)　制作放样曲线，如图 5-70 所示。

①　将花朵逆时针旋转 90°，然后在【创建】面板的【图形】选项卡中单击 线 按钮。

②　在【创建方法】卷展栏的【初始类型】分组框中选中【平滑】单选项，然后在前视图中绘制一条曲线。

③　单击 圆 按钮，在前视图中创建一半径为 700 的圆。

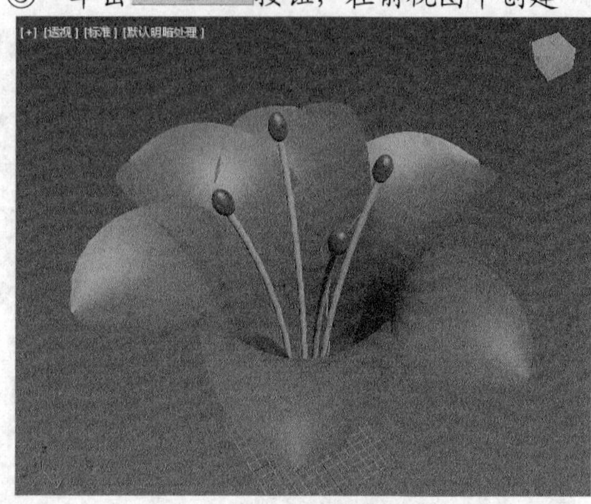

图5-69　制作其他花蕊

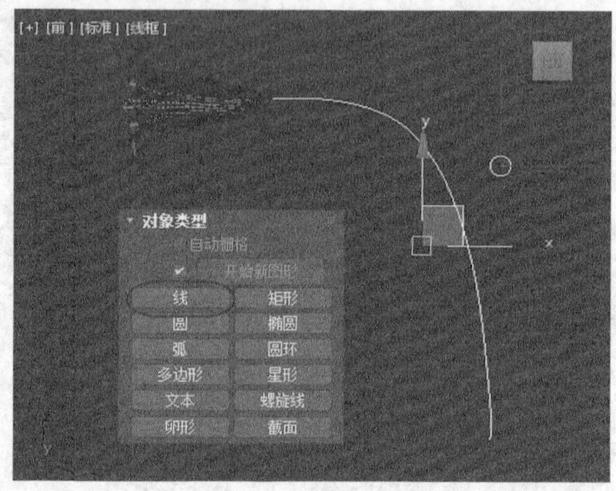

图5-70　制作放样曲线

(2)　放样花茎，如图 5-71 所示。

①　选中花茎形状曲线，单击 放样 按钮。

②　单击 获取图形 按钮，然后在场景中拾取圆，生产放样模型。

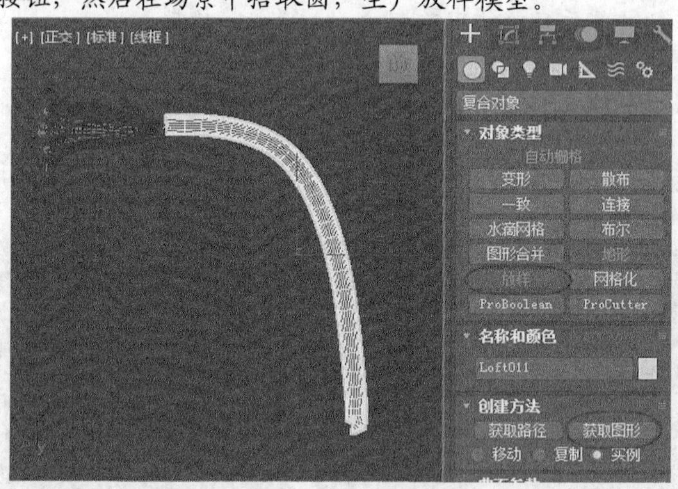

图5-71　放样花茎

(3)　缩放花茎，如图 5-72 所示。

①　在【变形】卷展栏中单击 缩放 按钮，弹出【缩放变形】窗口。

②　单击按钮，在控制线上添加一个控制点，然后单击鼠标右键，在弹出的快捷菜单中选择【Bezier-平滑】命令。

③　单击按钮，框选第 2 个和第 3 个控制点，设置其垂直参数为“25”，然后将花茎移动至花朵下端。

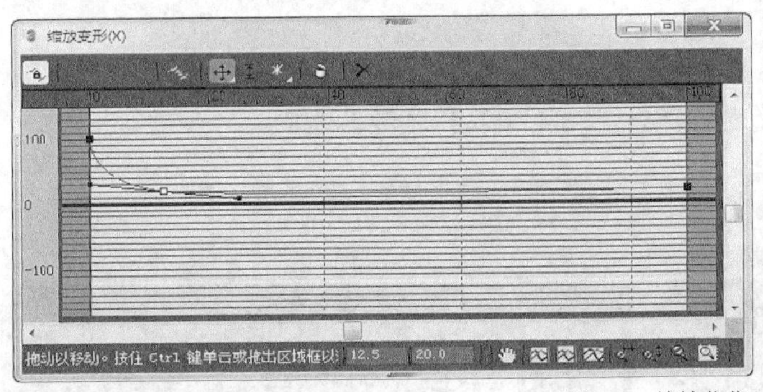
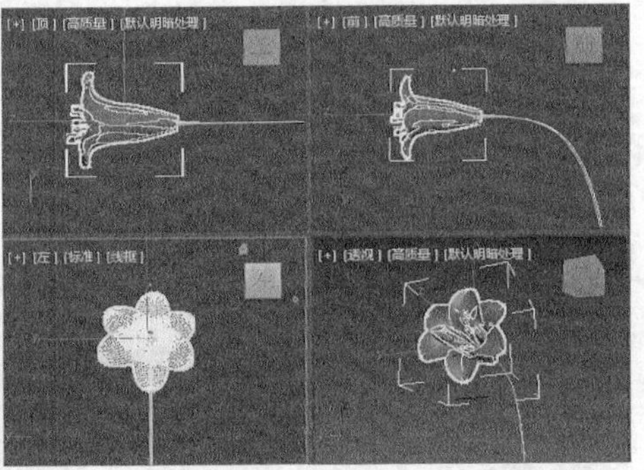

图5-72　缩放花茎

5. 保存。

按Ctrl+S组合键保存场景文件到指定目录，本案例制作完成。

5.2.2 课堂实训——制作“高尔夫球”

本例将使用表面建模工具来制作一个时尚的高尔夫球，最终效果如图 5-73 所示。

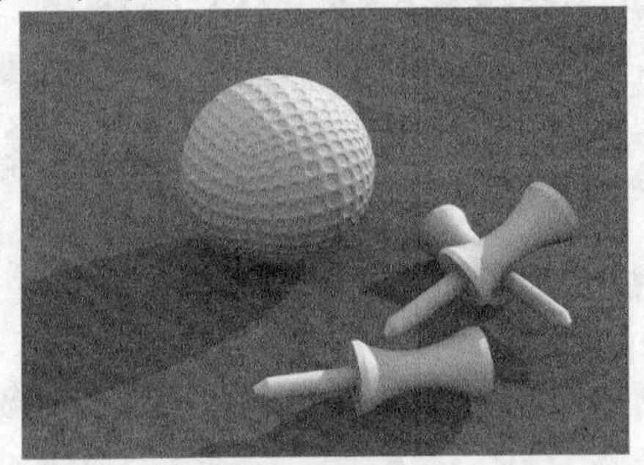

本例视频

图5-73　制作“高尔夫球”

1. 制作高尔夫球。

(1) 在顶视图上创建一个长方体，并设置长方体的大小参数，如图 5-74 所示。

(2) 为长方体添加修改器，如图 5-75 所示。

(3) 在【修改】面板中为长方体添加一个【球形化】修改器。

(4) 在【参数】卷展栏中设置【百分比】值为“100”。

(5) 继续为长方体添加【编辑多边形】修改器，并选择【多边形】子层级。

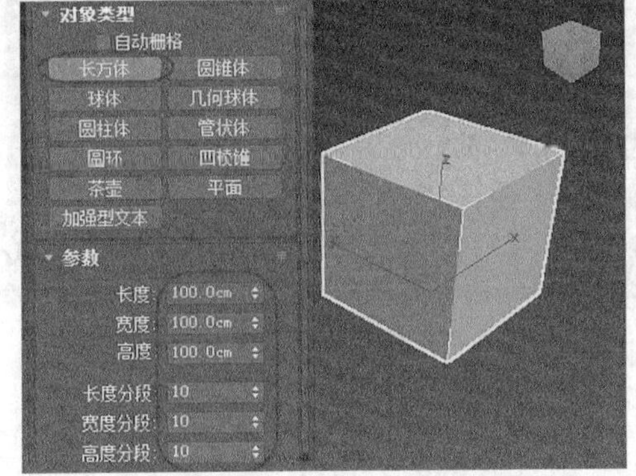

图5-74　创建长方体

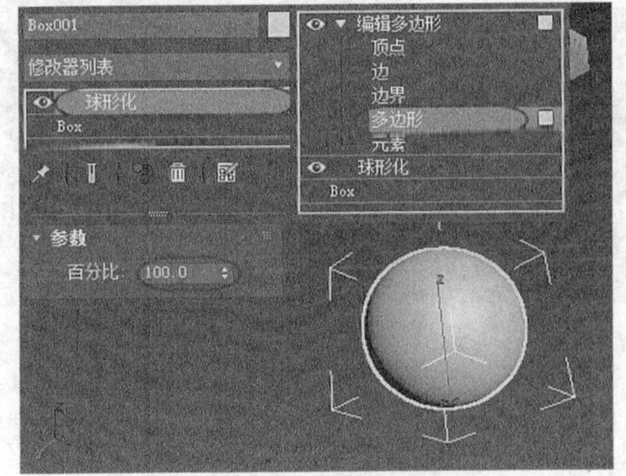

图5-75　为长方体添加修改器

2.　编辑球体（图 5-76）。

(1)　框选所有多边形，在【编辑多边形】卷展栏中单击 插入 按钮右侧的□按钮。

(2)　打开参数输入框，单击按钮旁边的箭头，选择【按多边形】选项。

(3)　设置插入参数为“0.6”。

(4)　单击 挤出 按钮右侧的□按钮。

(5)　在弹出的参数输入框中设置挤出参数为“－0.5”。

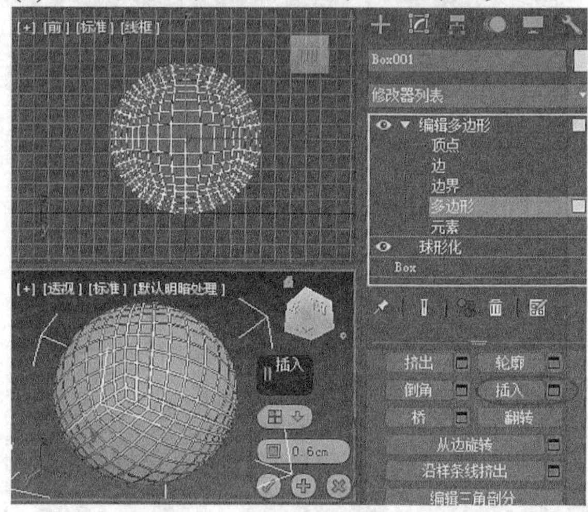

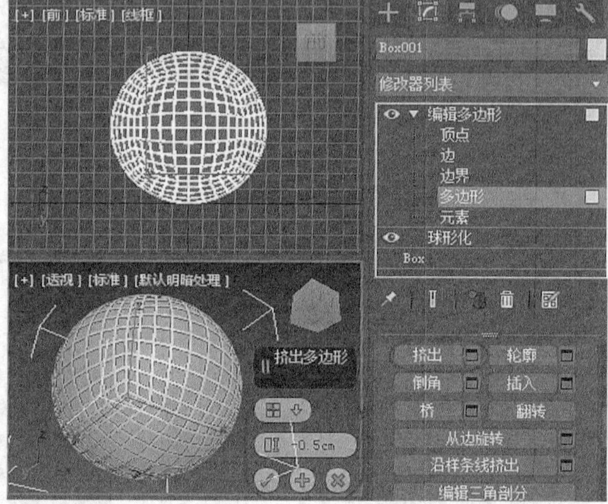

图5-76　编辑球体

3.　添加【涡轮平滑】修改器。

(1)　返回【可编辑多边形】层级。

(2)　在【修改器列表】中为其添加一个【涡轮平滑】修改器，如图 5-77 所示。

4.　制作支座。

(1)　单击【创建】面板上的 线 按钮，在前视图上绘制图 5-78 所示的样条线。

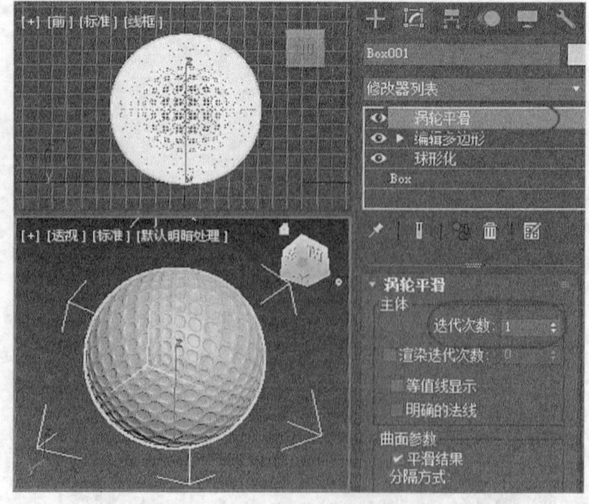

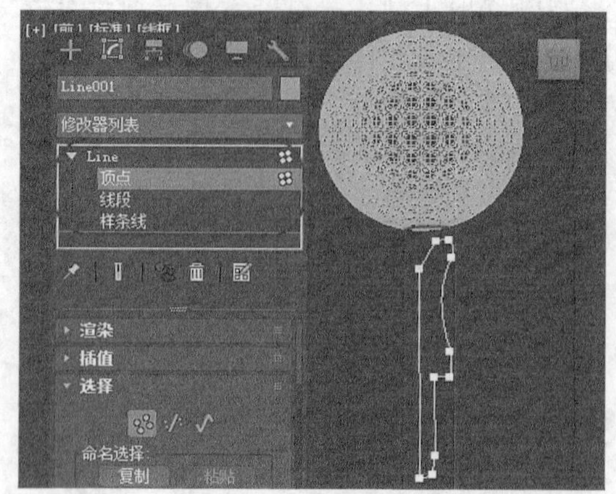

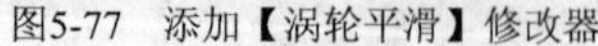
图5-77　添加【涡轮平滑】修改器

图5-78　绘制图形

(2)　为样条线添加一个【车削】修改器，效果如图 5-79 所示。

(3)　完成后保存文件，最终结果如图 5-80 所示。

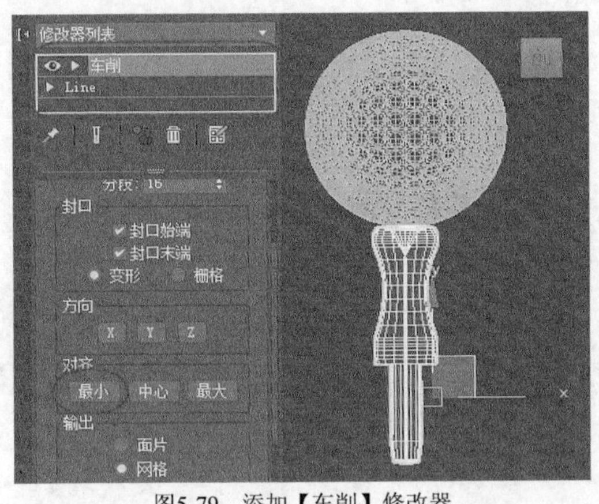

图5-79 添加【车削】修改器

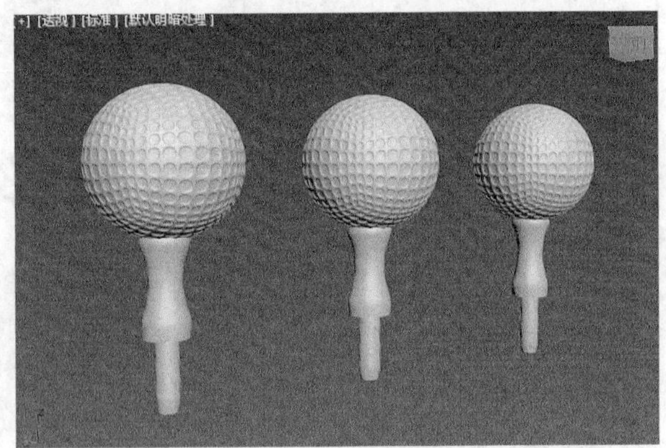
图5-80 最终结果

5.3 习题

1. 什么是复合对象？使用该方法建模有什么特点？
2. 什么是布尔运算？如何创建两个几何体的差运算？
3. 怎样将对象转换为可编辑多边形？
4. 多边形物体在【顶点】层级下可以实现哪些主要操作？
5. 可编辑多边形有哪些子层级？在每个层级下有哪些工具可以使用？

第6章 摄影机与灯光

【学习目标】

- 明确摄影机的基本参数和用途。
- 掌握调整摄影机视图的方法。
- 明确灯光的种类和用途。
- 掌握灯光的基本设置方法。

3ds Max 2017 中的摄影机是调整观察场景视角的重要工具，使用摄影机不仅便于观察场景，还可提供许多模拟真实摄影机的特效。三维场景中离不开灯光，它可以照亮场景，使模型显示出各种反射效果并产生阴影，只有应用了灯光，为模型设置的各种材质才有意义。

6.1 知识解析

3ds Max 可以模拟真实世界中的各种光源类型。

6.1.1 摄影机及其应用

3ds Max 2017 中的摄影机与现实世界中的摄影机十分相似，摄影机的位置、摄影角度、焦距等都可以随意调整，这样不仅方便观看场景中各部分的细节，还可以利用摄影机的移动创建浏览动画。另外，使用摄影机还可以制作景深和运动模糊等特效。

一、 目标摄影机

目标摄影机除了有摄影机对象外，还有一个目标点，摄影机的视角始终向着目标点，以查看所放置的目标点周围的区域。摄影机和目标点的位置都可自由调整，如图 6-1 所示。

目标摄影机的基本参数如图 6-2 所示，参数用法如表 6-1 所示。

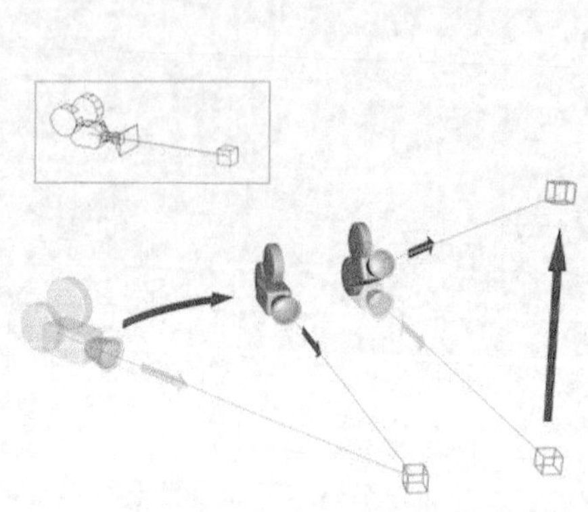

图6-1 目标摄影机

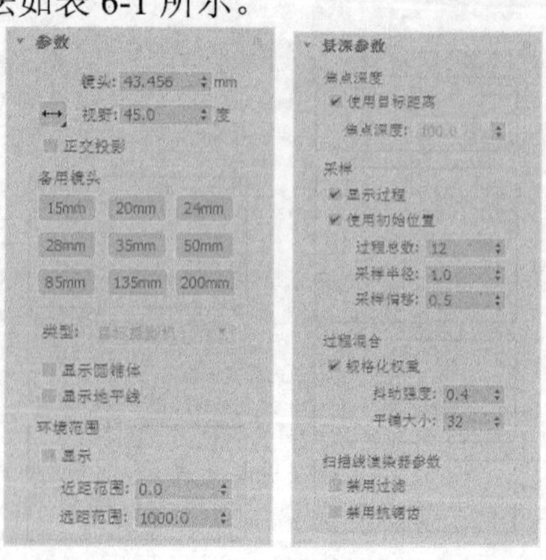

图6-2 【目标摄影机】参数面板

表 6-1　　　　目标摄影机参数的用法

卷展栏	参数		说明
参数	镜头		设置摄影机焦距，单位为 mm
	视野		设置摄影机的视野宽度，有（水平）、（垂直）和（对角）3 种方式
	正交投影		选中后，摄影机视图为用户视图；关闭后，摄影机视图为标准视图
	备用镜头		系统备用镜头有 15mm、20mm、24mm、28mm、35mm、50mm、85mm、135mm 和 200mm 等 9 种，用户可以根据需要选取使用
	类型		切换摄影机类型，包括【目标摄影机】和【自由摄影机】两种
	显示圆锥体		显示定义摄影机视野的锥形光线
	显示地平线		在摄影机视图中显示一条深灰色的地平线
	环境范围	显示	显示出在摄影机锥形光线内的矩形
		近距/远距范围	设置大气效果的近距范围和远距范围
	剪切平面	手动剪切	定义剪切平面
		近距/远距剪切	设置近距和远距平面，比近距剪切平面近和比远距剪切平面远的对象将不可见
	多过程效果	启用	启用后，可以预览渲染效果
		预览	在活动摄影机视图中预览效果
		多过程效果类型	【景深】【景深（mental ray）】：当镜头的焦距调整在聚焦点上时，只有唯一的点会在焦点上形成清晰的影像，其他部分会形成模糊的影像，在焦点前后出现清晰区，如图 6-3 所示 【运动模糊】：运动时物体产生模糊的速度感，如图 6-4 所示
		渲染每过程效果	启用后，将渲染效果应用于多重过滤效果的每个过程
	目标距离		使用【目标摄影机】时，设置摄影机与目标之间的距离
景深参数	焦点深度	使用目标距离	启用后，将摄影机的目标距离用作每个过程偏移摄影机的点
		焦点深度	取消使用【使用目标距离】参数后，用来设置摄影机的偏移深度，取值范围为 0~100
	采样	显示过程	启用后，在【渲染帧窗口】对话框中显示多个渲染通道
		使用初始位置	启用后，第 1 个渲染过程将设置摄影机的初始位置
		过程总数	设置生成景深效果的过程数，增大该值可以提升效果的真实度，但会增加渲染时间
		采样半径	设置场景生成的模糊半径。数值越大，模糊效果越明显
		采样偏离	设置模糊远离或靠近【采样半径】的权重，增加该值将增加景深模糊的数量级，得到更均匀的景深效果
	过程混合	规格化权重	启用后，将规格化权重已获得平滑的结果
		抖动强度	设置应用于渲染通道的抖动程度，增大该值将增大抖动量
		平铺大小	设置图案大小，0 表示以最小方式平铺；100 表示以最大方式平铺
	扫描线渲染器参数	禁用过滤	启用后，系统将禁用过滤的整个过程
		禁用抗锯齿	启用后，禁用抗锯齿功能

图6-3　运动模糊效果（1）

图6-4　运动模糊效果（2）

焦距决定了被拍摄物体在摄影机视图中的大小。以相同的距离拍摄同一物体时，焦距越长，被拍摄物体在摄影机视图上显示得就越大；焦距越短，被拍摄物体在摄影机视图上显示得就越小，摄影机视图中包含的场景也就越多。视野用于控制场景可见范围的大小，视野越大，在摄影机视图中包含的场景就越多。视野与焦距相互联系，改变其中一个的值，另一个也会相应地改变。焦距和视野的关系如图 6-5 所示。

二、　自由摄影机

自由摄影机只有一个对象，不仅可以自由移动位置坐标，还可以沿自身坐标自由旋转和倾斜，如图 6-6 所示。当创建摄影机沿着一条路径运动的动画时，使用自由摄影机可方便地实现转弯等效果。自由摄影机的参数如图 6-7 所示，与目标摄影机大同小异。

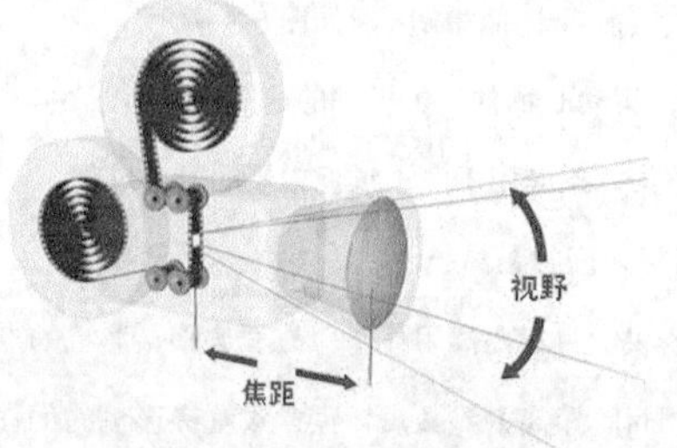

图6-5　摄影机的焦距和视野

图6-6　自由摄影机

自由摄影机的初始方向沿着当前视图栅格的 z 轴负方向，也就是说，选择顶视图时，摄影机方向垂直向下；选择前视图时，摄影机方向由屏幕向里。单击透视图、正交视图和灯光视图时，自由摄影机的初始方向垂直向下，沿着世界坐标轴 z 轴负方向。

三、　物理摄影机

3ds Max 2017 新增加了物理摄影机，物理摄影机模拟真实摄影机原理进行工作。其参数比较复杂，如图 6-8 所示，其中包括快门设置、光圈大小设置及曝光控制等参数。

四、　摄影机视图及摄影机视角的调整

创建摄影机后，即可将选定视图转化为摄影机视图。在视口左上角的视图类型列表上单击鼠标右键，在弹出的快捷菜单中选择【摄影机】/【Camera001】命令，如图 6-9 所示，即可将视图转化到摄影机视图。在该视图模式下，可以对摄影镜头进行推拉等操作，如图 6-10 所示。

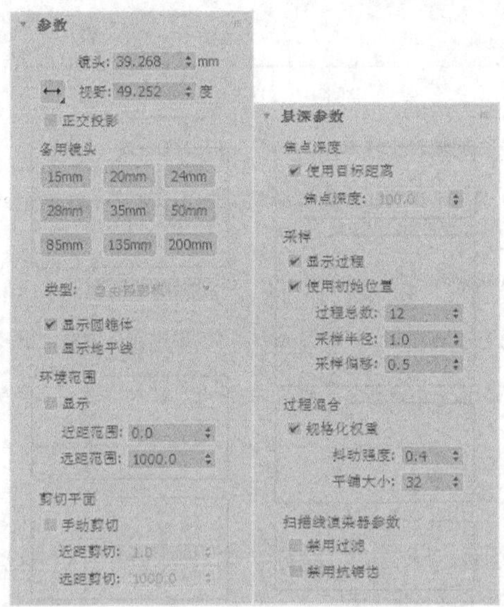

图6-7　【自由摄影机】参数

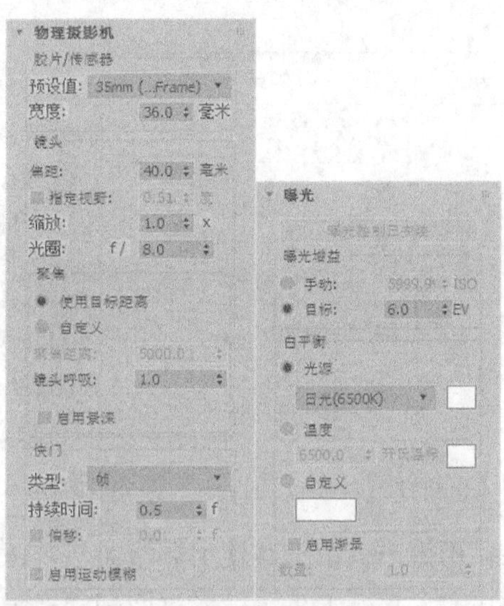

图6-8　【物理摄影机】参数

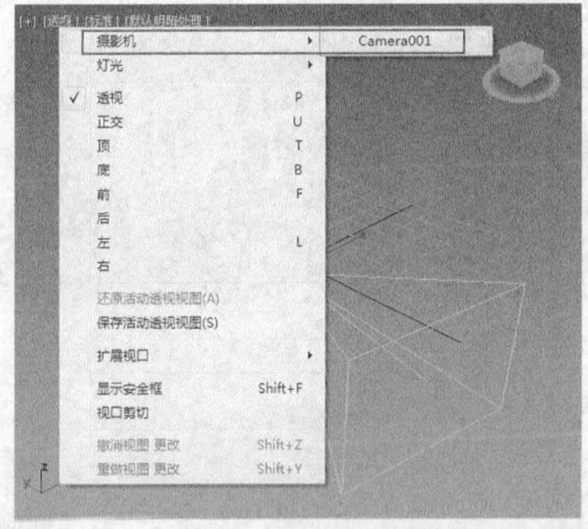

图6-9　切换到摄影机视图

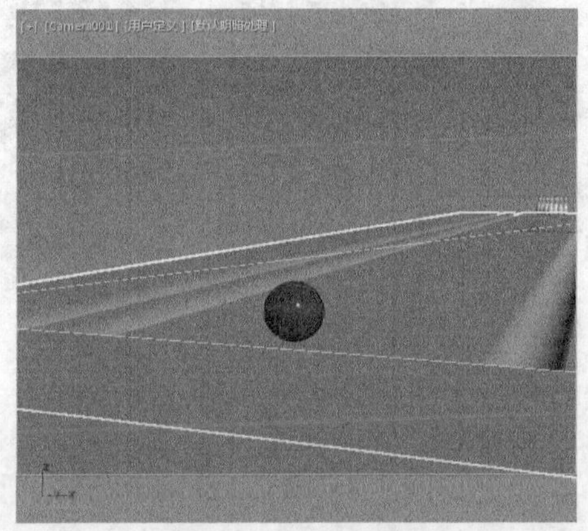

图6-10　摄影机视图

在摄影机视图中，摄影机的观察角度除了可以通过工具栏上的移动和旋转工具进行调整外，还可以通过右下角视图控制区提供的导航工具进行调整，导航工具及其功能说明如表6-2所示。

表 6-2　　导航工具及其说明

工具（组）	工具	说明
推拉工具组	（推拉摄影机+目标）	同时沿着摄影机的主轴前后移动目标点和摄影机的位置
	（推拉目标）	沿着摄影机的目标点移近或远离摄影机，只对目标摄影机有用
	（推拉摄影机）	沿着摄影机的主轴移动摄影机图标，使摄影机移近或远离它所指的方向。对于目标摄影机，如果摄影机图标超过目标点的位置，则摄影机将翻转 180°
透视	（透视）	以推拉摄影机的方式改变摄影机的透视效果，配合 Ctrl 键可增加变化的幅度
侧滚	（侧滚摄影机）	使摄影机围绕垂直于视平面的方向进行旋转
视野	（视野）	固定摄影机和目标点，通过改变摄影取景的大小来缩放摄影机视图

续表

工具（组）	工具	说明
平移工具组	（穿行）	以摄影机为圆心对视角进行旋转，实现以第一人称视角观测场景
	（二维平移缩放模式）	在平行于视平面的方向上同时平移摄影机和目标点，配合 Ctrl 键可加速平移变化，配合 Shift 键可锁定在垂直或水平方向平移
	（平移摄影机）	以摄影机目标为圆心对视角进行旋转，实现以第一人称视角观测场景
旋转工具组	（摇移摄影机）	固定摄影机，对目标点进行旋转观测，配合 Shift 键可以锁定在单方向上旋转
	（环游摄影机）	固定目标点，使摄影机围绕着目标点进行旋转，配合 Shift 键可以锁定在单方向上旋转

【基础训练】——制作“穿越动画”

自由摄影机由于其使用非常灵活，故方便用来制作摄影机的动画，本例将使用自由摄影机制作一个长城上穿越烽火台的动画，最终效果如图 6-11 所示。

图6-11　制作“穿越动画”

【操作步骤】

1.　创建自由摄影机对象。

(1)　打开场景模板，如图 6-12 所示。

①　打开素材文件“第 6 章\素材\穿越动画\穿越动画.max”。

②　场景中提供了本例所需的模型并赋予材质。

③　场景中绘制了一条用于摄影机路径的样条线“穿越路径”。

(2)　创建自由摄影机，如图 6-13 所示。

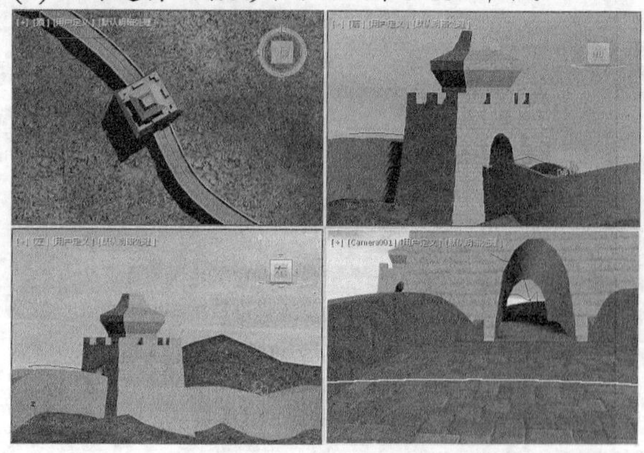

图6-12　打开场景模板

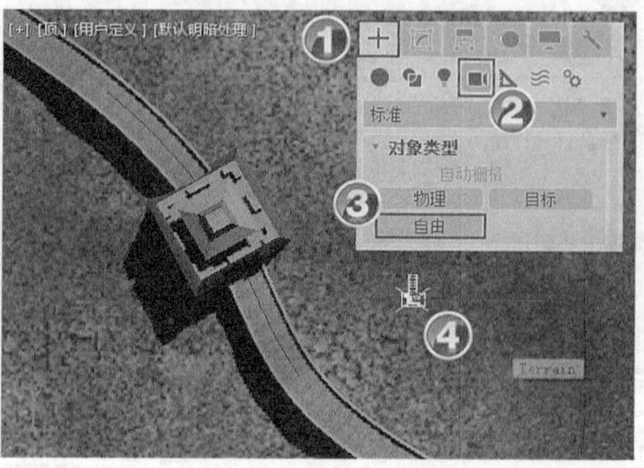

图6-13　创建自由摄影机

① 单击 按钮切换到【创建】面板。
② 单击 按钮切换到【摄影机】面板。
③ 单击 自由 按钮。
④ 在顶视图中单击鼠标左键，创建自由摄影机。
2. 制作摄影机路径约束动画。
(1) 为“Camera001”添加路径约束，如图 6-14 所示。
① 选中场景中的“Camera01”对象。
② 执行【动画】/【约束】/【路径约束】菜单命令。
③ 单击场景中的“穿越路径”样条线，设置 X、Y、Z 参数。
(2) 设置“Camera001”旋转参数，如图 6-15 所示。
① 按 C 键切换到摄影机视图。
② 单击 按钮，在摄影机视图中预览动画效果。
(3) 若预览效果已经满足预期，则按 F9 键进行渲染。
(4) 按 Ctrl+S 组合键保存场景文件到指定目录，本例制作完成。

图6-14 为“Camera001”添加路径约束

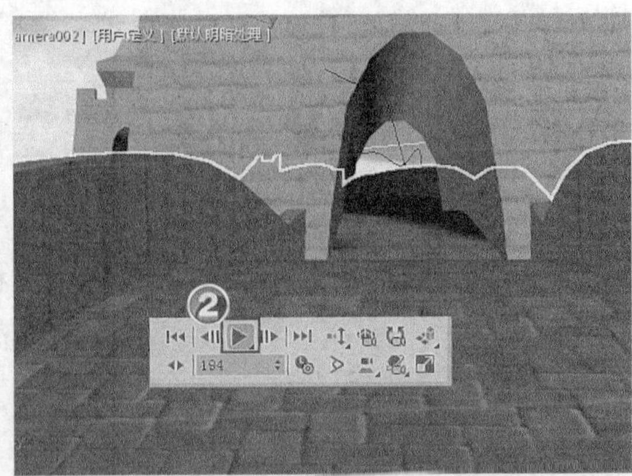

图6-15 设置“Camera001”旋转参数

6.1.2 灯光及其应用

灯光的主要作用就是照亮物体、增加场景的真实感和模拟真实世界中的各种光源类型。此外，灯光也是表现场景基调和烘托气氛的重要手段。

一、 灯光类型

良好的照明不仅能够使场景更加生动、更具表现力，而且可以带动人的感官，让人产生身临其境的感觉。

在 3ds Max 2017 中提供了 3 种类型的灯光，即光度学灯光、标准灯光和日光系统。

(1) 光度学灯光。

光度学灯光使用光度学（光能）值可以更精确地定义灯光，就像在真实世界中一样。用户可以创建具有各种分布和颜色特性的灯光，或导入照明制造商提供的特定光度学文件。

在 3ds Max 2017 中提供了 3 种类型的光度学灯光，即目标灯光、自由灯光和 mr 天空入口，如图 6-16 所示。

(2) 标准灯光。

标准灯光基于计算机的模拟灯光对象，不同种类的灯光对象可用不同的方式投影灯光，用于模拟真实世界中不同种类的光源，如家庭或办公室灯具、舞台灯光设备及太阳光等。与光度学灯光不同，标准灯光不具有基于物理的强度值。

在 3ds Max 2017 中提供了 8 种类型的标准灯光，即目标聚光灯、自由聚光灯、目标平行光、自由平行光、泛光、天光、mr Area Omni 和 mr Area Spot，如图 6-17 所示。

(3) 日光系统。

日光系统遵循太阳的运动规律，使用它可以方便地创建太阳光照的效果。用户可以通过设置日期、时间和指南针方向改变日光照射效果，也可以设置日期和时间的动画，从而动态模拟不同时间、不同季节太阳光的照射效果，如图 6-18 所示。

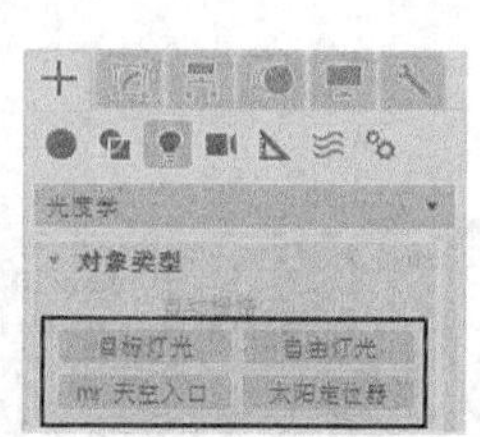

图6-16 光度学灯光

图6-17 标准灯光

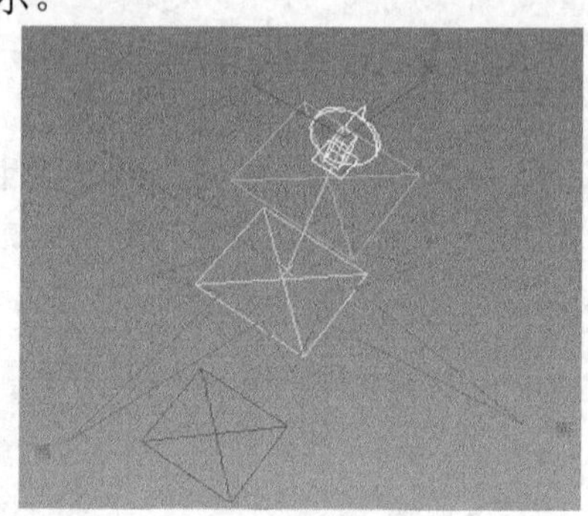

图6-18 日光系统

二、 标准灯光的种类和用途

3ds Max 2017 提供了 8 种标准灯光，其种类和用途如表 6-3 所示。

表 6-3 标准灯光的种类和用途

标准灯光类型	目标聚光灯	自由聚光灯	目标平行光	自由平行光
用途	聚光灯能投影出聚焦的光束，目标聚光灯具有可移动的目标对象	自由聚光灯与目标聚光灯的参数基本一致，只是它无法对发射点和目标点分别进行调节	目标平行光可以产生一个照射区域，主要用来模拟自然光线的照射效果	自由平行光能产生一个平行的照射区域，常用于模拟太阳光
图示				
标准灯光类型	泛光	天光	mr Area Omni（mr 区域泛光）	mr Area Spot（mr 区域聚光灯）
用途	泛光从单个光源向各个方向投影光线 泛光用于将“辅助照明”添加到场景中，或模拟点光源，但是在一个场景中如果使用太多泛光可能导致场景明暗层次变暗，缺乏对比	天光主要用来模拟天空光。可以设置天空的颜色或将其指定为贴图，对天空建模作为场景上方的圆屋顶	使用mental ray 渲染器渲染场景时，区域泛光从球体或圆柱体而不是从点光源发射光线 使用默认的扫描线渲染器，区域泛光像其他标准的泛光一样发射光线	使用mental ray 渲染器渲染场景时，区域聚光灯从矩形或圆盘形区域发射灯光，而不是从点光源发射 使用默认的扫描线渲染器，区域聚光灯像其他标准的聚光灯一样发射光线

续表

图示	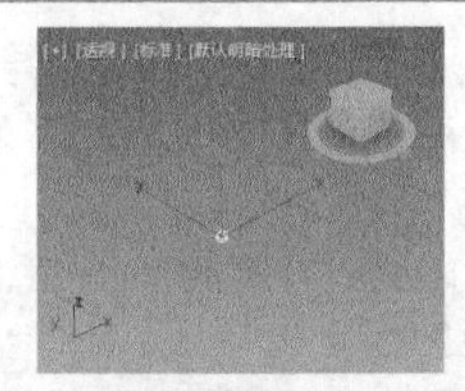	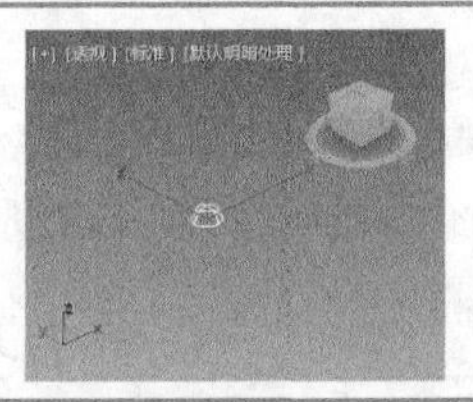	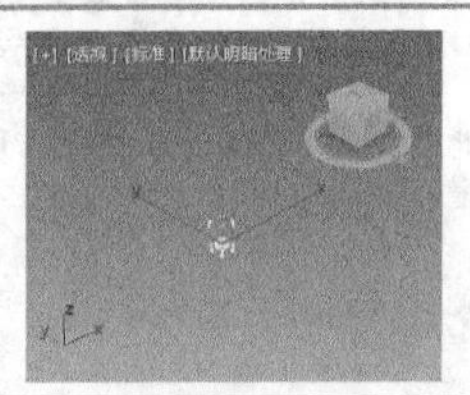	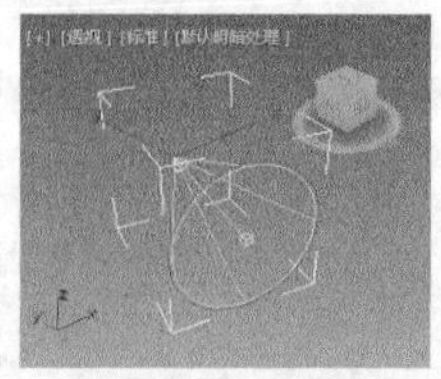

三、 标准灯光参数

3ds Max 中的灯光具有多种参数，而且不同类型的灯光参数也不同，下面以“目标聚光灯”为例介绍其常用参数用法。

(1) 【常规参数】卷展栏。

【常规参数】卷展栏的内容如图 6-19 所示，各主要参数的用法如表 6-4 所示。

表 6-4 【常规参数】卷展栏参数用法

参数组	参数	说明
启用设置	启用	启用和禁用灯光 当【启用】复选项处于选中状态时，使用灯光着色和渲染以照亮场景 当【启用】复选项处于禁用状态时，进行着色或渲染时不使用该灯光
	目标距离	光源点到灯光目标点的距离
阴影参数	启用	决定当前灯光是否投射阴影
	使用全局设置	选中该复选项，将会把下面的阴影参数应用到场景的全部灯光上
	阴影类型列表框	决定渲染器是使用阴影贴图、光线跟踪阴影、高级光线跟踪阴影还是区域阴影生成该灯光的阴影。常用的阴影类型如图 6-20 所示，其对比如表 6-5 所示
	排除...	将选定对象排除于灯光效果之外 排除的对象仍在着色视图中被照亮。只有当渲染场景时排除才起作用

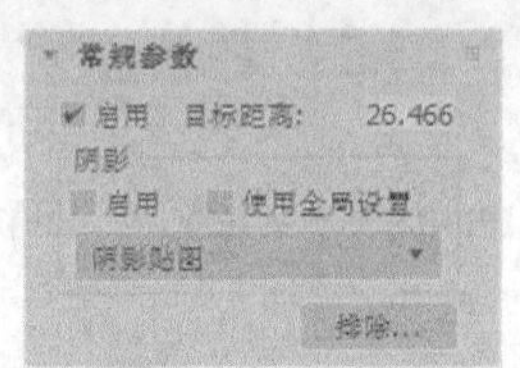

图6-19 【常规参数】卷展栏

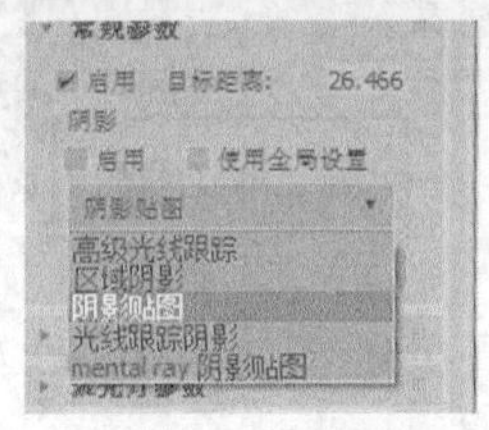

图6-20 阴影类型

表 6-5 各种类型阴影的优、缺点

阴影类型	优点	缺点
区域阴影	支持透明和不透明贴图，使用内存少，适合在包含众多灯光和面的复杂场景中使用	与阴影贴图相比速度较慢，不支持柔和阴影
mental ray 阴影贴图	使用 mental ray 阴影贴图可能比光线跟踪阴影更快	不如光线跟踪阴影精确
高级光线跟踪	支持透明和不透明贴图，与光线跟踪相比使用内存较少，适合在包含众多灯光和面的复杂场景中使用	与阴影贴图相比计算速度较慢，不支持柔和阴影，对每一帧都进行处理

续表

阴影类型	优点	缺点
阴影贴图	能产生柔和的阴影，只对物体进行一次处理，计算速度较快	使用内存较多，不支持对象的透明和半透明贴图
光线跟踪阴影	支持透明和不透明贴图，只对物体进行一次处理	与阴影贴图相比使用内存较多，不支持柔和阴影

要点提示 由于【mental ray】渲染器只支持“mental ray 阴影贴图”“阴影贴图”和“光线跟踪阴影”，所以若使用【mental ray】渲染器，则不能使用“区域阴影”和“高级光线跟踪”。

(2)　【强度/颜色/衰减】卷展栏。

【强度/颜色/衰减】卷展栏的内容如图 6-21 所示，各主要参数的用法如表 6-6 所示。

表 6-6　　【强度/颜色/衰减】卷展栏参数用法

参数组	参数	含义
倍增和颜色	倍增	设置灯光的强度 标准值为 1，如果设置为 2，则强度增加 1 倍 如果设置为负值，则会产生吸收光的效果
	颜色	显示灯光的颜色 单击色样按钮□，将显示【颜色选择器】对话框，该对话框用于选择灯光的颜色
衰退 （设置灯光随着距离衰退的效果，降低远处灯光的照射强度）	类型	选择要使用的衰退类型 无（默认设置）：不应用衰退 倒数：以倒数方式计算衰退，灯光强度与距离成反比 平方反比：应用平方反比衰退，灯光强度以距离倒数的平方方式快速衰退。这也是真实世界灯光的衰退效果
	开始	如果不使用衰减，则设置灯光开始衰退的距离
	显示	在视图中显示衰退范围
近距衰减 （设置灯光从开始衰减到衰减程度最强的区域）	使用	启用灯光的近距衰减
	显示	在视图中显示近距衰减范围设置 选中该复选项后，在灯光周围将出现表示灯光衰减开始和结束的光圈，如图 6-22 所示
	开始	设置灯光开始淡入的距离
	结束	设置灯光衰减结束的地方，也就是灯光停止照明的距离，在开始衰减和结束衰减两个区域之间灯光按照线性衰减
远距衰减 （设置灯光从衰减开始到完全消失的区域）	使用	启用灯光的远距衰减
	显示	在视图中显示远距衰减范围设置 选中该复选项后，在灯光周围将出现表示灯光衰减开始和结束的光圈，如图 6-23 所示
	开始	设置灯光开始淡出的距离。只有比该区域更远的照射范围才发生衰减
	结束	设置灯光衰减结束的位置，也就是灯光停止照明的区域

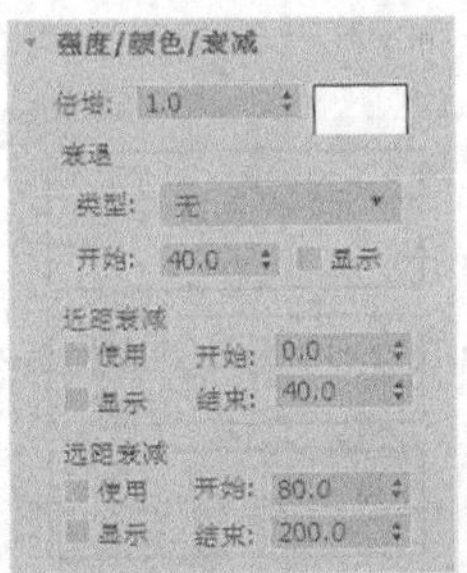

图6-21 【强度/颜色/衰减】卷展栏

图6-22 近距衰减

(3) 【聚光灯参数】卷展栏。

【聚光灯参数】卷展栏的内容如图 6-24 所示，各主要参数的用法如表 6-7 所示。

图6-23 远距衰减

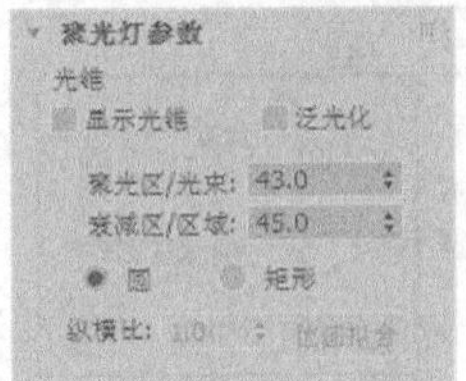

图6-24 【聚光灯参数】卷展栏

表 6-7 【聚光灯参数】卷展栏参数用法

参数	含义
显示光锥	显示或关闭光锥的显示，如图 6-25 所示
泛光化	启用泛光化后，灯光在所有方向上投影灯光。但是，投影和阴影只发生在其衰减圆锥体内
聚光区/光束	调整灯光圆锥体的角度。聚光区值以度为单位进行测量
衰减区/区域	调整灯光衰减区的角度。衰减区值以度为单位进行测量，如图 6-26 所示
圆/矩形	确定聚光区和衰减区的形状
纵横比	设置矩形光束的纵横比。单击 位图拟合 按钮可以使纵横比匹配特定的位图
位图拟合	如果灯光的投影纵横比为矩形，应设置纵横比以匹配特定的位图。当灯光用作投影灯时该按钮非常有用

(4) 【高级效果】卷展栏。

【高级效果】卷展栏的内容如图 6-27 所示，各主要参数的用法如表 6-8 所示。

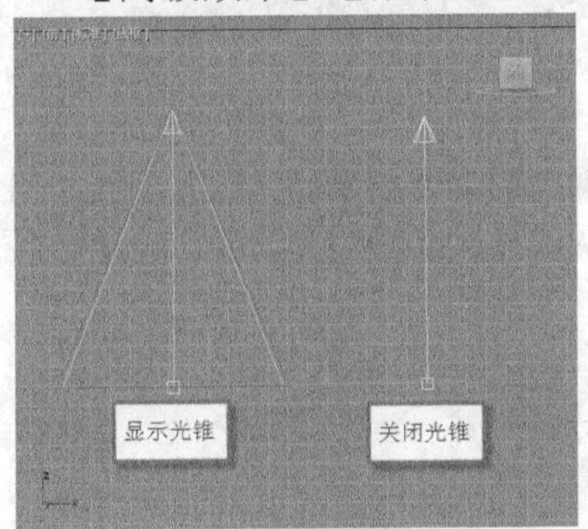

图6-25 显示/关闭光锥

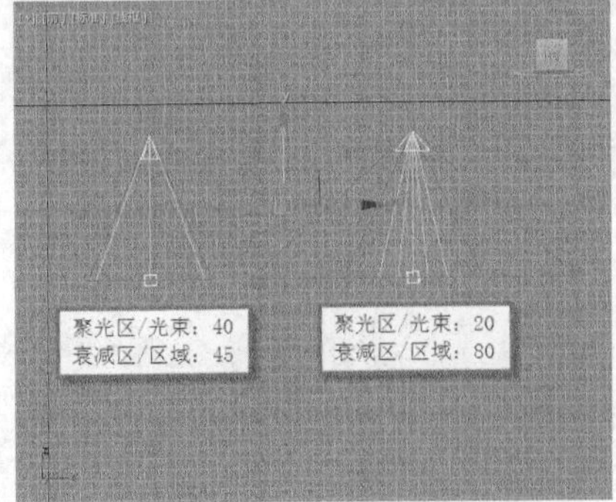

图6-26 衰减区/区域

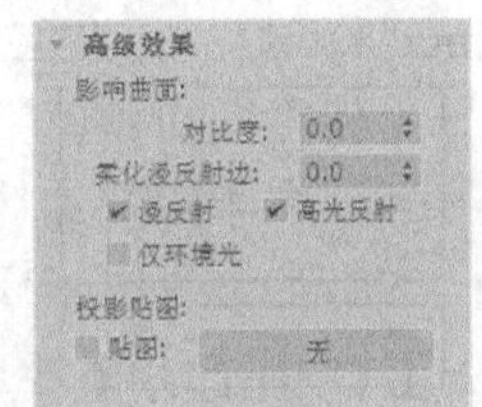

图6-27 【高级效果】卷展栏

表 6-8　　【高级效果】卷展栏参数用法

参数组	参数	含义
影响曲面	对比度	调整曲面的漫反射区域和环境光区域之间的对比度
	柔化漫反射边	增加“柔化漫反射边”的值可以柔化曲面的漫反射部分与环境光部分之间的边缘
	漫反射	启用此选项后，灯光将影响对象曲面的漫反射属性。禁用此选项后，灯光在漫反射曲面上没有效果
	高光反射	启用此选项后，灯光将影响对象曲面的高光属性。禁用此选项后，灯光在高光属性上没有效果
	仅环境光	启用此选项后，灯光仅影响照明的环境光组件
投影贴图	贴图	为阴影加载贴图
	无	无贴图

四、　光度学灯光的种类

光度学灯光提供了如“白炽灯”和“荧光灯”等灯光类型，用户还可以直接导入照明制造商提供的特定光度学文件。

3ds Max 2017 提供了以下 4 种光度学灯光类型。

(1)　目标灯光。

目标灯光具有可以用于指向灯光的目标对象，可采用球形分布、聚光灯分布及 Web 分布方式，如图 6-28 所示。创建目标灯光时，系统自动为其指定注视控制器，且灯光目标对象指定为“注视”目标。

(2)　自由灯光。

自由灯光不具备目标子对象，也可采用球形分布、聚光灯分布及 Web 分布方式，如图 6-29 所示。

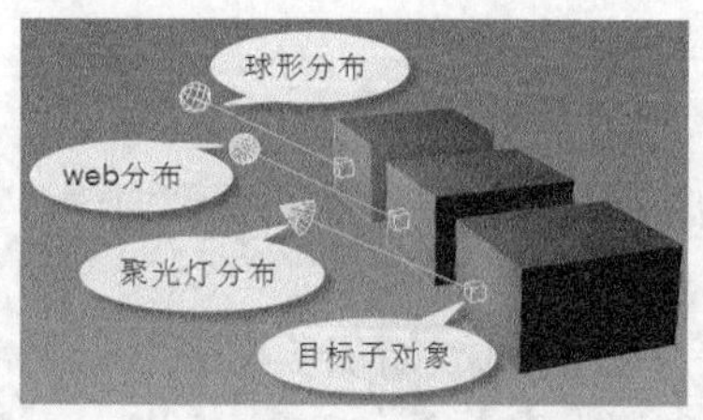

图6-28　目标灯光

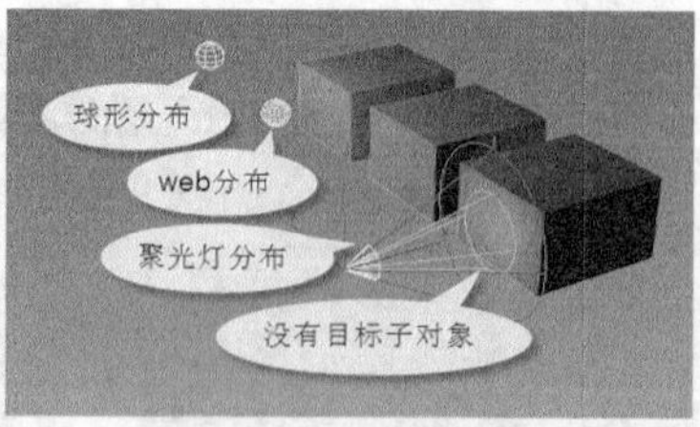

图6-29　自由灯光

(3)　mr 天空入口。

mr 天空入口提供了一种“聚集”内部场景中现有天空照明的有效方法，这是一种 mental ray 灯光，它必须配合天光才能使用。mr 天空入口实际上是一种区域灯光，能从环境中导出其亮度和颜色。

(4)　太阳定位器。

太阳定位器用来模拟太阳在天空中不同位置产生的太阳光。

五、　光度学灯光常用设置

3ds Max 中的灯光具有多种参数，而且不同类型的灯光参数设置也不同，下面主要介绍光度学灯光的常用设置。

(1) 灯光模板。

在【模板】卷展栏的下拉列表中列出了一些常用灯值，用户可以方便地使用这些值作为定义光度学灯光的参考，如图 6-30 所示。

(2) 图形/区域阴影。

在这里可以选择用于生成阴影的灯光图形，共有 6 种形状，如图 6-31 所示。

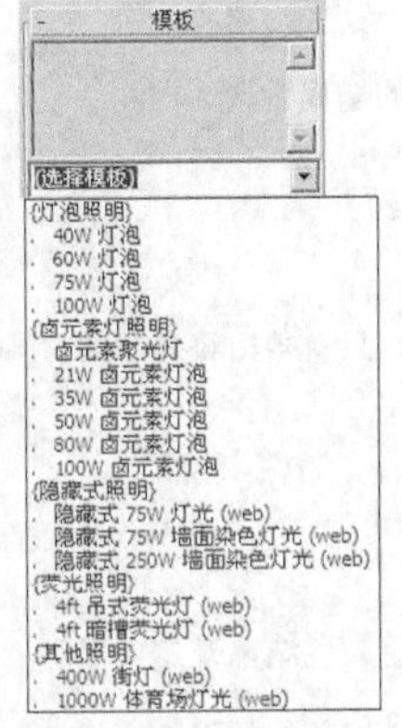

图6-30 灯光模板

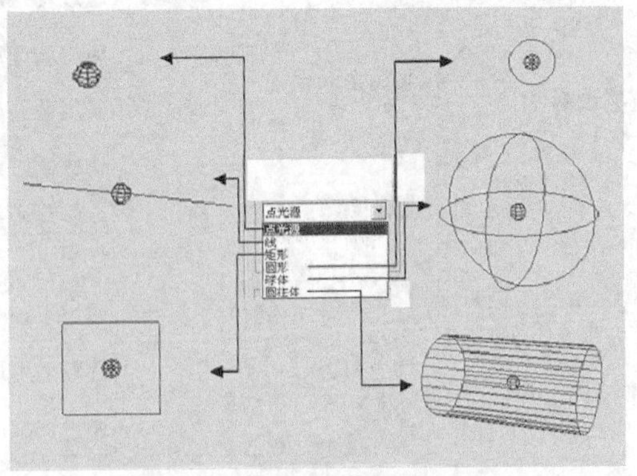

图6-31 图形/区域阴影

- 【点光源】：计算阴影时，如同点在发射灯光一样。
- 【线】：计算阴影时，如同线在发射灯光一样。线性图形提供了长度控件。
- 【矩形】：计算阴影时，如同矩形区域在发射灯光一样。区域图形提供了长度和宽度控件。
- 【圆形】：计算阴影时，如同圆形在发射灯光一样。圆形图形提供了半径控件。
- 【球体】：计算阴影时，如同球体在发射灯光一样。球体图形提供了半径控件。
- 【圆柱体】：计算阴影时，如同圆柱体在发射灯光一样。圆柱体图形提供了长度和半径控件。

这些渲染设置只适用于 mental ray 渲染器。扫描线渲染器不计算光度学区域阴影，而且扫描线渲染器不会将光度学区域灯光呈现为自供照明，或在渲染中显示光度学区域灯光的形状。

六、 光度学灯光参数

下面以“目标灯光”为例来介绍光度学灯光的参数，基本参数如图 6-32 所示，主要参数用法如表 6-9 所示。

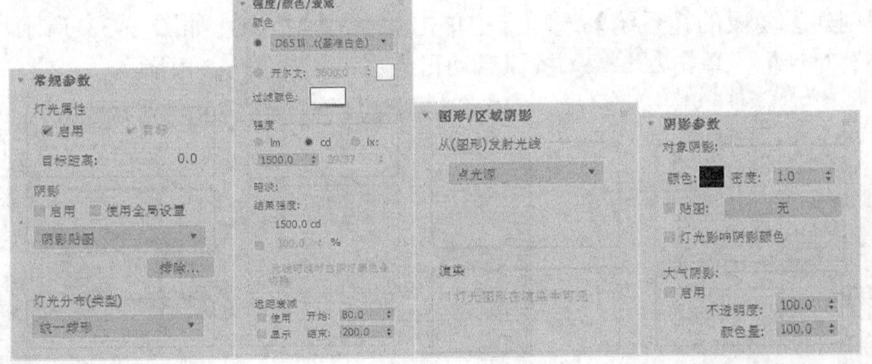

图6-32 【目标灯光】基本参数

表 6-9 【目标灯光】卷展栏主要参数

卷展栏	参数	含义
常规参数	目标	启用此选项之后，该灯光将具有目标 禁用此选项之后，可使用变换指向灯光 通过切换，可将目标灯光更改为自由灯光；反之亦然
	使用全局设置	启用此选项以使用该灯光投射阴影的全局设置 禁用此选项以启用阴影的单个控件
	排除...	将选定对象排除于灯光效果之外 排除的对象仍在着色视图中被照亮。只有当渲染场景时“排除”效果才起作用
	灯光分布（类型）	通过下拉列表可选择灯光分布的类型
强度/颜色/衰减	灯光列表	选取公用灯光的种类
	开尔文	通过调整色温微调器设置灯光的颜色。色温以开尔文显示
	过滤颜色	使用颜色过滤器模拟置于光源上的过滤色的效果
	暗淡（百分比）	设置该参数后，可以按照该数值降低灯光的“倍增”值
	光线暗淡时白炽灯颜色会切换	启用此选项之后，灯光可在暗淡时通过产生更多黄色来模拟白炽灯
图形/区域阴影	从(图形)发射光线	选择阴影生成的图形类型，包括【点光源】【线】【矩形】【圆形】【球体】及【圆柱体】
	灯光图形在渲染中可见	启用此选项后，如果灯光对象位于视野内，则灯光图形在渲染中就会显示为自供照明（发光）的图形 关闭此选项后，将无法渲染灯光图形，而只能渲染它投影的灯光

6.1.3 日光系统和全局照明

光度学灯光与真实世界中的灯光类似，具有各种颜色特性，通过光度学（光能）值可以更加精确地定义灯光。日光系统可以模拟地球围绕太阳运行的效果，遵循太阳在地球上的某一给定位置符合地理学的位置和运动。

一、 日光系统

在【创建】面板的【系统】选项卡中单击 日光 按钮，如图 6-33 所示，弹出【创建日光系统】对话框，单击 是 按钮启动日光系统，如图 6-34 所示。

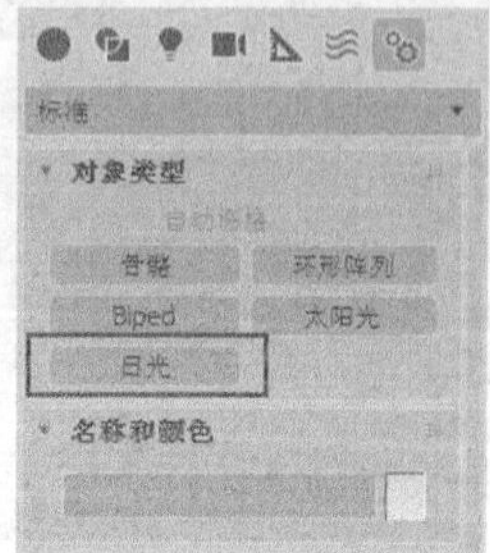

图6-33 启用日光系统

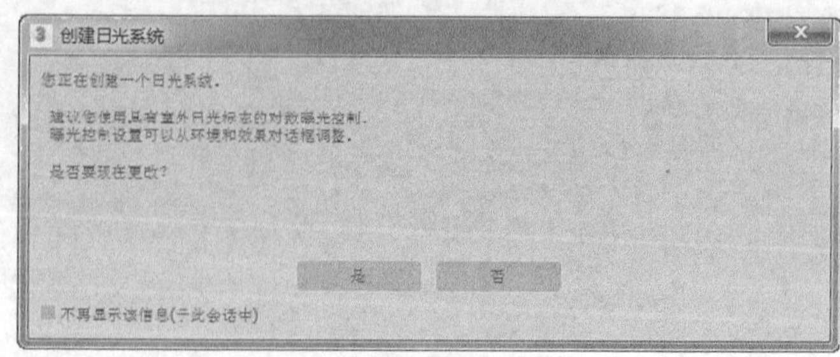

图6-34 【创建日光系统】对话框

拖动鼠标光标即可在场景中创建日光系统，如图 6-35 所示。使用日光系统的用户可以选择位置、日期、时间和指南针方向，也可以设置日期和时间的动画，其参数面板如图 6-36 所示，主要参数用法如表 6-10 所示。

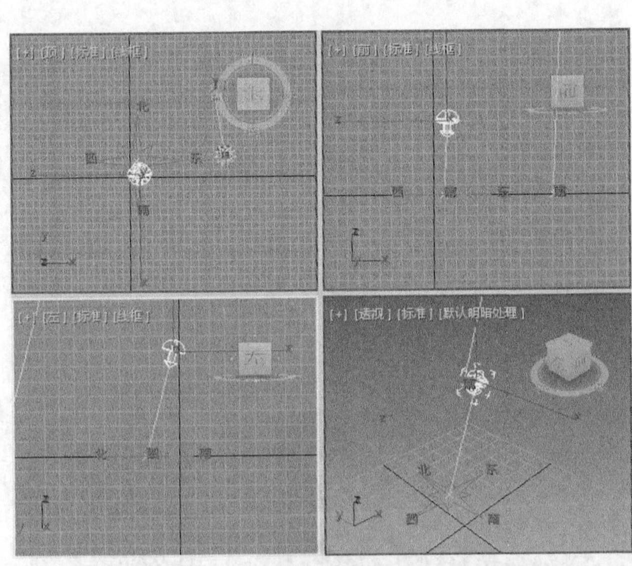

图6-35 创建日光系统

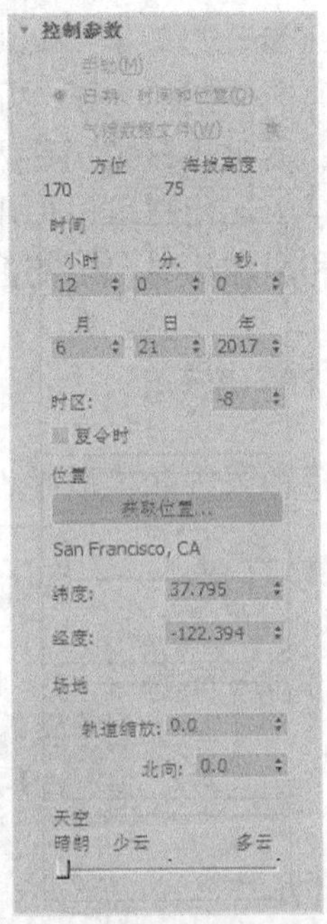

图6-36 【日光系统】参数

表 6-10 日光系统参数及其用法

参数	含义
手动	手动设置日光系统参数
日期、时间和位置	通过日期、时间和位置参数设置的值来模拟口光系统
气候数据文件	通过气候数据文件设置的值来模拟日光系统
方位	显示太阳的当前方位，方位是太阳的罗盘方向
海拔高度	显示太阳的海拔高度，海拔高度是太阳距离地平线的高度
时间	设置当前时间：年/月/日/时/分/秒
时区	设置当前时区
夏令时	设置是否使用夏令时
获取位置...	单击该按钮打开【地理位置】对话框，可以通过从地图或城市列表中选择一个位置来设置经度和纬度值
纬度	显示当前选定城市的纬度
经度	显示当前选定城市的经度
轨道缩放	设置太阳（平行光）与罗盘之间的距离
北向	设置罗盘在场景中的旋转方向。默认情况下，北为 0 并指向地平面 y 轴的正向
天空	拖动滑块设置天空的晴朗状况，从【晴朗】到【多云】

二、 全局照明

在现实世界中，光能被一个曲面反射到另一个曲面，使得阴影变得柔和，照明效果更加均匀。但是在 3ds Max 的默认情况下，光线并不反射，必须使程序生成反射照明的模型。通常将由 mental ray 渲染器提供的方法称为全局照明。

全局照明使用的光子与用于渲染焦散的光子相同。实际上，全局照明和焦散都属于同一个总类别，通常将该类别称为间接照明。

在场景中，用户可以使用全局照明来创建平滑的、外观自然的照明，这样仅需用相对较少的光源和增加相对较短的渲染时间。

6.2 实战训练

下面结合实例介绍摄影机和灯光的基本使用方法。

6.2.1 零开始——制作“台灯照明”

本例将通过向场景中添加标准灯光模拟台灯的照明效果，最终效果如图 6-37 所示。

本例视频

图6-37 制作“台灯照明”

1. 查看最初效果。

(1) 打开素材文件“第 6 章\素材\台灯照明\台灯照明.max”，如图 6-38 所示。

(2) 在工具栏中单击按钮渲染摄影机视图，得到图 6-39 所示的效果。

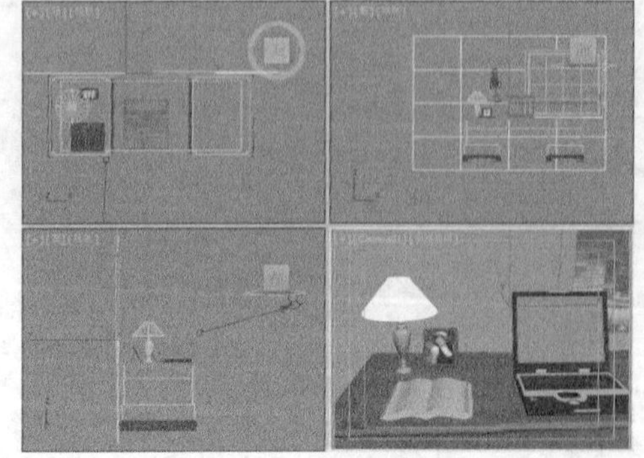

图6-38 打开场景文件

图6-39 初次渲染效果

2. 添加主光。

(1) 在【创建】面板中单击按钮。

(2) 在下拉列表中选择【标准】选项。

(3) 在【对象类型】卷展栏中单击 目标聚光灯 按钮，在左视图中单击鼠标左键并向下拖动鼠标光标，创建目标聚光灯。

(4) 同时选中灯光和目标点，移动位置到台灯模型中心，如图 6-40 所示。

要点提示 要同时选中灯光和目标点，可单击灯光与目标点之间的连接线进行快速选择。

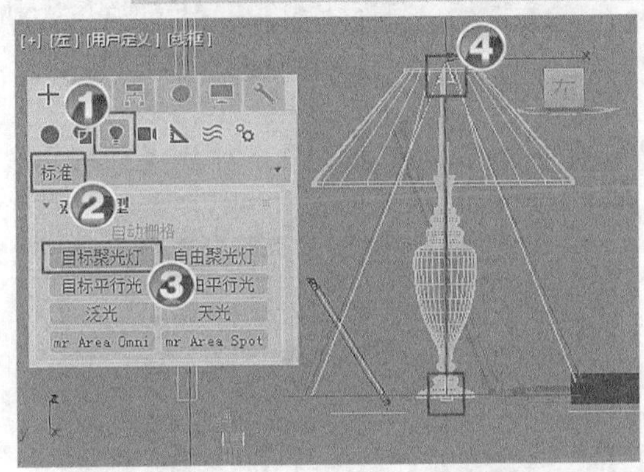

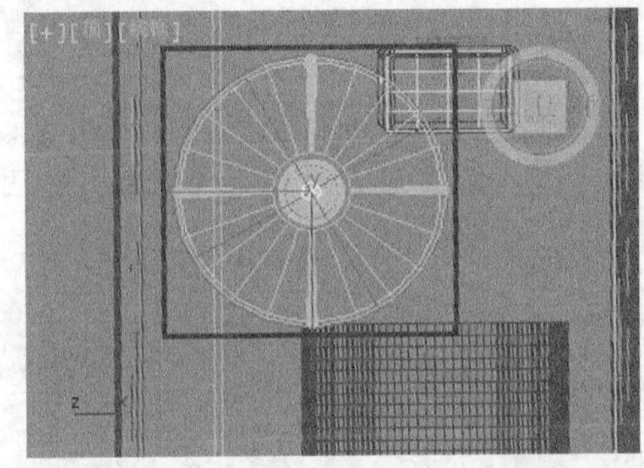

图6-40 添加主光

(5) 单独选中灯光，在【修改】面板的【强度/颜色/衰减】卷展栏中单击【倍增】后面的色块，设置灯光颜色的 RGB 值分别为“253” “238”和“214”。

(6) 在【远距衰减】分组框中选择【使用】和【显示】复选项，设置【开始】值为“208”、【结束】值为“2800”，如图 6-41 所示。

(7) 在【聚光灯参数】卷展栏中选择【显示光锥】复选项，设置【聚光区/光束】参数为“105”、【衰减区/区域】参数为“157”，如图 6-42 所示。

(8) 在【阴影贴图参数】卷展栏中设置【偏移】为“1.0”、【大小】为“512”、【采样范围】为“4.0”，再次渲染摄影机视图查看主光照明效果，如图 6-43 所示。

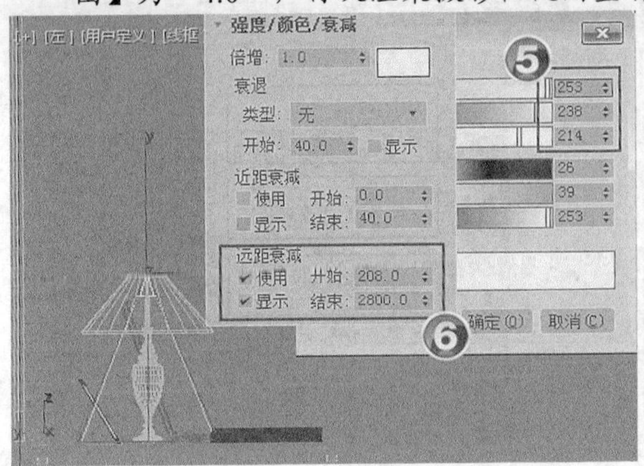

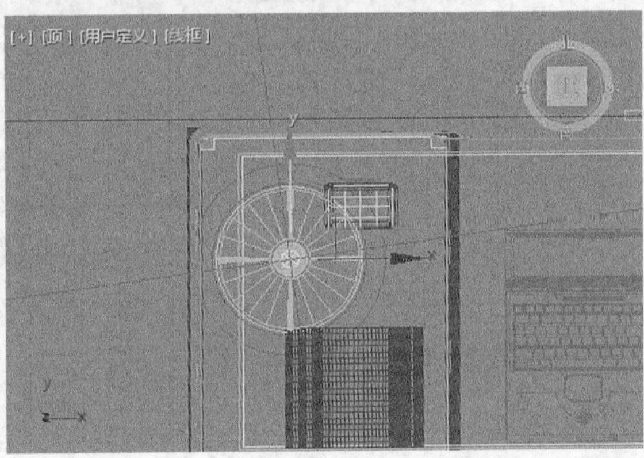

图6-41 设置灯光参数（1）

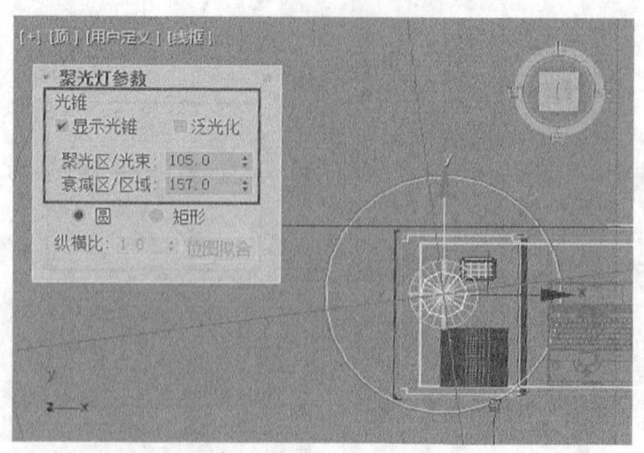

图6-42　设置灯光参数（2）

图6-43　设置灯光参数（3）

3.　添加辅光。

(1)　切换到【创建】面板，单击 泛光 按钮，在左视图中单击鼠标左键，创建泛光灯，然后调整其位置到台灯模型的中心，如图 6-44 所示。

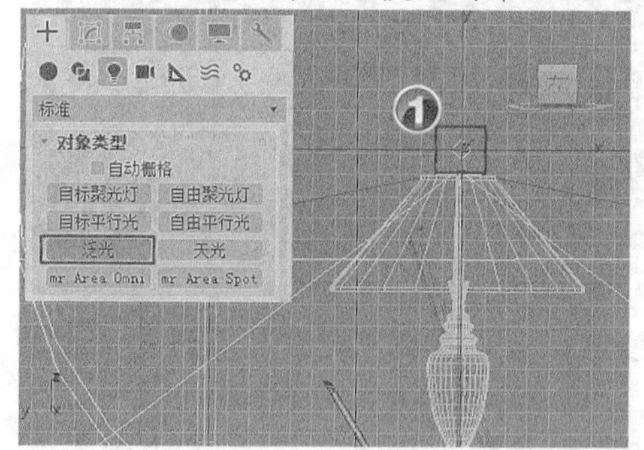

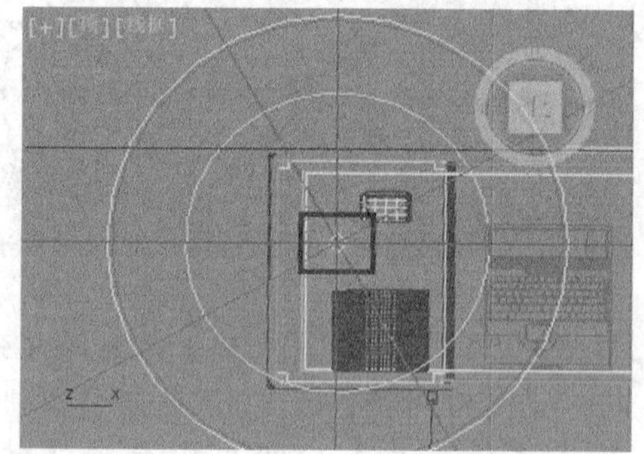

图6-44　创建泛光灯

(2)　切换到【修改】面板，在【常规参数】卷展栏的【阴影】分组框中取消选择【启用】和【使用全局设置】复选项，使泛光灯不产生阴影。

(3)　在【强度/颜色/衰减】卷展栏中设置【倍增】参数为“0.5”，单击其后的色块，设置灯光颜色的 RGB 值分别为“252”“224”和“181”。

(4)　在【远距衰减】分组框中选择【使用】和【显示】复选项，设置【开始】值为“140”、【结束】值为“805”，如图 6-45 所示。

(5)　渲染摄影机视图，得到图 6-46 所示的效果。

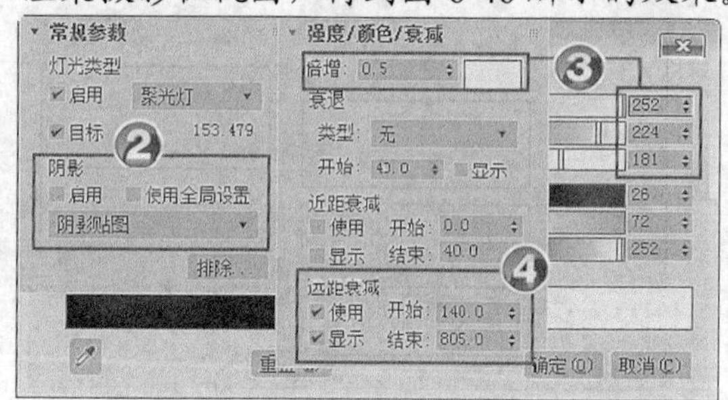

图6-45　修改灯光参数

图6-46　渲染效果（1）

(6)　切换到【创建】面板，单击 天光 按钮，在【天光参数】卷展栏中设置【倍增】参数为“0.2”，在左视图中任意位置单击鼠标左键，创建一个天光，如图 6-47 所示。

(7) 渲染摄影机视图，得到图 6-48 所示的效果。

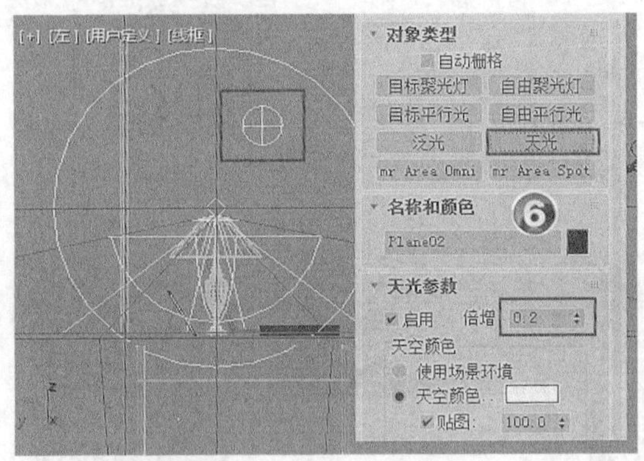

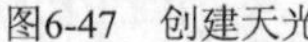
图6-47 创建天光

图6-48 渲染效果（2）

4. 渲染设置。

(1) 按 F10 键打开【渲染设置】对话框，进入【高级照明】选项卡，在【选择高级照明】下拉列表中选择【光跟踪器】选项，其他参数使用默认值，如图 6-49 所示。

(2) 渲染摄影机视图，最终效果如图 6-50 所示。

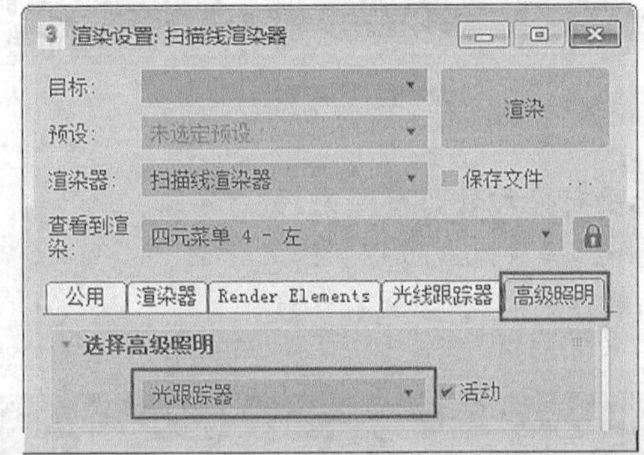

图6-49 【渲染设置】对话框

图6-50 最终渲染效果

6.2.2 课堂实训——制作“室内场景”

室内场景的光源多为自然光，经过墙面及地板的反射后照亮屋内，不仅要设置窗外的自然光，还要研究室内的反光。本例室内场景布光前后的效果对比如图 6-51 所示。

布光前

布光后

图6-51 制作“室内场景”

【操作步骤】

本例视频

1.　打开场景。

(1) 执行【文件】/【打开】菜单命令，打开素材文件“素材\第 6 章\室内场景\室内场景.max”，如图 6-52 所示。

(2) 这是一个室内场景，其中的门窗均被赋予了专用材质。

(3) 摄影机视图中的无灯光渲染效果如图 6-53 所示。

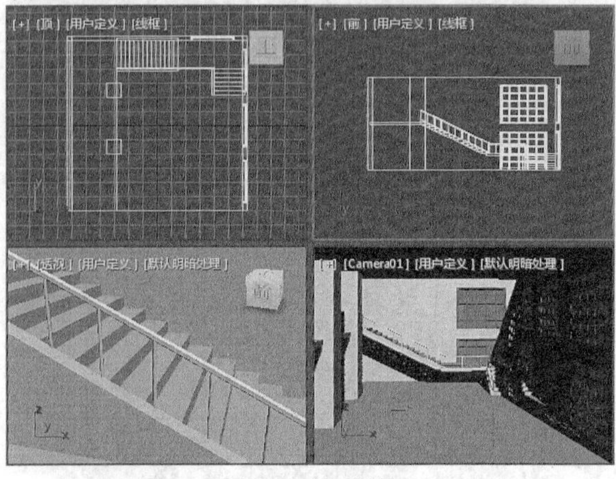

图6-52　打开场景

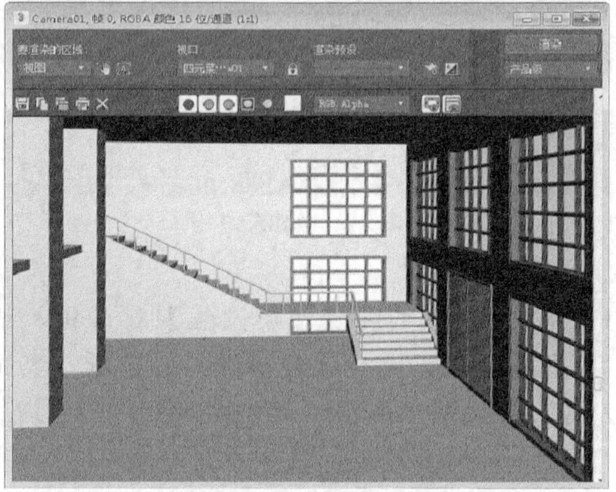

图6-53　渲染效果（1）

2.　创建目标平行光。

(1) 使用 目标平行光 工具在前视图由右至左创建一个目标平行光灯作为日照光。

(2) 在【常规参数】卷展栏中选中【启用】复选项，并选择【光线跟踪阴影】方式。

(3) 修改【平行光参数】卷展栏中的【聚光区/光束】和【衰减区/区域】参数。

(4) 场景及参数设置如图 6-54 所示。

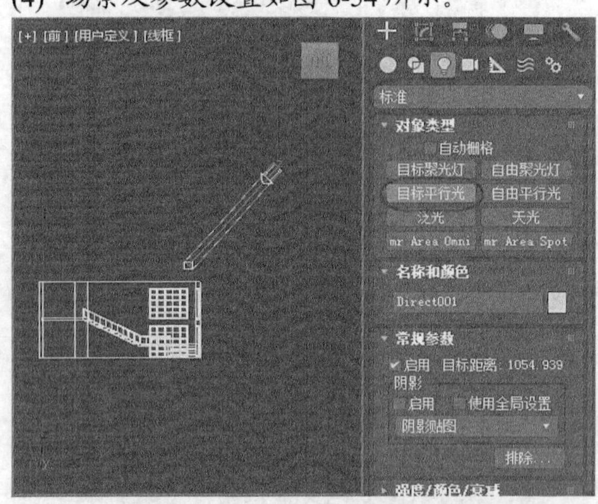

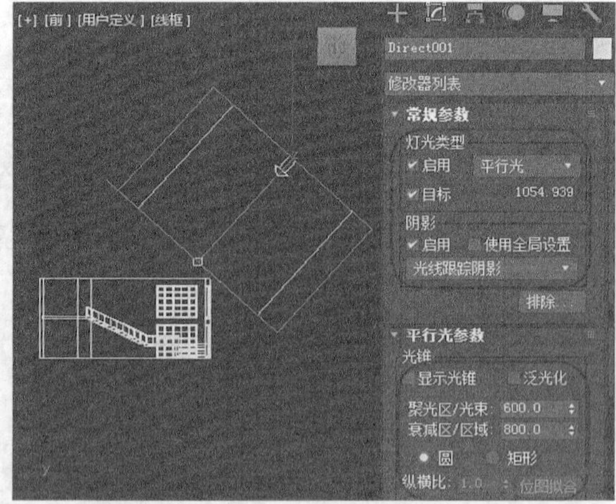

图6-54　创建目标平行光

(5) 渲染摄影机视图，灯光效果如图 6-55 所示。

此时渲染摄影机视图会发现天花板是镂空的，这是因为天花板是用平面物体做成的，系统自动认为其背面是不可见状态。

(6) 选择 目标平行光 工具，在【光线跟踪阴影参数】卷展栏中选中【双面阴影】复选项，使灯光在计算阴影时自动计算物体的背面。

(7) 再次渲染摄影机视图，阴影效果如图 6-56 所示。

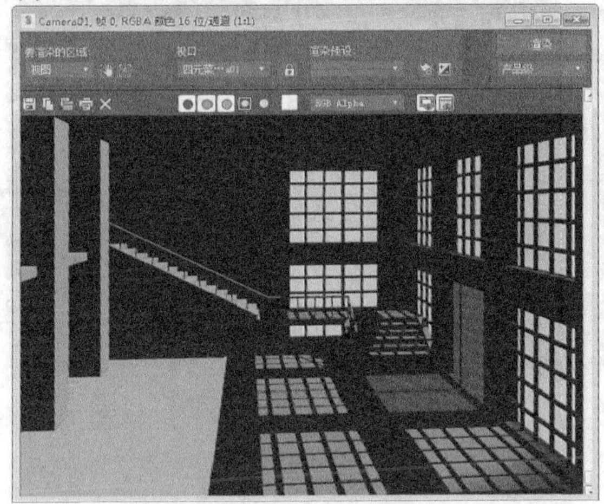
图6-55 渲染效果（2）

图6-56 渲染效果（3）

3. 创建第 1 盏目标聚光灯。

(1) 使用 目标聚光灯 工具在前视图中由上至下创建一盏目标聚光灯来照亮房间和地面。

(2) 在【强度/颜色/衰减】卷展栏中将【倍增】值设置为“0.7”。

(3) 修改【聚光灯参数】卷展栏中的【聚光区/光束】值为“70”、【衰减区/区域】值为“110”。

(4) 设置灯光 RGB 颜色分别为“202” “195” 和“10”。

(5) 场景及参数设置如图 6-57 所示。

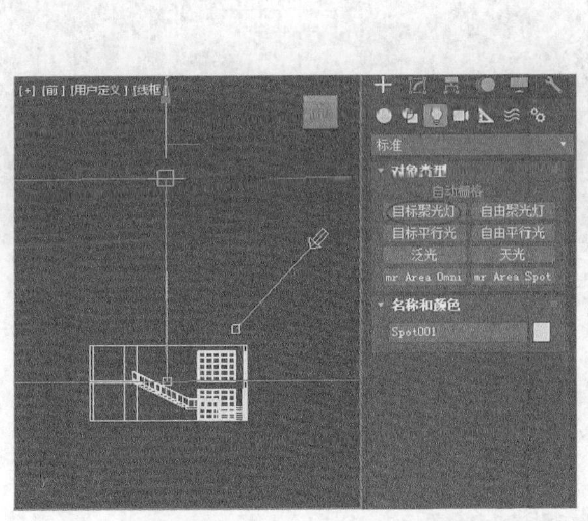

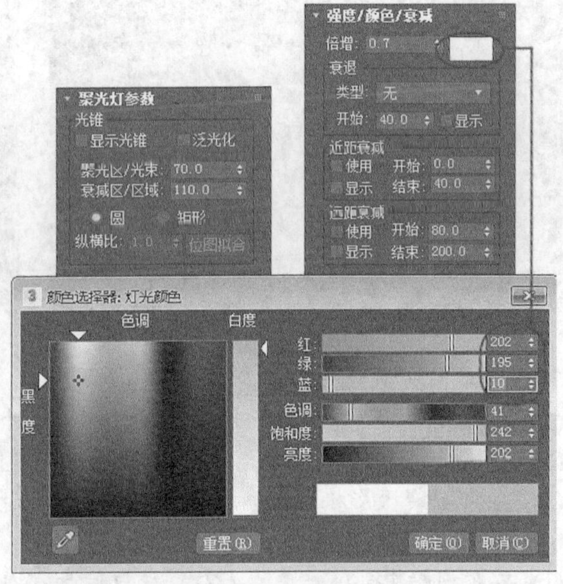

图6-57 创建第 1 盏目标聚光灯

渲染摄影机视图，此时未能获得聚光灯照明效果，这是因为房间的天花板遮挡了光线，解决方法是在【常规参数】卷展栏中单击 排除... 按钮，将代表天花板的“Plane02”对象排除，使光线穿透天花板照进室内，如图 6-58 所示。再次渲染摄影机视图，结果如图 6-59 所示。

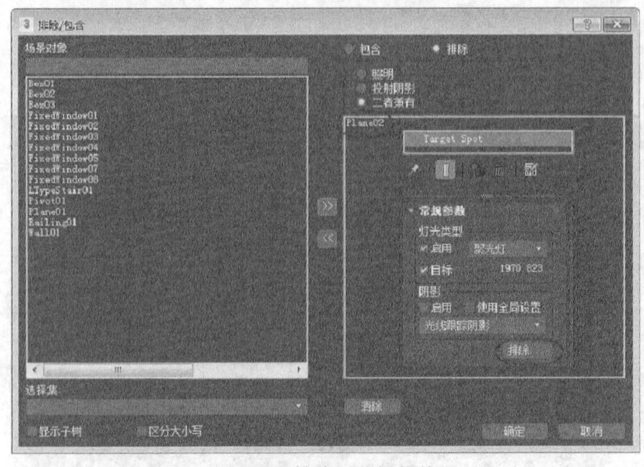

图6-58　排除天花板物体

图6-59　渲染效果（4）

4.　创建第 2 盏目标聚光灯。

(1) 在前视图中从下至上创建一盏目标聚光灯。

(2) 在【强度/颜色/衰减】卷展栏中将【倍增】值设为“0.5”。

(3) 设置灯光 RGB 颜色分别为“10”“200”和“180”。

(4) 使用排除法将地面（Plane01）排除在灯光照射范围之外，场景如图 6-60 所示。

(5) 再次渲染摄影机视图，结果如图 6-61 所示。

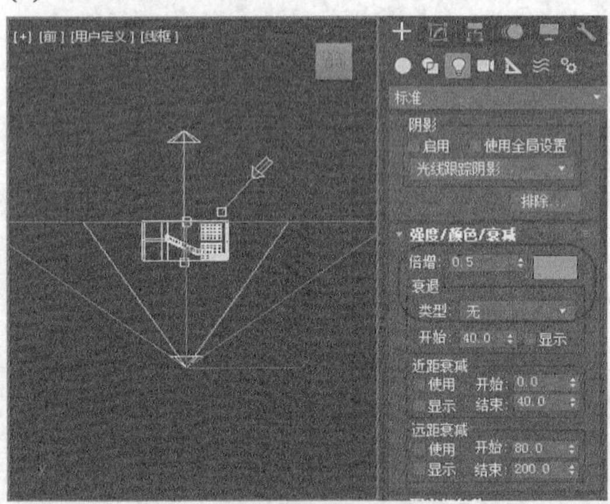

图6-60　创建第 2 盏目标聚光灯

图6-61　渲染效果（5）

5.　创建第 1 盏泛光灯。

(1) 在顶视图中创建一盏泛光灯，该灯位于室外，如图 6-62 所示。

(2) 在【强度/颜色/衰减】卷展栏中将【倍增】值设为“0.3”，灯光颜色为白色。

(3) 再次渲染摄影机视图，结果如图 6-63 所示。

6.　创建第 2 盏泛光灯。

(1) 在顶视图中创建一盏泛光灯，该灯位于室内，如图 6-64 所示。

(2) 在【强度/颜色/衰减】卷展栏中将【倍增】值设为“0.4”，灯光颜色为白色。

(3) 在【远距衰减】分组框中选择【使用】复选项，其【开始】值为“1400”。

(4) 再次渲染摄影机视图，结果如图 6-65 所示。

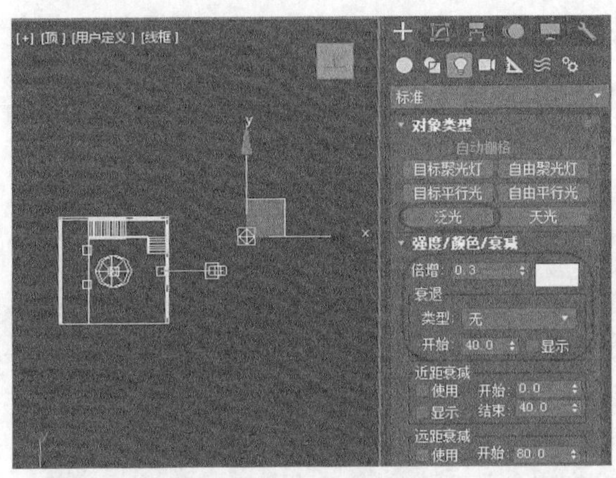
图6-62　创建第 1 盏泛光灯

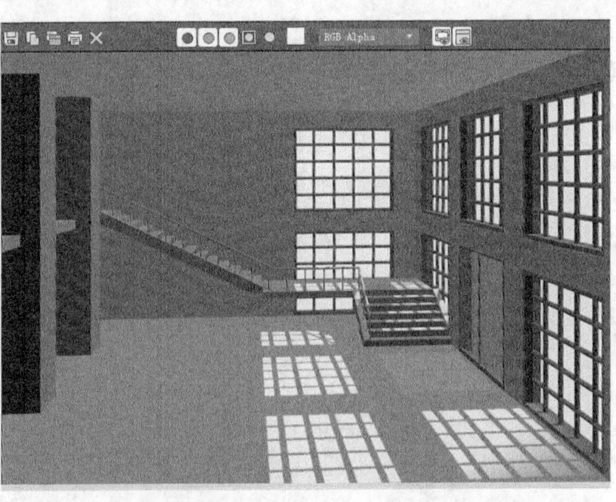
图6-63　渲染效果（6）

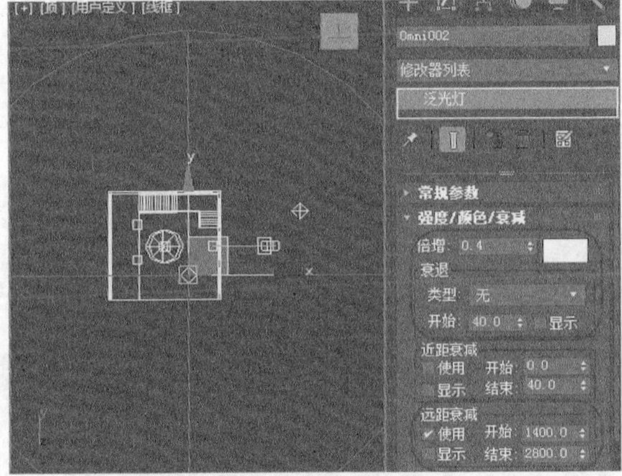
图6-64　创建第 2 盏泛光灯

图6-65　渲染效果（7）

(5) 完成灯光设置后的设计环境如图 6-66 所示，最终渲染效果如图 6-51 右图所示。

图6-66　完成设置界面

6.3 习题

1. 简要说明透视图、灯光视图与摄影机视图的区别。
2. 摄影机的焦距和视野之间有什么联系？
3. 3ds Max 中主要使用了哪些灯光？
4. 灯光的阴影有哪些类型？各有何特点？
5. 标准灯光与光度学灯光在用途上有何不同？

第7章　环境、效果与渲染

【学习目标】

- 明确环境的主要要素及其应用。
- 明确效果的主要要素及其应用。
- 掌握大气效果的基本用法。
- 理解制作特效的基本原理和方法。
- 明确渲染设计效果的基本方法。

环境特效是制作三维效果时常用的一种效果，包含多种现实生活中常见的特效，如雾气、火焰等。利用 3ds Max 2017 的环境特效可以制作出很多真实的效果，如燃烧的火焰、爆炸时产生的火焰、大雾弥漫及一些体积光特效等。渲染用于创建最终效果文件。

7.1　知识解析

通过环境和效果可以为场景增添生动活泼的气氛。

7.1.1　环境与效果

在现实世界中，所有物体都不是孤立存在的，其周围都有一定的环境，例如闪电、风、沙尘、雾和光等。环境对场景的氛围起到很好的烘托作用。

一、【环境和效果】对话框

在 3ds Max 中，可以使用【环境】选项卡制作各种背景、雾效、体积光及火焰等，这些效果通常需要与其他功能配合使用。举例如下。

- 背景与材质编辑器共同使用。
- 雾效与摄影机配合使用。
- 体积光与灯光配合使用。
- 火焰与大气装置配合使用。

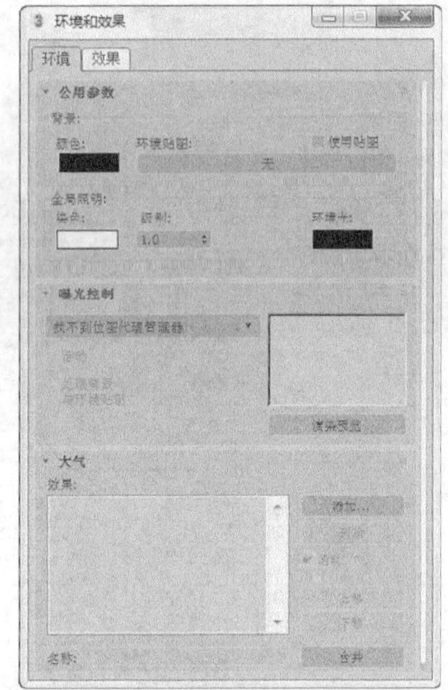

图7-1　【环境和效果】对话框

可以执行【渲染】/【环境】菜单命令或按 8 键，打开【环境和效果】对话框，如图 7-1 所示。该对话框包括【环境】与【效果】两个选项卡，下面介绍【环境】选项卡，【效果】选项卡的用法将在稍后结合实例介绍。

在【环境】选项卡中能实现以下设置。

- 制作静态或渐变的单色背景。

- 使用图像或贴图作为背景。如使用【噪波】或【烟雾】贴图来制作星空、蓝天等背景。
- 制作动态的环境光效果。
- 通过使用各种大气模块制作特殊的大气效果，包括火效果、雾、体积雾及体积光，还可以引入第三方开发的其他大气模块。

【环境】选项卡中主要参数的功能如表 7-1 所示。

表 7-1　　【环境】选项卡中的参数和功能

参数组	参数	功能
背景	颜色	设置环境的背景颜色
	环境贴图	在其贴图通道加载一张环境贴图作为背景
	使用贴图	使用一张贴图作为背景
全局照明	染色	场景中的所有灯光（环境光除外）将被染色为设定的颜色
	级别	增强或减弱场景中所有灯光的亮度。其值为 1 时灯光保持原始设置
	环境光	设置环境光的颜色
曝光控制（以自动曝光控制参数为例进行说明）	曝光控制种类列表	● mr 摄影曝光控制：提供与摄影机类似的控制，包括快门速度、光圈、胶片速度、高光和阴影等的控制 ● 物理摄影机曝光控制：模拟物理曝光效果，可以调节曝光值、快门速度及光圈等 ● 对数曝光控制：调节亮度和对比度，适合在有天光照明的室外场景中 ● 伪彩色曝光控制：一种照明分析工具，可以直观观察和计算场景中的照明级别 ● 线性曝光控制：可以从渲染效果中采样，最后将场景中的平均亮度映射为 RGB 值 ● 自动曝光控制：可以从渲染效果中采样，最后生成一个直方图
	活动	控制是否在渲染中开启曝光控制
	处理背景与环境贴图	启用后，场景中的背景贴图和环境贴图将受曝光控制的影响
	渲染预览	预览要渲染的缩略图
	亮度	调整转换颜色的亮度值，范围为 0~200，默认值为 50
	对比度	调整转换颜色的对比度值，范围为 0~100，默认值为 50
	曝光值	调整渲染的总体亮度，范围为-5~5，负值使图像变暗，正值使图像变亮
	物理比例	设置曝光控制的物理比例，用于非物理灯光中
	颜色校正	选中后，色样中的颜色将显示为白色
	降低暗区饱和度级别	选中后，渲染后图像颜色变暗
大气	效果	显示已经添加的效果名称
	名称	为列表中的效果自定义名称
	添加...	单击此按钮，打开【添加大气效果】对话框，利用该对话框添加大气效果
	删除	删除在【效果】列表框中选中的效果

续表

参数组	参数	功能
大气	上移 / 下移	更改大气效果的应用顺序
	合并	合并其他场景文件中的效果

在环境中应用最多的就是大气效果，利用大气效果功能可以非常容易地在场景中模拟出燃烧、云雾和阳光的体积光等特效，从而使场景看上去更加真实、更具感染力。

二、 常用大气效果

在 3ds Max 2017 中提供了 4 种大气效果，分别是火效果、雾、体积雾和体积光，如图 7-2 所示。

(1) 火效果。

火效果用于制作火焰、烟雾和爆炸等效果，如图 7-3 所示，其参数面板如图 7-4 所示，主要参数的功能如表 7-2 所示。通过修改相关参数还可方便地制作出云层效果。

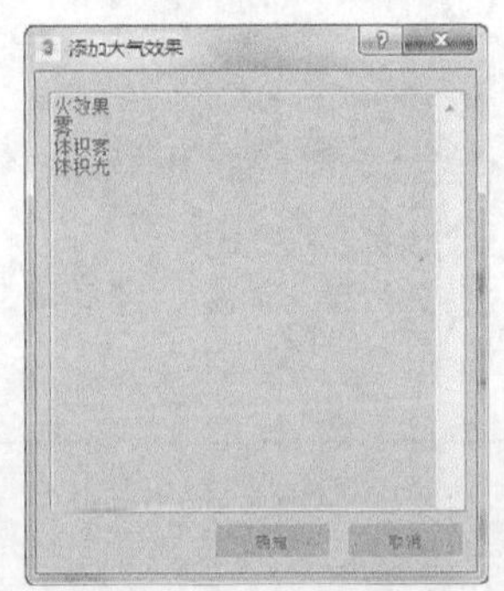

图7-2 大气效果

图7-3 火效果

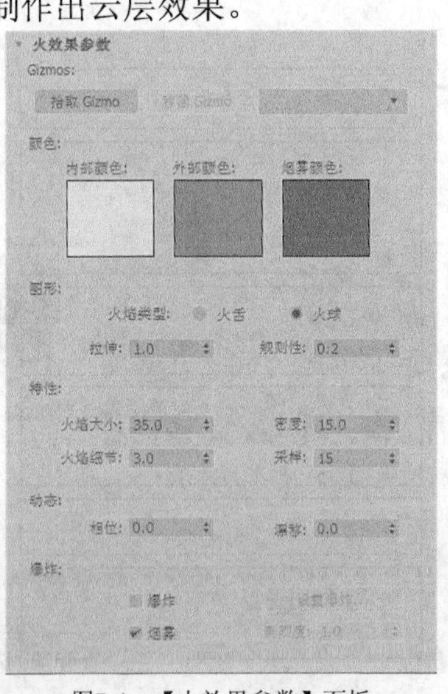

图7-4 【火效果参数】面板

表 7-2 【火效果】参数和功能

参数	功能
拾取 Gizmo	单击拾取场景中要产生火效果的 Gizmo 对象
移除 Gizmo	移除选定的 Gizmo，移除后 Gizmo 仍在场景中，但是不再产生火效果
内部颜色	设置火焰最密集部分的颜色
外部颜色	设置火焰最稀薄部分的颜色
烟雾颜色	选中【爆炸】复选项后，用来设置爆炸时的烟雾颜色
火焰类型	● 火舌：沿着中心使用纹理创建带有方向的火焰，类似于篝火 ● 火球：圆形的爆炸火焰
拉伸	将火焰沿装置的 z 轴进行缩放，最适合于创建“火舌”火焰

续表

参数	功能
规则性	修改火焰填充装置的方式，其值为 0~1
火焰大小	装置越大，使用的火焰越大，其最佳值通常在 15~30 之间
火焰细节	控制每个火焰中显示的颜色更改量和边缘的尖锐度，在 0~10 之间
密度	设置火焰的不透明度和亮度

(2)　雾。

雾效果用于制作晨雾、烟雾及蒸汽等效果，雾分为标准雾和分层雾两种。标准雾的深度由摄影机的环境范围来控制，要求场景中必须创建摄影机，其应用如图 7-5 所示。分层雾在场景中具有一定的高度，而对长度和宽度则没有限制，主要用于表现舞台和旷野中的雾效果，其效果如图 7-6 所示。【雾参数】面板如图 7-7 所示，主要参数的功能如表 7-3 所示。

图7-5　标准雾效果

图7-6　分层雾效果

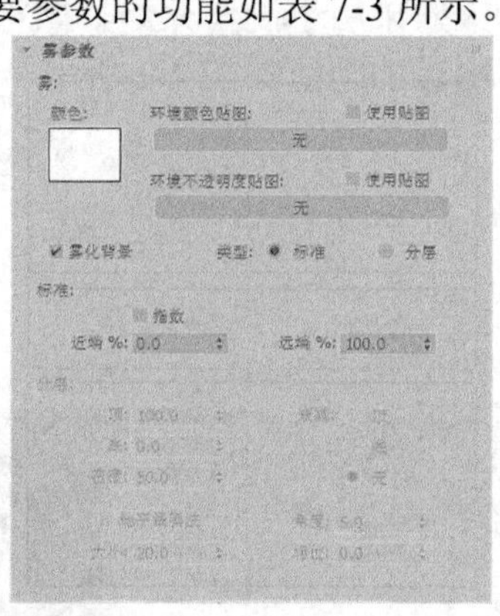

图7-7　【雾参数】面板

表 7-3　【雾】参数和功能

参数		功能
颜色		设置雾的颜色
环境颜色贴图		从贴图中导出雾的颜色
使用贴图		使用贴图来产生雾效果
环境不透明度贴图		使用贴图来设置雾的密度
雾化背景		将雾应用于场景中的背景
类型	标准	使用标准雾
	分层	使用分层雾
指数		随着距离增加按照指数规律增大雾的密度
近端%		设置雾在近距离处的密度
远端%		设置雾在远距离处的密度
顶		设置雾层的上限（使用世界单位）
底		设置雾层的下限（使用世界单位）
密度		设置雾的总体密度

(3) 体积雾。

体积雾效果可以在场景中生成密度不均匀的三维云团，如图 7-8 所示。体积雾能够像分层雾一样使用噪波参数，适合制作可以被风吹动的云雾效果。【体积雾参数】面板如图 7-9 所示，主要参数的功能如表 7-4 所示。

表 7-4　　【体积雾】参数和功能

参数	功能
拾取 Gizmo	单击该按钮，拾取场景中要产生体积雾效果的 Gizmo 对象
移除 Gizmo	移除选定的 Gizmo，移除后 Gizmo 仍在场景中，但是不再产生体积雾效果
柔化 Gizmo 边缘	羽化体积雾效果的边缘，其值越大，边缘越柔滑
颜色	设置体积雾的颜色
指数	随着距离增加，按照指数规律增大体积雾的密度
密度	控制体积雾的密度，其值在 0~20 之间
步长大小	确定无采样的粒度大小，即雾的细度
最大步数	限制采样量，使计算不会无休止地执行，适合于体积雾密度较小的场景
雾化背景	将体积雾应用于场景的背景
类型	选择体积雾的种类，包括【规则】【分形】和【湍流和反转】

图7-8　体积雾应用示例

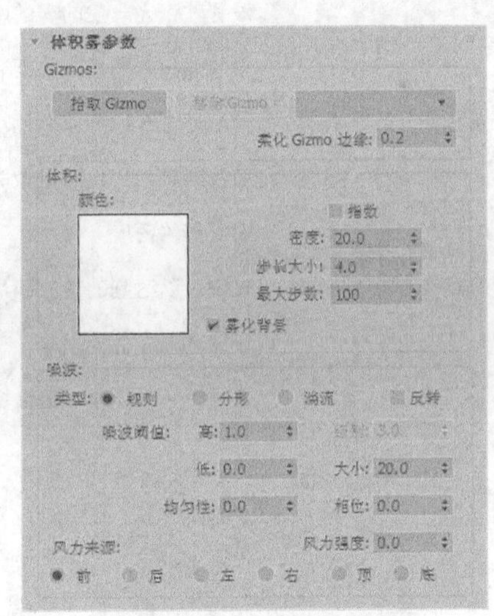

图7-9　【体积雾参数】面板

(4) 体积光。

体积光效果可以产生具有体积的光线，这些光线可以被物体阻挡，产生光线透过缝隙的效果，如图 7-10 所示。【体积光】参数面板如图 7-11 所示，主要参数的功能如表 7-5 所示。

三、 常用效果

在效果编辑器中可以为场景添加并编辑各种特效效果，特效效果在【环境和效果】对话框的【效果】选项卡中完成，如图 7-12 所示。3ds Max 2017 提供了 10 种特效效果，如图 7-13 所示，其中常用的有镜头效果、模糊、胶片颗粒和景深等。

图7-10　体积光应用示例

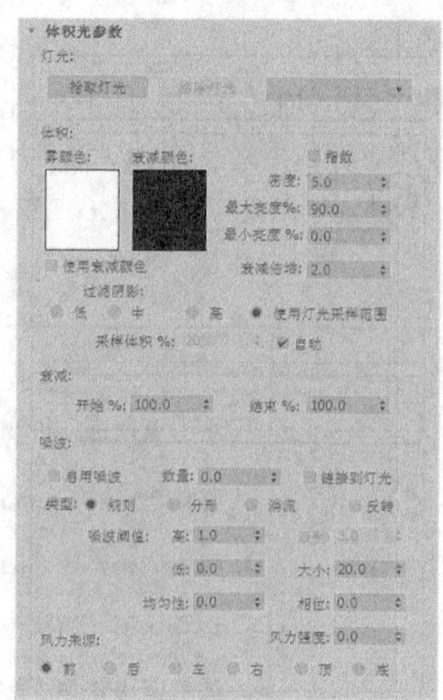

图7-11　【体积光参数】面板

表 7-5　【体积光】参数和功能

参数	功能
拾取灯光	单击该按钮，拾取场景中要产生体积光的光源
移除灯光	移除选定的光源，使之不再产生体积光效果
雾颜色	设置体积光产生的雾的颜色
衰减颜色	设置体积光随着距离而衰减
使用衰减颜色	控制是否开启衰减颜色功能
指数	随着距离增加按照指数关系增大体积光密度
密度	设置雾的密度
最大/最小亮度%	设置可以达到的最大和最小光晕效果
衰减倍增	设置衰减颜色的强度
过滤阴影	通过提高采样率（但会增加渲染时间）来获得高质量的体积光效果，有高、中、低 3 个级别

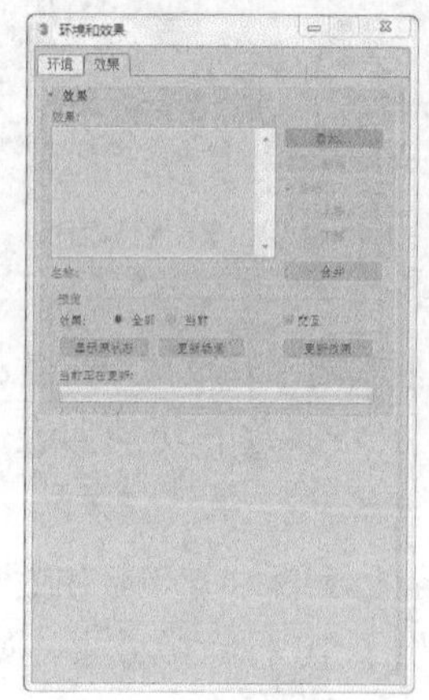

图7-12　常用效果

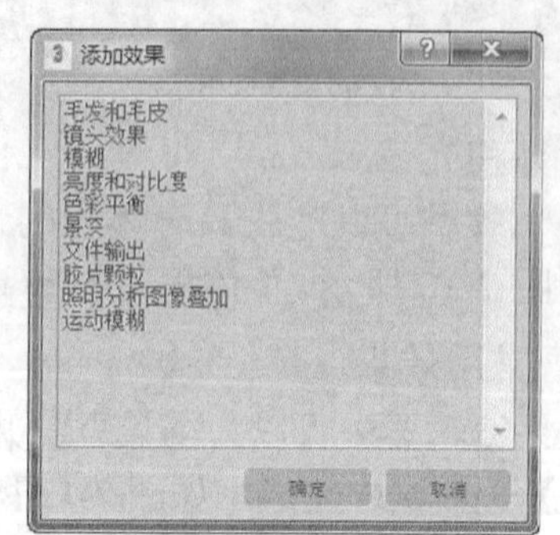

图7-13　【添加效果】对话框

(1) 镜头效果。

镜头效果用于模拟与镜头相关的各种真实效果，包括光晕、光环、射线、自动二级光斑、手动二级光斑、星形和条纹 7 种类型，如图 7-14 所示，其应用示例如图 7-15 所示。各种效果的应用对比如表 7-6 所示。

图7-14 【镜头效果参数】类型

图7-15 镜头效果应用示例

表 7-6 镜头效果的应用对比

效果类型	光晕	光环	射线
用途	光晕用于在指定对象的周围添加光环。例如，对于爆炸粒子系统，给粒子添加光晕使它们看起来更明亮且更热	光环是环绕源对象中心的环形彩色条带	射线是从源对象中心发出的明亮的直线，为对象提供亮度很高的效果。使用射线可以模拟摄影机镜头元件的划痕
应用示例			
效果类型	自动/手动二级光斑	星形	条纹
用途	二级光斑是可以正常看到的一些小圆，沿着与摄影机位置相对的轴从镜头光斑源中发出。随着摄影机的位置相对于源对象的更改，二级光斑也随之移动	星形比射线效果要大，由 0～30 个辐射线组成，而不像射线由数百个辐射线组成	条纹是穿过源对象中心的条带，在实际使用摄影机时，使用失真镜头拍摄场景时会产生条纹
应用示例			

【镜头效果全局】参数包括【参数】和【场景】两个选项卡，如图 7-16 和图 7-17 所示，主要参数的功能如表 7-7 所示。

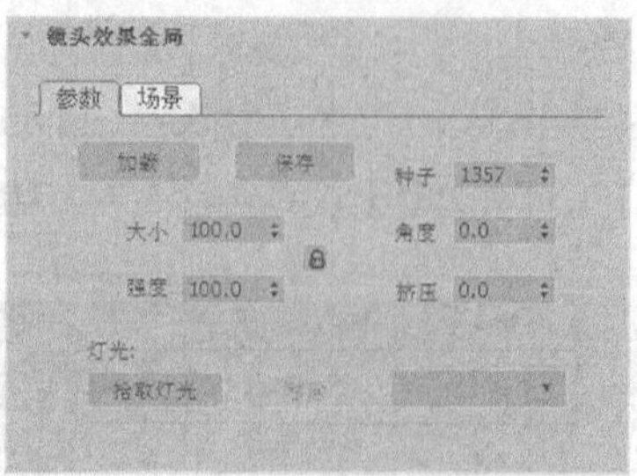

图7-16　【参数】选项卡

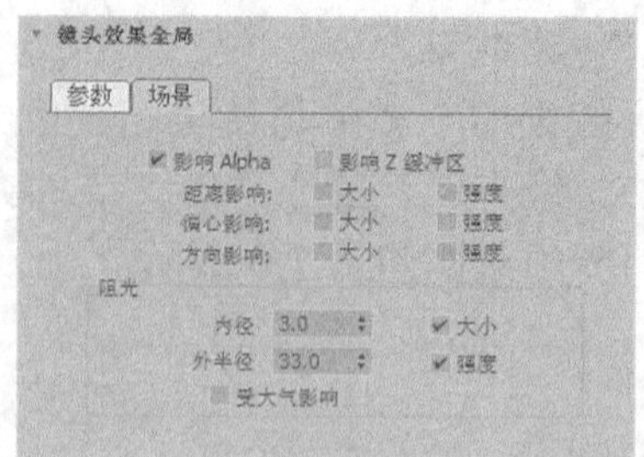

图7-17　【场景】选项卡

表 7-7　【镜头效果全局】参数和功能

选项卡	参数	功能
参数	加载	打开【加载镜头效果文件】对话框，选择要加载的 lzv 文件
	保存	打开【保存镜头效果文件】对话框，将结果保存为 lzv 文件中
	大小	设置镜头效果的总体大小
	强度	设置镜头效果的总体亮度和不透明度，其值越大，越亮越不透明
	种子	为随机数生成器设置不同的种子，以便创建有差异的镜头效果
	角度	当效果与摄影机的相对位置改变时，用于设置镜头效果的旋转量
	挤压	在水平或垂直方向上挤压镜头效果的总体大小
	拾取灯光	在场景中拾取灯光
	移除	移除选取的灯光
场景	影响 Alpha	当图像以 32 位格式渲染时，用于控制镜头效果是否影响图像的 Alpha 通道
	影响 Z 缓冲区	存储对象与摄影机之间的距离，Z 缓冲区用于设置光学效果
	距离影响	控制摄影机或视口的距离对光晕效果的大小和强度的影响
	偏心影响	控制摄影机或视口偏心效果的大小和强度
	方向影响	控制聚光灯相对于摄影机的方向，影响其大小和强度
	内径	设置效果影响范围的内径大小
	外半径	设置效果影响范围的外径大小

(2)　模糊。

模糊特效提供了 3 种不同的方法使图像变模糊，即均匀型、方向型和径向型，如图 7-18 所示。

原始效果

均匀型

方向型

径向型

图7-18　模糊效果

【模糊参数】面板包括【模糊类型】和【像素选择】两个选项卡，如图 7-19 和图 7-20 所示，主要参数的含义如表 7-8 所示。

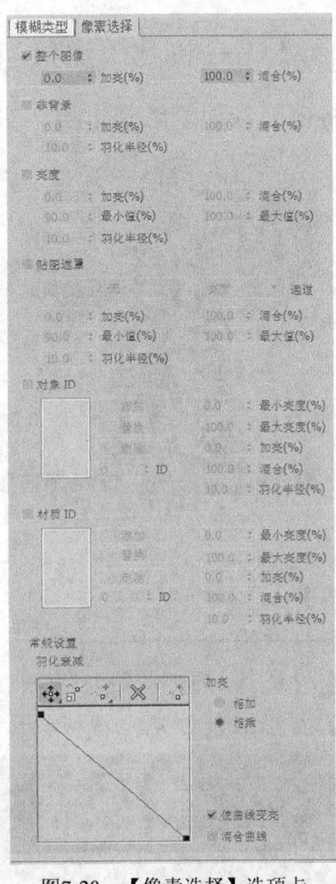

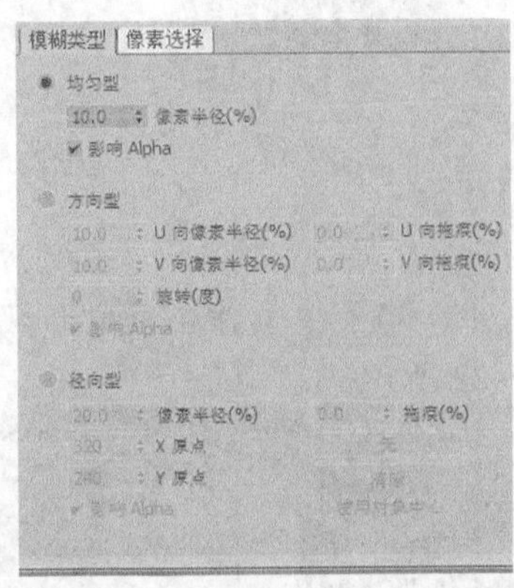

图7-19 【模糊类型】选项卡

图7-20 【像素选择】选项卡

表 7-8 【模糊参数】中主要参数的含义

选项卡	参数	含义
模糊类型	均匀型：将模糊效果均匀运用到整个渲染图像中	● 像素半径：设置模糊效果的半径 ● 影响 Alpha：启用后可将模糊效果应用于 Alpha 通道
	方向型：按照参数指定的方向应用模糊效果	● U/V 向像素半径(%)：设置模糊效果的水平/垂直强度 ● U/V 向拖痕(%)：为 U/V 轴的某一侧分配更大的模糊权重 ● 旋转(度)：通过【U 向像素半径(%)】和【V 向像素半径(%)】来设置模糊效果的 U 向和 V 向轴的旋转角度 ● 影响 Alpha：启用后可将模糊效果应用于 Alpha 通道
	径向型：以径向方式应用模糊效果	● 像素半径：设置模糊效果的半径 ● 拖痕（(%)：为模糊效果中心分配不同的模糊权重，为模糊效果添加方向性 ● X/Y 原点：以像素为单位，对渲染输出的尺寸指定模糊中心 ● 无：指定以中心作为模糊效果中心的对象 ● 清除：清除对象名称 ● 影响 Alpha：启用后可将模糊效果应用于 Alpha 通道 ● 使用对象中心：启用后使用【无】指定的对象将作为模糊效果的中心

【基础训练】——创建“烈日当空”效果

本例将使用各种效果制作图 7-21 所示的烈日当空效果。

设计前

设计后

图7-21　创建“烈日当空”效果

【操作步骤】

1. 添加模糊效果。

(1) 打开素材文件“素材\第 7 章\烈日晴空\烈日晴空.max”，场景中制作了草地和风车，并添加了摄影机和灯光。模板场景及其渲染效果如图 7-22 所示。

图7-22　模板场景及渲染效果

(2) 添加模糊效果。按 8 键打开【环境和效果】对话框，选中【效果】选项卡。单击 添加... 按钮，在打开的对话框中双击【模糊】选项，渲染设计效果如图 7-23 所示。

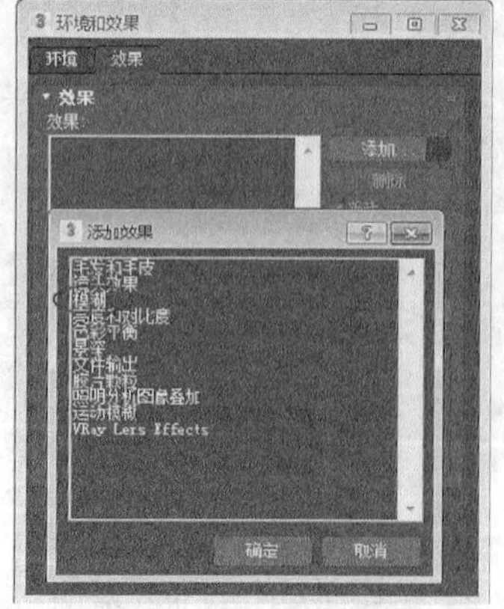

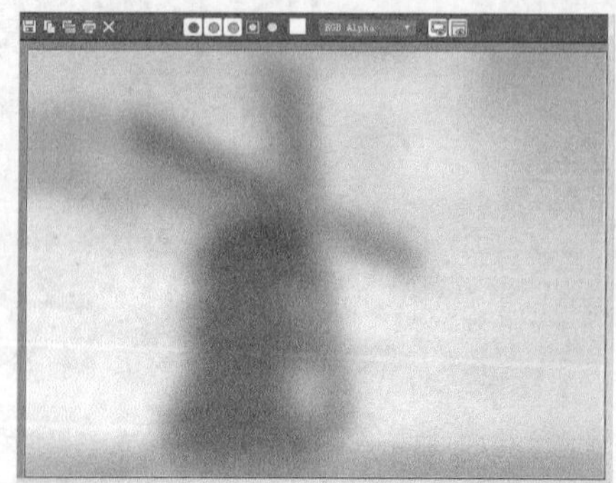

图7-23　添加模糊效果

(3) 设置模糊参数。在【模糊参数】卷展栏中选中【像素选择】选项卡，取消选择【整个图像】复选项。选择【亮度】复选项，设置【加亮】和【混合】参数，如图 7-24 左图所示，渲染效果如图 7-24 右图所示。

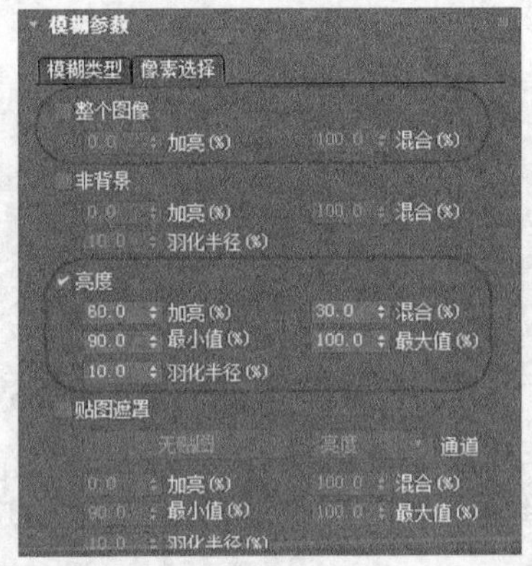

图7-24 设置模糊参数

(4) 调整亮度和对比度。在【环境和效果】对话框中单击 添加... 按钮，双击【亮度和对比度】选项，设置【亮度】和【对比度】参数，如图 7-25 左图所示，渲染效果如图 7-25 右图所示。

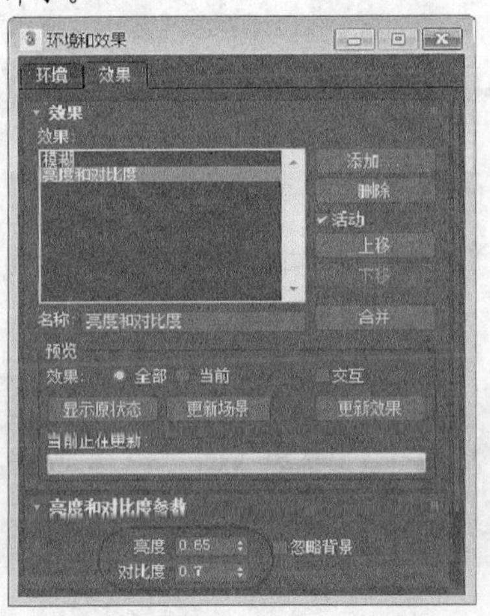

图7-25 调整亮度和对比度

2. 添加太阳光照效果。

(1) 添加镜头效果。在【环境和效果】对话框中单击 添加... 按钮，双击【镜头效果】选项。在【镜头效果全局】卷展栏中设置【大小】和【强度】参数。单击 拾取灯光 按钮，按 H 键打开【拾取对象】窗口，双击列表中的“Direct01”灯光。参数设置和渲染如图 7-26 所示。

(2) 添加光晕效果。在【镜头效果参数】卷展栏左侧的列表框中选中【光晕】选项，单击 > 按钮添加效果。单击【径向颜色】组第 1 个色块，设置颜色参数为 248、217、134。单击第 2 个色块，设置颜色参数为 252、120、120，如图 7-27 左图所示，渲染效果如图 7-27 右图所示。

(3) 添加射线效果。在【镜头效果参数】卷展栏的左侧列表中选中【射线】选项。单击 > 按钮添加效果，如图 7-28 左图所示，渲染效果如图 7-28 右图所示。

(4) 添加光斑效果。在【镜头效果参数】的左侧列表框中选中【自动二级光斑】选项。单击 > 按钮添加效果，如图 7-29 左图所示，渲染效果如图 7-29 右图所示。

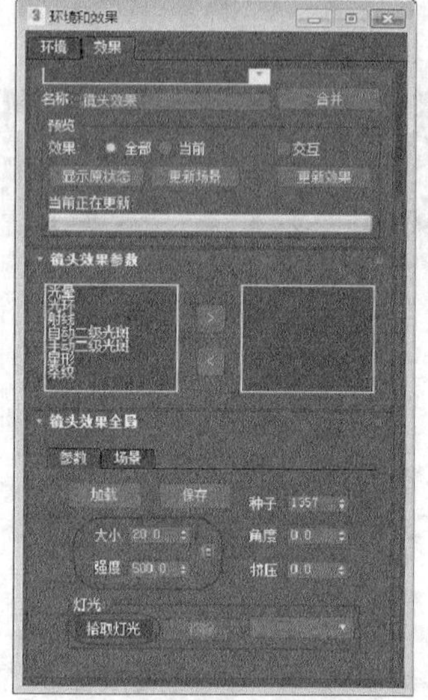

图7-26　添加镜头效果

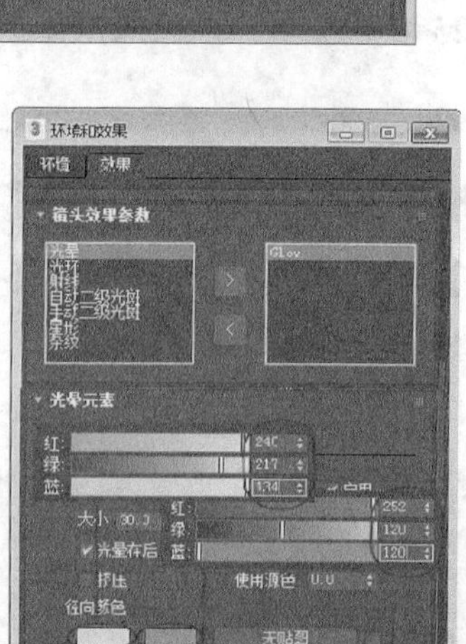

图7-27　添加光晕效果

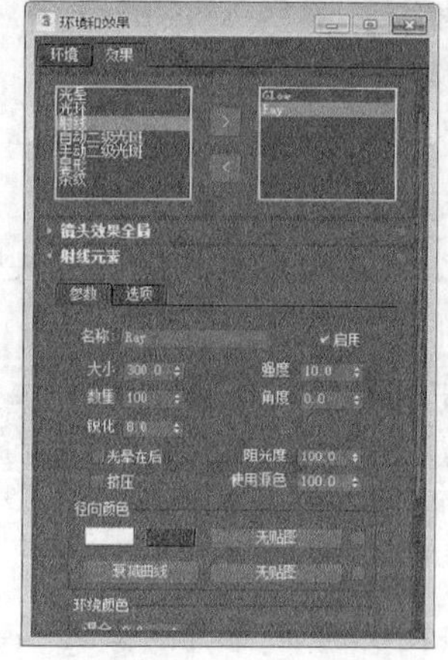

图7-28　添加射线效果

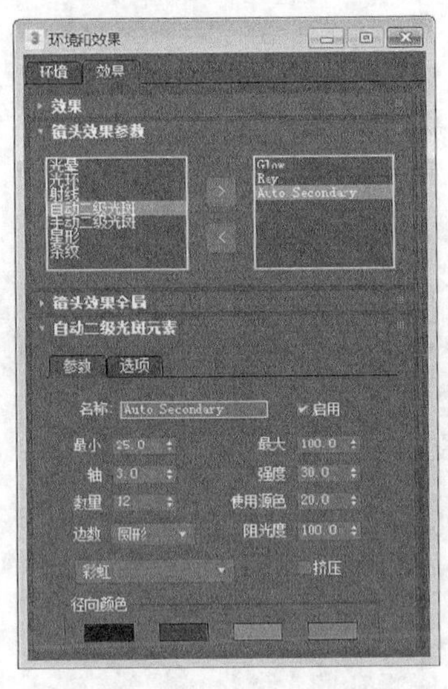

图7-29　添加光斑效果

7.1.2　渲染

渲染就是对创建场景的各项程序进行运算，以获得最终设计结果的过程。对场景进行渲染操作后，将生成完全独立于 3ds Max 的影像作品。

一、　【渲染设置】窗口

渲染通常是 3ds Max 制作流程的最后一步。渲染就是给场景着色，将场景中的模型、材质、灯光及大气环境等设置处理成图像或动画的形式并保存。

在渲染过程中，通常会根据需要指定渲染器的种类，其操作步骤为：按F10键打开【渲染设置】对话框，该对话框包含 5 个选项卡，如图 7-30 所示。其中的内容依据指定的渲染器不同而不同，每个选项卡中又包含若干个参数卷展栏。其选项卡的功能如表 7-9 所示。

表 7-9　　　　【渲染设置】对话框中各选项卡的功能

选项卡	功能
公用	其中的参数适合于所有渲染器，在此可以设置渲染的一些通用操作，如输出时间、输出内容及输出格式等。其中又包含【公用参数】【要渲染的区域】等 4 个分组框
渲染器	用于设置指定渲染器的各项参数。当指定的渲染器不同时，需要设置的参数也不相同
Render Elements	在这里能根据场景中不同种类的元素将其渲染为单独的图像文件，以便后期合成
光线跟踪器	对渲染时的光线跟踪效果进行设置，包括是否应用抗锯齿以及反射和折射参数等
高级照明	可根据渲染需要选择一个高级照明选项并对相应参数进行设置

二、　指定渲染器

渲染时使用的工具叫作渲染器，其好坏直接影响到渲染质量。渲染器是一套求解算法，本质区别在于渲染算法的差异。3ds Max 内置渲染器包括“扫描线渲染器”和“NVIDIA mental ray”等。还有大量的外挂渲染器，如 Brazil、VRay、Maxwell 及 Final Render 等。

3ds Max 2017 可以使用渲染器，如图 7-31 所示。各种渲染模式的用法如表 7-10 所示。

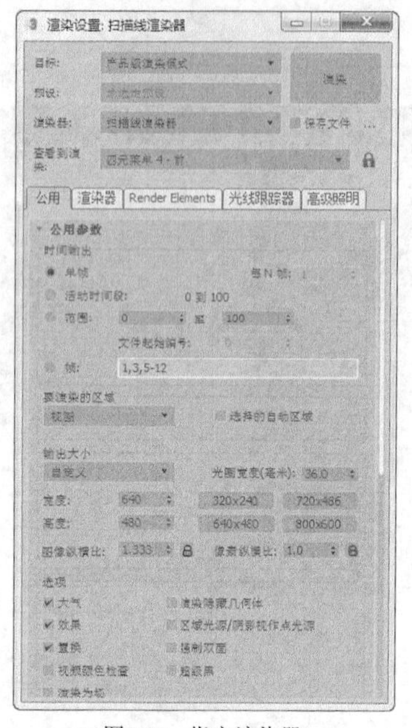

图7-30　指定渲染器

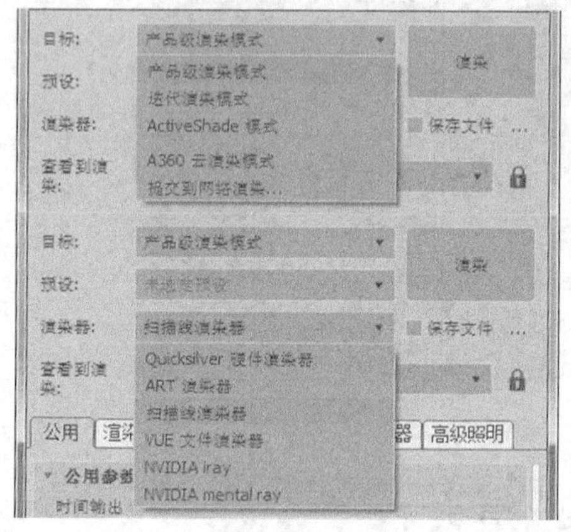

图7-31　指定渲染模式和渲染器

表 7-10　不同渲染模式的用法

渲染模式	用法
产品级渲染模式	输出最终作品时使用的渲染模式
迭代渲染模式	一种快速渲染工具，可在现有图像上进行更新
ActiveShade（动态着色）模式	用于动态着色窗口中使用的渲染器，通常选用默认扫描线渲染器
A360 云渲染模式	使用云渲染模式进行渲染
提交到网络渲染	把作品提交到网络进行渲染

在【渲染设置】对话框上部的【渲染器】下拉列表中可以为设定的模式选择渲染器，系统默认安装了【扫描线渲染器】等多个渲染器，如图 7-30 所示。

三、设置输出范围

在【渲染设置】对话框【公用参数】卷展栏的【时间输出】分组框中设置输出范围参数，用于确定要对哪些帧进行渲染，如图 7-32 所示。各选项的用法如表 7-11 所示。

表 7-11　各选项的用法

选项	用法
单帧	主要用于渲染静态效果。通常在查看固定的某一帧的效果时使用这种方式
活动时间段	用于渲染动画，使用该选项可以从时间轴开始的第 0 帧渲染动画，直至时间轴最后一帧
范围	该选项允许用户指定一个动画片段进行渲染，其格式为“开始帧”至“结束帧”
帧	渲染选定帧。使用该选项可以直接将需要渲染的帧输入其右侧的文本框中，单帧用“,”号隔开，时间段之间用“-”连接
每 N 帧	设置间隔多少帧进行渲染。例如，输入 3，则渲染 1/4/7…帧，对于较长时间的动画，可以用这种方式来简略观察动画内容

四、 设置输出分辨率

在图 7-33 所示的【输出大小】分组框中设置输出图像的大小，其中在【自定义】下拉列表中可以自定义图像大小。另外，系统还为用户提供了一些常用的图像尺寸，并以按钮的形式放置在面板上，只需单击相应的按钮即可定义图像的输出尺寸。各选项的用法如表 7-12 所示。

表 7-12　　设置输出分辨率

选项	用法
光圈宽度	该选项只有在激活了【自定义】选项后才可用，它不改变视口中的图像
高度	用于指定渲染图像的高度，单位为像素
宽度	用于指定渲染图像的宽度，单位为像素
预设分辨率按钮组	单击其中任意一个按钮可以将渲染图像的尺寸改变为指定大小。在这些按钮上单击鼠标右键，可以打开【配置预设】对话框，通过该对话框可对图像的大小进行设置，如图 7-34 所示
图像纵横比	用于决定渲染图像的长宽比。通过设置图像的高度和宽度可以自动决定长度比，也可以通过设置图像的长宽比及高度或宽度中的某个数值来决定另一个选项的数值。长宽比不同得到的图像也不同
像素纵横比	用于决定图像像素本身的长宽比。如果渲染的图像在非正方形像素的设备上显示，那么就应该设置此选项，如标准的 NTSC 电视机的像素的长宽比为 0.9

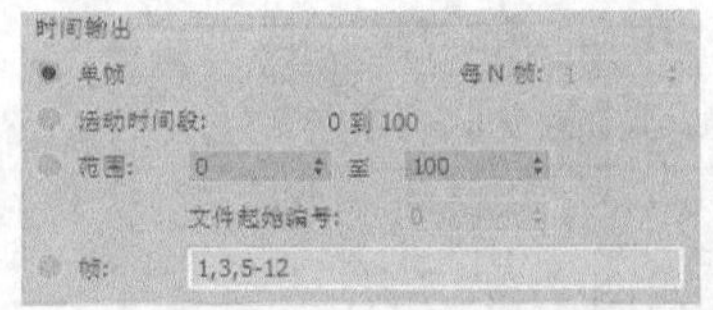

图7-32　【时间输出】分组框

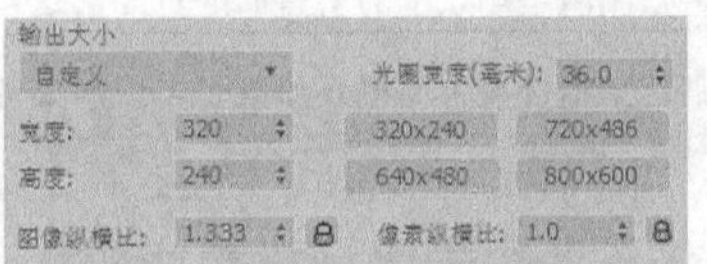

图7-33　【输出大小】分组框

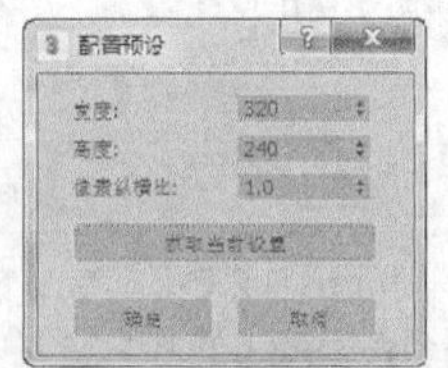

图7-34　【配置预设】分组框

单击（锁定）按钮可以锁定图像的纵横比，这时对长度和宽度的调节将互相影响。在【自定义】下拉列表中可以选择常用的格式输出，如“35mm 1.85:1 电影”格式及“PAL D-1”电视格式等。

五、 设置输出内容

(1) 渲染区域。

在【要渲染的区域】分组框中设置将要渲染的图像区域，在【要渲染的区域】下拉列表中可用 6 种方式控制渲染区域，其用法如表 7-13 所示。

表 7-13　　渲染区域设置

选项	用法
视图	对当前激活的视图中的全部内容进行渲染，是默认的渲染方式
选定对象	只对当前激活视图中的选定对象进行渲染
区域	只对当前激活视图中的指定区域进行渲染，此时会在视图中出现一个虚线框来设置渲染区域
放大	选择一个区域并将其放大到渲染尺寸后再进行渲染
裁剪	只渲染被选择的区域，并按照区域面积进行裁剪，产生与选框区域等比例的图像
选择的自动区域	选中后，当将渲染区域设置为【区域】【裁剪】和【放大】时，渲染的区域会自动定义为选定的对象；当将渲染区域设置为【视图】和【选定对象】时，则会自动切换到【区域】模式

要点提示　【区域】渲染方式是在原效果图中切下一块进行渲染，但是渲染后尺寸不发生任何变化；而【放大】渲染也将从原效果图中切下一块进行渲染，但是会将其尺寸放大到渲染时设置的尺寸。

(2)　渲染对象。

在【选项】分组框中可以选择是否渲染所设置的大气效果、渲染效果、隐藏效果及是否渲染隐藏物体等，如图 7-35 所示。各选项的功能如表 7-14 所示。

表 7-14　　渲染对象设置

选项	功能
大气	如果禁用该选项，则不渲染雾和体积光等大气效果
效果	如果禁用该选项，则不渲染镜头光效、火焰等一些特效
置换	如果禁用该选项，则不渲染【置换】贴图
视频颜色检查	扫描渲染图像，寻找视频颜色之外的颜色。当启用该选项后，将选择【首选项设置】对话框中【渲染】选项卡下的视频颜色检查选项
渲染为场	启用该选项后，将渲染到视频场，而不是视频帧
渲染隐藏几何体	启用该选项后将渲染场景中隐藏的对象。如果场景比较复杂，则在建模时经常需要隐藏对象，而在渲染时又需要渲染这些对象，此时就应启用该选项
区域光源/阴影视作点光源	将所有的区域光源或区域阴影都作为发光点来进行渲染，从而可以加速渲染过程
强制双面	启用该选项将强制渲染场景中的所有面的背面，这对法线有问题的模型将非常有用
超级黑	启用该选项则背景图像变为黑色。如果要合成渲染的图像，则该选项非常有用

(3)　高级照明。

在【高级照明】分组框中提供了两个关于高级照明的选项，如图 7-36 所示。

- 【使用高级照明】：将启用高级照明渲染功能，该选项使用较频繁。
- 【需要时计算高级照明】：在需要的情况下启用高级照明。

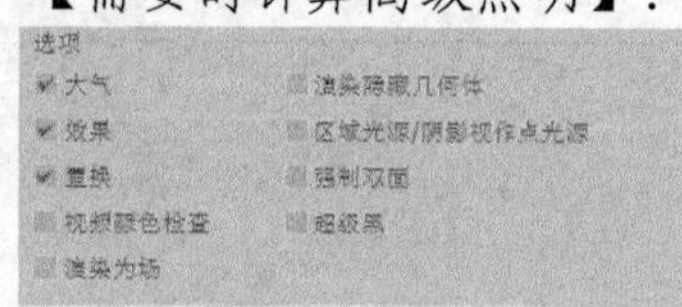

图7-35　【选项】分组框

图7-36　【高级照明】分组框

六、　渲染输出

【渲染输出】分组框用于设置渲染输出的文件格式。在【渲染输出】分组框中单击 文件... 按钮，打开【渲染输出文件】对话框，在该对话框中设置文件的保存路径，输入文件名并指定保存类型，如图 7-37 所示。在渲染时将把渲染好的图片或图片序列保存起来。

3ds Max 可以以多种文件格式作为渲染结果进行输出和保持，包括静态图像和动态视频格式，其中常用的渲染格式如表 7-15 所示。

表 7-15　　常用的渲染输出格式

选项	说明
AVI 动画格式	这是 Windows 平台通用的图像格式，可以根据需要进行压缩。此外，AVI 格式文件还可以作为动画材质导入材质编辑器
JPEG 图像格式	这种图形具有高压缩比、失真度的特点，广泛用于网络图像传输

续表

选项	说明
PNG 图像格式	这是一种专为互联网开发的静帧图像文件
RPF 图像格式	这是一种支持任意图形通道的图像文件，目前已成为渲染带有合成和特效动画的首选格式
TGA 图像格式	这是早期的真彩色文件格式，有 16bit、32bit、64bit 等多种颜色级别，可以进行无损质量的文件压缩处理，广泛应用于单帧或序列图片
TIF 图像格式	这是苹果系统和桌面印刷行业的标准图像格式，有黑白和真彩色之分，会自带 Alpha 通道，成为一个 32bit 文件

七、 渲染帧窗口

在工具栏中单击（渲染帧窗口）按钮，打开渲染帧窗口，如图 7-38 所示，这是一个用于显示渲染输出的窗口。该窗口中主要参数的用法如表 7-16 所示。

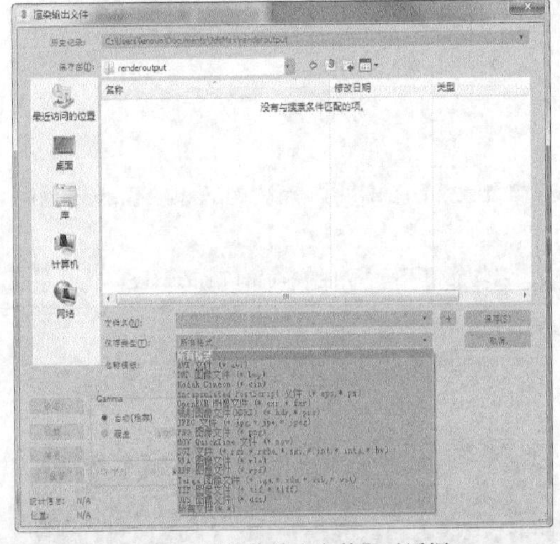
图7-37 【渲染输出文件】对话框

图7-38 渲染帧窗口

表 7-16 渲染帧窗口的用法

选项	说明
要渲染的区域	其下拉列表中提供了【视图】【选定】【区域】【裁剪】和【放大】等选项来确定渲染区域
（编辑区域）	单击后可以通过调整控制手柄来重新调整渲染区域的大小，如图 7-39 所示
（自动选定对象区域）	单击后系统会将【区域】【裁剪】和【放大】自动设置为当前选择
视口	显示当前渲染的是哪个视图，如透视图、顶视图、前视图或左视图
（锁定到视口）	单击该按钮，系统只渲染左侧【视口】列表中的视图
渲染预设	可以从下拉列表中选择与预设渲染相关的选项，主要包括渲染器的选择等
（渲染设置）	单击可打开【渲染设置】对话框
（环境和效果对话框(曝光控制)）	单击可打开【环境和效果】对话框，在该对话框中可以调整曝光控制的类型
产品级/迭代	从【产品级】和【迭代】中选取一种渲染模式
渲染	单击使用当前设置渲染场景

续表

选项	说明
（保存图像）	单击可打开【保存图像】对话框，利用该对话框设置保存格式来保存图像
（复制图像）	单击该按钮可以将渲染后的图像复制到剪贴板上
（克隆渲染帧窗口）	单击可以克隆一个渲染帧窗口，该操作可以用来对两次渲染效果进行对比，如图 7-40 所示
（打印图像）	打印渲染后的图像
（清除）	清除渲染帧窗口中显示的图像
（启用红色通道）	显示图像的红色通道，如图 7-41 所示
（启用绿色通道）	显示图像的绿色通道，如图 7-42 所示
（启用蓝色通道）	显示图像的蓝色通道，如图 7-43 所示
（显示 Alpha 通道）	显示图像的 Alpha 通道
（单色）	将图像以 8 位灰度模式显示出来
（切换 UI 叠加）	激活该按钮后，如果【区域】【裁剪】和【放大】区域中有一个被激活，则会显示表示相应区域的帧
（切换 UI）	激活该按钮，则渲染帧窗口中的所有工具均能使用；否则将精简窗口上的工具

图7-39　编辑窗口区域

图7-40　克隆渲染帧窗口

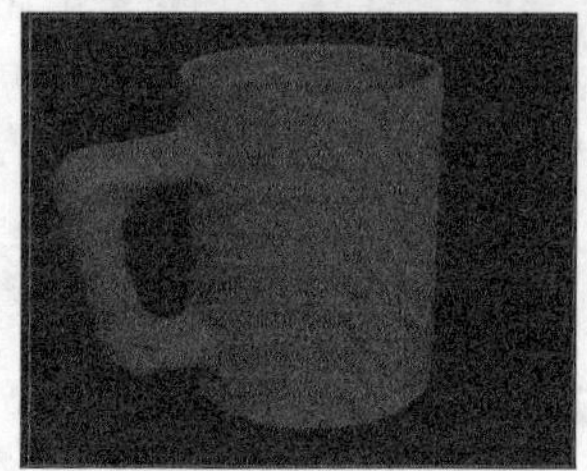

图7-41　启用红色通道

图7-42　启用绿色通道

图7-43　启用蓝色通道

【基础训练】——制作“蜡烛燃烧”效果

本例使用辅助对象来制作一个蜡烛燃烧的效果。首先创建一个大气装置，然后修改环境参数，最后生成渲染效果，如图 7-44 所示。

图7-44 制作"蜡烛燃烧"效果

【操作步骤】

1. 打开素材文件。

(1) 打开素材文件"素材\第 7 章\蜡烛燃烧\蜡烛燃烧.max"，如图 7-45 所示。

(2) 按F9键查看初始渲染效果，如图 7-46 所示。

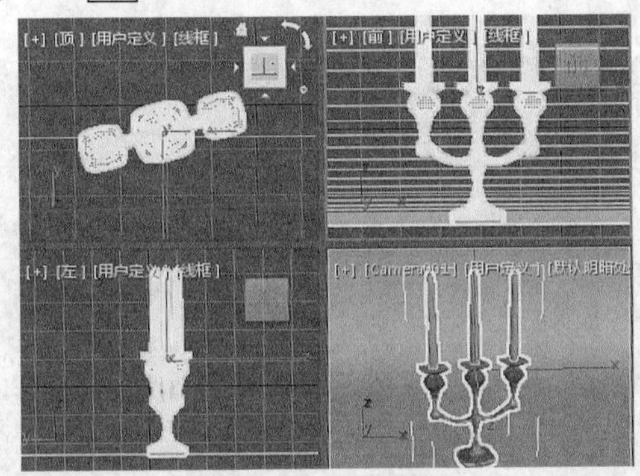

图7-45 打开素材文件

图7-46 初始渲染效果

2. 创建大气装置。

(1) 创建大气装置，如图 7-47 所示。

① 在【创建】面板中单击按钮，设置类型为【大气装置】。

② 单击按钮，在顶视图中创建一个球体 Gizmo。

③ 在其参数卷展栏下设置【半径】为"40"，并选择【半球】复选项。

④ 在工具栏中单击按钮，在左视图中将球体 Gizmo 缩放至合适形状。

(2) 添加火效果，如图 7-48 所示。

① 按8键打开【环境和效果】对话框，在【大气】卷展栏下单击 添加... 按钮。

② 在弹出的【添加大气效果】对话框中选择【火效果】。

3. 渲染查看。

(1) 设置火效果参数，如图 7-49 所示。

① 在【效果】列表框中选择【火效果】。

② 在参数【火效果】卷展栏下单击 拾取 Gizmo 按钮，在视图中拾取球体 Gizmo。

③ 设置【火焰类型】为【火舌】，【规则性】为【0.5】，【火焰大小】为"500"。

④ 在【特性】分组框中设置【火焰细节】为"10"，【密度】为"720"，【采样】为"25"。

⑤ 在【动态】分组框中设置【相位】为"12"，【漂移】为"5"。

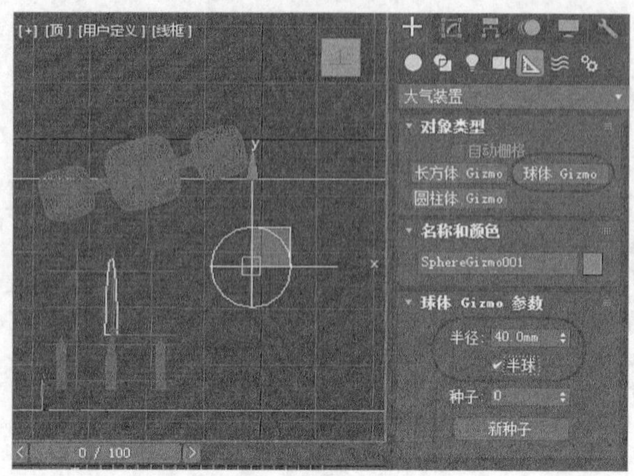

图7-47　创建大气装置

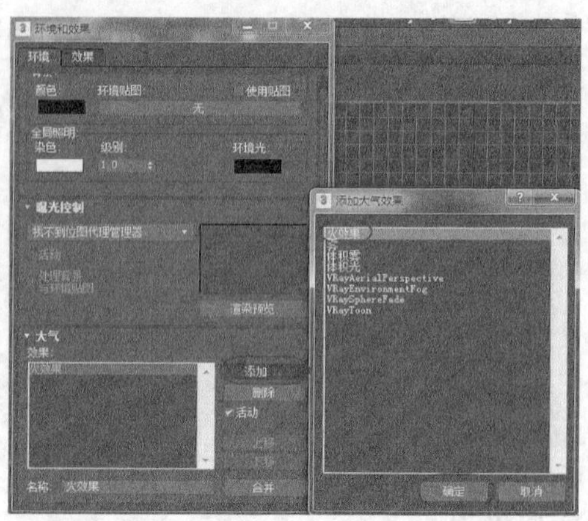

图7-48　添加火效果

(2)　复制火焰，如图 7-50 所示。

①　选择球体 Gizmo，按住 Shift 键的同时使用移动工具将其复制出两个。

②　调整其位置在蜡烛的火心上，按 F9 键查看渲染效果。

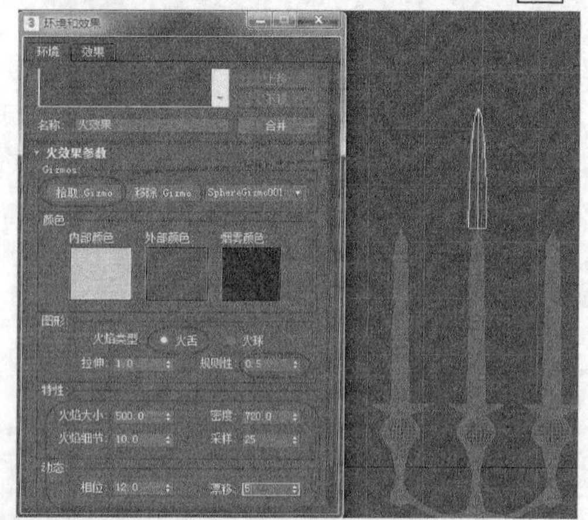

图7-49　设置火效果参数

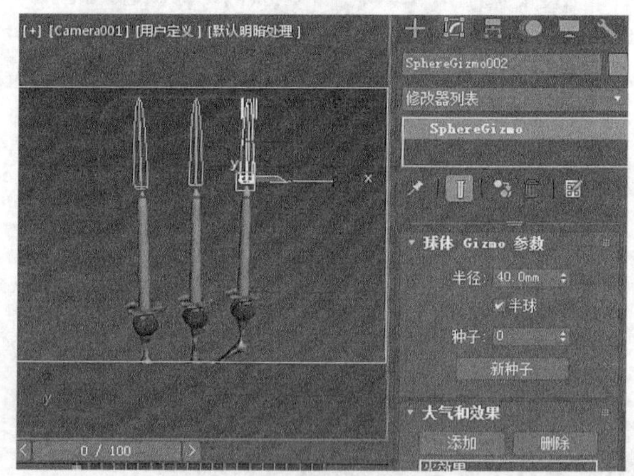

图7-50　复制火焰

7.2　实战训练

下面结合实例介绍环境与效果以及渲染的基本方法。

本例视频 1

本例视频 2

7.2.1　从零开始——制作“游戏场景”

本例将详细介绍使用环境设置制作体积光和火焰效果的方法，该范例制作前和完成后的最终效果如图 7-51 所示。

1.　创建火焰效果。

(1)　导入素材文件。

①　打开素材文件“第 7 章\素材\游戏场景\游戏场景.max”。

②　为了方便制作，本例已将场景中的部分元素隐藏，若想显示全部场景，可在窗口上单击鼠标右键，在弹出的快捷菜单中选择【全部取消隐藏】命令。

图7-51　制作“游戏场景”

(2) 创建“球体 Gizmo”辅助对象，如图 7-52 所示。

① 单击 按钮切换到【创建】面板。

② 单击 按钮切换到【辅助对象】面板。

③ 在下拉列表中选择【大气装置】选项，单击 球体 Gizmo 按钮，在顶视图上绘制一个“球体 Gizmo”辅助对象。

④ 在【修改】面板中设置【名称】为“火焰”。

⑤ 在【球体 Gizmo 参数】卷展栏中设置球体【半径】参数为“60”，并使用 工具改变“火焰”形状。

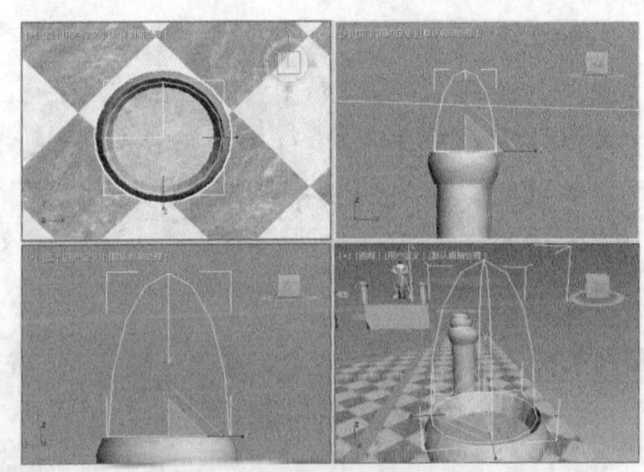

图7-52　火焰的创建与设置

(3) 添加与设置火焰效果，如图 7-53 所示。

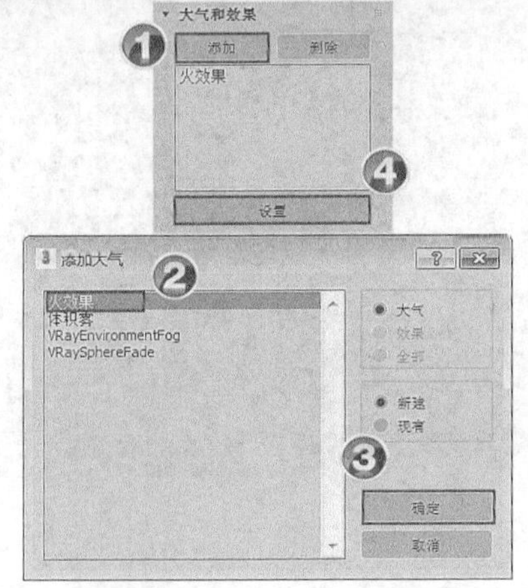

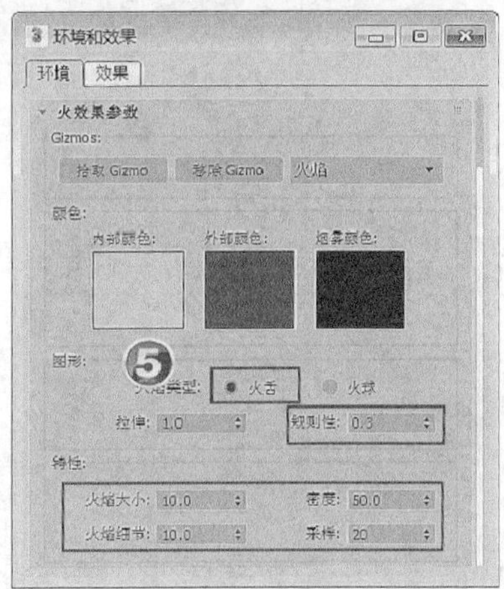

图7-53　添加与设置火焰效果

① 在【大气和效果】卷展栏中单击 添加 按钮，打开【添加大气】对话框。
② 在弹出的【添加大气】对话框中选择【火效果】。
③ 单击 确定 按钮完成添加。
④ 单击 设置 按钮，打开【环境和效果】对话框。
⑤ 在【环境和效果】对话框中设置火效果参数。

(4) 复制火焰，如图 7-54 所示。
① 按住 Shift 键将“火焰”图标拖动到其他的“火坛”上。
② 在弹出的【克隆选项】对话框中选中【实例】单选项进行复制。

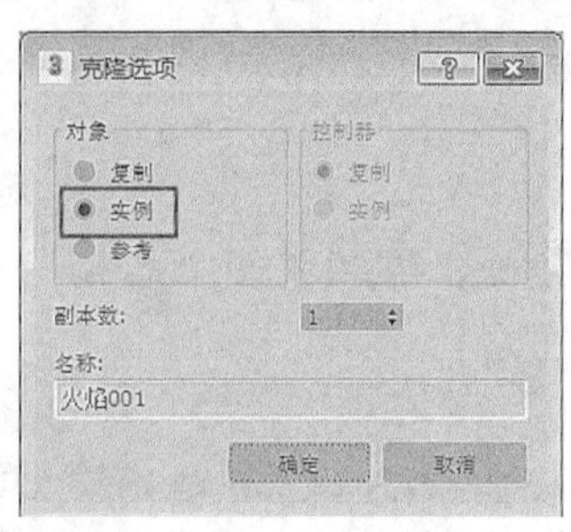

图7-54　复制火焰

2. 创建体积光效果。

(1) 创建目标平行光，如图 7-55 所示。
① 切换到【创建】面板，单击 按钮切换到【灯光】面板。
② 在下拉列表中选择【标准】选项，单击 目标平行光 按钮。
③ 在顶视图上创建一个“目标平行光”对象。
④ 设置平行光参数。

要点提示　如渲染时建筑的墙面和屋顶未被渲染出来，可在【渲染设置】对话框的【公用】选项卡中选择【渲染隐藏几何体】复选项。

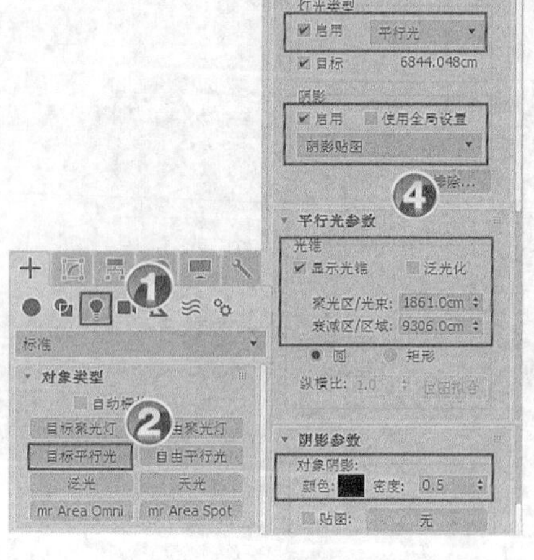

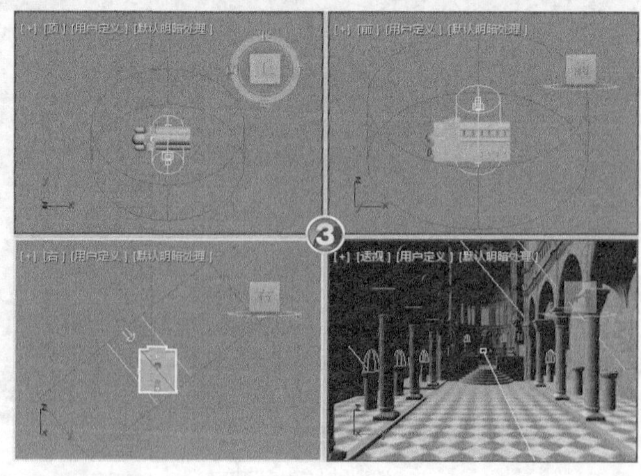

图7-55　创建平行光

(2) 添加与设置体积光效果，如图 7-56 所示。

① 在【大气和效果】卷展栏中单击 添加 按钮，添加一个“体积光”。
② 在【大气和效果】卷展栏中单击 添加 按钮，打开【添加大气或效果】对话框。
③ 在弹出的【添加大气或效果】对话框中选择【体积光】。
④ 单击 确定 按钮完成添加。
⑤ 单击 设置 按钮，打开【环境和效果】对话框。
⑥ 在【环境和效果】对话框中设置体积光参数。

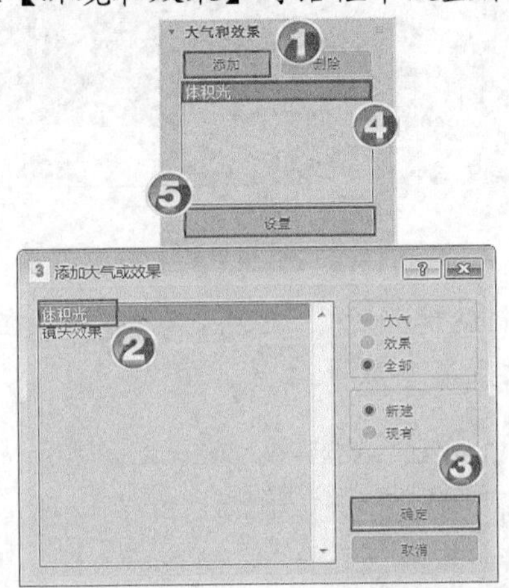

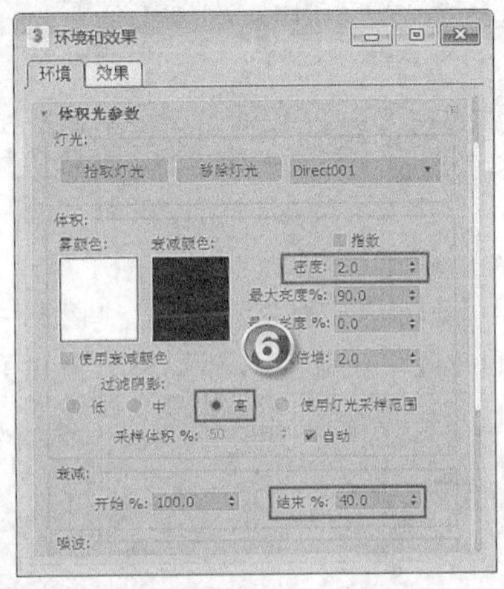

图7-56 添加与设置体积光效果

(3) 按 F9 键进行渲染，效果如图 7-57 所示，可以看出目前体积光效果已经出现，但是场景中的明暗结构不正确，有些位置过黑，下面为场景补光。

3. 为场景补光。

(1) 创建泛光灯，如图 7-58 和图 7-59 所示。
① 单击 按钮切换到【创建】面板。
② 单击 按钮切换到【灯光】面板。
③ 在下拉列表中选择【标准】选项，单击 泛光 按钮，在顶视图上创建一个“泛光灯”对象，然后设置其参数及位置。

图7-57 渲染效果

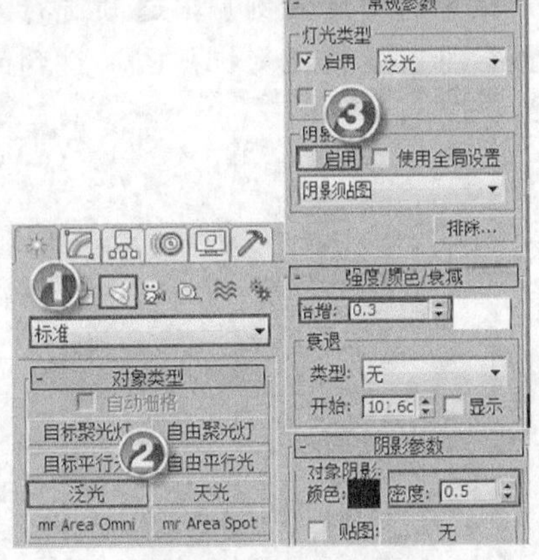

图7-58 创建泛光灯（1）

(2) 创建天光，如图 7-60 所示。

单击 天光 按钮，在顶视图上创建一个“天光”对象，然后设置参数及位置。

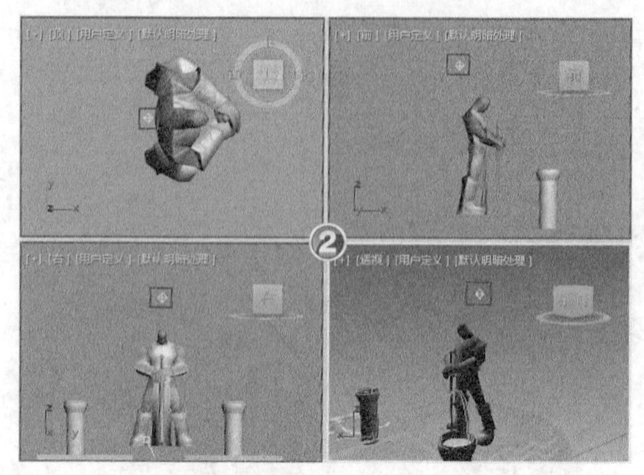

图7-59　创建泛光灯（2）

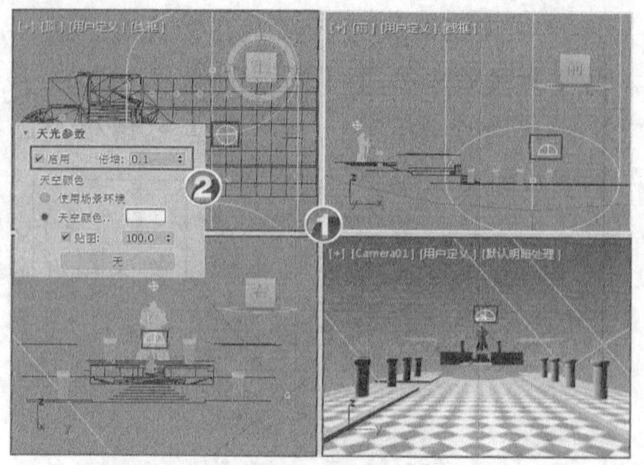

图7-60　创建天光

4.　为火焰创建泛光灯，如图 7-61 所示。

(1)　单击 泛光 按钮，在顶视图的一个“火坛”中创建一个“泛光灯”对象，在【修改】面板中设置【名称】为“火焰光照”，然后设置其参数及位置。

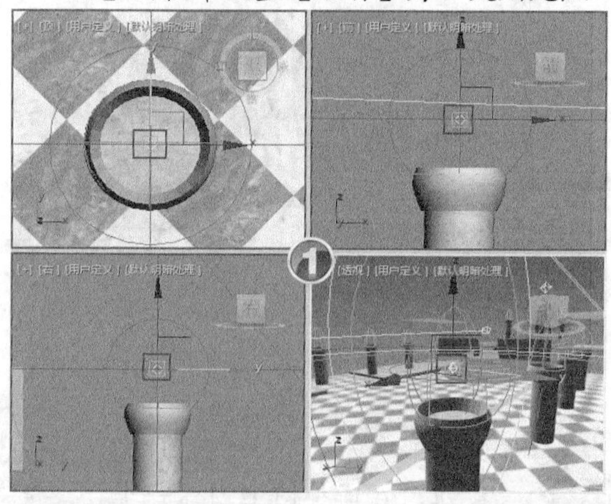

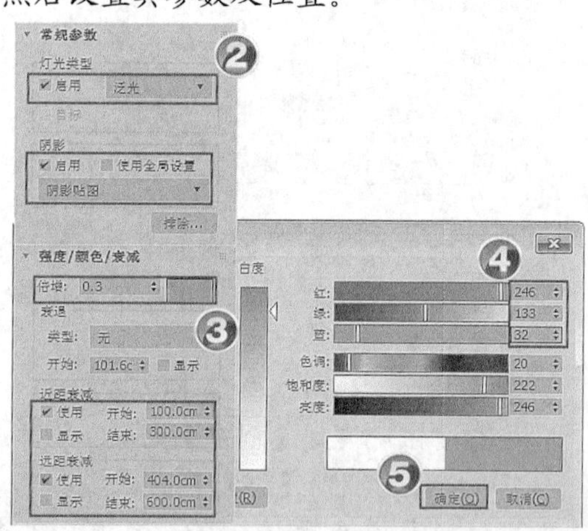

图7-61　创建泛光灯（3）

(2)　按住 Shift 键将“火焰光照”图标拖动到其他的“火坛”上，在弹出的【克隆选项】对话框中选中【实例】单选项进行复制，其位置如图 7-62 所示。

(3)　最后再次渲染摄影机视图，得到的最终效果如图 7-63 所示。

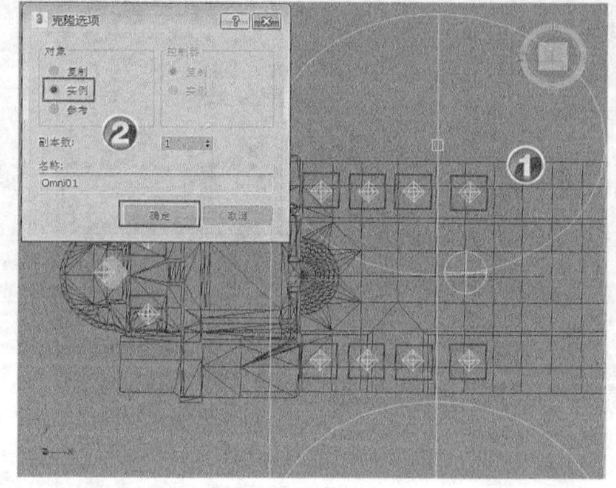

图7-62　复制灯光

图7-63　最终渲染效果

7.2.2 课堂实训——制作“阳光休闲大厅”

本例使用 GI（全局照明）首先对间接光照时形成的黑斑进行处理，然后配合 FG（最终聚集）高效地制作出高画质的图像。此种方式是目前最为盛行的出图方式，望读者精心制作、细心思考，最终效果如图 7-64 所示。

图7-64 制作“阳光休闲大厅”效果

【操作步骤】

1. 创建“日光”对象。

(1) 打开制作模板。

① 打开素材文件“素材\第 7 章\阳光休闲大厅\阳光休闲大厅–素材.max”，如图 7-65 所示。

② 场景中提供了本例所需的模型并赋予了材质。

③ 场景中创建了一架摄影机，用于对房间进行特写渲染。

(2) 创建“日光”对象，如图 7-66 所示。

① 在【创建】面板上单击按钮。

② 单击 日光 按钮，打开【创建日光系统】对话框。

③ 单击 是 按钮。

④ 在顶视图中单击鼠标左键完成创建。

本例视频

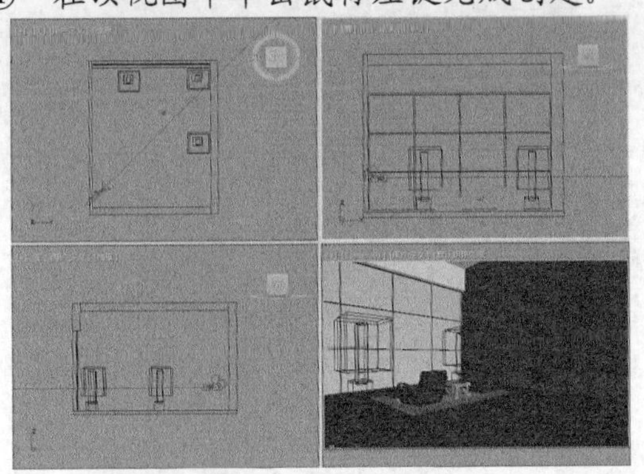

图7-65 打开制作模板

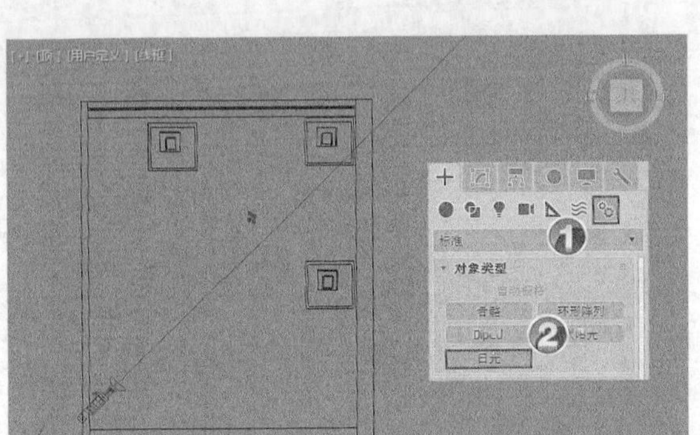

图7-66 创建“日光”对象

观察创建完成的“日光”对象可以发现，一个“日光”对象由“Compass01”（指南针）和“Daylight01”（日光）两部分组成。在【修改】面板中可以分别对这两个对象进行设置。

关于日光的知识点将在后面章节中详细讲解，这里读者按照本例操作即可。

(3) 修改“指南针 001”参数，如图 7-67 所示。

① 选中场景中的“指南针 001”对象（可使用按照名称选择方式）。

② 用鼠标右键单击按钮，弹出【移动变换输入】对话框。设置【绝对:世界】/【X】为“0”、【Y】为“0”、【Z】为“0”。

③ 进入【修改】面板。

④ 输入【半径】值为“40”。

(4) 修改“Daylight01”（日光）参数，如图 7-68 所示。

① 选中场景中的“Daylight001”对象。

② 在【日光参数】卷展栏的第 1 个下拉列表中选择【mr 太阳】选项，在第 2 个下拉列表中选择【mr 天空】选项，随后弹出【mental ray 天空】对话框，在弹出的提示对话框中单击 是(Y) 按钮。

③ 在【位置】分组框中选中【手动】单选项

④ 用鼠标右键单击按钮，弹出【移动变换输入】对话框。在【移动变换输入】对话框中设置【绝对:世界】/【X】为“–2500”、【Y】为“4750”、【Z】为“5700”。

⑤ 继续在【修改】面板中设置其他参数，如图 7-69 所示。

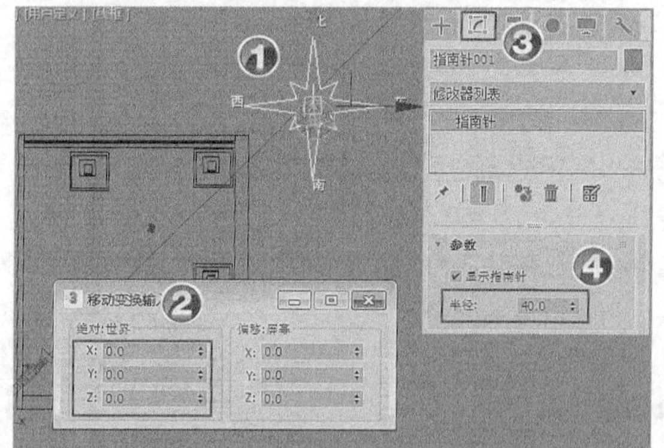

图7-67　修改“指南针 001”参数

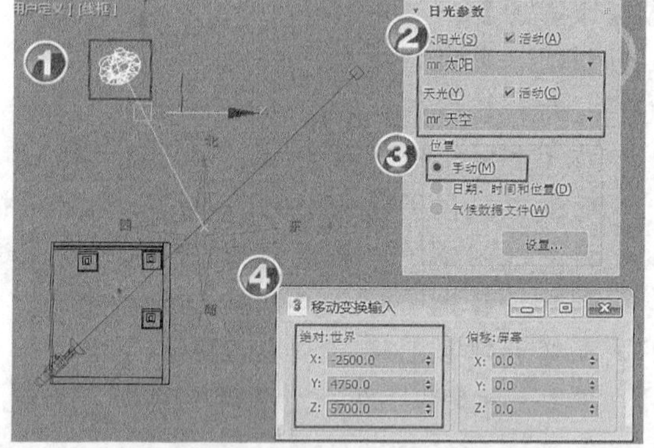

图7-68　修改“Daylight001”（日光）参数

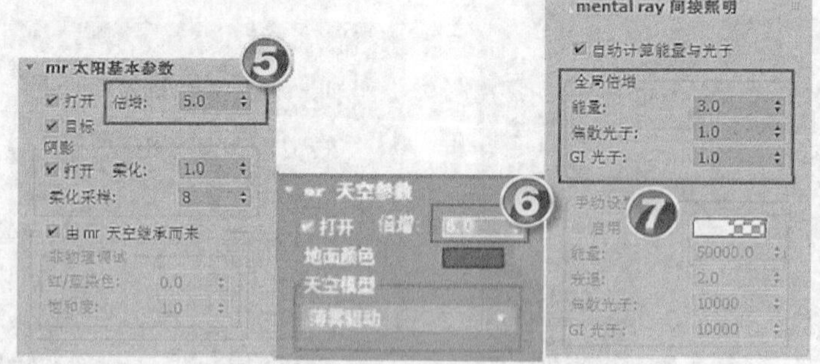

图7-69　修改“Daylight001”（日光）参数

(5) 测试渲染，如图 7-70 所示。

① 单击按钮打开渲染窗口。

② 在【视口】下拉列表中选择【Camera01】选项。

③ 单击按钮锁定渲染视口。

④ 单击按钮启动渲染。

图7-70 测试渲染

要点提示 观察此时的渲染效果，可见画面中除了直接光照和材质反射以外没有全局照明效果，故没有光线的地方一片漆黑。接下来通过全局照明设置来提亮场景。

2. 全局光照明设置。

(1) 设置【每采样最大光子数】和【最大采样半径】参数，如图 7-71 左图所示。

① 按F10键打开【渲染设置】窗口，切换到【全局照明】选项卡。

② 在【焦散和光子贴图】卷展栏的【光子贴图】分组框中选择【启用】复选项。

③ 选择【最大采样半径】复选项。

④ 设置【每采样最大光子数】为“2”、【最大采样半径】为“10”。

⑤ 关闭【渲染设置】窗口后按F9键渲染，效果如图 7-71 所示。

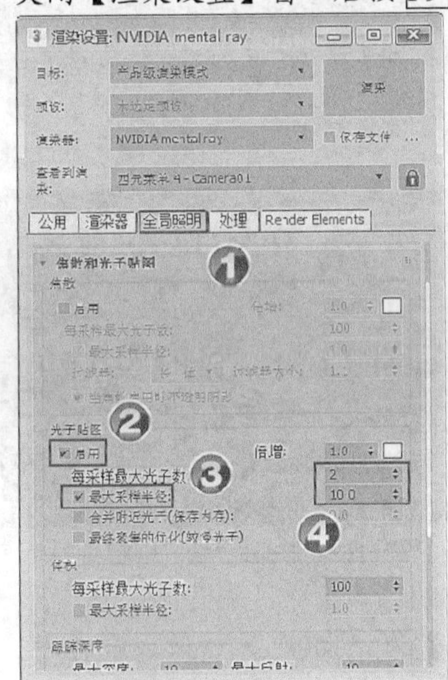

图7-71 设置【每采样最大光子数】和【最大采样半径】参数

要点提示 观察渲染结果，可见场景中出现了一些亮点，这就是光子，场景中光子密度越集中的地方越明亮，从而使得画面的明暗分界非常明显。如果要通过光子获得平滑的图像效果，可以增加 GI 光子的半径或数量。

(2) 增大【最大采样半径】参数，如图 7-72 所示。

① 在【光子贴图】分组框中设置【最大采样半径】为“100”。

② 按 F9 键渲染场景。

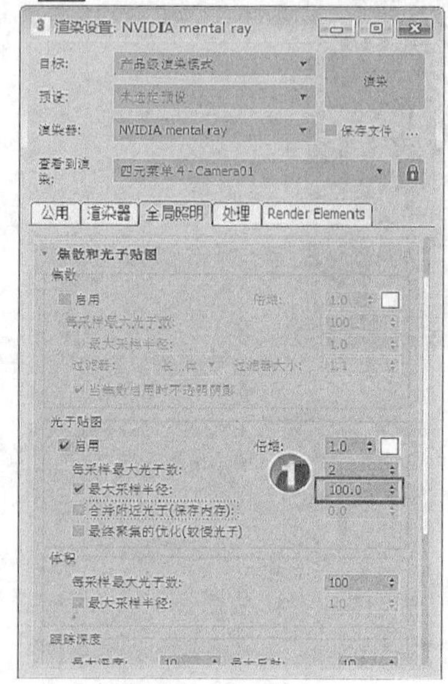

图7-72　增大【最大采样半径】参数

> **要点提示** 观察渲染结果可以发现随着光子半径的增加，光子之间出现了重叠，明亮的区域也开始增多，但是目前图像很不平滑。
>
> 图 7-73 和图 7-74 所示分别为光子【最大采样半径】为“400”和 1000 的效果，通过对比可以发现即使再加大光子半径，画面也没有得到改善。这是由于目前场景中的光子数量太少，而一般中等质量的图像效果至少需要 100 个光子，高品质需要 10000 个光子以上。接下来对光子数量进行调整。

图7-73　设置【最大采样半径】为“400”的效果

图7-74　设置【最大采样半径】为“1000”的效果

(3) 增加【每采样最大光子数】参数，如图 7-75 所示。

① 在【光子贴图】分组框中设置【每采样最大光子数】为“100”、【最大采样半径】为“300”。

② 按 F9 键渲染场景。

> **要点提示** 通过观察发现此时画面的明暗效果已经变得平滑，同时也可以看出增加【每采样最大光子数】参数对于画面的作用，但是此时的画面还是有黑斑现象。
>
> 图 7-76 和图 7-77 所示分别为光子数为“1000”和“20000”的渲染效果，画面依然有黑斑，但继续增加光子数并不可取，接下来介绍其他方法。

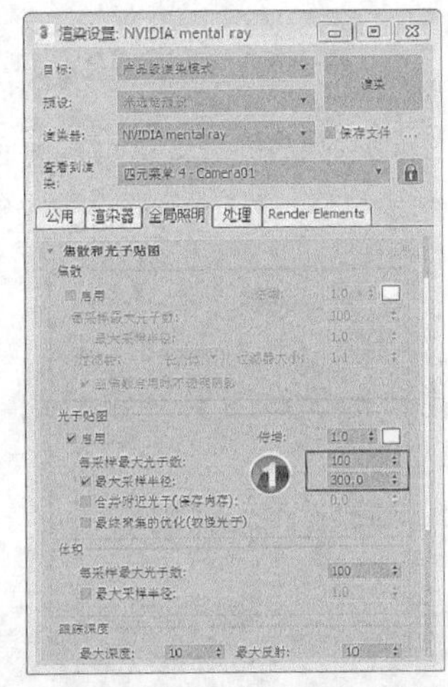

图7-75 增加【每采样最大光子数】参数

图7-76 设置【每采样最大光子数】为 1 000

图7-77 设置【每采样最大光子数】为 20 000

(4) 设置【灯光属性】和【几何体属性】参数，如图 7-78 所示。

① 在【光子贴图】分组框中设置【每采样最大光子数】为“100”、【最大采样半径】为“300”。

② 选择【最终聚集的优化(较慢光子)】复选项。

③ 在【灯光属性】分组框中设置【每个灯光的平均全局照明光子数】为“20000”。

④ 选择【几何体属性】分组框中的【所有对象均生成并接收光子和焦散】复选项。

⑤ 按 F9 键渲染场景。

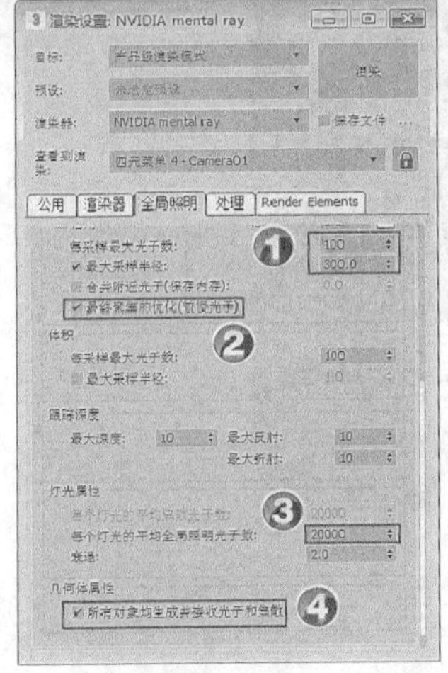

图7-78 设置【灯光属性】和【几何体属性】参数

要点提示　通过观察可以发现增加光子数并不能很好地解决黑斑问题，那为什么要在这里将【每个灯光的平均全局照明光子数】设置为“20000”呢？

第一，在场景中设置为“20000”的效果略好于设置为“1000”；第二，GI 计算速度非常快，可以在使用 GI 的情况下尽量解决黑斑问题，后期加入 FG 之后可以不必再为其困扰。

(5) 设置【倍增】参数并保存光子贴图，如图 7-79 所示。

① 设置【光子贴图】分组框中的【倍增】为“1.5”。

② 在【重用(最终聚集和光子磁盘缓存)】卷展栏的【焦散和光子贴图】分组框的下拉列表中选择【将光子读取/写入到光子贴图文件】选项。

③ 单击 按钮打开【另存为】对话框，设置光子贴图的保存路径和文件名。

④ 按 F9 键渲染，获得的效果如图 7-80 所示。

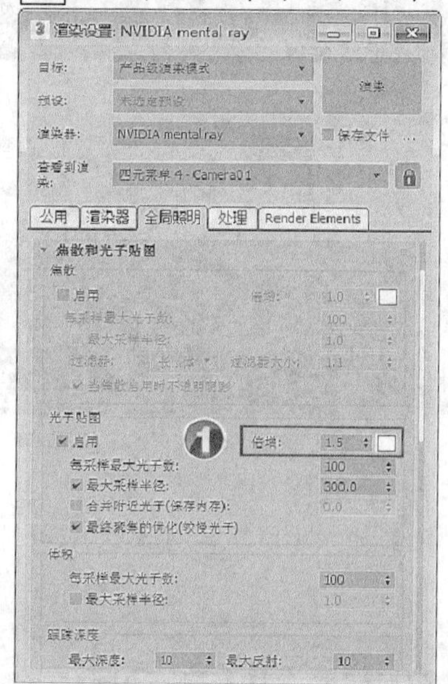

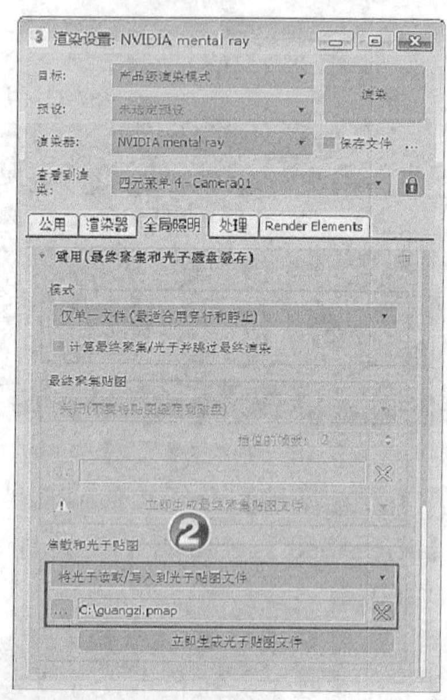

图7-79　设置【倍增】参数并保存光子贴图

图7-80　渲染效果

3. 全局光照明设置。

(1) 开启最终焦散，如图 7-81 所示。

① 在【最终聚集(FG)】卷展栏的【基本】分组框中选择【启用最终聚集】复选项。
② 设置【最终聚集精度预设】为【草图级】。
③ 按F9键渲染场景。

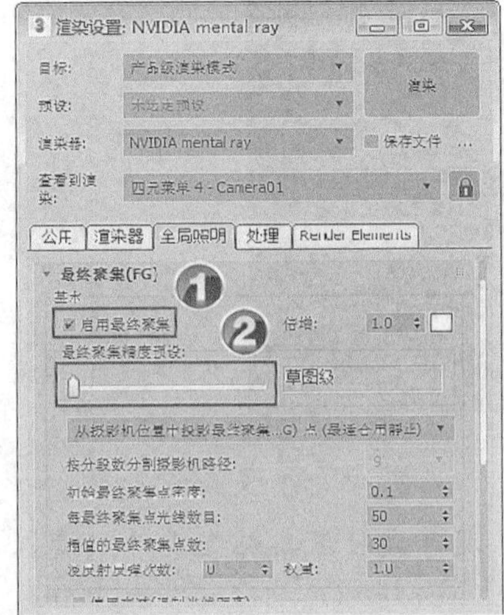

图7-81　开启最终聚集

要点提示 观察可知目前虽然将【最终聚集精度预设】仅设为【草图级】，但是场景中的黑斑已经完全解决了，这都是前面对GI正确设置的结果。接下来解决场景中光线不足的问题。

(2) 调整最终聚集参数，如图7-82所示。
① 设置【最终聚集(FG)】中的参数，在【基本】分组框中设置【倍增】为“2”。
② 设置【初始最终聚集点密度为】“2”、【每最终聚集点光线数目】为“1200”。
③ 在【重用(最终聚集和光子磁盘缓存)】卷展栏的【最终聚集贴图】分组框的下拉列表中选择【逐渐将最终聚集点添加到最终聚集贴图文件】选项。
④ 单击■按钮打开【另存为】对话框，设置FG光子图的保存路径和文件名。
⑤ 按F9键渲染场景，由于保存光子图此次渲染时间会比较长，渲染效果如图7-83所示。

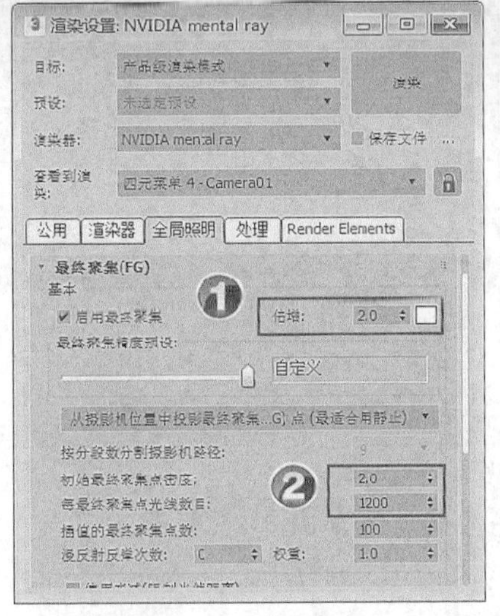

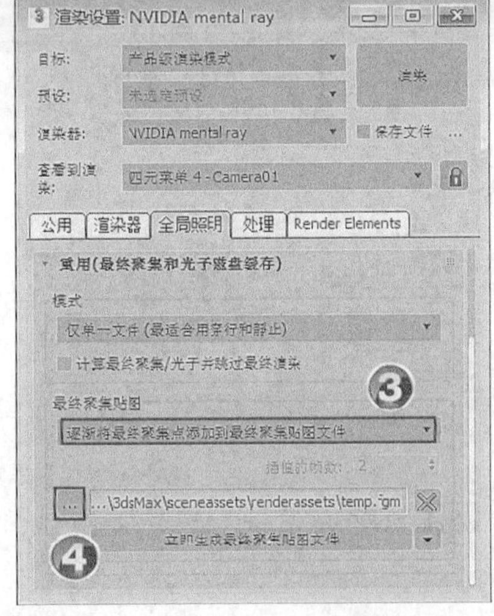

图7-82　调整最终聚集参数

图7-83　渲染场景

(3) 设置出图参数，如图 7-84 所示。

① 在【最终聚集贴图】分组框的下拉列表中选择【仅从现有最终聚集贴图文件中读取最终聚集点】选项。

② 在【焦散和光子贴图】分组框的下拉列表中选择【仅从现有的光子贴图文件中读取光子】选项。

③ 在【渲染器】选项卡中设置【每像素采样】/【最小值】为【4】、【最大值】为【16】。

④ 按F9键渲染场景。

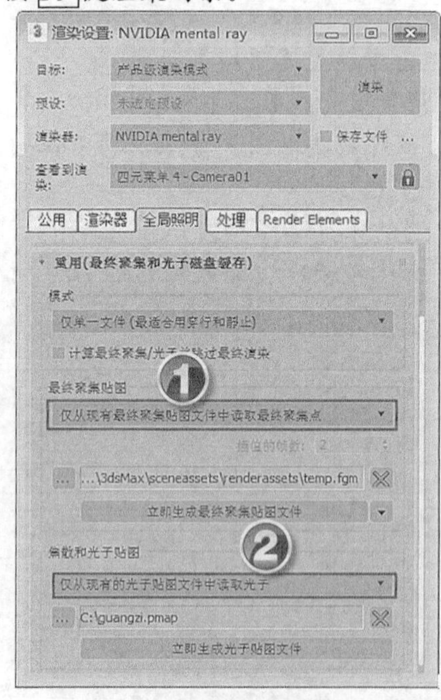

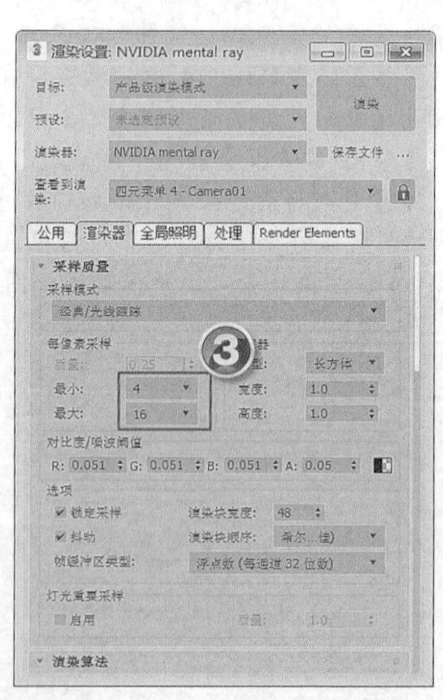

图7-84　设置出图参数

(4) 按Ctrl+S组合键保存场景文件到指定目录，最终渲染效果如图 7-85 所示。

图7-85　最终渲染效果

7.3　习题

1. “雾”有哪些类型？各有何用途？
2. 3ds Max 中常用的特效有哪些类型？
3. 3ds Max 中有哪些大气效果？如何在场景中添加大气效果？
4. 雾和体积雾效果有何差异？
5. 3ds Max 2017 中可以使用哪些渲染器？

第8章　材质和贴图

【学习目标】

- 明确材质对于三维模型的主要意义。
- 明确材质的种类和用途。
- 明确贴图的种类和用途。
- 掌握为模型设置材质和贴图的基本流程。

在现实世界中钻石比玻璃更有价值、更有吸引力，即使它们具有相同的体积、相同的外形，这是为什么呢？原因在于钻石具有比普通玻璃更加珍贵的材质。在三维世界里没有被赋予材质的模型就像是橡皮泥，只有被赋予了材质的模型才有表现特定事物的功能，可见材质在三维设计中的重要性。

8.1 知识解析

材质是材料和质感的结合。因为材质的存在，使得三维世界创建的物体和现实世界一样多彩，通过材质可以为模型表面加入色彩、光泽和纹理。

8.1.1 材质概述

三维软件中的材质都是虚拟的，材质的最终渲染效果与模型表面的材质特性、模型周围的光照以及模型周边环境有密切关系。

一、材质的概念

材质是模型表面各种可视属性的集合，如色彩、纹理、光滑度、透明度、反射率、折射率及发光等属性。同一模型被赋予不同材质后，表现的质地完全不同，如图8-1所示。

光作为事物可见的源头，对事物的外观表达有着十分重要的作用。图8-2所示为物体被不同颜色光照射时的效果。要制作出高品质的效果图，使用正确的光来反映相应的材质是十分重要的。图8-3所示为物体被光照射时的各种反射和折射效果。

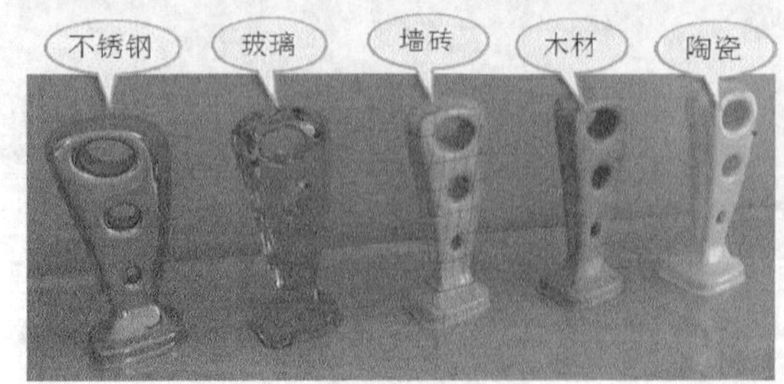

图8-1　同一模型赋予不同材质后的效果

图8-2　不同颜色光照的效果

二、 制作材质的基本流程

制作新材质并将其应用到对象的基本流程如下。

(1) 选择材质类型。

(2) 对标准材质或光线跟踪材质，选择着色类型。

(3) 设置漫反射颜色、光泽度和不透明度等参数。

(4) 在指定的贴图通道设置贴图，并调整参数。

(5) 将材质应用于对象。

(6) 如果有必要，调整 UV 贴图坐标，以便正确定位对象的贴图。

(7) 保存材质。

三、材质编辑器的种类

3ds Max 2017 提供了两种材质编辑器。

(1) 精简材质编辑器。

运行 3ds Max 2017 软件后，按 M 键打开【材质编辑器】窗口，这是软件提供的【精简材质编辑器】，主要分为材质示例区、工具按钮区和参数控制区三大部分，如图 8-4 所示。

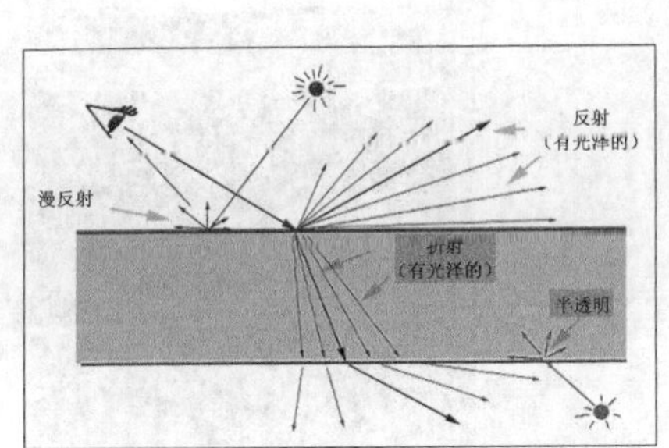

图8-3 物体被光照时的反射和折射

图8-4 【材质编辑器】窗口

本章针对本软件提供的标准材质进行讲解。只要熟练掌握就可以满足材质制作的要求；同时目前材质制作工具太多，专注学习一种渲染工具对于初学者来说可以更快、更好地掌握渲染技术。

(2) Slate 材质编辑器。

在【材质编辑器】窗口中执行【模式】/【Slate 材质编辑器】菜单命令，可以打开【Slate 材质编辑器】窗口，【Slate 材质编辑器】又称为平板材质编辑器，如图 8-5 所示。这种材质编辑器使用节点、连线和列表的方式显示材质结构，使创建复杂材质结构变得更加简便。

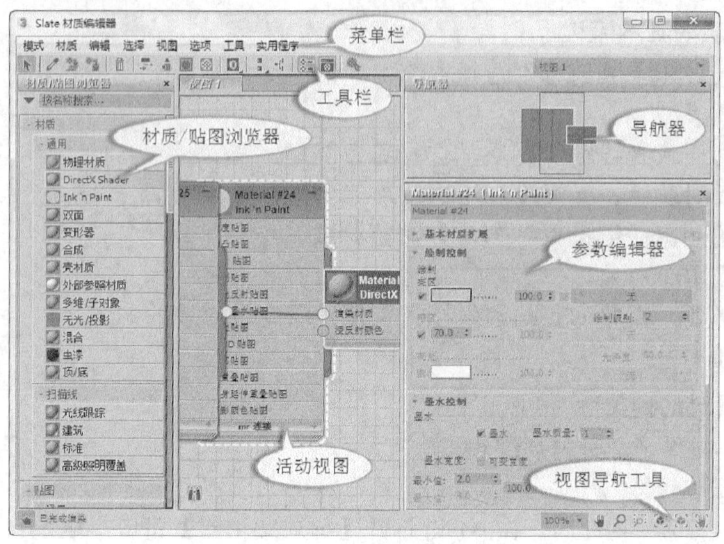

图8-5　【Slate 材质编辑器】窗口

8.1.2 精简材质编辑器

本章主要以【精简材质编辑器】为例来说明材质的设置方法。

一、材质示例窗口

材质示例窗主要用于显示材质效果，用于直观观察材质的基本属性，如图 8-6 所示。双击任意一个材质球，都会弹出一个独立的材质球窗口，用户可以对其进行缩小和放大操作来查看材质效果，如图 8-7 所示。

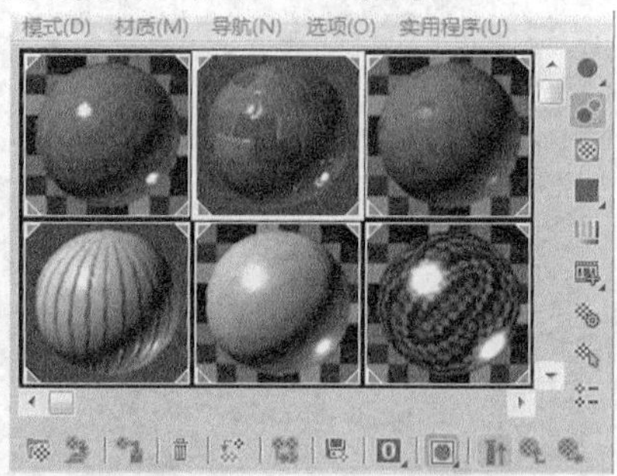

图8-6　材质示例窗口

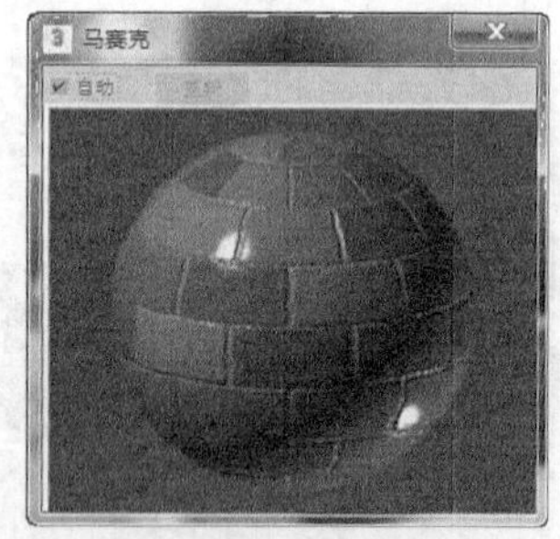

图8-7　单独打开的示例窗口

二、控制工具按钮

围绕材质示例区的纵、横两排工具按钮（见图 8-6）用来对材质进行控制。纵排按钮针对的是材质示例区中的显示效果，横排按钮用来为材质指定保存和层级跳跃。各个按钮的功能如表 8-1 所示。

表 8-1　　工具按钮的功能

按钮	功能
（获取材质）	打开【材质/贴图浏览器】窗口，用此窗口选取材质
（将材质放入场景）	编辑好材质值，单击该按钮更新场景中已应用对象的材质

续表

按钮	功能
（将材质指定给选定对象）	将设置好的材质指定给场景中的选定对象
（重置贴图/材质为默认设置）	删除对材质所做的属性修改，将其恢复到默认值
（生成材质副本）	在选定的示例图中创建当前材质的副本
（使唯一）	将实例化的材质设置为独立的材质
（放入库）	重新命名材质并将其保存到当前打开的库中
（材质 ID 通道）	为后期材质设置 ID 通道
（视口中显示明暗处理材质）	在视口对象上显示二维材质贴图
（显示最终结果）	在示例图中显示材质以及应用的所有层级
（转到父对象）	将当前材质向上移一个层级
（转到下一个同级项）	选择同一层级的下一个贴图或材质
（采样类型）	控制示例窗的显示类型，可选球形（默认）、圆柱体和长方体
（背光）	打开或关闭选定示例窗中的背景灯光
（背景）	在材质窗后面显示方格背景图像，适合于观察透明材质
（采样 UV 平铺）	为示例窗中的贴图设置 UV 平铺显示
（视频颜色检查）	检查当前材质在 NTSC 和 PAL 制式下不支持的颜色
（生成预览）	用于生成、浏览和保存材质预览渲染
（选项）	打开【材质编辑器选项】对话框，利用此对话框进行材质动画、自定义灯光等设置
（按材质选择）	按照材质类型选择对象
（材质/贴图导航器）	打开【材质/贴图导航器】窗口，该窗口显示当前材质的层级结构

【基础训练】——使用材质编辑器

【操作步骤】

1. 单击标准基本体中的 茶壶 按钮，在透视图中创建一个半径为 40 的茶壶物体。
2. 打开【材质编辑器】窗口，选择一个示例球，单击【漫反射】选项旁边的色块，弹出【颜色选择器】对话框，如图 8-8 所示。
3. 在此对话框的红、绿、蓝 3 条色带中，在合适的位置单击鼠标左键，可以调整颜色。调整白线在这 3 条色带中的不同位置，将示例球的颜色调成棕红色，然后单击 确定(O) 按钮，关闭【颜色选择器】对话框。此时，视图中的茶壶变为棕红色。
4. 将【高光级别】值设为“70”，增加高光区的高度；将【光泽度】值设为“35”，缩小高光区的尺寸，此时示例球的表面产生明显的高光亮点。
5. 单击【材质编辑器】窗口工具行中的按钮，将此材质赋予茶壶物体。这时，如果再

调整示例球的颜色，茶壶的颜色将随之同步改变，此时示例球的形态如图 8-9 所示。

6. 在【Blinn 基本参数】卷展栏中将【自发光】/【颜色】的值分别设置为“50”和“100”，观看自发光效果，如图 8-10 所示。

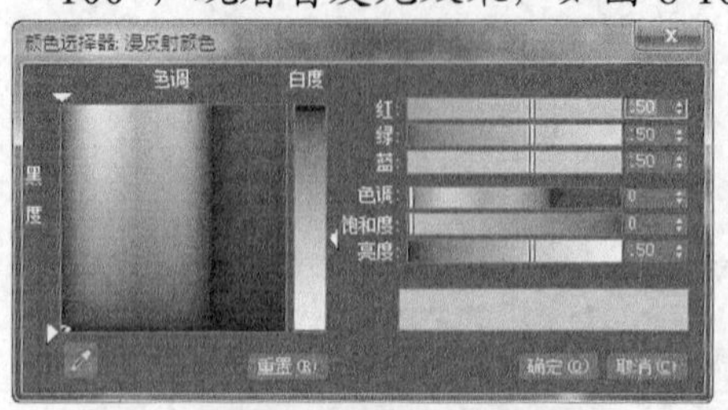

图8-8　【颜色选择器】对话框

图8-9　同步材质的状态

【颜色】值为“0”

【颜色】值为“50”

【颜色】值为“100”

图8-10　不同【颜色】值的自发光效果

如果选择【颜色】复选项，可从其右侧的颜色块中选择材质的自发光色。取消此复选项的选择时，材质使用其漫反射色作为自发光色，此时色块就变为数值输入状态，值为“0”时，材质无自发光，值为“100”时材质有自发光。使用自发光后，物体在场景中不受灯光的影响。

7. 将【自发光】/【颜色】值再改回“0”，使其不发光，然后将【不透明度】值分别设置为“20”和“70”，观看茶壶的透明效果，如图 8-11 所示。
8. 将【不透明度】值改为“100”，使茶壶不透明。
9. 在【明暗器基本参数】卷展栏中选择【线框】复选项，此时透视图中的茶壶显示为线框方式，如图 8-12 左图所示。
10. 选择【双面】复选项，则茶壶背面的线框也显示出来，如图 8-12 右图所示。在制作透视材质时常使用此选项。

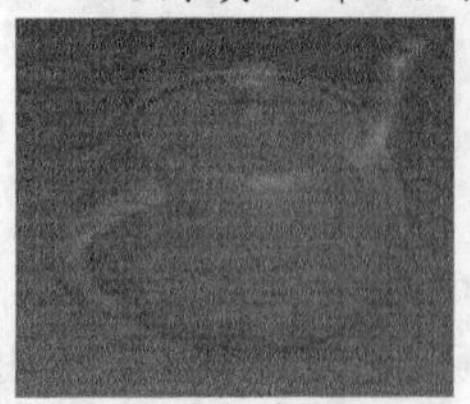

【不透明度】值为“20”

【不透明度】值为“70”

图8-11　不同【不透明度】值的渲染效果

线框方式

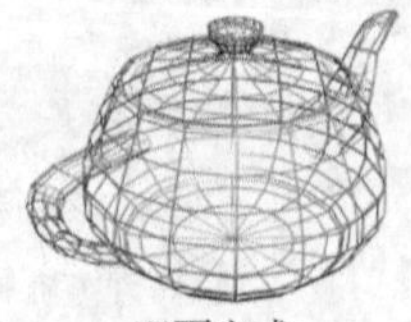

双面方式

图8-12　茶壶的线框方式及双面方式

8.1.3　常用材质

3ds Max 2017 提供了丰富的材质类型，可用于创建不同外观和质感的材质。

一、标准材质

标准材质是 3ds Max 的默认材质，可以用来模拟各种材质，其参数面板如图 8-13 所示。该参数面板的说明如表 8-2 所示。

表 8-2　　标准材质参数设置

卷展栏	参数组	参数	说明
明暗器基本参数（图 8-14）	明暗器列表	各向异性	能产生长条形的反光区，适合模拟流线体的表面高光，可以表现毛发、玻璃以及被擦拭过的金属等材质
		Blinn	以比较平滑的方式来渲染物体表面，应用广泛
		金属	能提供强烈反光，适合表现金属材质
		多层	与【各向异性】明暗器相似，但是可以控制两个高光区
		Oren-Nayar-Blinn	适合于无光表面（如纤维、陶土），这类材质无反光或反光较弱
		Phong	可以平滑面与面的边缘，适合于玻璃、油漆等圆形高光的表面
		Strauss	与【金属】明暗器相似，适合于金属材质，参数更少
		半透明明暗器	可设置半透明效果，光线穿过物体时在内部形成散射效果
	线框	以线框模式渲染材质，可以在【扩展参数】卷展栏中设置线框的大小	
	双面	将材质应用到选定表面，使之成为双面材质	
	面贴图	将材质应用到几何体的各个面上	
	面状	使对象产生不光滑的明暗效果，把对象的每个面作为平面来渲染，用于制作带有明显棱边的表面	
Blinn 基本参数（图 8-15）	环境光	用来模拟间接光，也可以用来模拟光能传递	
	漫反射	模拟在光照条件较高的情况下，物体反射出来的颜色，也就是物体本身的颜色	
	高光反射	物体发光表面高亮显示部分的颜色	
	自发光	模拟物体自发光的“白炽”效果	
	不透明度	控制材质的不透明度	
	高光级别	控制反射高光的强度，数值越大强度越高	
	光泽度	控制反光区域的大小，数值越大反光区域越小	
	柔化	设置反光区与无反光区衔接的柔和度，0 表示没有柔化，1 表示最显著柔化效果	

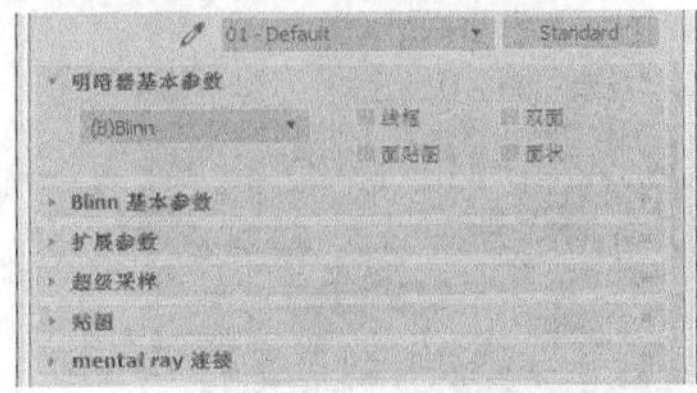

图8-13　标准材质参数

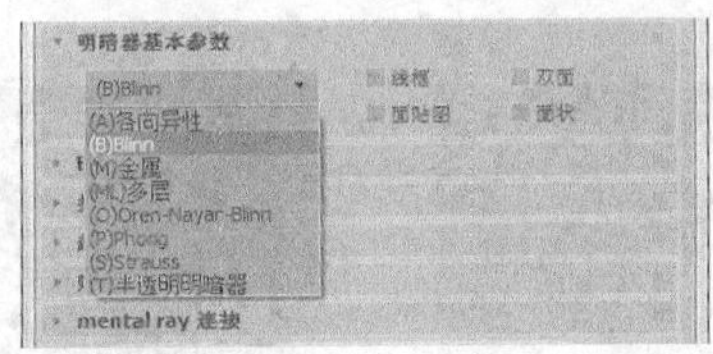

图8-14　明暗器基本参数

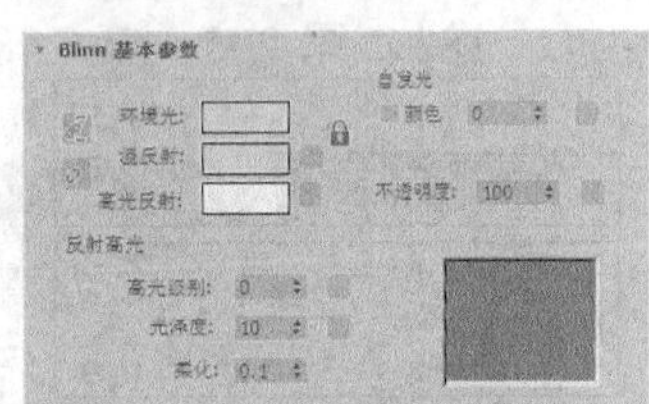

图8-15　Blinn 基本参数

Blinn 和 Phong 都是以光滑的方式表现渲染：Blinn 的高光点周围的光晕是旋转混合的；Phong 则是发散混合的。在背光处，Blinn 的反光点形状近似圆形，Phong 则为梭形，且影响周围的区域较小。从色调上看，Blinn 趋于冷色，而 Phong 趋于暖色。

【基础训练】——制作“发光材质”

本例将使用默认材质来制作发光材质，效果如图 8-16 所示。

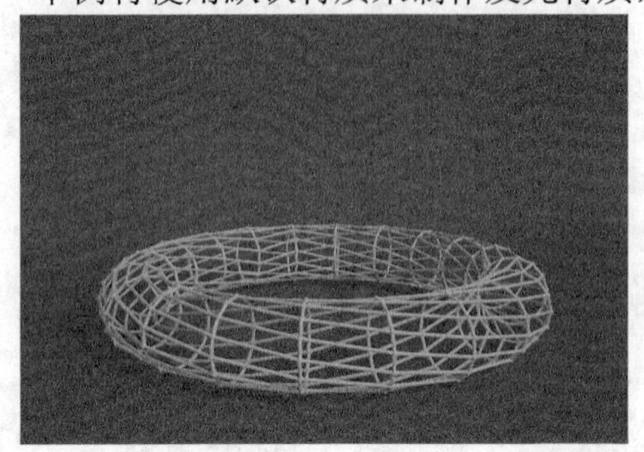

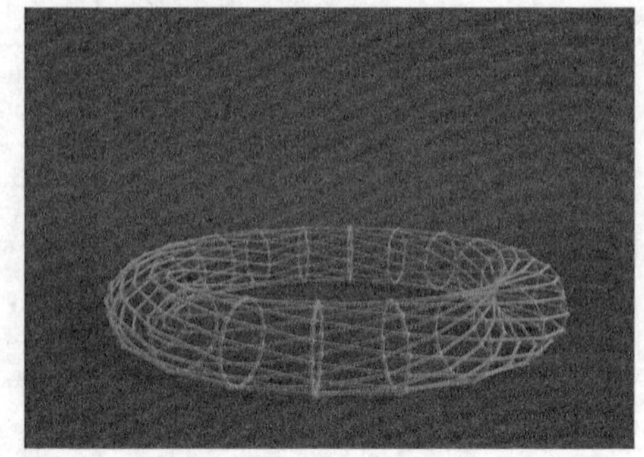

图8-16　制作“发光材质”

【操作步骤】

1. 打开设计模板。

(1) 打开素材文件“第 8 章\素材\发光材质\发光材质.max”。

(2) 按 F9 键渲染素材文件，渲染效果如图 8-17 所示。

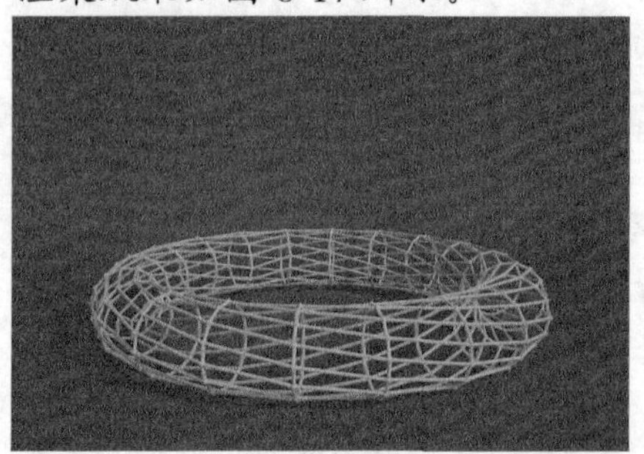

图8-17　渲染效果

2. 设置材质。

(1) 选择一个空白材质球，然后设置材质类型为标准材质，名称为发光。

(2) 设置漫反射颜色（红 65、绿 138、蓝 228），如图 8-18 所示。

(3) 设置自发光参数。在【自发光】分组框中选择【颜色】复选项，然后设置颜色为红 183、绿 209、蓝 248，如图 8-19 所示。

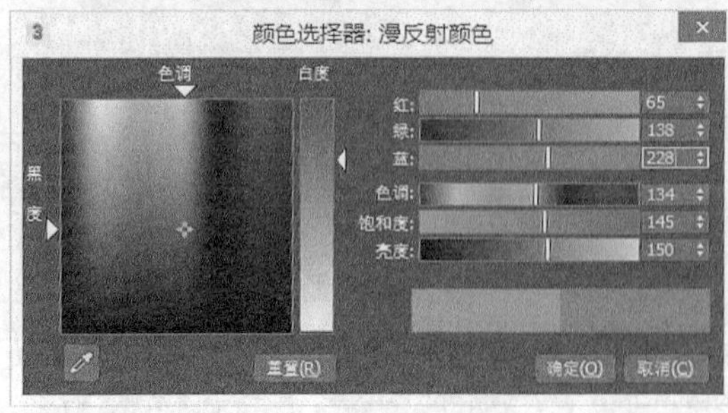

图8-18　设置漫反射颜色

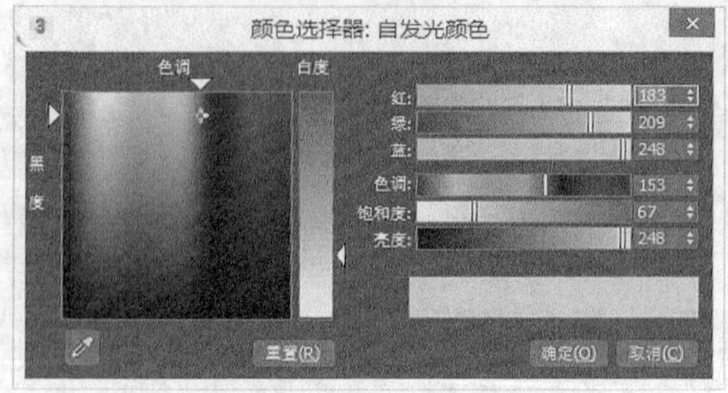

图8-19　设置自发光颜色

(4) 添加贴图。在不透明度贴图中加载一张衰减贴图，如图 8-20 所示。

(5) 渲染。选择视图中的发光条，将材质指定给对象，最终渲染效果如图 8-21 所示。

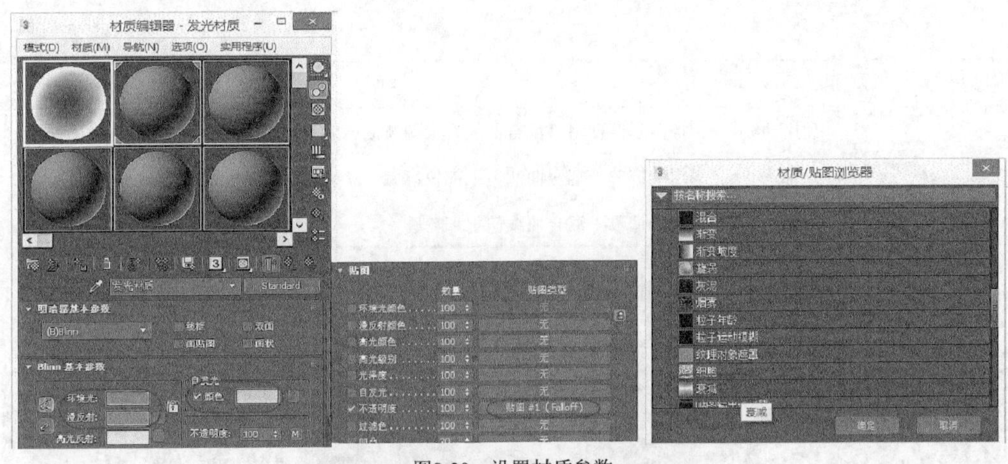

图8-20 设置材质参数

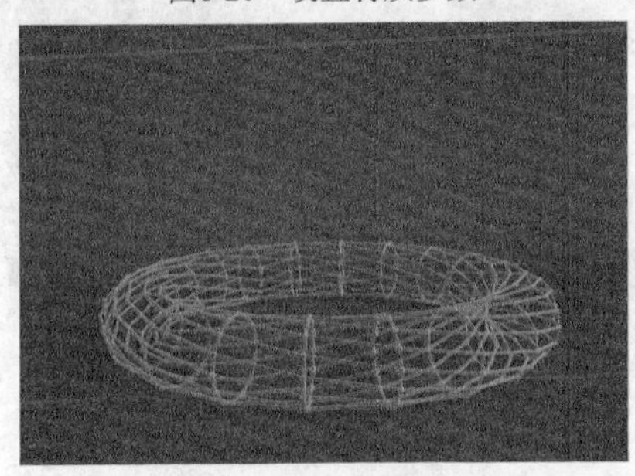
图8-21 最终渲染效果

二、【混合】材质

混合材质可以将两种材质通过一定百分比进行混合，图 8-22 所示墙壁上斑驳的效果可以通过【混合】材质来实现，其参数设置面板如图 8-23 所示，参数说明如表 8-3 所示。

图8-22 混合材质应用示例

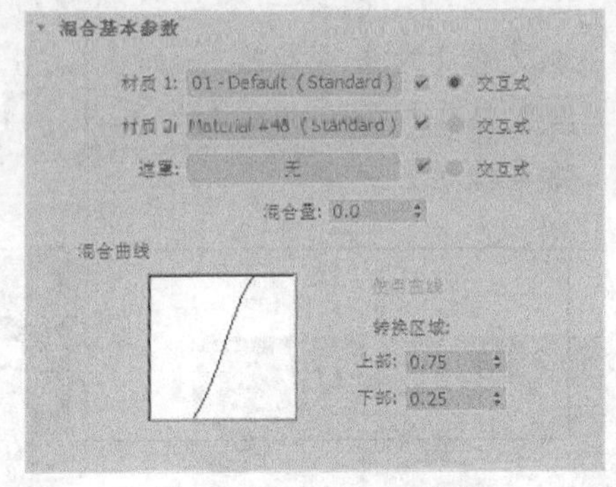

图8-23 【混合】材质参数

表 8-3 【混合】材质参数设置

参数	说明
材质 1/材质 2	在其后的材质通道中指定两种材质并设置材质参数
遮罩	选择一张贴图作为遮罩，利用贴图的灰度值决定材质 1 和材质 2 的混合情况
混合量	控制两种材质混合的比例，如果使用遮罩，则该值将失效

续表

参数	说明	
混合曲线	使用曲线	控制是否使用“混合曲线”来调节混合效果
	上部	用于调节“混合曲线”上部轮廓
	下部	用于调节“混合曲线”下部轮廓

【基础训练】——制作“混合材质”

本例将使用默认材质来制作混合材质，设计效果如图 8-24 所示。

图8-24　制作“混合材质”

【操作步骤】

1. 打开设计模板。

(1) 打开素材文件“第 8 章\素材\混合材质\混合材质.max”。

(2) 按F9键渲染素材文件，渲染效果如图 8-25 所示。

2. 设置材质。

(1) 指定材质。选择一个空白的材质球，设置材质类型为混合材质（这里要添加混合材质，选择默认渲染器），如图 8-26 所示。

(2) 设置混合材质。分别在材质 1 和材质 2 通道上单击鼠标右键，在弹出的快捷菜单中选择【清除】命令。

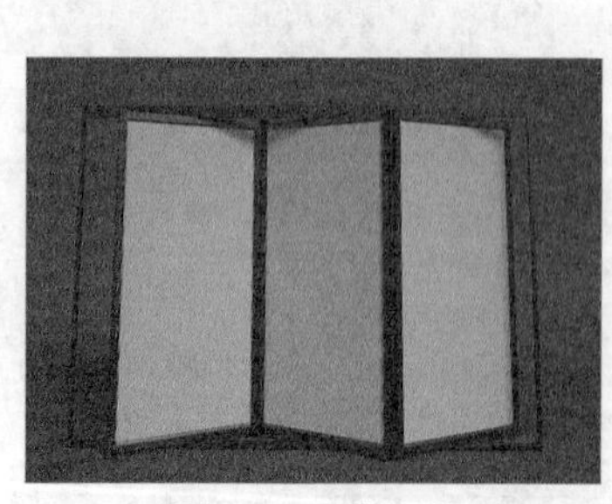

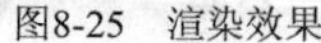

图8-25　渲染效果

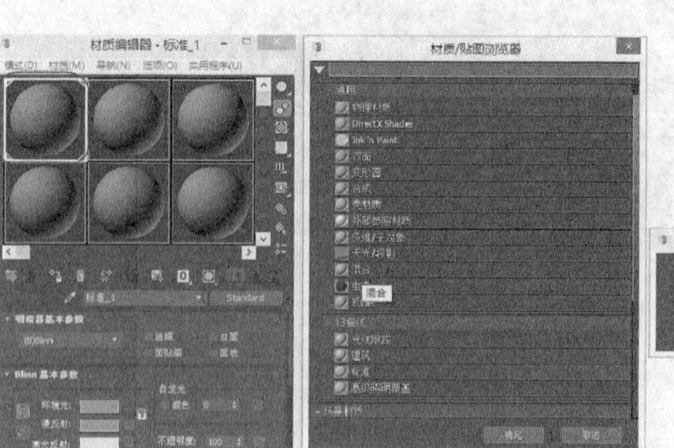

图8-26　设置材质

(3) 设置材质通道（将渲染器修改为 VR 渲染器）。在材质 1 通道中加载一个 VRayMtl 材质（漫反射：红 3，绿 3，蓝 3；反射：红 116，绿 116，蓝 116；折射：红 225，绿 225，蓝 225），结果如图 8-27 所示。

(4) 返回到【混合基本参数】卷展栏，然后在材质 2 通道加载一个 VrayMtl 材质（漫反射：红 69，绿 69，蓝 69；折射：红 40，绿 40，蓝 40），如图 8-28 所示。

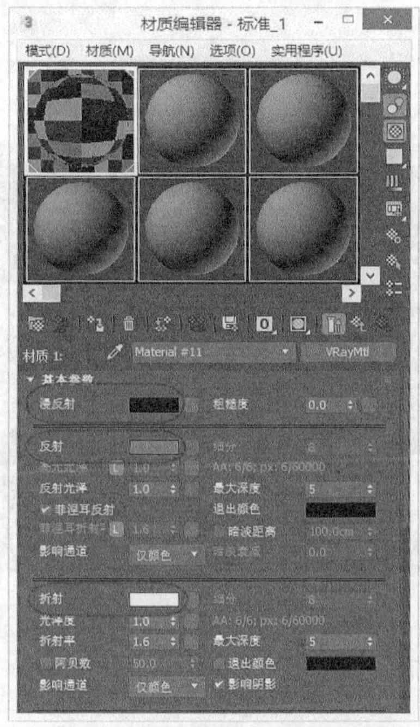

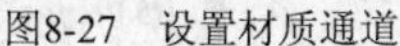

图8-27 设置材质通道

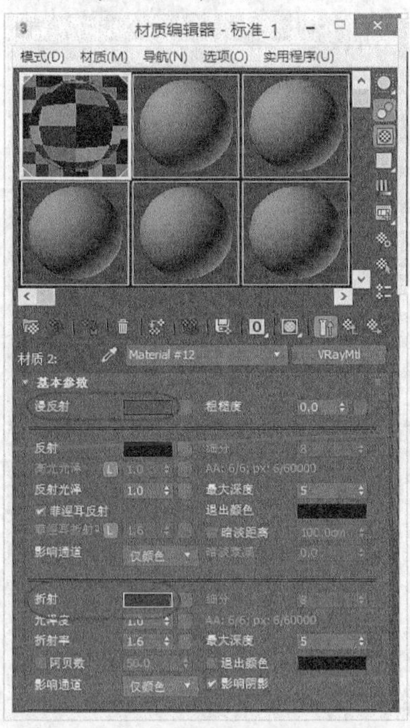

图8-28 设置基本参数

(5) 添加贴图。返回到【混合基本参数】卷展栏，然后在遮罩贴图通道中加载贴图文件“第 8 章\素材\混合材质\花.jpg”，如图 8-29 所示。

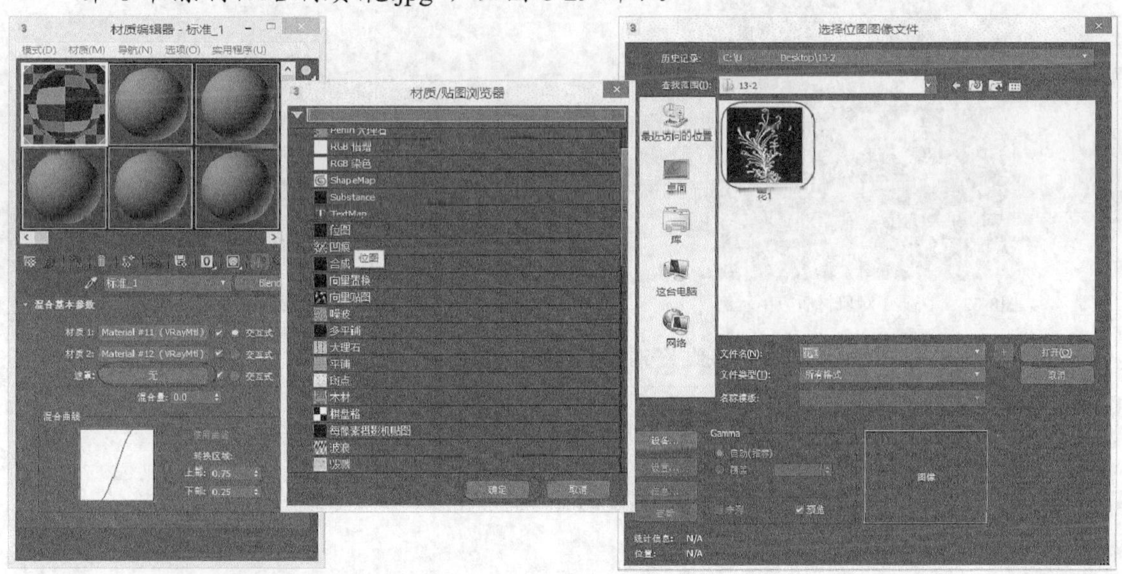

图8-29 加载贴图文件

(6) 调整贴图。设置贴图【坐标】为【环境】，【瓷砖】值为“4”，如图 8-30 所示。

3. 渲染。

将制作好的材质指定给场景中的玻璃，最终渲染效果如图 8-31 所示。

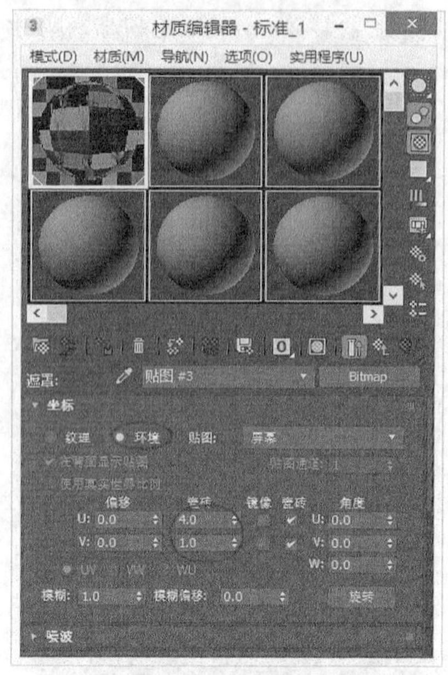

图8-30　设置贴图参数

图8-31　最终渲染效果

三、【多维/子对象】材质

【多维/子对象】材质可以为几何体的子对象级别分配不同的材质，图 8-32 所示为卡通模型在不同部位设置了不同的材质，其参数设置面板如图 8-33 所示，参数说明如表 8-4 所示。

图8-32　多维/子对象材质应用示例

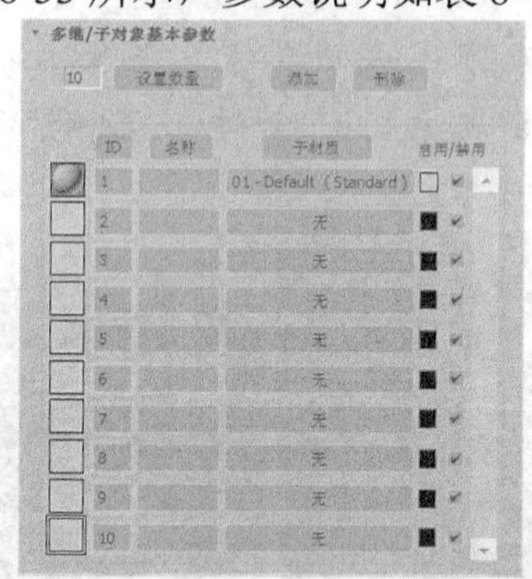

图8-33　【多维/子对象】材质参数

表 8-4　　　　【多维/子对象】材质参数设置

参数	说明
数量 10	显示包含在材质中的数量
设置数量	单击此按钮打开【设置材质数量】对话框，利用该对话框设置材质数量
添加	单击添加材质
删除	单击删除材质
ID	单击按照 ID 号高低排序
名称	单击按照名称排序
子材质	单击按照子材质排序

续表

参数	说明
启用/禁用	启用或禁用子材质
子材质列表	单击 无 按钮创建或编辑子材质

四、【双面】材质

使用【双面】材质可以给对象的正面和背面指定不同材质，并可以控制其透明度，如图 8-34 所示。其参数设置面板如图 8-35 所示，参数说明如表 8-5 所示。

图8-34 双面材质应用示例

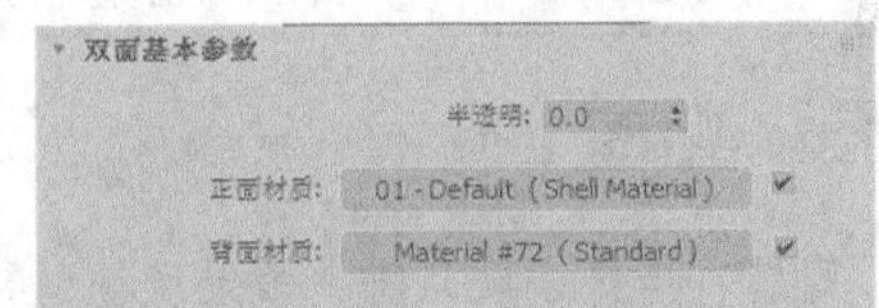

图8-35 【双面】材质参数

表 8-5 【双面】材质参数设置

参数	说明
半透明	设置一个材质在另一个材质上显示出的百分比效果，其范围为 0~100。设置为 100 时，可以在内部面上显示外部材质，也可以在外部面上显示内部材质。设置为中间值时，显示比例将下降
正面材质	设置对象外表面（正面）的材质
背面材质	设置对象内表面（背面）的材质

五、【合成】材质

【合成】材质可以合成 10 种材质，从上到下叠加，可以使用相加不透明、相减不透明来组合材质，也可以使用数量来混合材质，图 8-36 所示生锈的铁轨就可以通过合成材质来实现。其参数设置面板如图 8-37 所示，参数说明如表 8-6 所示。

图8-36 合成材质应用示例

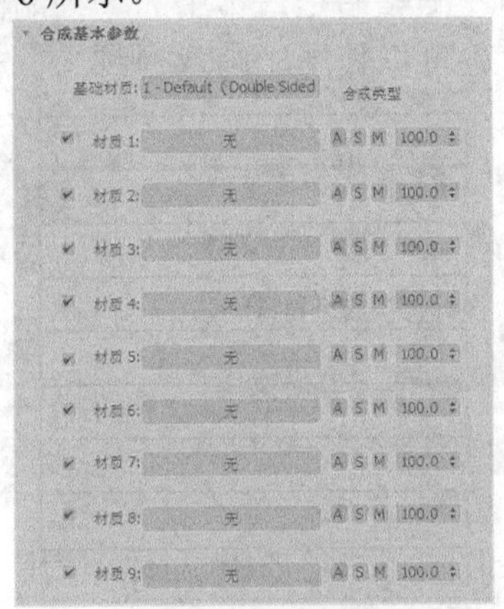

图8-37 【合成】材质参数

表 8-6　　　　　　　　　　　　　　【合成】材质参数设置

参数	说明
基础材质	指定基础材质，默认为标准材质
材质 1~材质 9	选择要进行合成的材质，前面的复选项控制是否使用该材质
A（相加不透明）	各个材质的颜色依据其不透明度进行相加作为最终材质颜色
S（相减不透明）	各个材质的颜色依据其不透明度进行相减作为最终材质颜色
M（基于数量混合）	各材质依据其数量进行混合
数量 100.0	控制混合数量 对于 A 和 S 混合：数量为 0~200。数量为 0 时，不混合，且下面材质不可见；数量为 100 时则完全混合；数量大于 100 时将“超载”，材质的透明部分将变得不透明 对于 M 混合：数量为 0~100。数量为 0 时，不混合，且下面材质不可见；数量为 100 时则完全全混合，只有下面的材质可见

8.1.4 贴图

贴图在形体表现、静态效果及动画展示上都起着举足轻重的作用。一些栩栩如生、超越现实的效果都是通过基本贴图来完成的。贴图可分为二维贴图、三维贴图及合成器贴图等。

一、 二维贴图

3ds Max 2017 的贴图已经实现了高度的集中管理，使用简便、快捷。二维贴图是二维图像，通常贴在几何对象的表面，或者用作环境贴图来为场景创建背景。

(1) 二维贴图的修改选项。

所有的二维贴图都有两大修改选项，即【坐标】和【噪波】，当为材质添加了二维贴图后，这两大选项也随之出现。在【坐标】卷展栏中，通过调整坐标参数，可以相对于应用贴图的对象表面移动贴图，以实现其他效果，如图 8-38 所示。

噪波是用于创建外观随机图案的方式，非常复杂，但是应用广泛。主要用于对原贴图进行扭曲变化，如图 8-39 所示。

(2) 位图二维贴图。

位图二维贴图是最常用的一种贴图方式，可以用来创建多种材质，从木纹和墙面到蒙皮和羽毛，也可以使用动画或视频文件替代位图来创建动画材质，如图 8-40 所示。

图8-38　【坐标】卷展栏控制效果

图8-39　【噪波】卷展栏控制效果

图8-40　位图二维贴图

(3) 方格贴图。

方格贴图将两色的棋盘图案应用于材质。这里的两色可以是任意颜色，也可以是贴图，如图 8-41 所示。

(4) 渐变贴图。

渐变贴图是从一种颜色到另一种颜色进行明暗处理。为渐变指定两种或 3 种颜色，3ds Max Design 将插补中间值，如图 8-42 所示。

(5) 渐变坡度贴图。

渐变坡度贴图是与渐变贴图相似的二维贴图。它从一种颜色到另一种颜色进行着色。在这个贴图中，可以为渐变指定任何数量的颜色或贴图，并且几乎任何参数都可以设置动画，如图 8-43 所示。

(6) 平铺贴图。

使用平铺贴图，可以创建砖、彩色瓷砖或材质贴图，如图 8-44 所示。

图8-41 方格贴图

图8-42 渐变贴图

图8-43 渐变坡度贴图

图8-44 平铺贴图

二、 三维贴图

三维贴图是通过程序以三维方式生成的图案。例如，使用“大理石”贴图不但可以创建材质表面的大理石纹理，将对象切除一部分后，其内部也依然有大理石纹理。

(1) 细胞贴图。

细胞贴图是一种程序贴图，生成用于各种视觉效果的细胞图案，包括马赛克瓷砖、鹅卵石表面，甚至海洋表面，如图 8-45 所示。

(2) 凹痕贴图。

凹痕贴图是三维程序贴图，它根据分形噪波产生随机图案，图案的效果取决于贴图类型，如图 8-46 所示。

(3) 衰减贴图。

衰减贴图基于几何体曲面上面法线的角度衰减来生成从白到黑的值，如图 8-47 所示。

图8-45 细胞贴图

图8-46 凹痕贴图

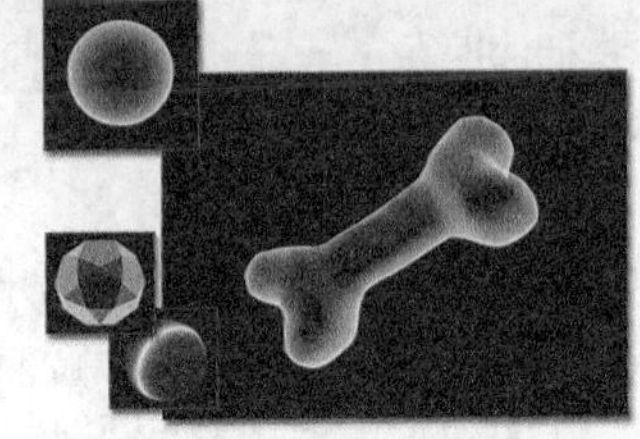
图8-47 衰减贴图

(4) Perlin 大理石贴图。

Perlin 大理石贴图使用“Perlin 湍流”算法生成大理石图案，如图 8-48 所示。

(5) 斑点贴图。

斑点贴图是一个三维贴图，它生成斑点的表面图案，该图案用于漫反射贴图和凹凸贴图以创建类似花岗岩的表面，如图 8-49 所示。

(6) 木材贴图。

木材贴图是三维程序贴图，此贴图将整个对象的体积渲染成木纹图案，可以控制纹理的

方向、粗细和复杂度，如图 8-50 所示。

图8-48　Perlin 大理石贴图

图8-49　斑点贴图

图8-50　木材贴图

三、　合成器贴图

在图像处理中，图像的合成是指将两个或多个图像以不同方式进行混合。使用合成器贴图能帮助用户创建更为真实可信的材质效果。

(1)　合成贴图。

合成贴图类型同时由几个贴图组成，并且可以使用 Alpha 通道和其他方法将某层置于其他层之上。对于此类贴图，可使用已含 Alpha 通道的叠加图像，或者使用内置遮罩工具仅叠加贴图中的某些部分，原理如图 8-51 所示。

(2)　遮罩贴图。

遮罩贴图通过使用一个黑白图像或灰度图像覆盖另一个图像上的部分区域，原理如图 8-52 所示。

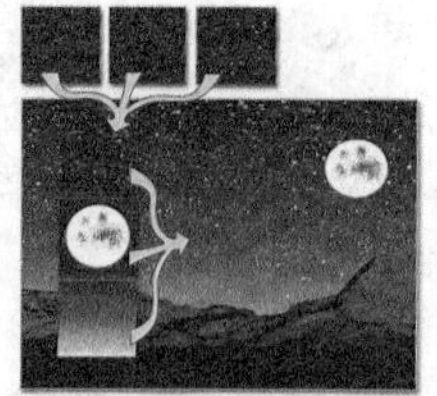
图8-51　合成贴图

图8-52　遮罩贴图

要点提示　默认情况下，浅色（白色）的遮罩区域不透明，显示贴图。深色（黑色）的遮罩区域透明，显示基本材质。

【基础训练】——使用贴图

【操作步骤】

1. 单击【创建】命令面板中的 圆柱体 按钮，在透视图中创建一个圆柱体。
2. 打开【材质编辑器】窗口，选择第 1 个示例球，在【Blinn 基本参数】卷展栏的【漫反射】色块右侧的▇按钮（等同于单击【贴图】面板中【漫反射颜色】右侧的 无贴图 按钮）。
3. 在弹出的【材质/贴图浏览器】对话框中选择【位图】选项，然后单击 确定 按钮，在出现的【选择位图图像文件】对话框中选择“木质.JPG”文件，单击 打开(O) 按钮，示例球上便出现了该贴图的形态，如图 8-53 所示。
4. 单击▇按钮，将材质赋予选择的圆柱体，此时透视图中的圆柱体变为灰色，但并没有显示出贴图效果。
5. 单击透视图中的【标准】/【材质】/【有贴图的真实材质】命令，透视图中的圆柱体上显示出贴图图案，形态如图 8-54 所示。

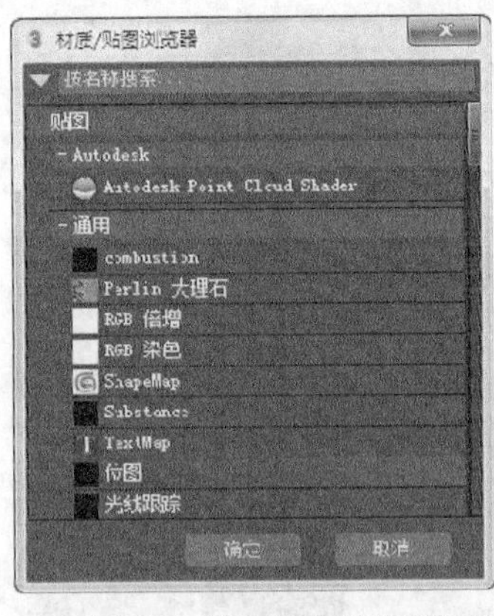

图8-53　平面物体的贴图效果及其【参数】面板

6. 在圆柱体的【参数】卷展栏中，【生成贴图坐标】复选项为选择状态，如图 8-55 所示，这说明物体使用的是默认贴图坐标进行贴图分布的。

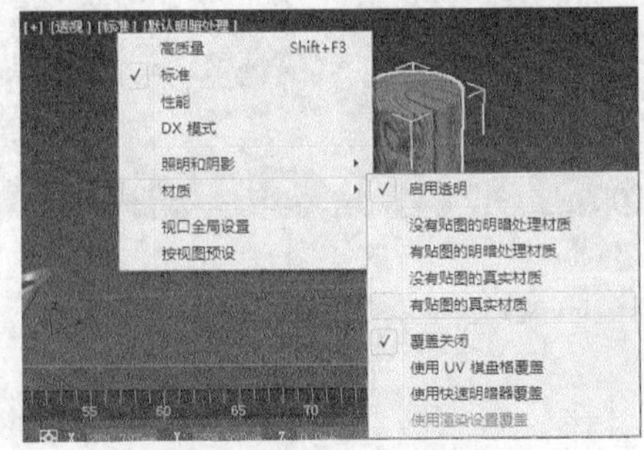

图8-54　平面物体的贴图效果

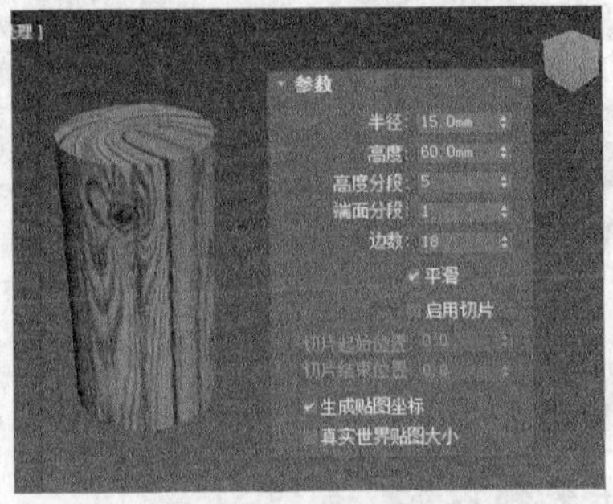

图8-55　贴图参数

要点提示　有些物体在使用默认贴图坐标贴图时，常会出现贴图撕裂或贴图不全的情况。如图 8-55 所示，圆柱体的顶面就呈现贴图撕裂状态，这时应为其添加 UVW 贴图坐标。

7. 继续前一场景。单击按钮，进入【修改】面板，在【修改器列表】中选择【UVW 贴图】修改器，为圆柱体添加 UVW 贴图坐标，此时【参数】面板中默认的贴图方式为【平面】贴图。

8. 在【参数】卷展栏的【贴图】分组框中选中【柱形】单选项，再选择其右侧的【封口】复选项，此时圆柱体的贴图形态如图 8-56 所示。

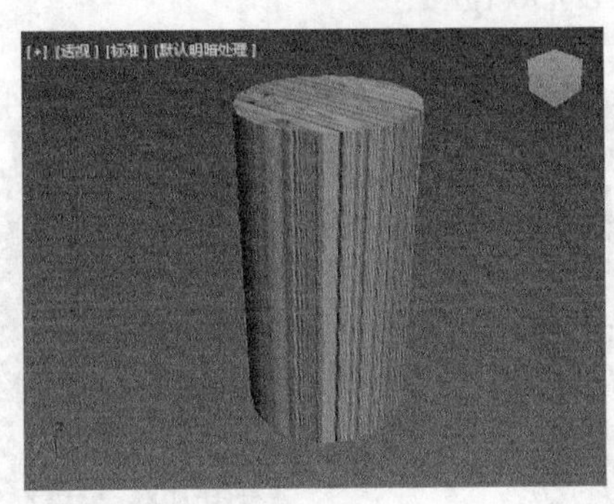

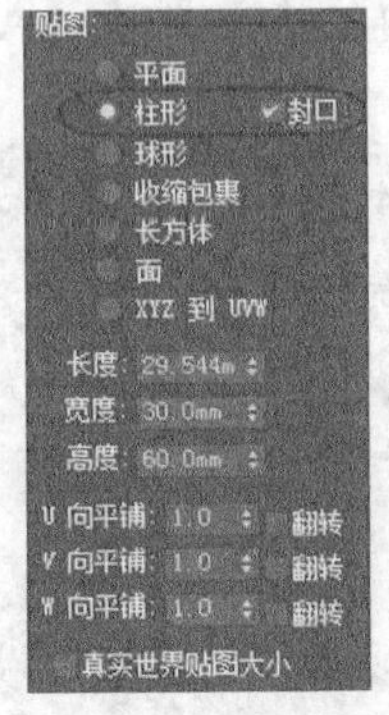

图8-56　平面物体的贴图效果及其【参数】面板

8.2 实战训练

本例视频

下面结合实例介绍材质与贴图的基本用法。

8.2.1 从零开始——制作“玻璃水杯”

本例将使用【玻璃】材质模板，通过设置不同的“折射率”“折射颜色”及其他参数调制出非常好的玻璃、液体和磨砂玻璃效果，如图 8-57 所示。

图8-57　制作“玻璃水杯”效果

【操作步骤】

1.　制作玻璃材质。

(1)　打开制作模板，如图 8-58 所示。

①　打开素材文件“第 8 章\素材\玻璃水杯\玻璃水杯.max”。

②　场景中设置了全局照明效果。

③　场景中为除水杯和桌子以外的物体设置了材质。

④　场景中创建了两架摄像机，分别用于对水杯和桌子进行特写渲染。

(2)　创建“玻璃”材质，如图 8-59 所示。

①　按 M 键打开【材质编辑器】窗口。

②　选中一个空白材质球。

③　将材质重命名为“玻璃”。

④　设置当前使用的材质类型为【Arch & Design】。

⑤　单击按钮添加材质球环境。

图8-58　打开场景文件

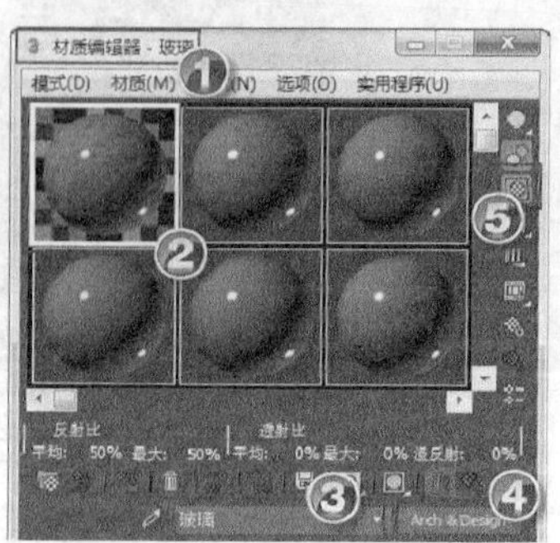

图8-59　创建“玻璃”材质

(3) 设置“玻璃”材质参数，如图 8-60 所示。

① 在【模板】卷展栏中设置材质类型为【玻璃（实心几何体）】。

② 在【主要材质参数】卷展栏中设置【折射】/【颜色】为“白色”。

③ 设置【折射】/【折射率】为“1.5”。

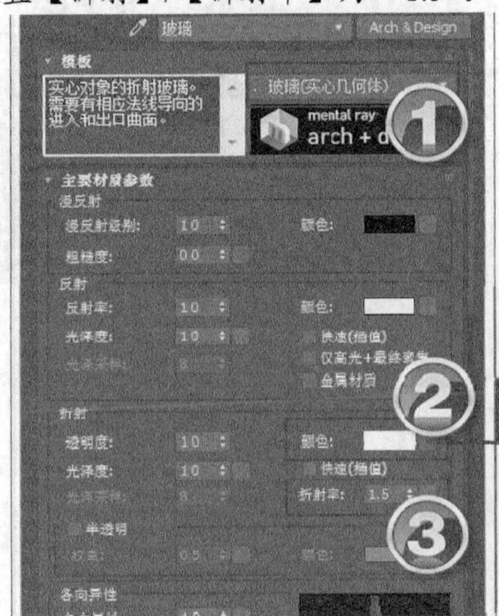
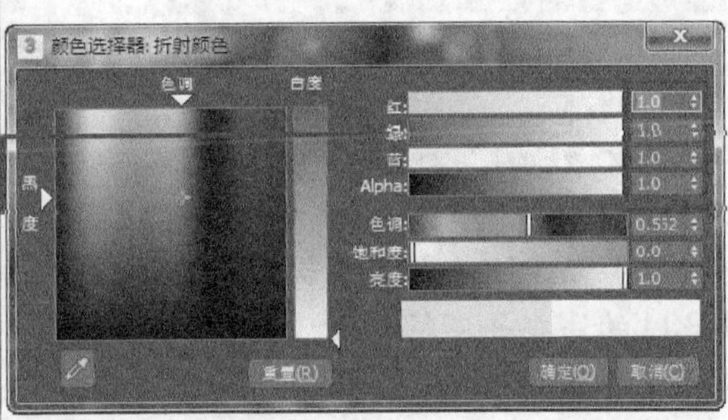

图8-60 设置“玻璃”材质参数

要点提示 使用 mental ray 渲染时，材质参数完全按照真实世界的客观数据进行设定。如水的折射率为 1.33、玻璃的为 1.5，除此折射率不同外，水和玻璃的制作方法基本相同。

其他常见事物的折射率如表 8-7 所示。

表 8-7 常见物质的折射率

物质名称	折射率	物质名称	折射率
真空	1.0	酒精	1.36
融化的石英	1.46	冕牌玻璃	1.52
钻石	2.42	冰	1.31
水晶	2.0	碘晶体	3.34
石英	1.64	氯化钠（食盐）	1.64

(4) 查看“水杯外壁 1”对象法线，如图 8-61 所示。

① 选中场景中的“水杯外壁 1”对象。

② 在【修改】面板中添加【编辑法线】修改器。

③ 法线方向正确，无须调整。

(5) 为“水杯外壁 1”对象赋材质，如图 8-62 所示。

① 选中“玻璃”材质球。

② 单击按钮将“玻璃”材质赋予“水杯外壁 1”对象。

图8-61 查看“水杯外壁 1”对象法线

图8-62 为“水杯外壁 1”对象赋材质

2. 制作液体材质。

(1) 查看“液体表面 1”对象法线，如图 8-63 所示。

① 选中场景中的“液体表面 1”对象。

② 在【修改】面板中添加【编辑法线】修改器。

③ 观察此时的法线并不符合设计要求。

(2) 修改“液体表面 1”对象法线，如图 8-64 所示。

① 选择“液体表面 1”对象的【可编辑多边形】层级，在弹出的【警告】对话框中单击 是(Y) 按钮。

② 在【修改】面板中添加【法线】修改器。

③ 在【参数】卷展栏中确认选择了【翻转法线】复选项。

④ 返回【编辑法线】层级。

⑤ 据观察可知法线已正确。

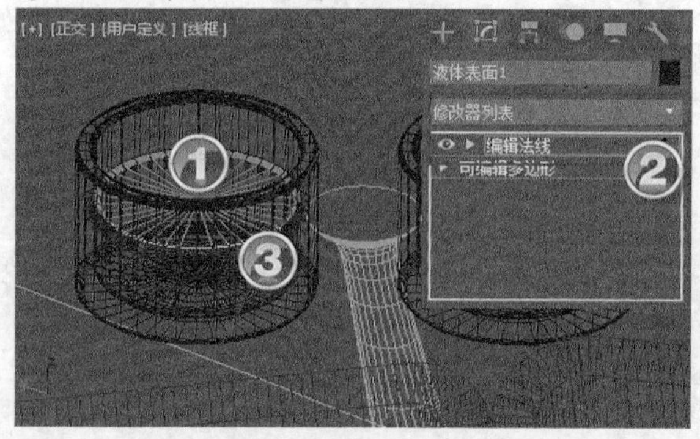

图8-63 查看“液体表面 1”对象法线

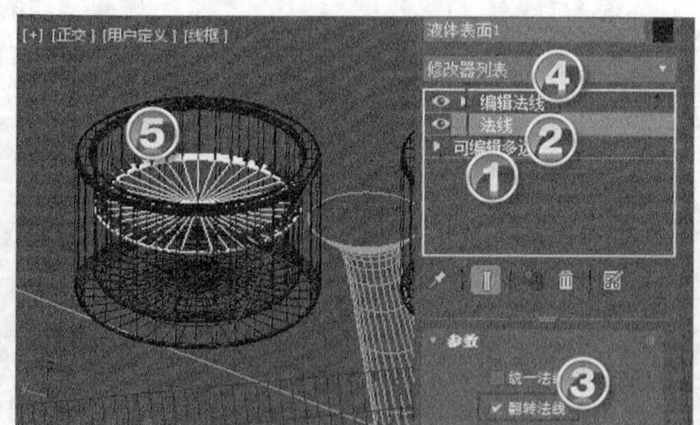

图8-64 修改“液体表面 1”对象法线

(3) 创建“液体表面”材质，如图 8-65 所示。

① 按住鼠标左键不放，将“玻璃”材质球拖到一个默认空白材质球上。

② 将其重命名为“液体表面”。

③ 设置【折射】/【折射率】为“1.33”。

④ 单击按钮将“液体表面”材质赋予“液体表面 1”对象。

(4) 编辑“液体内部 1”对象法线，如图 8-66 所示。

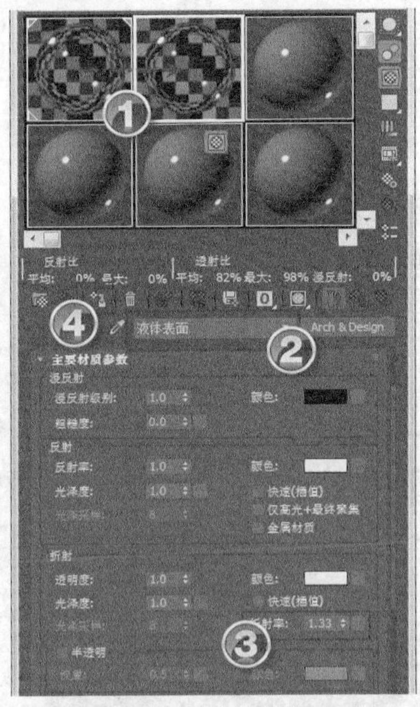

图8-65　创建“液体表面”材质

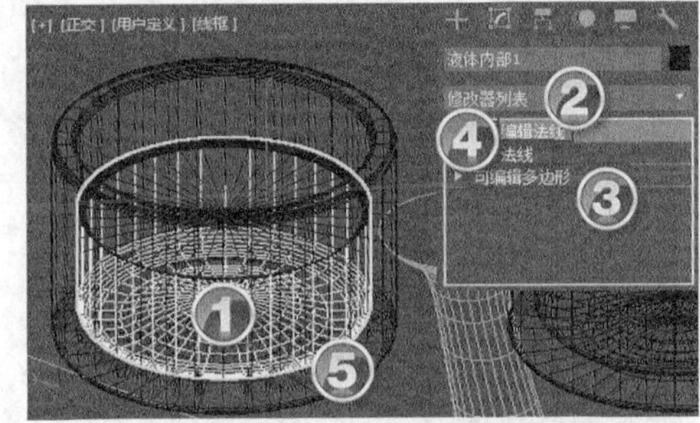

图8-66　编辑“液体内部1”对象法线

① 选中场景中的“液体内部1”对象。

② 在【修改】面板中为其添加【编辑法线】修改器，据观察可发现其法线与设计要求不符。

③ 进入【可编辑多边形】层级。

④ 在【修改】面板中为其添加【法线】修改器。

⑤ 据观察可知法线已正确。

(5) 制作“液体内部”材质，如图8-67所示。

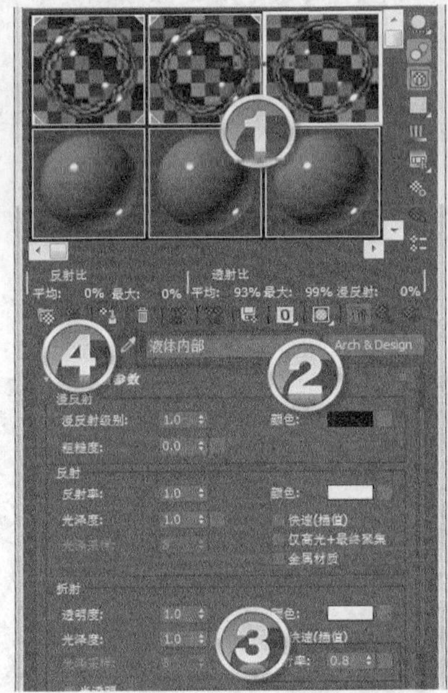

图8-67　制作“液体内部”材质

① 按住鼠标左键不放，将“液体表面”材质球拖到一个默认空白材质球上。

② 将其重命名为“液体内部”。
③ 设置【折射】/【折射率】为“0.8”。
④ 单击按钮将“液体内部”材质赋予“液体内部 1”对象。
⑤ 按 F9 键进行渲染，参考效果如图 8-67 右图所示。

要点提示 当出图工作还未完成时，往往需要对局部效果进行渲染观察，此处可以单击按钮打开【渲染窗口】，在该窗口中单击按钮可在视图窗口中框选要渲染的区域，通过区域下拉列表可以返回视口渲染模式，如图 8-68 所示。

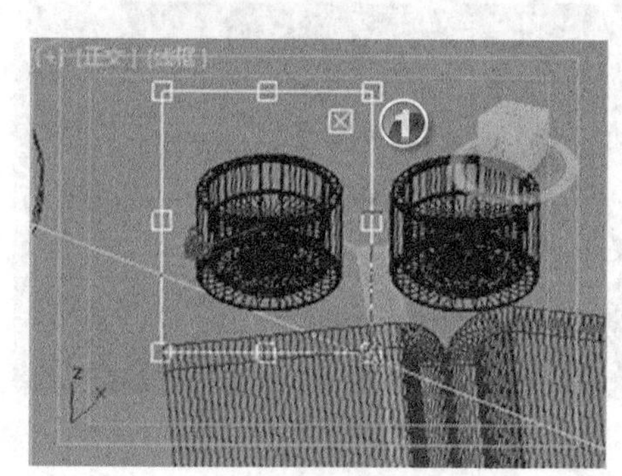

图8-68　设置渲染区域

(6) 使用相同的方法为场景中的“水杯外壁 2”“液体表面 2”和“液体内部 2”3 个对象设置正确的法线方向。
(7) 制作“液体表面 2”和“液体内部 2”材质，如图 8-69 所示。
① 使用“液体表面”和“液体内部”材质复制出“液体表面 2”和“液体内部 2”材质。
② 设置“液体表面 2”和“液体内部 2”材质的【折射】/【颜色】(红/绿/蓝值依次为 0.878/0.533/0.349)。
③ 单击按钮分别将“玻璃”“液体表面 2”和“液体内部 2”材质赋予场景中的“水杯外壁 1”“液体表面 2”和“液体内部 2”对象。
④ 按 F9 键进行渲染，查看渲染结果。

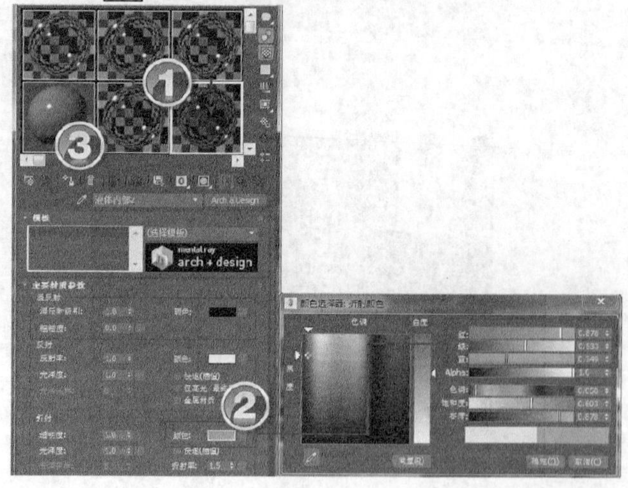

图8-69　制作有色液体材质

要点提示 通过设置不同的折射率可以调制出不同特性的透明材质效果，而通过不同的折射颜色则可以制作出各种有色玻璃和有色液体效果。

3. 制作磨砂玻璃材质。

(1) 创建“磨砂玻璃”材质，如图 8-70 所示。

① 按住鼠标左键不放，将“玻璃”材质球拖到一个默认空白材质球上。

② 将材质重命名为“磨砂玻璃”。

③ 设置【折射】/【光泽度】值为“0.5”，设置【折射】/【光泽采样】为“20”。

④ 选中场景中的“桌面”对象。

⑤ 单击按钮将“磨砂玻璃”材质赋给“桌面”对象。

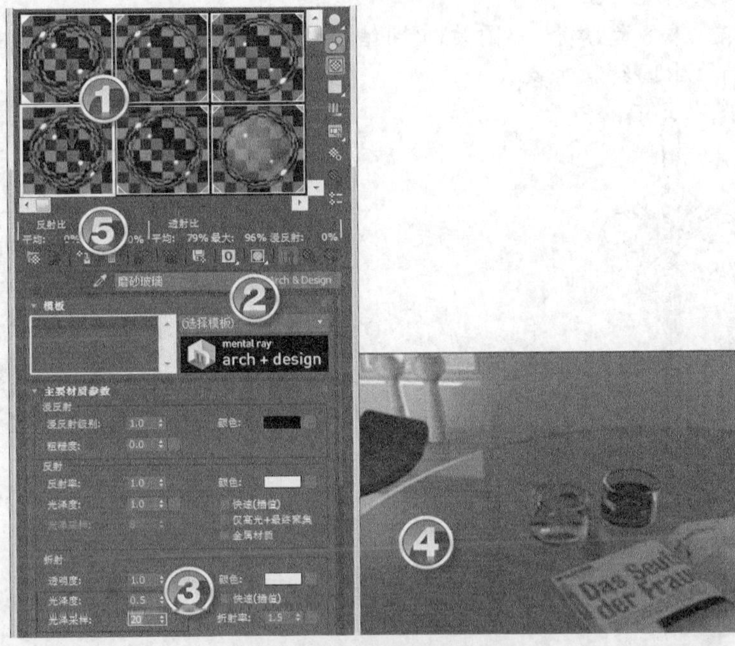

图8-70 创建“磨砂玻璃”材质

要点提示 折射【光泽度】：该值越大，玻璃的磨砂效果就越强烈，同时渲染时间也会增加。当值为“0”时为完全漫反射，值为“1”时为真实镜面反射。

折射【光泽采样】：该值越大，得到的模糊颗粒越细腻，同时渲染时间也会增加。

在实际应用中，最好采用适中的设置，折射【光泽度】为 0.5，折射【光泽采样】为 15~20。图 8-71 所示为 4 种不同折射【光泽度】和折射【光泽采样】的组合效果。

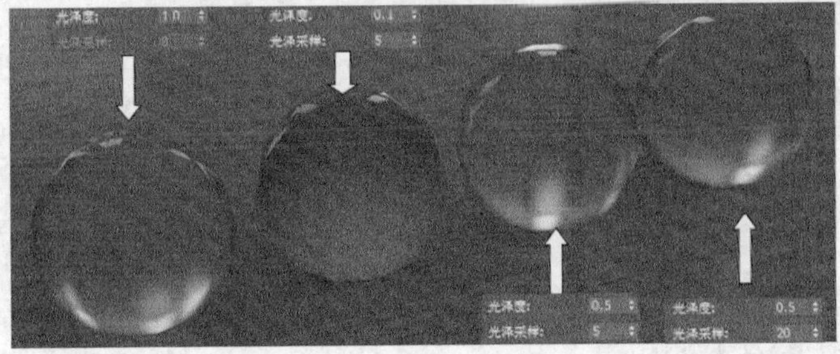

图8-71 各种磨砂玻璃球

(2) 分别使用“cupCamera”和“tableCamera”摄像机视图渲染，即可得到图 8-57 所示的桌子特写和水杯特写效果。

(3) 按 Ctrl+S 组合键保存场景文件到指定目录，本案例制作完成。

8.2.2　课堂实训——制作“中国结”

中国结主要以红色布料材质来体现其真实的质感，渲染效果如图 8-72 所示。

本例视频

【操作步骤】

1. 赋予材质并设置材质类型。

(1) 打开素材文件“第 8 章\素材\中国结\中国结.max”，如图 8-73 所示。

(2) 选中场景中的“中国结”对象。

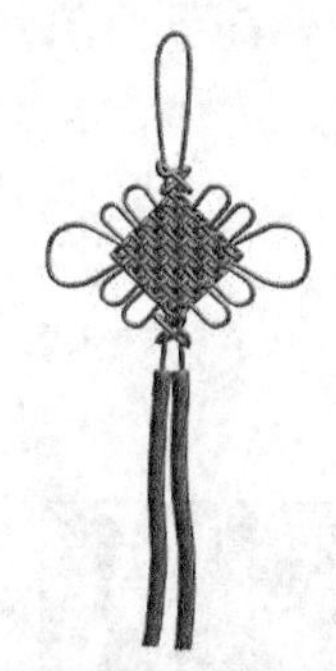

图8-72　制作“中国结”

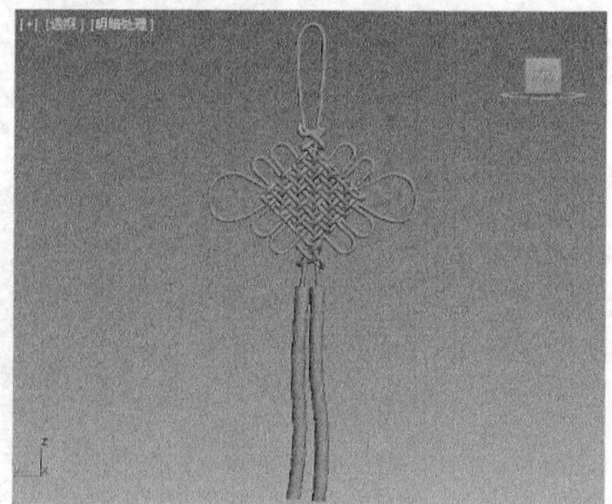

图8-73　场景文件

(3) 赋予材质，如图 8-74 和图 8-75 所示。

① 打开【材质编辑器】窗口。

② 选中一个空白材质球，然后单击按钮将当前材质赋予“中国结”对象。

③ 单击 Arch & Design 按钮。

④ 在弹出的【材质/贴图浏览器】对话框中选中【标准】选项，然后单击 确定 按钮。

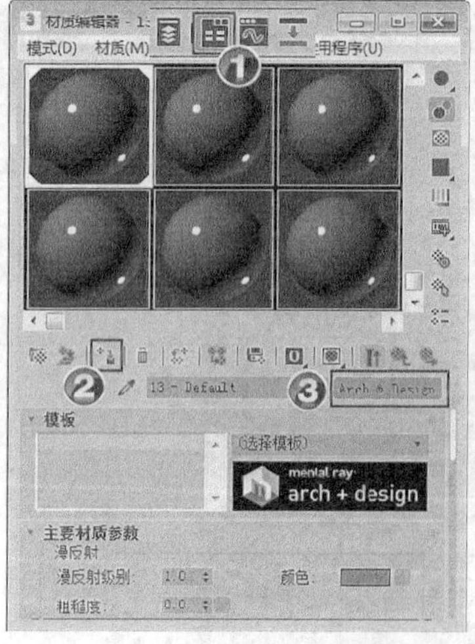

图8-74　【材质编辑器】窗口

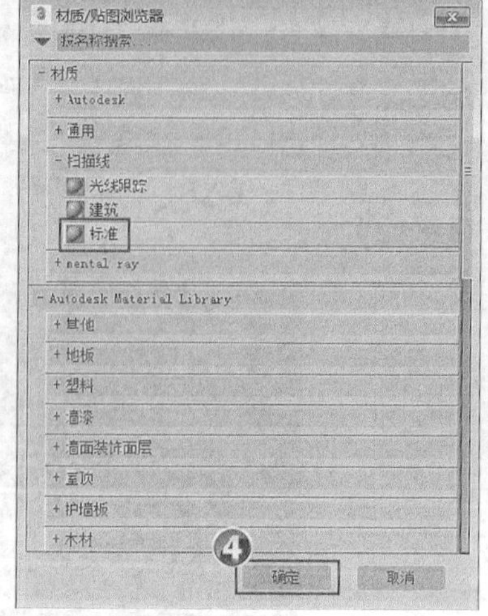

图8-75　选择材质类型

2. 设置材质参数。

(1) 将材质命名为“中国结”，然后在【Blinn 基本参数】卷展栏的【反射高光】分组框中设置【高光级别】为“60”、【光泽度】为“20”、【柔化】为“0.5”，如图 8-76 所示。

(2) 展开【贴图】卷展栏，单击【漫反射颜色】通道右侧的 无贴图 按钮，如图 8-77 所示。

(3) 在弹出的【材质/贴图浏览器】对话框中选中【位图】选项，然后单击 确定 按钮，如图 8-78 所示，打开【选择位图图像文件】对话框。

(4) 在【选择位图图像文件】对话框中选择素材文件“第 8 章\素材文件\中国结\maps\红色布料.jpg”，然后单击 打开(O) 按钮，如图 8-79 所示。

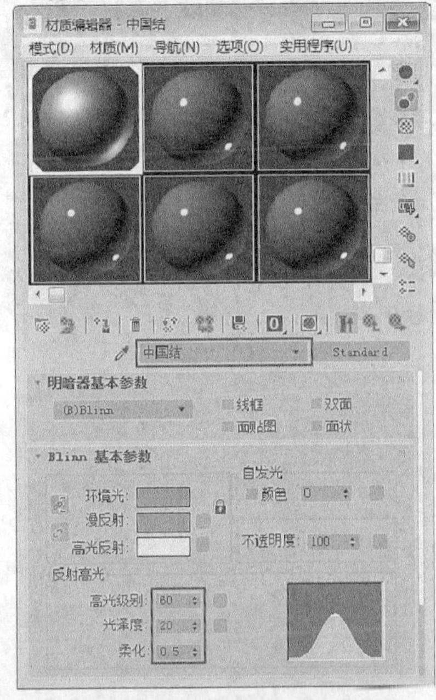

图8-76 设置材质参数

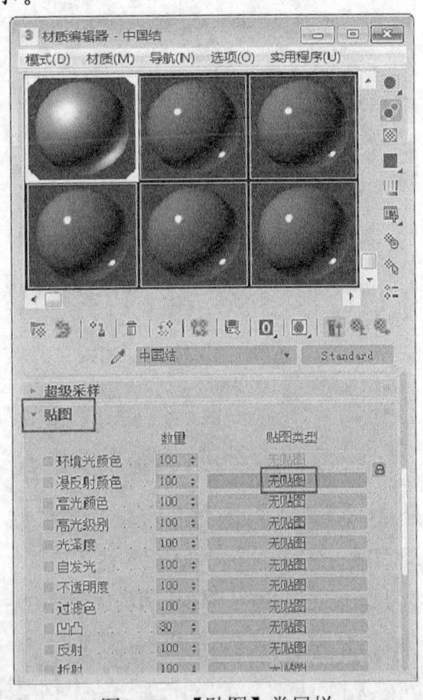

图8-77 【贴图】卷展栏

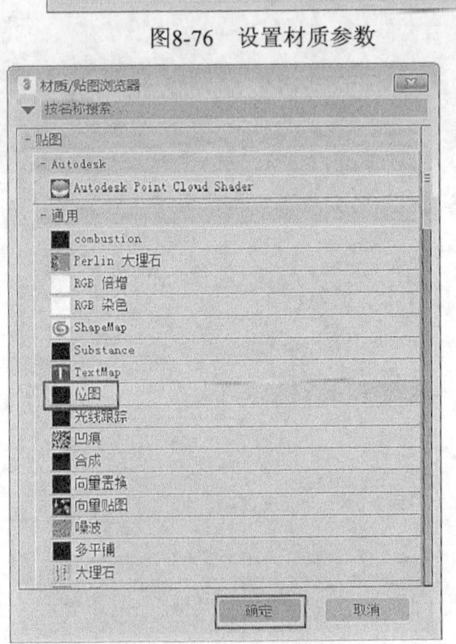

图8-78 选择【位图】

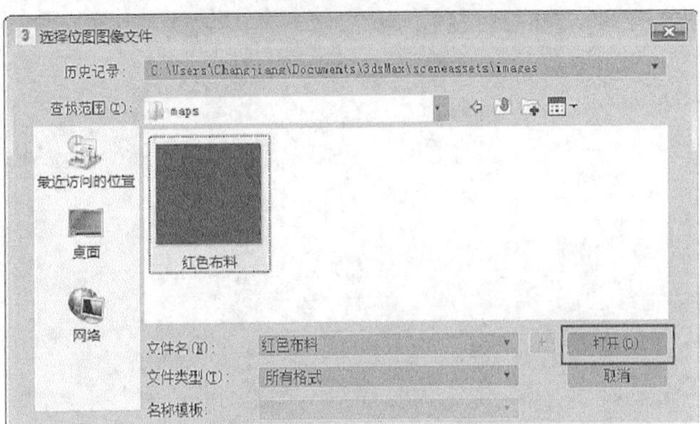

图8-79 选中贴图文件

(5) 单击图 8-80 所示的按钮，即可在视口中显示贴图效果，如图 8-81 所示。最终的渲染效果如图 8-72 所示。

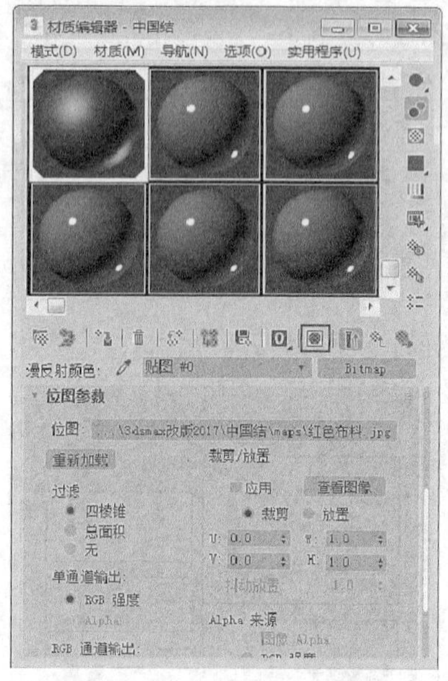

图8-80　单击在视口显示贴图按钮

图8-81　赋予的材质效果

8.3　习题

1. 材质主要模拟了物体的哪些自然属性？
2. 材质和贴图有何区别和联系？
3. 什么是贴图通道？有何用途？
4. 混合材质与合成材质有何区别？
5. 在创建材质时灯光的布局有什么重要意义？

第9章 粒子系统与空间扭曲

【学习目标】

- 明确粒子系统的种类和用途。
- 明确空间扭曲的种类和用途。
- 掌握使用典型粒子系统制作动画的一般过程。
- 明确力空间扭曲在粒子动画中的用途。

3ds Max 2017 拥有强大的粒子系统，粒子系统可以用于创建暴风雪、水流或爆炸等动画效果，常用于制作影视片头动画、影视特效、游戏场景特效及广告等。空间扭曲常配合粒子系统完成各种特效任务，没有空间扭曲，粒子系统将失去意义。

9.1 知识解析

粒子系统可以用来控制密集对象群的运动效果，常用于制作云、雨、风、火、烟雾、暴风雨及爆炸等效果，为动画场景增加更生动、逼真的自然特效。

要点提示 粒子系统作为单一实体来管理特定的成组对象，可以将所有粒子对象组合为单一的可控系统，方便使用统一参数来修改所有对象，具有良好的“可控性”和“随机性”。粒子系统与时间和速度关系比较密切，通常用来表现动态的效果，用于制作动画。

9.1.1 粒子系统概述

3ds Max 2017 提供了喷射、雪、超级喷射、暴风雪、粒子阵列和粒子云等粒子系统，以便模拟雪、雨、尘埃等效果，如图 9-1 所示。

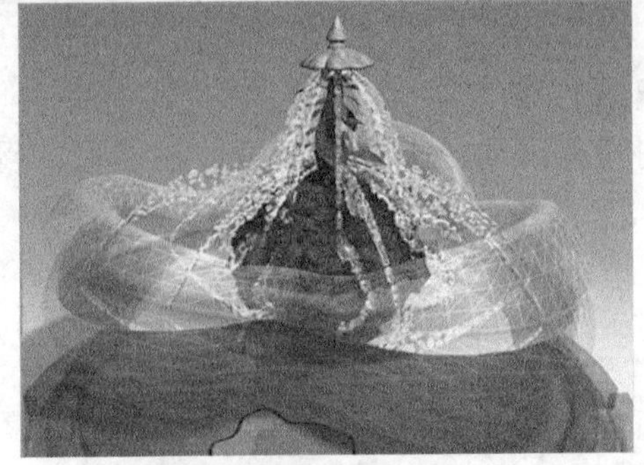

图9-1 粒子系统应用示例

一、 工具

在【创建】面板中选中【几何体】选项卡，在其下的下拉列表中选择【粒子系统】选

项，如图 9-2 所示，可以创建 7 种常见的粒子系统，如图 9-3 所示。

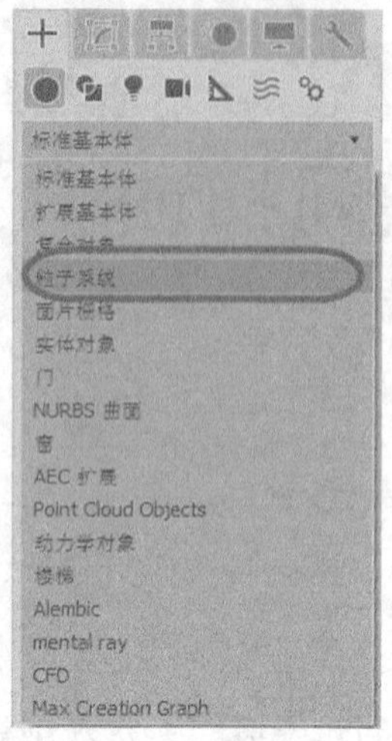

图9-2 打开粒子系统

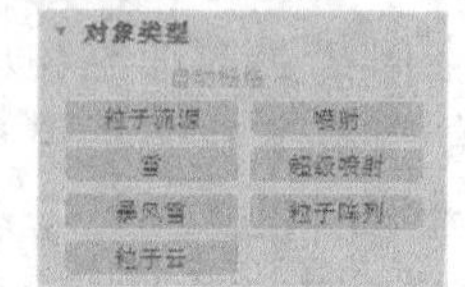

图9-3 粒子系统的基本工具

二、 表现

使用粒子系统时往往可以结合以下工具来增强表现效果。

(1) 可以为粒子设置材质，系统还专门提供了【粒子年龄】和【粒子运动模糊】两种贴图。

(2) 运动粒子常常需要进行模糊处理，可以使用【对象模糊】和【场景模糊】进行处理，有些粒子系统自身带有模糊参数。

(3) 粒子空间扭曲可以对其造成风力、重力、阻力和爆炸等影响。

(4) 配合【效果】或 Video Post 合成器，可以为粒子系统加入特效处理，使粒子产生发光或闪烁等效果。

三、 属性

不同粒子系统的参数不同，但是通常具有以下共同属性。

(1) 发射器：用于发射粒子，是粒子产生的源头。发射器的位置、面积和方向决定了粒子最终的效果差异，在视图中显示为橙黄色，不可被渲染。

(2) 计时：控制粒子的时间参数，主要包括粒子的产生时间和消失时间、粒子存在的时间（寿命）、粒子运动的速度和加速度等。

(3) 粒子特征参数：粒子的大小、形状和速度等。

(4) 渲染特性：控制粒子在视图中渲染时分别表现出来的形态。渲染前粒子通常以简单的点、线或“×”来显示，渲染后则按照真实设定的类型进行着色显示。

9.1.2 常用粒子系统

3ds Max 2017 可以创建以下粒子系统。

一、 粒子流源

粒子流源是一种基础和通用的粒子系统，其参数丰富、变化多端。在图 9-3 中单击 粒子流源 按钮，在任意视图拖动鼠标光标即可创建一个粒子流源系统，其图标显示为带有中心徽标的矩形，拖动时间滑块即可看到粒子发射效果，如图 9-4 所示。

进入【修改】面板，可以查看更多的粒子流源参数，面板中包括 5 个卷展栏，如图 9-5 所示。主要参数说明如表 9-1 所示。

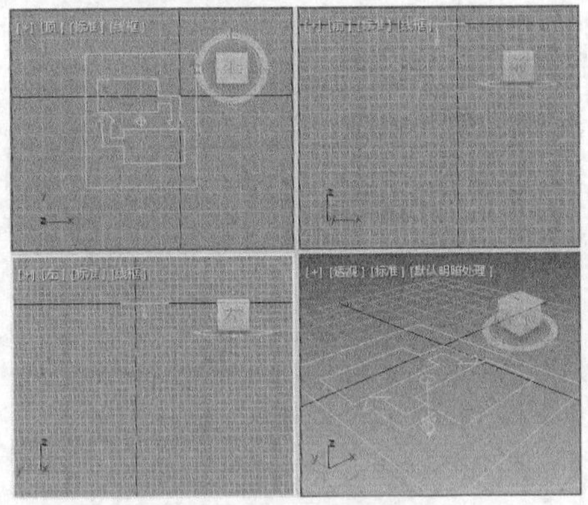

图9-4　粒子流源系统

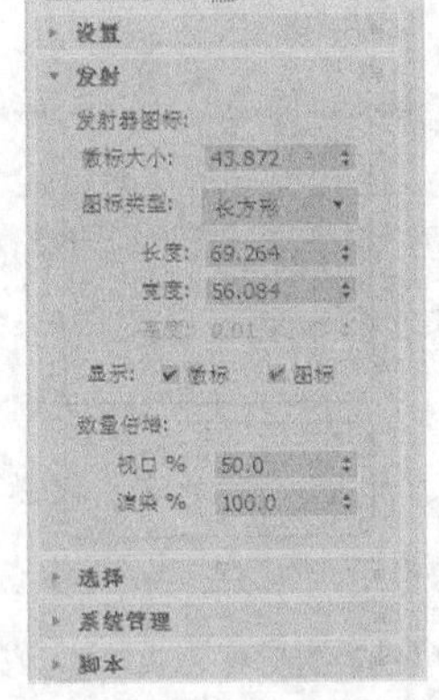

图9-5　【粒子流源】参数面板

表 9-1　**【粒子流源】主要参数说明**

卷展栏	参数	说明
设置	启用粒子发射	启用后，将开启粒子系统
	粒子视图	单击该按钮打开【粒子视图】对话框，利用该对话框进行更丰富的粒子事件操作
发射	徽标大小	设置粒子流中心徽标大小，但对粒子发射本身并无影响
	图标类型	在徽标周围可设置一个长方形、长方体、圆形或球形图标，默认为长方形
	长度	定义图标长度。将徽标设置为长方形或长方体时显示长度参数；设置为圆形或球形时显示的是直径参数
	宽度	定义图标宽度
	高度	定义图标高度
	显示	控制是否显示徽标或图标
	视口%	设置当前视口中显示的粒子数量百分比，其值不会直接影响最终渲染的粒子数量，范围为 0~10000
	渲染%	设置最终渲染的粒子数量百分比，该值将直接影响最终渲染的粒子数量，范围为 0~10000
选择	粒子	激活该按钮，可以在场景中选择粒子
	事件	激活该按钮，可以在场景中按照事件选择粒子
	ID	设置要选择粒子的 ID 号，每次只能设置一个数字，每个粒子都有一个唯一的 ID 号
	添加	设置要选择粒子的 ID 号后，单击该按钮将其添加到选择中
	移除	设置要取消选择粒子的 ID 号后，单击该按钮将其移除
	清除选定内容	启用后，单击 添加 按钮选择粒子会取消选择已有的其他粒子
	从事件级别获取	单击该按钮可将“事件”级别选择转换为“粒子”级别
	按事件选择	列表中显示粒子流中的所有事件，并高亮显示选定事件

二、 喷射

【喷射】粒子主要用于模拟飘落的雨滴、喷射的水流及水珠等。其参数面板如图 9-6 所示，主要参数说明如表 9-2 所示。

表 9-2　　【喷射】主要参数说明

参数组	参数	说明
粒子	视口计数	在指定帧处，设置视口中显示的最大粒子数量
	渲染计数	渲染指定帧时，设置可以显示的最大粒子数量
	水滴大小	设置水滴粒子的大小
	速度	设置每个粒子离开发射器时的初始速度
	变化	设置粒子的初始速度和方向，其值越大，喷射效果越强，喷射范围越广
	水滴/圆点/十字叉	设置粒子在视图中显示的形状
渲染	四面体	将粒子渲染为四面体形状
	面	将粒子渲染为正方形面
计时	开始	设置第 1 个粒子出现的帧的编号
	寿命	设置每个粒子的寿命（存在时间）
	出生速率	设置每一帧产生的粒子数
	恒定	启用后，【出生速率】选项不可用
发射器	宽度/长度	设置发射器的宽度和长度
	隐藏	启用后，发射器将不会显示在视图中

三、 雪

【雪】粒子可以模拟雪花及纸屑等飘落现象。【雪】粒子的部分参数与【喷射】相似，如图 9-7 所示。其他具有差异的参数的说明如表 9-3 所示。

四、 超级喷射

【超级喷射】是喷射粒子的升级，可用于制作暴雨、喷泉等效果。超级喷射的图标箭头指示方向为粒子喷射的初始方向，如图 9-8 所示。将超级喷射绑定到【路径跟随】空间扭曲上还可以生成瀑布效果。其参数面板如图 9-9 所示，主要参数的说明如表 9-4 所示。

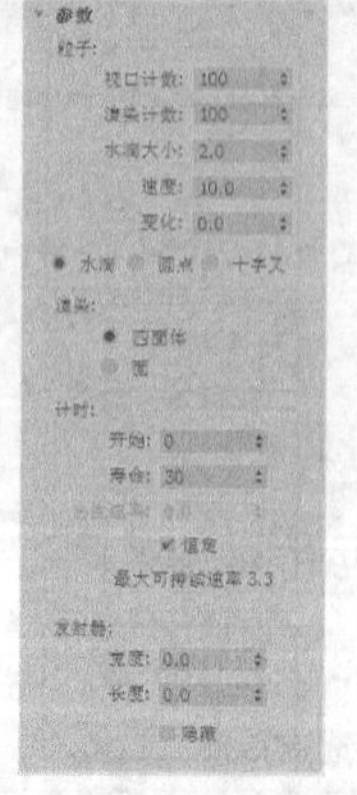

图9-6　【喷射】参数面板

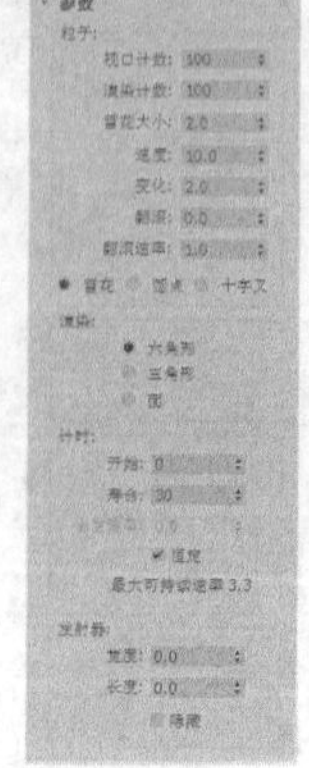

图9-7　【雪】参数面板

表 9-3　　【雪】主要参数说明

参数	说明
雪花大小	设置雪粒子的大小
翻滚	设置雪粒子的随机旋转量
翻滚速率	设置雪粒子的旋转速度
雪花/圆点/十字叉	设置雪粒子在视图中的显示形状
六角形	将雪粒子渲染为六角形
三角形	将雪粒子渲染为三角形
面	将雪粒子渲染为正方形面

图9-8　【超级喷射】粒子系统

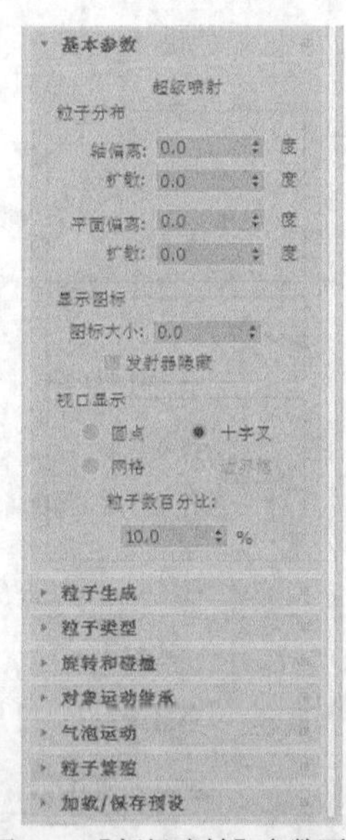

图9-9　【超级喷射】参数面板

表 9-4　　【超级喷射】主要参数说明

卷展栏	参数组	参数	说明
基本参数	粒子分布	轴偏离	设置粒子流与 z 轴的夹角
		扩散	设置粒子远离发射方向时的扩散效果
		平面偏离	设置粒子绕 z 轴的发射角度
		扩散	设置粒子绕“平面偏离”轴的扩散效果
	显示图标	图标大小	设置粒子图标大小
		发射器隐藏	选中后将在视图中隐藏发射器图标
	视口显示	圆点/十字叉/网格/边界框	设置粒子在视图中的显示方式
		粒子数百分比	设置粒子在视图中显示的百分比
粒子生成	粒子数量	使用速率	指定每帧发射的固定粒子数
		使用总数	指定在系统使用寿命内产生的总粒子数

续表

卷展栏	参数组	参数	说明
粒子生成	粒子运动	速度	设置粒子出生时沿发射方向的速度
		变化	对每个粒子的发射速度设置一个变化百分比，使其具有速度差异
	粒子计时	发射开始/停止	设置粒子在场景中出现和停止的帧
		显示时限	指定所有粒子均消失的帧
		寿命	设置每个粒子的寿命
		变化	指定每个粒子的寿命可以从标准值变化的帧数
		子帧采样	启动以下 3 个选项之一后，可以以较高的子帧分辨率对粒子进行采样，有助于避免粒子膨胀
		创建时间	允许向防止随时间发生膨胀的运动添加时间偏移
		发射器平移	如果发射器在空间移动，在沿着几何体路径上可以整数倍创建粒子
		发射器旋转	启用发射器旋转后，可以避免粒子膨胀，并产生平滑的螺旋形效果
	粒子大小	大小	根据粒子的类型指定系统中所有粒子的目标大小
		变化	设置每个粒子的大小可从标准值变化的百分比
		增长耗时	设置粒子增到【大小】参数设定值经历的帧数
		衰减耗时	设置粒子在消亡前缩小到【大小】参数设定值的 1/10 经历的帧数
	唯一性	新建	随机生成新的种子值
		种子	设置特定的种子值
粒子类型	粒子类型	标准粒子	标准粒子主要有三角形、立方体和四面体
		变形球粒子	以水滴或粒子流形式混合在一起的粒子
		实例几何体	使用对象实例生成的粒子
	标准粒子	三角形/立方体/特殊/面/恒定/四面体/六角形/球体	选择一种标准粒子的类型
	变形球粒子参数	张力	设置粒子间聚合的紧密度，其值越大，聚合越难
		变化	指定张力效果变化的百分比
		渲染	设置渲染场景中粒子的粗糙度
		视口	设置视口显示的粗糙度
		自动粗糙	启用后，将根据粒子大小自动设置渲染粗糙度
		一个相连的水滴	启用后，仅计算和显示彼此相连或邻近的粒子
	实例参数	对象	显示拾取对象的名称
		拾取对象	单击在视图中选择作为粒子使用的对象
		且使用子树	启用后，可将拾取对象的链接子对象包括在粒子中
		动画偏移关键点	设置动画时，用于指定粒子动画的计时
		无	所有粒子动画的计时均相同

续表

卷展栏	参数组	参数	说明
粒子类型	实例参数	出生	第一个出生的粒子是粒子出生时源对象当前动画的实例
		随机	每个粒子出生时使用的动画都与源对象出生时使用的动画相同
	材质贴图与来源	时间	指定从粒子出生开始完成粒子一个贴图需要的帧数
		距离	指定从粒子出生开始完成粒子一个贴图需要的距离
		材质来源:	更新粒子系统携带的材质
		图标	粒子使用当前为粒子系统图标指定的材质
		实例几何体	粒子使用为实例几何体指定的材质

五、 暴风雪

【暴风雪】粒子系统由一个面发射受控制的粒子喷射，且只能以自身的图标为发射器对象，可以产生变化更为丰富的雪粒子效果，是“雪”粒子的升级版，如图 9-10 所示。其参数面板如图 9-11 所示，其主要参数用法与【超级喷射】类似。

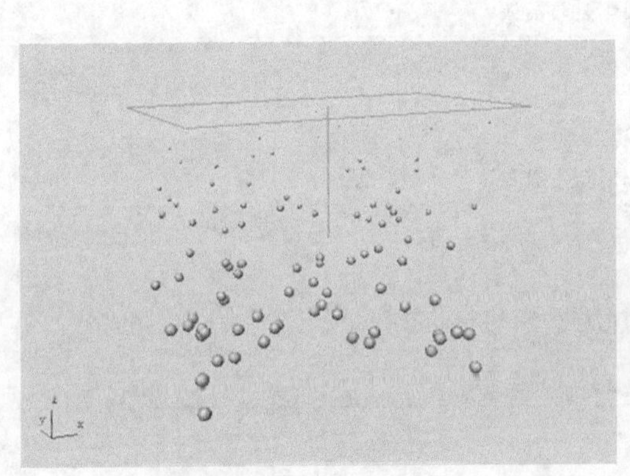

图9-10 【暴风雪】粒子系统

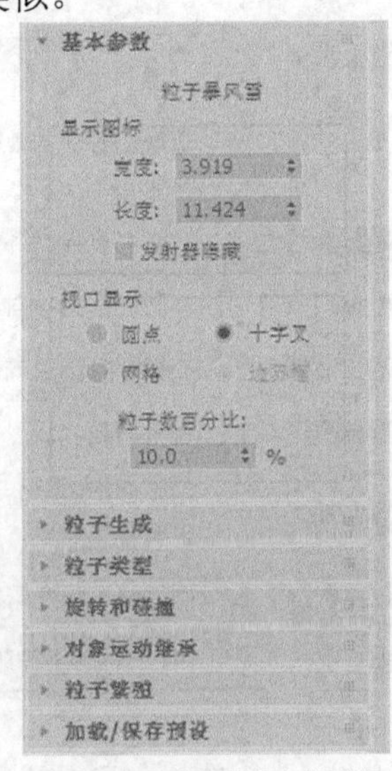

图9-11 【暴风雪】参数面板

“超级喷射”是“喷射”的一种更强大、更高级的版本，“暴风雪”同样也是“雪”的一种更强大、更高级的版本，它们都提供了后者的所有功能及其他一些特性。

六、 粒子阵列

【粒子阵列】粒子系统可将粒子按不同方式将其分布在几何体对象上，如图 9-12 所示。其参数面板如图 9-13 所示，其主要参数的用法与【超级喷射】类似，表 9-5 中列出了部分重要参数的说明。

要点提示

一个“粒子阵列”粒子系统只能使用一种粒子。不过，一个对象可以绑定多个粒子阵列，每个粒子阵列可以发射不同类型的粒子。

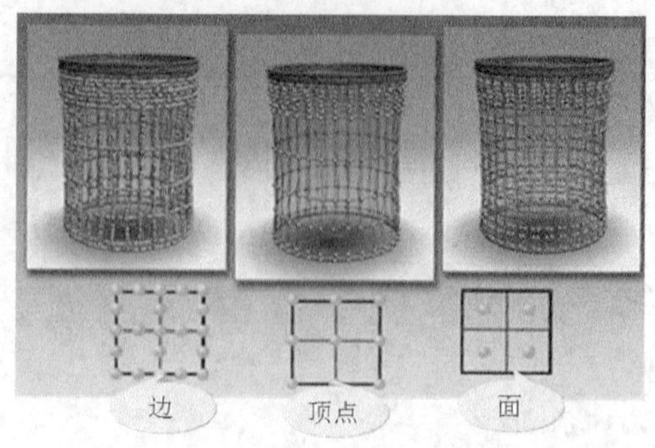

图9-12　【粒子阵列】粒子系统

图9-13　【粒子阵列】参数面板

表 9-5　【粒子阵列】粒子系统重要参数说明

参数组	参数	说明
基本参数	粒子分布	此分组框中的选项用于确定标准粒子在基于对象的发射器曲面上最初的分布方式。如果在【粒子类型】卷展栏中选中了【对象碎片】单选项，则这些控件不可用
粒子类型	变形球粒子	彼此接触的球形粒子将会互相融合，主要用于制作液体效果
	对象碎片	使用发射器对象的碎片创建粒子。只有粒子阵列可以使用对象碎片，主要用于创建爆炸或破碎动画
	实例几何体	拾取场景中的几何体作为粒子，实例几何体粒子对创建人群、畜群或非常细致的对象流非常有效
粒子繁殖	碰撞后消亡	粒子在碰撞到绑定的导向器（如导向球）时消失
	碰撞后繁殖	在与绑定的导向器碰撞时产生繁殖效果
	消亡后繁殖	在每个粒子的寿命结束时产生繁殖效果
	繁殖拖尾	在每帧处，从现有粒子繁殖新粒子，但新生成的粒子并不运动
	方向混乱	指定繁殖粒子的方向可以从父粒子的方向变化的量。将粒子的数量设置大些，此项目的观察效果将会很明显
	速度混乱	可以随机改变繁殖的粒子与父粒子的相对速度
	缩放混乱	对粒子应用随机缩放

七、 粒子云

粒子云可以用于创建一群鸟、一个星空或一队在地面行军的士兵，它可以使用场景中任意具有深度的对象作为体积，如图 9-14 所示。其参数面板如图 9-15 所示，其主要参数的用法与【超级喷射】类似。

图9-14　【粒子云】粒子系统

图9-15　【粒子云】参数面板

【基础训练】——制作“烟花”效果

本例使用粒子系统来制作一个烟花爆炸的效果，先创建一个粒子流源，然后修改参数，最后生成的渲染效果如图 9-16 所示。

图9-16　制作“烟花”效果

【步骤提示】

1.　创建粒子流源。

(1)　创建粒子，如图 9-17 所示。

①　在【创建】面板中单击【标准基本体】，切换到【粒子系统】。

②　单击 粒子流源 按钮，拖动鼠标在顶视图中创建一个粒子流源。

③　切换到【修改】面板，在【发射】卷展栏中设置【徽标大小】为“180”、【长度】为“260”、【宽度】为“250”。

(2)　调整粒子，如图 9-18 所示。

①　切换到前视图，单击工具栏中的按钮，激活【角度捕捉切换】工具。

②　使用旋转工具将粒子流源按顺时针方向旋转 180°，使发射器朝上。

③　按住 Shift 键的同时移动复制出一个粒子流源。

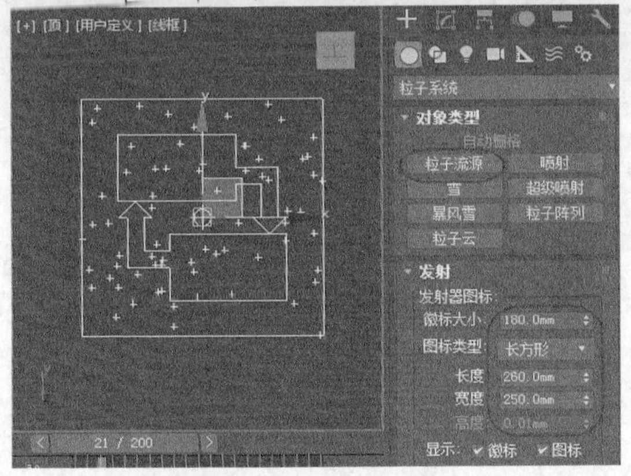

图9-17　创建粒子流源

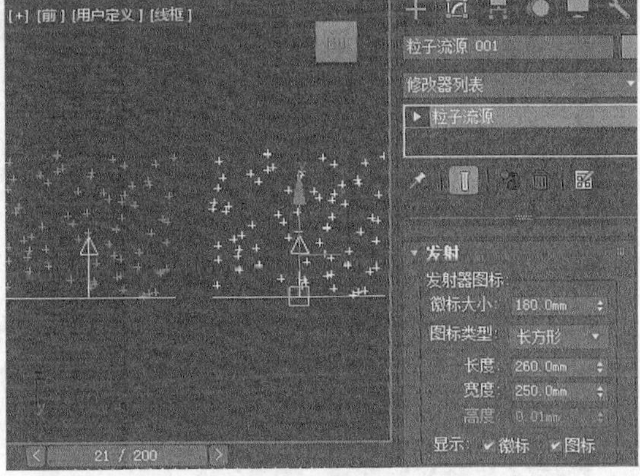

图9-18　调整方向

2.　创建球体。

(1)　创建粒子球，如图 9-19 所示。

① 切换到【创建】面板，使用【球体】工具在前视图中创建一个球体。
② 确保球体在粒子流源的上方，然后设置其【半径】为“4”。
(2) 设置参数，如图 9-20 所示。
① 选择粒子流源，在【设置】卷展栏下单击 粒子视图 按钮。
② 在打开的【粒子视图】窗口中单击【出生 001】操作符号。
③ 设置出生 001 的【发射停止】为“0”、【数量】为“22000”。

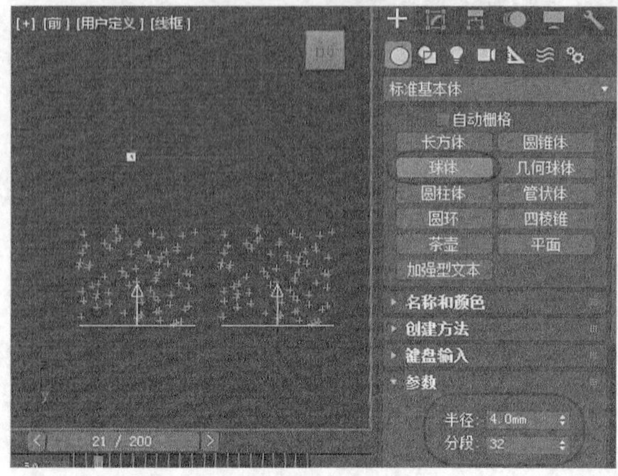

图9-19　创建球体　　图9-20　设置参数

(3) 设置形状 001，如图 9-21 所示。
① 单击【形状 001】操作符号，展开【形状 001】卷展栏。
② 设置【3D 类型】为【80 面球体】，【大小】为“1.5”。
(4) 设置显示 001，如图 9-22 所示。
① 单击【显示 001】操作符号，展开【显示 001】卷展栏。
② 设置【类型】为【点】，显示颜色为红 60、绿 130、蓝 246。

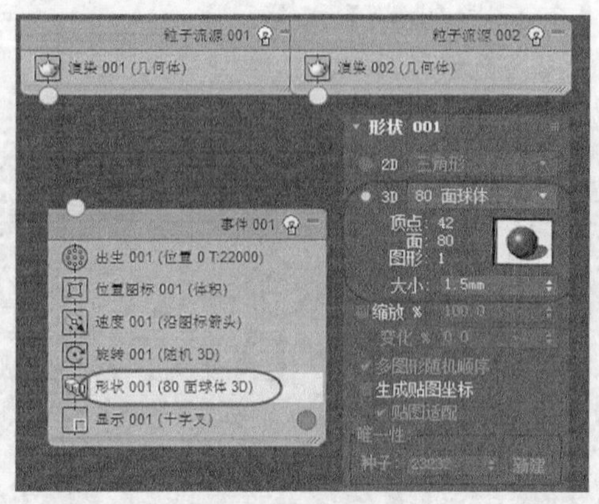

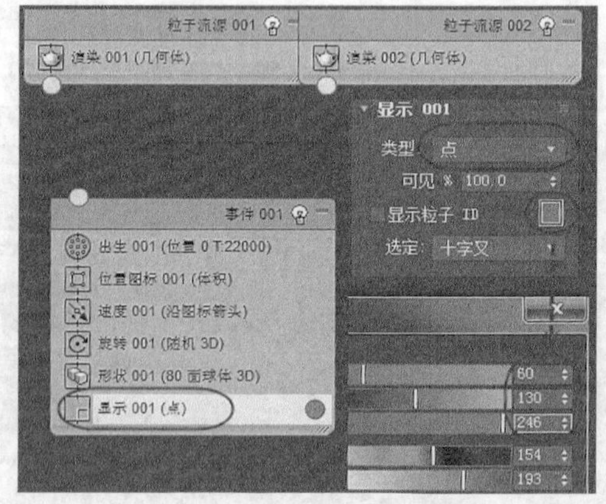

图9-21　设置形状 001　　图9-22　设置显示 001

3. 修改参数。

设置位置对象 001，如图 9-23 所示。

(1) 用鼠标指针将操作符列表中的【位置对象】拖曳到【显示 001】操作符的下方。
(2) 单击【位置对象 001】操作符，在其卷展栏下单击 添加 按钮。
(3) 然后在视图中拾取“球体”，将其添加到【发射器对象】列表框中。

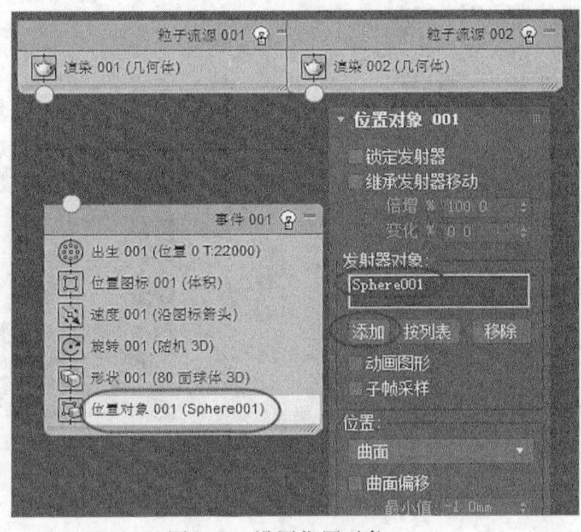

图9-23　设置位置对象 001

4. 绑定到空间。

(1) 创建平面，如图 9-24 所示。

① 使用【平面】工具在顶视图中创建一个与粒子流源差不多大小的平面。

② 将其拖曳到粒子流源的上方。

(2) 添加空间扭曲，如图 9-25 所示。

① 在【创建】面板中单击按钮，设置扭曲类型为【导向器】。

② 使用导向板工具在顶视图中创建一个导向板。

③ 在工具栏中单击按钮将该工具绑定到平面上。

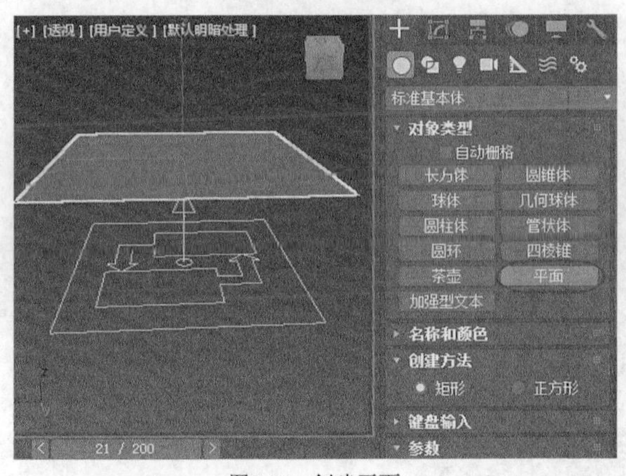

图9-24　创建平面

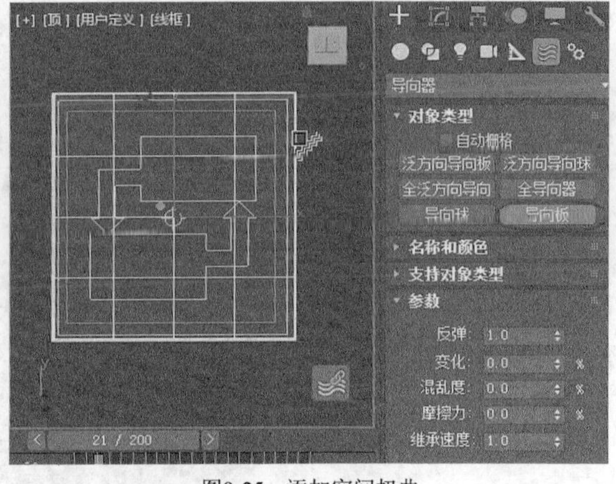

图9-25　添加空间扭曲

5. 渲染效果。

(1) 打开【粒子视图】窗口，将【碰撞】操作符拖曳到【位置对象 001】的下方。单击【碰撞 001】操作符，在其卷展栏下单击添加按钮，并在视图中拾取导向板，然后设置【速度】为【随机】，如图 9-26 所示。

(2) 此时拖动时间线，可以看到制作的例子已经有了爆炸效果。再采用同样的方法将另一个粒子流源也设置好，选择动画效果明显的一帧单独渲染。

(3) 导入素材文件“第 9 章\素材\烟花效果\埃菲尔铁塔.png”作为背景，渲染效果如图 9-27 所示。

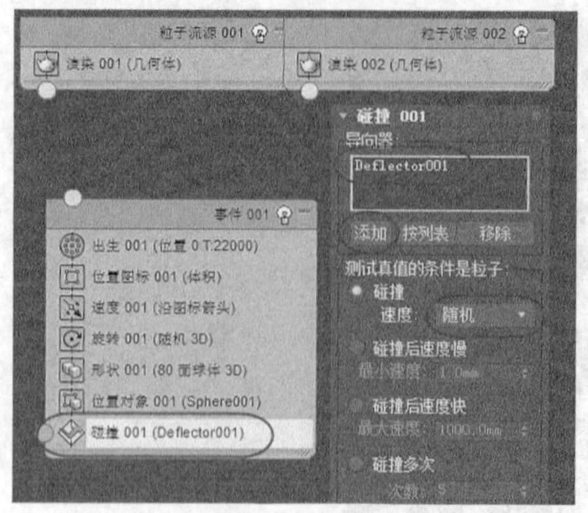

图9-26　添加碰撞

图9-27　最终渲染效果

9.1.3　空间扭曲

空间扭曲是一种控制对象运动的无形力量，如“重力”“风力”等，如图 9-28 所示，通常与粒子系统配合使用。在【创建】面板的【空间扭曲】选项卡中使用空间扭曲工具，如图 9-29 所示。

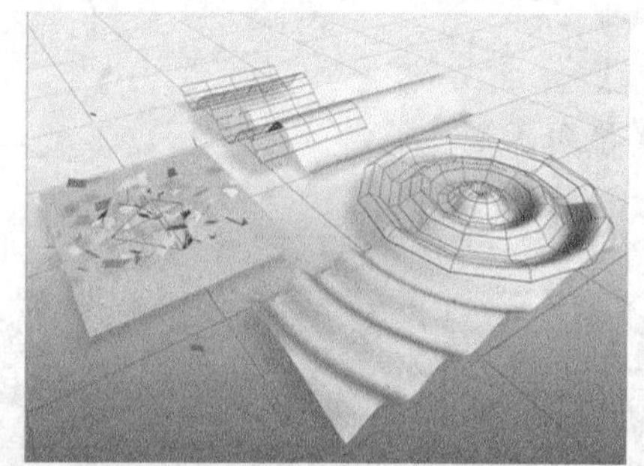

图9-28　【空间扭曲】应用示例

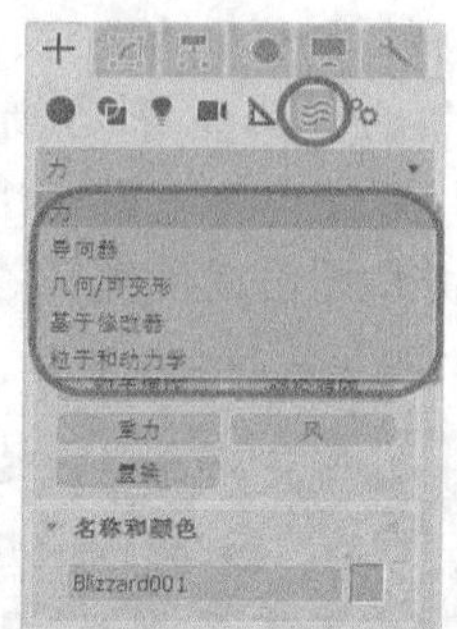

图9-29　【空间扭曲】工具

一、　“力”空间扭曲

“力”空间扭曲可以模拟环境中的各种“力”效果，能创建使其他对象变形的力场，从而创建出爆炸、涟漪、波浪等效果。系统提供了 9 种不同的【力】空间扭曲，用不同图标表示，如图 9-30 所示。

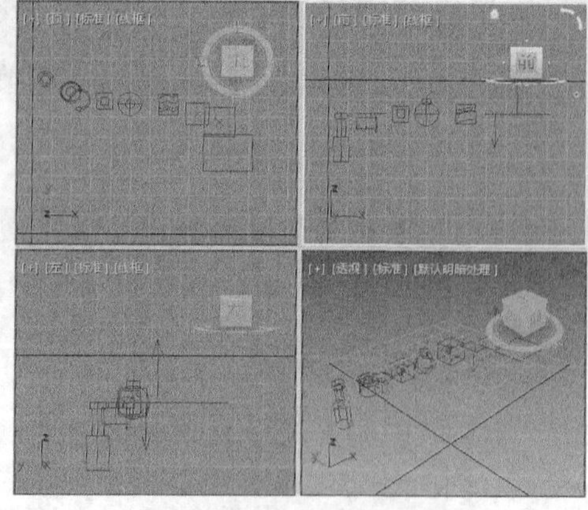

图9-30　不同【力】空间扭曲

不同【力】空间扭曲的用途如表 9-6 所示。

表 9-6 【力】空间扭曲的种类及用途

种类	推力	马达	旋涡
用途	为粒子运动产生正向或负向均匀的单向力，使得粒子在某一方向上加速或减速	工作方式类似于推力，但“马达”对受影响的粒子或对象应用的是转动扭矩而不是定向力	使粒子在急转的漩涡中旋转，还能成一个长而窄的喷流或旋涡井，可以用于创建黑洞、涡流、龙卷风和其他漏斗状对象
图例			
种类	阻力	粒子爆炸	路径跟随
用途	一种在指定范围内按照指定量降低粒子速率的阻尼器，常用于模拟风阻、致密介质（如水）中的移动、力场的影响及其他类似的情景	能创建一种粒子系统爆炸的冲击波，尤其适合于“粒子阵列”系统。该空间扭曲还会将冲击作为一种动力学效果加以应用	可以强制粒子对象沿螺旋形路径运动
图例			
种类	重力	风	置换
用途	可以在粒子系统所产生的粒子上对自然重力的效果进行模拟，从而使物体产生由于自重而下坠的效果	可以模拟风吹动粒子系统所产生的粒子运动路径改变效果	以力场的形式推动和重塑对象的几何外形。置换对几何体（可变形对象）和粒子系统都会产生影响
图例			

表 9-7 以【风】空间扭曲为例对其主要参数进行说明，其参数面板如图 9-31 所示。

表 9-7 【风】空间扭曲重要参数说明

参数名称	功能
强度	增加【强度】值会增加风力效果。小于“0.0”的强度会产生吸力
衰退	设置【衰退】值为“0.0”时，风力扭曲在整个世界空间内有相同的强度。增加【衰退】值会导致风力强度从风力扭曲对象的所在位置开始随距离的增加而减弱
平面	风力效果的方向与图标箭头方向相同，且此效果贯穿于整个场景
球形	风力效果为球形，以风力扭曲对象为中心向四周辐射
湍流	使粒子在被风吹动时随机改变路线

续表

参数名称	功能
频率	当其设置大于“0.0”时，会使湍流效果随时间呈周期变化。这种微妙的效果可能无法看见，除非绑定的粒子系统生成的粒子数量很大
比例	缩放湍流效果。当【比例】值较小时，湍流效果会更平滑、更规则；当【比例】值增加时，紊乱效果会变得更不规则、更混乱
范围指示器	当【衰退】值大于“0.0”时，可用此功能在视图中指示风力为最大值一半时的范围
图标大小	控制风力图标的大小，该值不会改变风力效果

二、　【导向器】空间扭曲

水流等粒子系统在重力作用下流动时会碰到岩石等障碍物，流动会受到阻碍。【导向器】空间扭曲可以为粒子运动设置类似的障碍。导向器的种类如图 9-32 所示，其用途如表 9-8 所示。

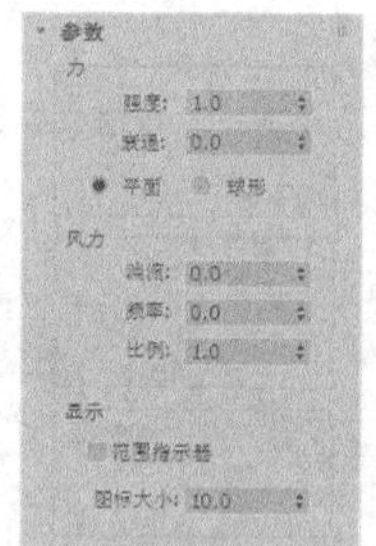

图9-31　【风】参数面板

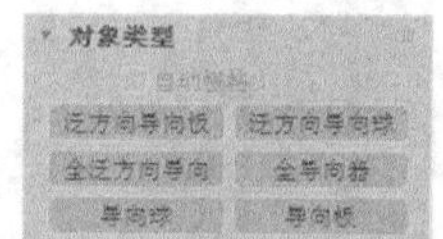

图9-32　【导向器】参数面板

表 9-8　【导向器】空间扭曲种类及其用途

参数名称	用途
泛方向导向板	一种平面泛方向导向器，能提供比【导向板】更强大的功能，如折射和繁殖能力等
泛方向导向球	一种球形泛方向导向器，能提供比【导向球】更强大的功能
全泛方向导向	比全【导向器】功能更强大，可以使用任意几何对象作为粒子导向器
全导向器	能让用户使用任意对象作为粒子导向器，在场景中选取任意几何体作为导向器对象后，粒子运动与之发生碰撞后都会产生反弹等现象，如图 9-33 所示
导向球	起着球形粒子导向器的作用，粒子碰撞到导向器的球形图标后便会产生相应的运动变化（如反弹或改变路径等），如图 9-34 所示
导向板	平面状导向器，能让粒子对动力学状态下的对象运动产生影响

表 9-9 以【全导向器】空间扭曲为例，对参数进行说明，其参数面板如图 9-35 所示。

图9-33　【导向器】空间扭曲

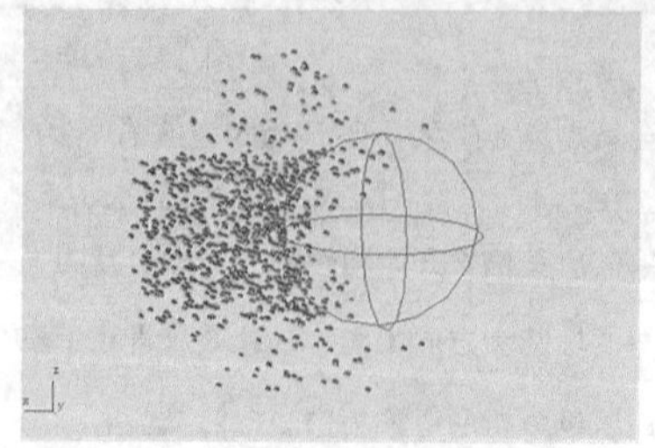

图9-34　【导向球】空间扭曲

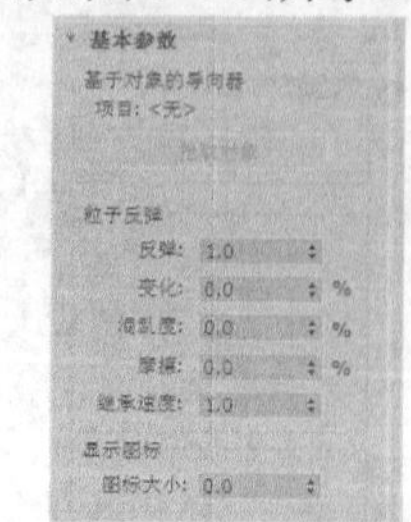

图9-35　【全导向器】参数面板

表 9-9 【全导向器】空间扭曲重要参数说明

参数名称	说明
项目	显示选定对象的名称
拾取对象	单击该按钮，然后单击要用作导向器的任何可渲染网格对象
反弹	决定粒子从导向器反弹的速度。该值为“1.0”时，粒子以与接近导向器时相同的速度反弹。该值为“0”时，它们根本不会偏转
变化	每个粒子所能偏离【反弹】设置的量
混乱度	偏离完全反射角度（当将【混乱度】设置为“0.0”时的角度）的变化量。设置为100%时会导致反射角度的最大变化为90°
摩擦	粒子沿导向器表面移动时减慢的量
继承速度	当该值大于“0”时，导向器的运动会和其他设置一样对粒子产生影响
图标大小	控制导向器图标的大小，该值不会改变导向器效果

9.2 实战训练

下面结合实例介绍粒子系统和空间扭曲的基本用法。

本例视频

9.2.1 从零开始——制作“蜡烛余烟”

本案例将通过调节“超级喷射”粒子的数量、速度及大小等参数产生烟雾形状的粒子发射，并在“风”空间扭曲的作用下，使烟雾产生飘散效果，如图 9-36 所示。

图9-36 制作“蜡烛余烟”

【操作步骤】

1. 创建“烟”效果。

(1) 打开制作模板，场景如图 9-37 所示。

① 打开素材文件“第 9 章\素材\蜡烛余烟\蜡烛余烟.max”。

② 场景中创建了墙壁、托盘和蜡烛。

③ 场景中为墙壁、托盘和蜡烛赋予了材质。

④ 场景中创建了一个“烟”材质。

⑤ 场景中创建了 4 盏灯光，用于照明并烘托环境（灯光已隐藏，读者可在【显示】面板

中取消灯光类别的隐藏）。

⑥　场景中创建了一架摄影机，用来对动画进行渲染（摄影机已隐藏，读者可在【显示】面板中取消摄影机类别的隐藏）。

(2)　创建“烟”，如图 9-38 所示。

①　设置【创建】面板的创建类别为【粒子系统】，单击 超级喷射 按钮。

②　在顶视图中创建超级喷射。

③　将“超级喷射”对象重命名为“烟”。

④　在【移动变换输入】对话框中设置位置参数。

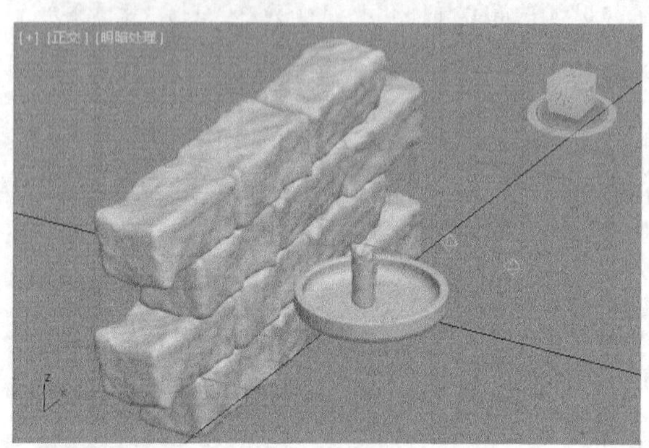

图9-37　打开制作模板

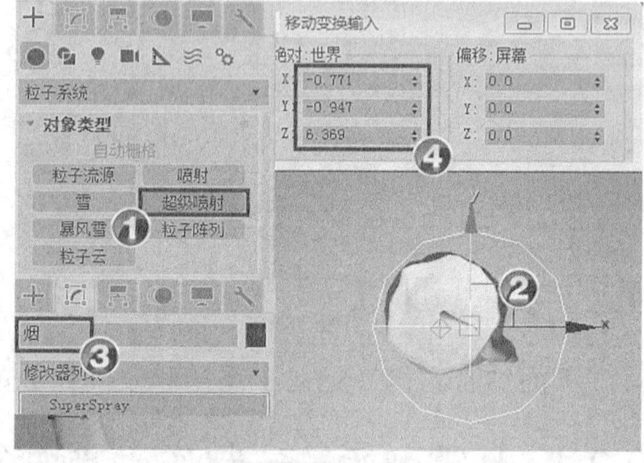

图9-38　创建“烟”

要点提示　在顶视图中创建超级喷射时会无法看到所创建的图标，这是由于图标被托盘遮挡，为避免造成“丢失”，请读者创建完成后直接使用移动工具将其移出。

(3)　设置“烟”的参数，如图 9-39 所示。

①　选中“烟”对象。

②　在【修改】面板中设置【基本参数】。

③　设置【粒子生成】参数。

④　设置【粒子大小】和【粒子类型】参数。

⑤　设置【旋转和碰撞】参数。

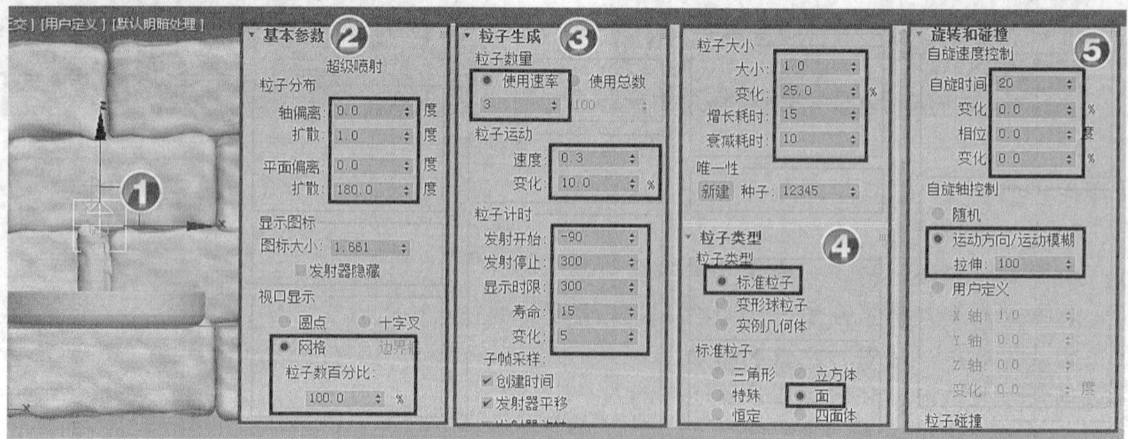

图9-39　设置“烟”的参数

要点提示 在制作烟、火等粒子动画时，常将粒子类型设置为“面”，为粒子发射的面贴图形成所需特效。本案例已将“烟”材质给出，读者可细细研究其原理。

“超级喷射”粒子系统的图标大小相关问题：在创建超级喷射时改变图标大小仅仅影响图标本身的大小，与所发射的粒子无关，但是创建并修改粒子发射相关参数后再改变图标大小，会造成所发射粒子的形态也跟着改变，请读者注意这一点。

2. 创建“风”效果。

(1) 创建“风”，如图 9-40 所示。

① 设置【创建】面板的创建类别为【力】。

② 单击 风 按钮。

③ 在顶视图中创建风。

④ 在【移动变换输入】对话框中设置位置参数。

(2) 设置“风”参数，如图 9-41 所示。

① 选中“风”对象。

② 在【参数】面板中设置参数。

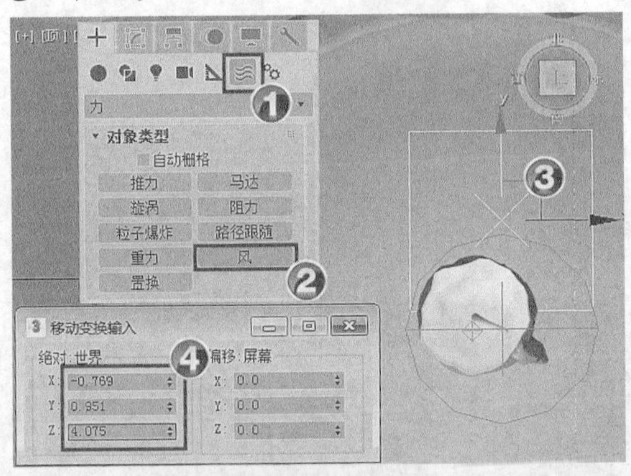

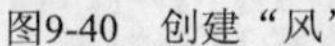
图9-40 创建“风”

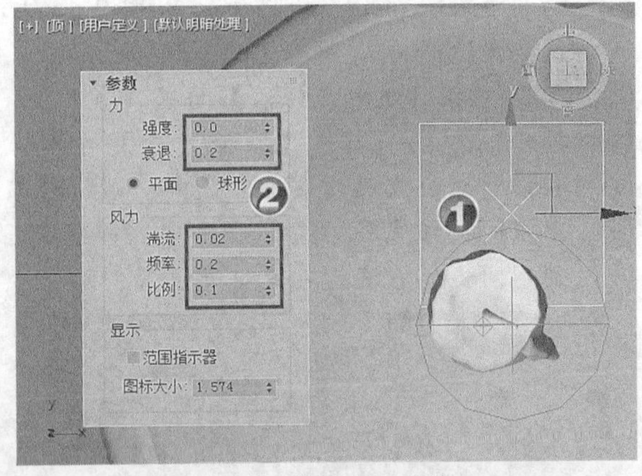

图9-41 设置“风”参数

要点提示 在设置“风”参数时，将【强度】参数设置为“0”是为了不使其对粒子有吹动作用，但这并不影响“风”的湍流效果，事实上本案例只需要“风”的湍流作用。

(3) 绑定“烟”到“风”，如图 9-42 所示。

① 单击主工具栏左侧的按钮。

② 在“烟”图标上按住鼠标左键不放，鼠标指针移动到“风”图标上，当指针形状变为时，松开鼠标左键完成绑定。

③ 选中“烟”对象，查看其修改器堆栈状态。

3. 渲染设置。

(1) 为“烟”赋予材质，如图 9-43 所示。

① 选中“烟”对象。

② 选中【材质编辑器】窗口中的“烟”材质球。

③ 单击按钮，将“烟”材质赋予“烟”对象。

(2) 取消灯光类别的隐藏，如图 9-44 所示。

① 单击按钮打开【显示颜色】面板。

② 取消对【灯光】复选项的选择。

要点提示 场景中的灯光是在模板中已给出的，这里将灯光显示出来是为设置灯光对“烟”的照射，这里只需要其中一盏灯光对“烟”产生影响，下面将对此进行设置。

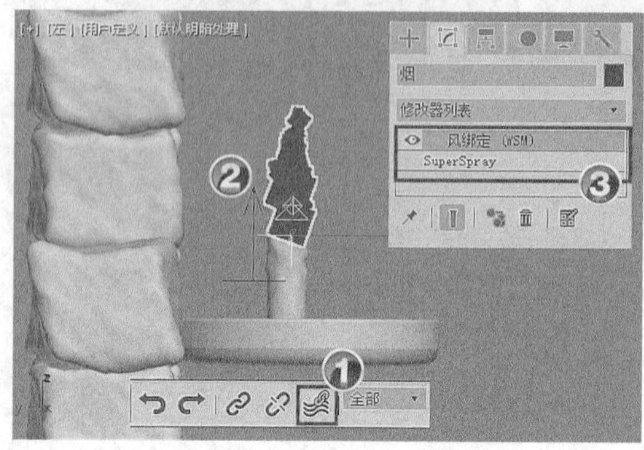

图9-42　绑定“烟”到“风”

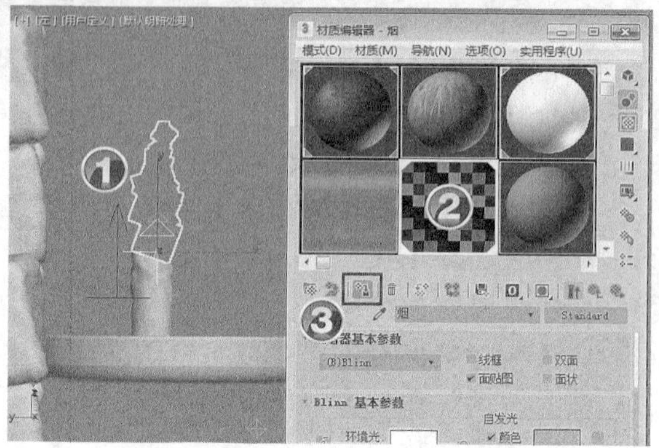

图9-43　为“烟”赋予材质

(3) 为灯光设置排除，如图 9-45 和图 9-46 所示。

① 选中“Omin01”对象。

② 单击按钮进入【修改】面板。

③ 单击排除...按钮打开【排除/包含】对话框。

④ 在该对话框左侧列表框中选中“烟”对象。

⑤ 单击»按钮完成排除。

⑥ 使用同样的方法为其他灯光设置排除。

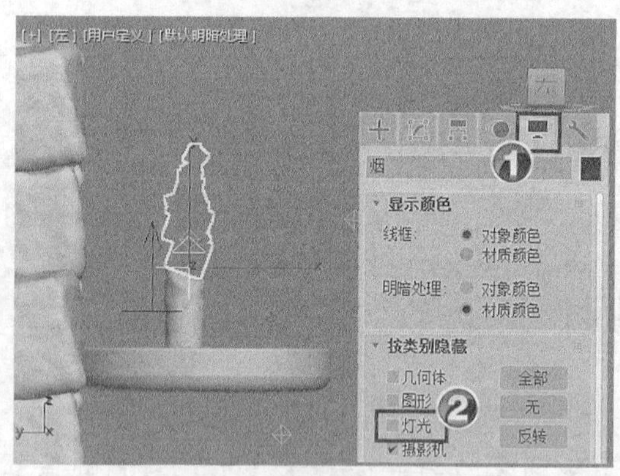

图9-44　取消灯光类别的隐藏

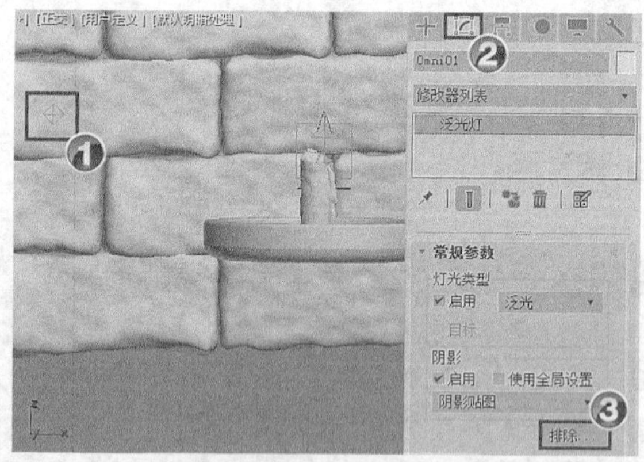

图9-45　设置“Omin01”的排除

要点提示 为灯光设置排除后灯光将不予照射所排除对象。

(4) 使用“Camera01”摄影机渲染视图，即可得到图 9-47 所示的动画效果。

4. 保存。

按 Ctrl+S 组合键保存场景文件到指定目录，本案例制作完成。

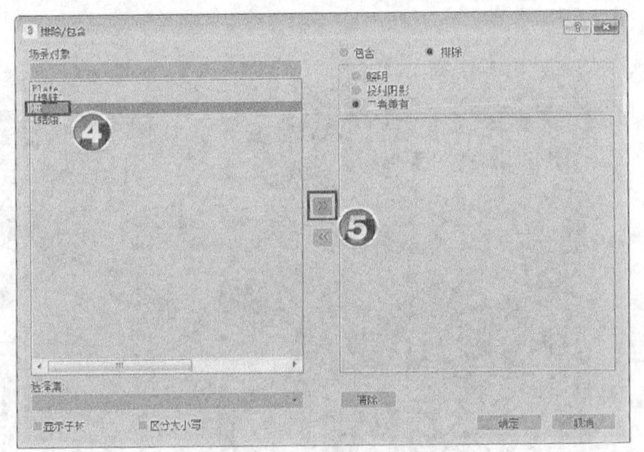

图9-46 为其他灯光设置排除

图9-47 设计效果

9.2.2 课堂实训——制作“野外篝火”

“粒子阵列”可将粒子分布在几何体对象上，根据这一特性，本实训将粒子分布于“圆球几何体”表面，用“风”空间扭曲将粒子“吹起”达到自然的火焰蹿动效果，再利用“阻力”空间扭曲控制“火焰”的蹿动幅度，使得火焰动画非常逼真，而火焰蹿动时周围环境忽明忽暗的感觉需要利用灯光实现。渲染输出的最终效果如图 9-48 所示。

图9-48 制作“野外篝火”

本例视频

【步骤提示】

1. 制作粒子动画。

(1) 打开制作模板。

① 按 Ctrl+O 组合键打开素材文件“素材\第 9 章\野外篝火\野外篝火.max”。

② 场景中为火炭、木棍、地面设置了材质，并给出了火焰材质。场景中对模拟火焰蹿动的照明效果设置了灯光动画（灯光已隐藏，读者可在【显示】面板中取消对灯光类别的隐藏）。

③ 场景中创建了一架摄像机，用来对篝火动画进行渲染（摄影机已隐藏，读者可在【显示】面板中取消对摄影机类别的隐藏）。

④ 模板场景如图 9-49 所示（模板中地面会显示黑色，这是灯光设置的正常结果）。

(2) 创建“火球”。

① 在顶视图中创建一个球体，将其命名为“火球”。

② 在【修改】面板中设置半径参数，在【移动变换输入】对话框中设置位置参数，场景

和参数设置如图 9-50 所示。

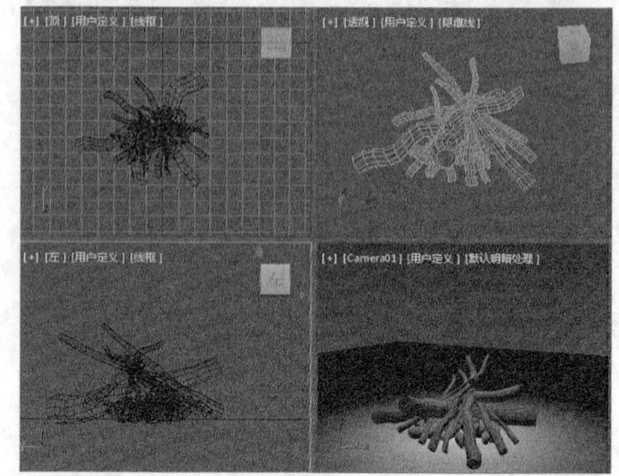

图9-49　初始场景

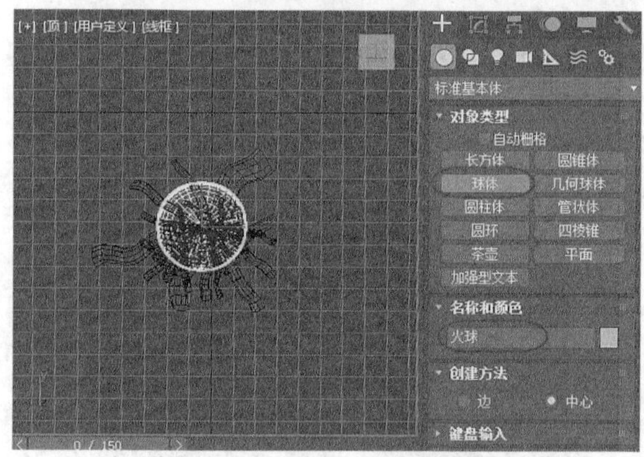

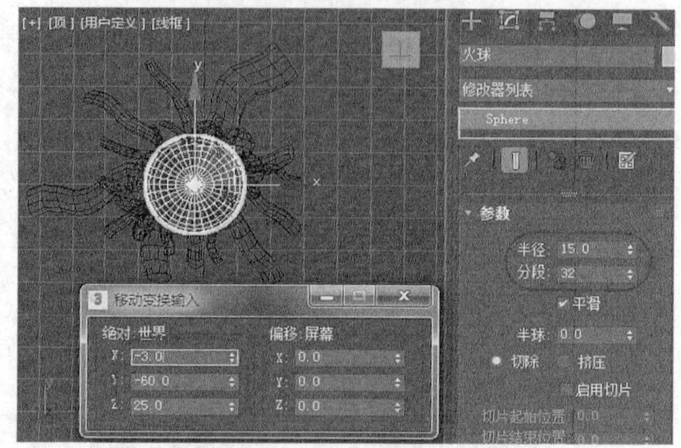

图9-50　创建球体

(3)　创建“粒子阵列”粒子系统。

①　选择【创建】面板的创建类别为【粒子系统】，再单击 粒子阵列 按钮。

②　在顶视图中创建粒子阵列，将其命名为“粒子阵列”。

③　进入【修改】面板，首先单击 拾取对象 按钮，然后选取前面创建的火球，最后设置其他参数。

④　设置【自旋速度控制】参数，场景和参数设置如图 9-51 所示。

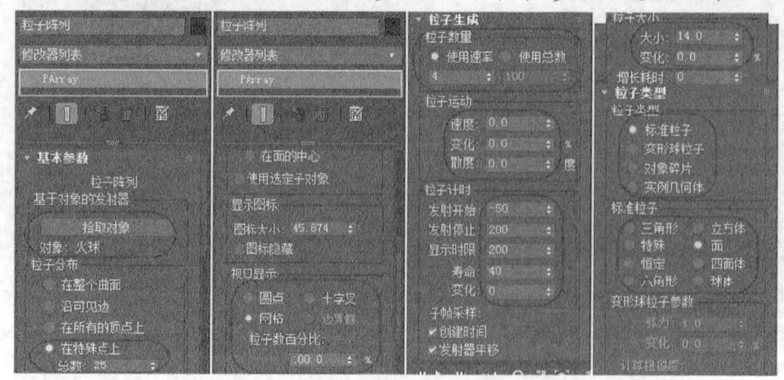

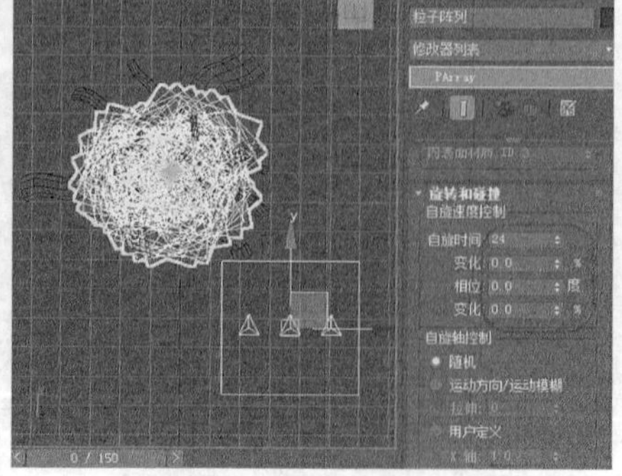

图9-51　创建粒子阵列

"粒子阵列"粒子系统的图标大小与位置不影响动画效果。

单击 拾取对象 按钮可直接在场景中通过鼠标左键单击完成对象的选择。

本案例中，粒子的位移通过"风"空间扭曲完成，因此将"粒子运动"组中的参数全部设置为零。

(4) 创建"风-引力"空间扭曲。

① 选择【创建】面板，单击按钮打开【空间扭曲】面板，然后单击 风 按钮。

② 在左视图中创建风，将其命名为"风-引力"。

③ 在【修改】面板中设置参数，在【移动变换输入】对话框中设置位置参数，场景和参数设置如图 9-52 所示。

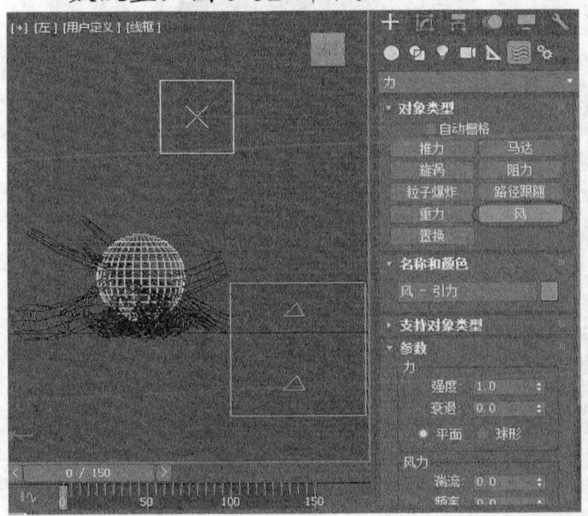

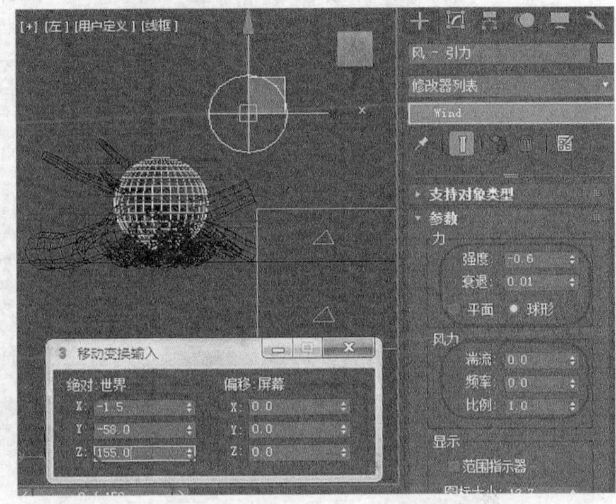

图9-52 创建风

(5) 绑定"粒子阵列"到"风-引力"。

① 单击按钮打开【从场景选择】对话框，选中【粒子阵列】。

② 单击主工具栏左侧的按钮。再次单击按钮打开【选择空间扭曲】对话框，选中【风-引力】完成绑定。

③ 选中"粒子阵列"对象，查看其修改器堆栈状态。场景和参数设置如图 9-53 所示。

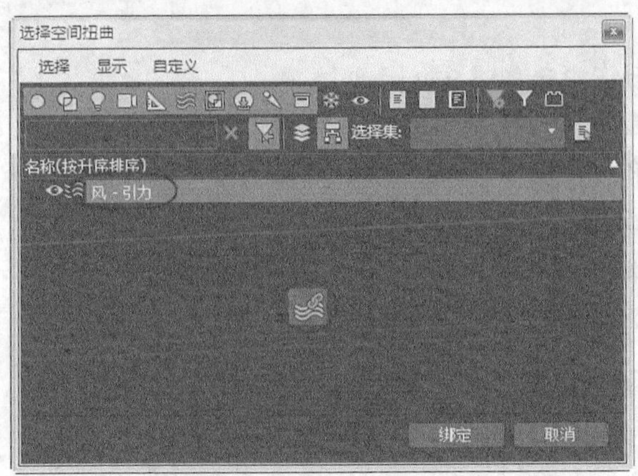

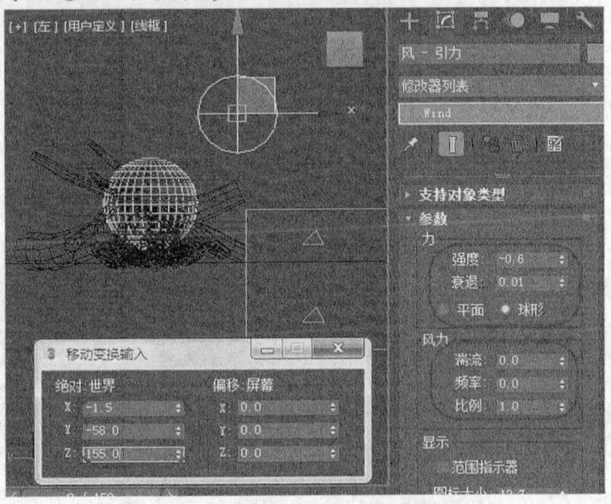

图9-53 绑定粒子系统

要点提示　本案例以“球形”为空间扭曲的作用形式，将【强度】设置为负值、【衰退】设置为正值，可使“风空间扭曲”形成一个具有“引力的球”，且其引力从图标的所在位置开始随距离的增加而减弱。若要使空间扭曲对粒子系统产生影响，则必须使用“绑定到空间扭曲”工具将粒子系统绑定到空间扭曲。

(6) 创建“风-湍流”空间扭曲。

① 在左视图中创建风，将其命名为“风-湍流”。

② 在【修改】面板中设置参数，在【移动变换输入】对话框中设置位置参数，场景和参数设置如图 9-54 所示。

图9-54　创建“风-湍流”

(7) 绑定“粒子阵列”到“风-湍流”。

① 选中“粒子阵列”对象。在【修改】面板中选择【PArray】选项，在【视口显示】分组框中选中【圆点】单选项。

② 选中“火球”对象，然后在视窗的空白区域单击鼠标右键，在弹出的快捷菜单中选择【隐藏选定对象】命令。

③ 使用类似的方法将“粒子阵列”绑定到“风-湍流”空间扭曲。

(8) 恢复绑定时的隐藏及修改。

① 选中“粒子阵列”粒子系统。在【修改】面板中选择【PArray】选项。

② 在【视口显示】分组框中选中【网格】单选项。在视窗的空白区域单击鼠标右键，在弹出的快捷菜单中选择【全部取消隐藏】命令。最后的设计场景如图 9-55 所示。

要点提示　本案例中共创建了两个“风”空间扭曲——“风-引力”和“风-湍流”。

（1）“风 - 引力”主要起到催动粒子向上舞动的作用。

（2）“风 - 湍流”提供粒子舞动的随机性，使粒子的运动更自然。

要点提示　当读者认真分析制作思路时，可能会有这样的疑问：为什么要设置两个“风”空间扭曲，且“风-引力”只设置了“力”参数，而“风-湍流”只设置了“风”参数？这是由于当将“风”空间扭曲的图标设置为“球形”时，其作用力与其位置有关，为达到粒子向上飞舞并从底部就开始随机舞动的效果，必须分开设置。

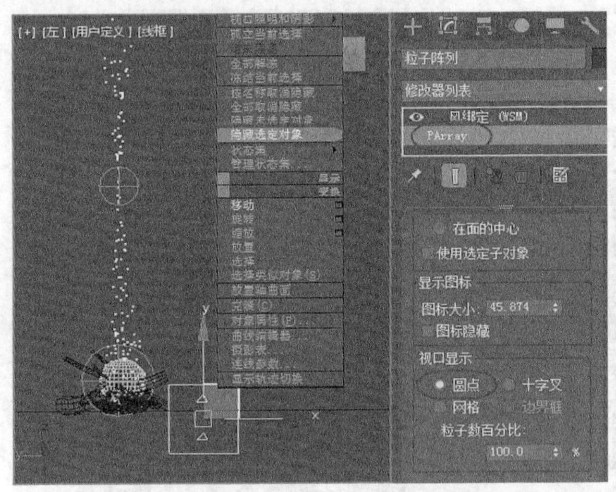

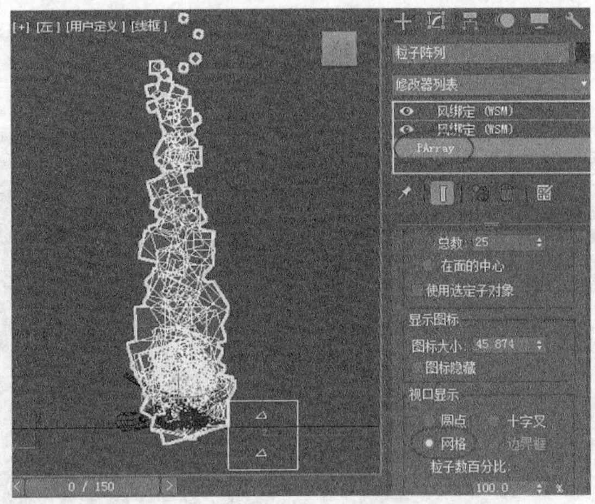

图9-55 绑定到“风-湍流”

(9) 创建并绑定“阻力”空间扭曲。

① 选择【创建】面板，单击按钮打开【空间扭曲】面板，然后单击 阻力 按钮，在顶视图中创建阻力，并将其命名为“阻力”。

② 在【修改】面板中设置参数。将“粒子阵列”绑定到“阻力”空间扭曲。选中“粒子阵列”对象，查看其修改器堆栈状态。最后获得的设计效果如图 9-56 所示。

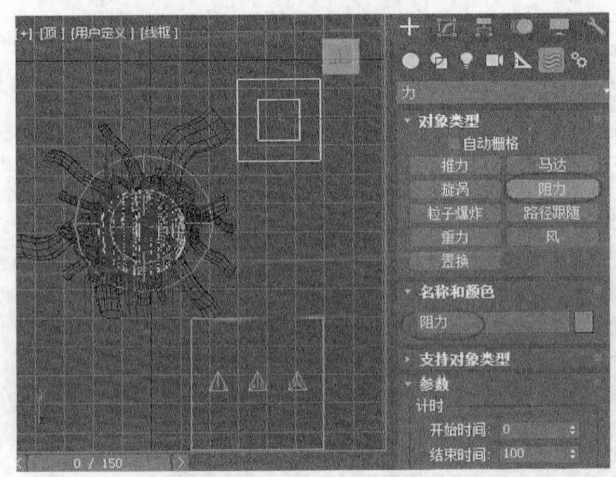

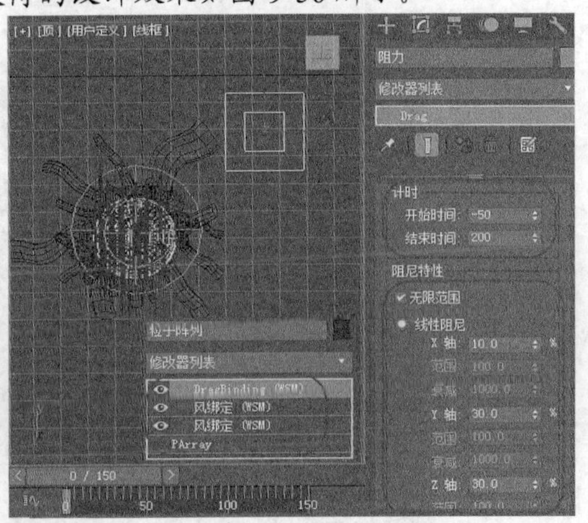

图9-56 绑定“阻力”空间扭曲

“阻力”空间扭曲起到控制火焰舞动幅度的作用。

【阻尼特性】分组框中的【X 轴】【Y 轴】【Z 轴】3 个选项分别用于控制相应轴向的阻力。

2. 为粒子赋予“火焰”材质。

(1) 取消“火球”的可渲染性。

① 单击按钮打开【从场景选择】对话框，选中“火球”对象，然后单击鼠标右键，在弹出的快捷菜单中选择【对象属性】命令，打开【对象属性】对话框，如图 9-57 所示。

② 在【渲染控制】分组框中单击 按层 按钮，使之变为 按对象 按钮，然后取消选择【可渲染】复选项。

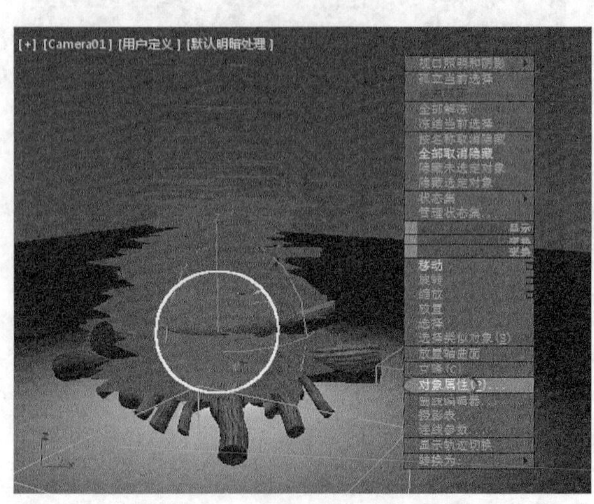

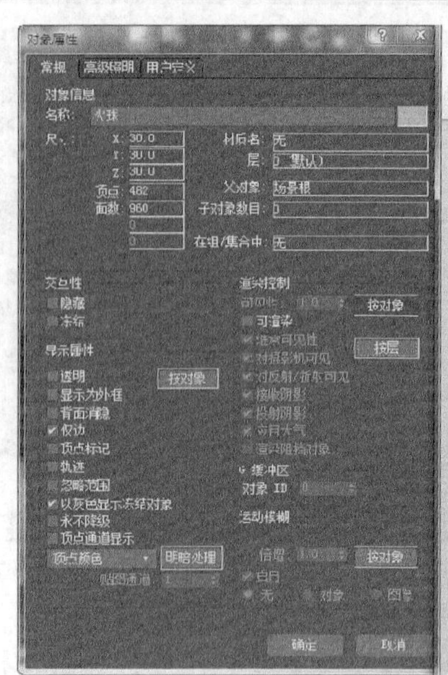

图9-57　取消“火球”的可渲染性

(2) 为粒子赋予“火焰”材质。

① 选中“粒子阵列”对象，按 M 键打开【材质编辑器】窗口。

② 选中“火焰”材质，“火焰”材质赋予“粒子阵列”对象。具体设置如图 9-58 所示。

图9-58　为粒子赋予“火焰”材质

(3) 使用“Camera01”摄影机视图进行渲染，即可得到图 9-48 所示的动画效果。

“粒子阵列”粒子系统除制作上述火焰效果外，还常用于制作爆炸效果，这都源于“粒子阵列”的一个特性——可以将粒子规律或随机地分布在网格对象上。读者可利用这一特性尝试将粒子分布在几何体上，用粒子模拟几何体外形，然后将其“炸开”，配合爆炸时的火焰贴图即可完成爆炸效果。

9.3 习题

1. 粒子系统主要有哪些类型？各有何用途？
2. 在不同视图中创建的“风”有何显著区别？
3. 制作烟雾、火焰和喷泉时，应分别使用哪种粒子系统？
4. 简要说明空间扭曲的特点和应用。
5. 如何将粒子系统绑定到空间扭曲对象上？

第10章　制作基础动画

【学习目标】

- 理解动画制作的基本原理。
- 掌握关键点动画的制作方法。
- 了解轨迹视图的用法。
- 掌握基础动画制作的一般步骤。

动画是影视特效及三维展示的重要手段，目前，国内外很多三维动画片都使用 3ds Max 来完成。3ds Max 为设计师提供了丰富多样的动画设计工具和动画控制器，使用这些工具可以创建出风格各异的动画作品。

10.1　知识解析

在 3ds Max 中提供了众多动画制作方案和大量实用动画设计工具，它们几乎可以对任何对象的任何参数变化设置动画效果。

10.1.1　动画制作概述

动画是连续播放的一系列静止画面。在 3ds Max 中可以将对象的参数变换设置为动画，这些参数随着时间的推移发生改变就产生了动画效果。

一、动画制作原理

如果快速查看一系列相关的静态图像，就会感觉到这是一个连续的运动。每一个单独的图像称为一帧，如图 10-1 所示。3ds Max 的动画制作原理和制作电影一样，就是将每个动作分成若干个帧，然后将所有帧连起来播放，在人的视觉中就形成了动态的视觉效果。

使用 3ds Max 创建动画时，只需要记录动画的起始、结束以及其中作用的重要帧，这些帧称为关键帧（或关键点），关键帧之间的其他帧则由软件自动计算完成。3ds Max 的动画功能非常强大，既可以通过记录摄影机、灯光、材质的参数变化来制作动画，也可以用动力学系统来模拟各种物理动画，如图 10-2 所示。

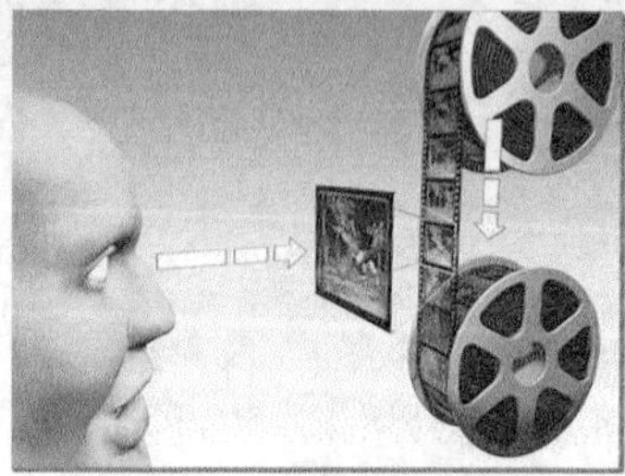

图10-1　动画原理

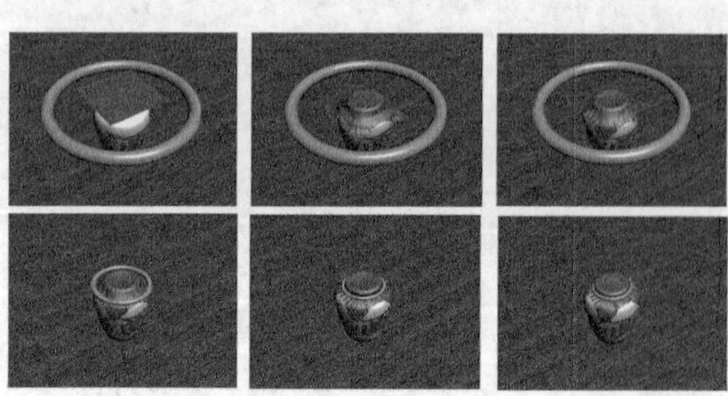

图10-2　模拟物理现象

二、动画制作工具

软件界面右下角是用来设置动画关键帧的相关工具，如图 10-3 所示。

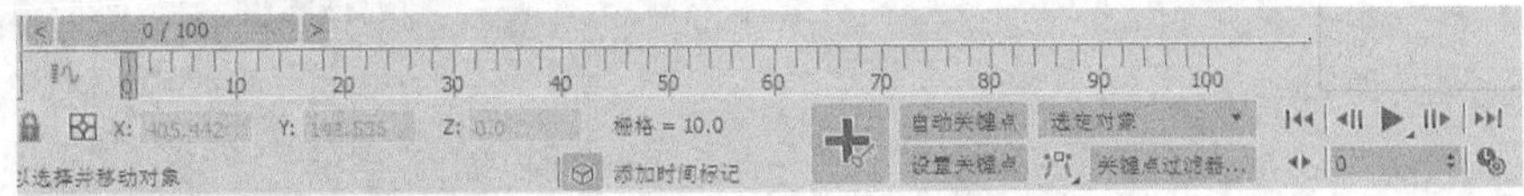

图10-3 动画制作工具

其上主要工具的用途如下。

- 时间线/时间线滑块：图中标记有 10、20 数字的标尺线称为时间线，其上的每个数字代表一帧，0 / 100 为时间线滑块，其上两个数字分别表示当前帧和总帧数。拖动时间线滑块可以切换到不同帧，然后对其上的对象进行编辑操作。
- 自动关键点：单击该按钮或按 N 键可以自动记录关键帧。在该模式下，物体的模型、材质、灯光及渲染等参数的改变都将被记录为不同属性的动画。在该模式下，时间尺会变为红色。
- 设置关键点：在该模式下，可以使用【设置关键点】工具和【关键点过滤器】为选定的关键点创建动画，未被选中的关键点则不创建动画。
- 选定对象：使用【设置关键点】模式时，在这里可以快速访问已经创建并命名的选择集合及轨迹集合。
- 关键点过滤器...：打开【设置关键点过滤器】对话框，在其中选取要设置关键点的轨迹，如图 10-4 所示。
- 动画控制按钮组：用来控制动画的播放和帧的移动，具体用法如表 10-1 所示。

表 10-1 动画控制按钮组的用法

选项	说明
（转至开头）	将时间滑块移动到活动时间段的第 1 帧
（上一帧）	将时间滑块向前移动一帧
（播放动画）//（播放选定对象）	单击按钮可以播放场景中的所有动画；单击按钮只播放当前选定对象的动画，未选中的对象将静止不动
（下一帧）	将时间滑块向后移动一帧
（转至结尾）	将时间滑块移动到活动时间段的最后一帧
（关键点模式切换）	单击该按钮可以切换到关键点设置模式。此时图标（上一帧）和（下一帧）将切换为（上一关键点）和（下一关键点），单击一次移动一个关键点
65	显示时间滑块当前所处的时间，在此输入数值后，时间滑块可以跳到输入数值所处的时间上
（时间配置）	单击该按钮打开【时间配置】对话框，该对话框提供了帧速率、时间显示、播放和动画的设置参数，如图 10-5 所示

三、关键帧

关键帧是指用户设置的动画帧，设置好动画的起始和终止两个关键帧及中间的动作方式，关键帧之间的所有动画就会由 3ds Max 自动生成。

创建关键点动画后，在时间滑块上将显示关键帧标记，关键帧标记会根据类型的不同用

不同的颜色进行显示，红色代表位置信息、绿色代表旋转信息、蓝色代表缩放信息，如图 10-6 所示，关键帧的相关操作如表 10-2 所示。

图10-4　【设置关键点过滤器】对话框

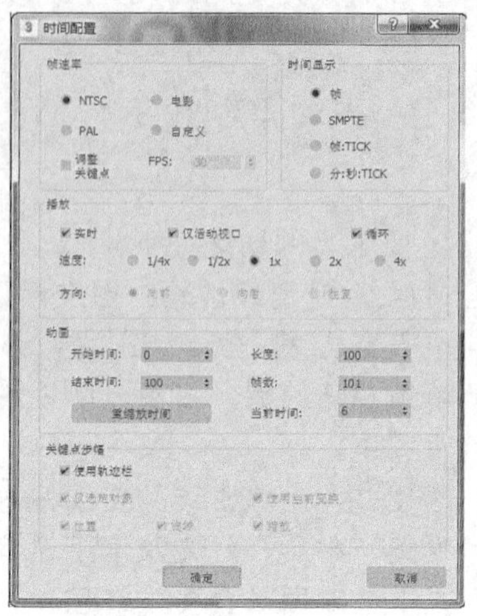

图10-5　【时间配置】对话框

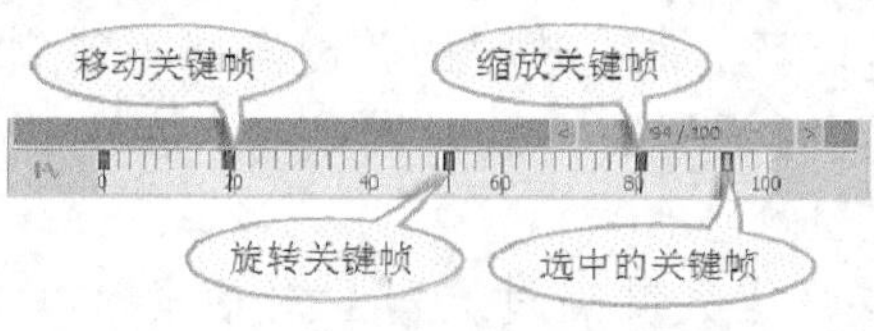

图10-6　关键帧

表 10-2　**关键帧相关操作**

选项	使用方法
移动关键帧	选中需要移动的关键帧，按住鼠标左键并拖曳鼠标指针即可进行移动
复制关键帧	选中需要复制的关键帧，按住 Shift 键并按住鼠标左键拖动鼠标指针，然后进行复制
删除关键帧	选中需要删除的关键帧，按 Delete 键进行删除

要点提示 在遇到多个参数的关键帧时，可以选中关键帧后单击鼠标右键，然后对需要改变的关键帧进行相应操作。

四、时间配置

在图 10-5 所示的【时间配置】对话框中可以设置时间配置，具体说明如表 10-3 所示。

表 10-3　**【时间配置】对话框的用法**

参数组	参数	说明
帧速率	NTSC	美国和日本的视频标准，帧速率为 30 帧/s
	PAL	我国和欧洲的视频标准，帧速率为 25 帧/s
	电影	电影胶片标准，帧速率为 24 帧/s
	自定义	选中该项后，可以在下面的【FPS】数字框中自定义帧速率
	FPS（每秒帧数）	采用每秒帧数来设置动画的帧速率。视频通常使用 30 帧/s 的帧速率；电影通常使用 24 帧/s 的帧速率；Web 和媒体动画则使用更低的帧速率

续表

参数组	参数	说明
时间显示	帧	完全使用帧显示时间 这是默认的显示模式。单个帧代表的时间长度取决于所选择的当前帧速率，如在 NTSC 视频中每帧代表 1/30s
	SMPTE	使用电影电视工程师协会格式显示时间 这是一种标准的时间显示格式，适用于大多数专业的动画制作。SMPTE 格式从左到右依次显示分钟、秒和帧
	帧:TICK	使用帧和程序的内部时间增量（称为“tick”）显示时间 每秒包含 4800tick，所以实际上可以访问最小为 1/4800s 的时间间隔
	分:秒:TICK	以分钟（min）、秒钟（s）和 tick 显示时间，其间用冒号分隔，如 02:16:2240 表示 2min、16s 和 2240tick
播放	实时	使视图中播放的动画与当前设置的帧速率一致
	仅活动视口	播放操作只在活动视口中进行
	循环	控制动画只播放一次或循环播放
	速度	设置动画的播放速度，可以设置慢放（1/4x，1/2x）、原速（1x）和快进（2x、4x）
	方向	设置动画播放的方向，可以顺播（向前）、倒播（向后）及循环播放（往复）
动画	开始时间	设置动画的开始时间
	结束时间	设置动画的结束时间
	长度	设置动画的总长度
	帧数	设置可渲染的总帧数，它等于动画的时间总长度加 1
	当前时间	设置时间滑块当前所在的帧
	重缩放时间	单击该按钮后会弹出【重缩放时间】对话框，在改变时间长度的同时，可以把动画的所有关键帧通过增加或减少中间帧的方式缩放到修改后的时间内
关键点步幅	使用轨迹栏	使关键点模式遵循轨迹栏中的所有关键点的设置规律
	仅选定对象	使用【关键点步幅】模式时，仅考虑选定对象的变换
	使用当前变换	禁用位置/旋转/缩放变换时，可以在关键点模式中使用当前变换
	位置/旋转/缩放	指定关键点模式允许使用的变换方式

【基础训练】——创建关键点动画

下面简要说明使用【自动关键点】模式和【设置关键点】模式制作动画的方法。

【操作步骤】

1. 自动关键点模式。

(1) 在场景中创建一个小球，然后赋予地球的贴图材质（也可以打开素材文件“第 10 章\素材\关键点动画\旋转地球.max”）。

(2) 在主界面右下方的动画控制区中单击 自动关键点 按钮，开启动画记录模式，如图 10-7 所示。

(3) 将时间滑块拖曳到第 60 帧，将其沿 y 轴旋转 180°，如图 10-8 所示。

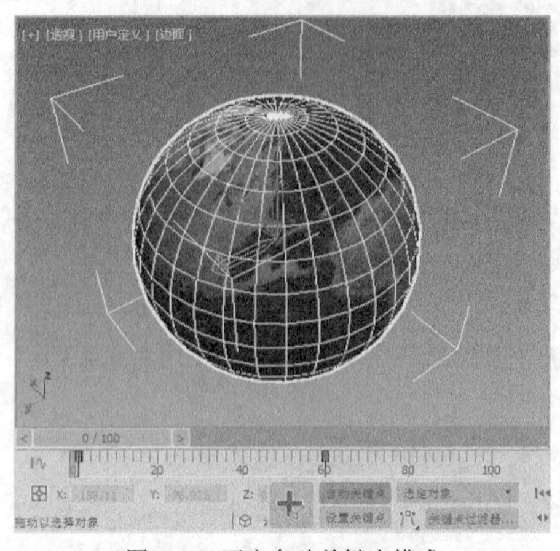

图10-7　开启自动关键点模式

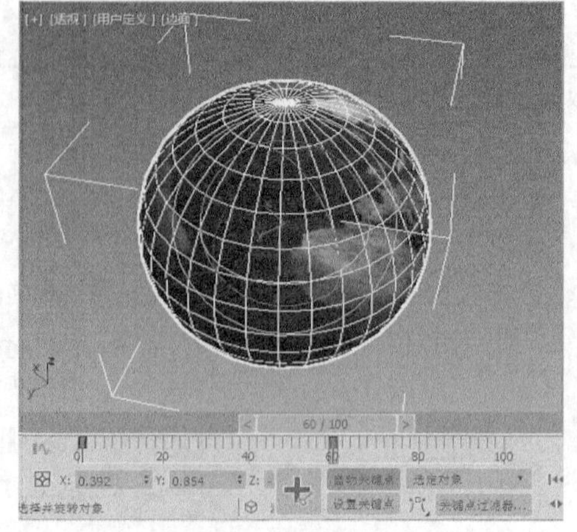

图10-8　旋转模型

(4)　在时间控制区中单击▶按钮，播放动画，可以观看动画效果。

要点提示　单击自动关键点按钮后，当前激活的视图以红色边框显示，表示已经开启了自动关键点模式，将时间滑块拖曳到一个帧上，然后对模型进行移动、旋转等操作，系统就会自动将模型的变化记录为动画。

2.　设置关键点模式。

(1)　重新打开“自动关键点模式”中的小球素材。

(2)　在动画控制区中单击设置关键点按钮，设置关键点模式。

(3)　在第 0 帧单击+按钮创建一个关键帧，如图 10-9 所示。

(4)　将时间滑块拖曳到第 30 帧，沿 x 方向移动球体。

(5)　将时间滑块拖曳到第 60 帧，沿 y 方向移动对象，单击+按钮创建一个关键帧，如图 10-10 所示。

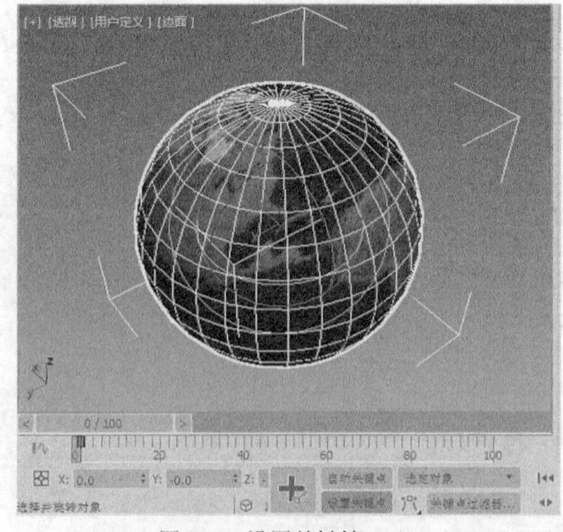

图10-9　设置关键帧（1）

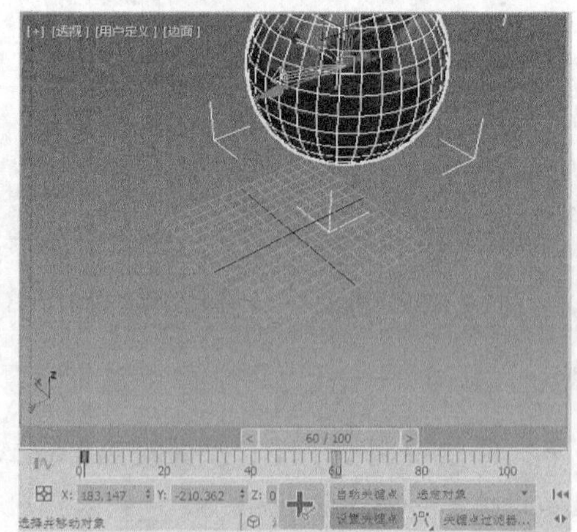

图10-10　设置关键帧（2）

(6)　在时间控制区中单击▶按钮，播放动画，可以看到 30 帧处的动画并没有记录下来。

单击设置关键点按钮后，开启了设置关键点模式，它能够在独立轨迹上创建关键帧，当一个对象的状态调整至理想状态时，可以使用该项状态创建关键帧。如果移动到另一个时间而没有设置关键帧（未按下+按钮），那么该状态将被放弃。

10.1.2 使用曲线编辑器

曲线编辑器是动画制作的重要工具，由【轨迹视图】和【摄影表】组成。

一、 轨迹视图——曲线编辑器

【曲线编辑器】是用来制作动画的专用编辑器，用户可以通过快速调节曲线形状来控制物体的运动状态。单击主工具栏中的【曲线编辑器(打开)】按钮，打开【轨迹视图-曲线编辑器】窗口，如图 10-11 所示。

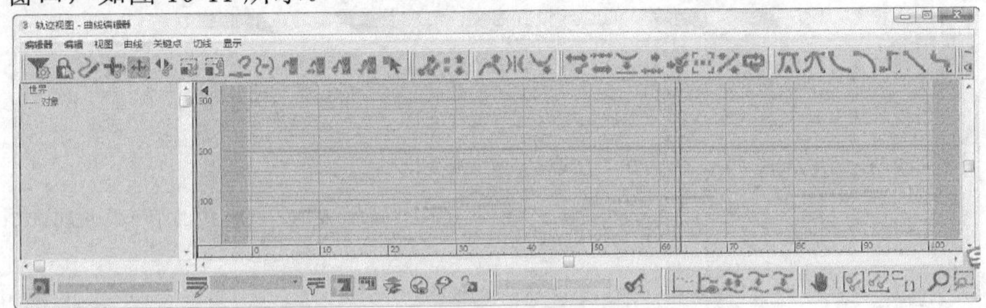

图10-11 【轨迹视图-曲线编辑器】窗口（1）

为对象设置动画后，在【轨迹视图-曲线编辑器】窗口中会显示与之对应的曲线，通常 x 轴使用红色曲线显示，y 轴使用绿色曲线显示，z 轴使用紫色曲线来显示，如图 10-12 所示。

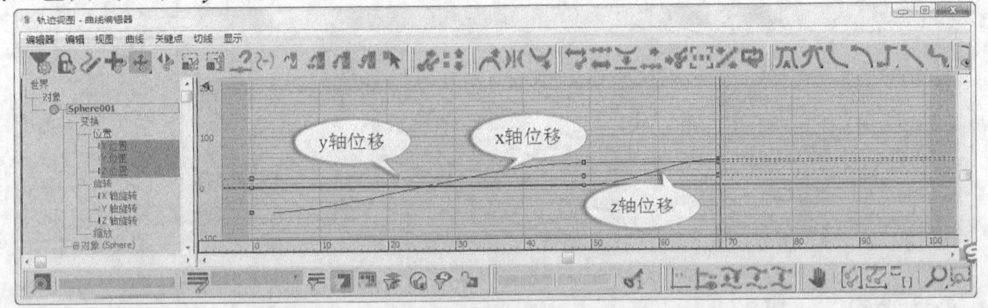

图10-12 【轨迹视图-曲线编辑器】窗口（2）

如果某条曲线为一条水平线，表示对象在该方向没有产生运动；如果某条曲线为一条抛物线，表示对象在该方向上处于加速运动状态；如果某条曲线为一条斜线，表示对象在该方向上处于匀速运动状态。

【轨迹视图-曲线编辑器】窗口上方是关键点控制工具栏，用来调整曲线形状，也可以插入关键点，其中主要工具的说明如表 10-4 所示。

表 10-4 关键点控制工具的说明

工具组	工具	说明
关键点控制	移动关键点 / /	在轨迹曲线上沿着任意、水平或垂直方向移动关键点
	绘制曲线	用于绘制新曲线
	添加/移除关键点	向曲线上添加关键点，按住 Shift 键则可以移除关键点
关键点控制	滑动关键点	拖动关键点沿着时间轴滑动，用来调整运动的快慢
	缩放关键点	拖动关键点对其进行缩放操作，将同步显示缩放比例

续表

工具组	工具	说明
关键点切线	将切线设置为自动	按照关键点附近的曲线形状自动设置切线形状。其下拉工具组中的工具将内侧线设置为自动，使其仅影响传入切线；工具将外侧线设置为自动，使其仅影响传出切线
	将切线设置为样条线	将选定的关键点设置为样条线切线，样条线具有控制柄，可以对其拖曳进行编辑
	将切线设置为快速	将关键点切线设置为快，可以获得最快的运动加速度
	将切线设置为慢速	将关键点切线设置为慢，可以获得最慢的运动加速度
	将切线设置为阶梯式	将关键点切线设置为阶跃形式，按照设定的步长进行速度调整
	将切线设置为线性	将关键点切线设置为线性变化
	将切线设置为平滑	将关键点切线设置为平滑变化
切线动作	显示切线切换	单击该按钮将在关键点上显示切线控制柄，如图 10-13 所示，拖动该句柄可以调整关键点两侧曲线形状
	断开切线	将两条切线（控制柄）连接到一个关键点，使其能够独立移动，以便不同的运动能进出关键点
	统一切线	统一切线后，沿着任意方向移动控制柄，可以让控制柄之间保持最小角度

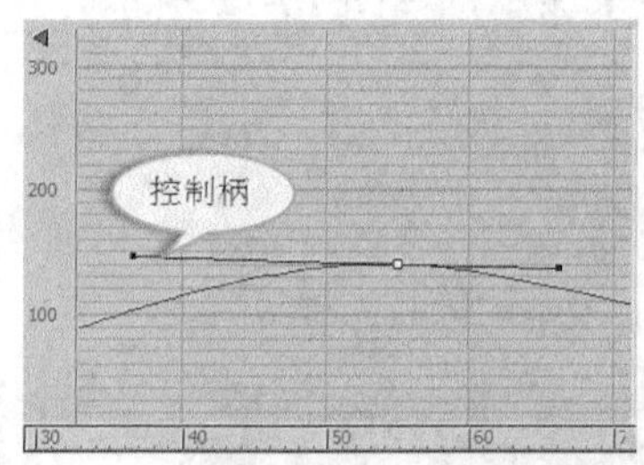

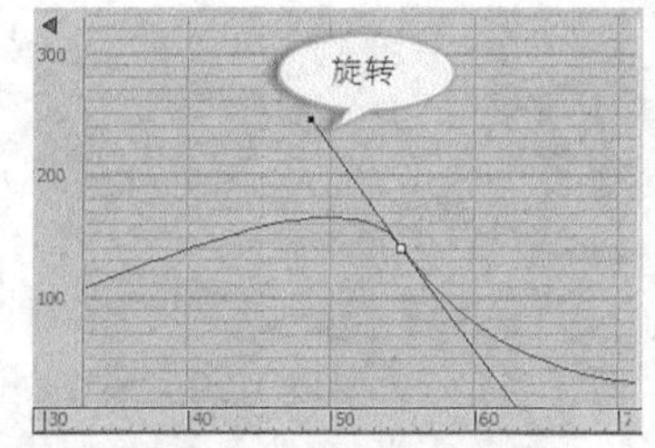

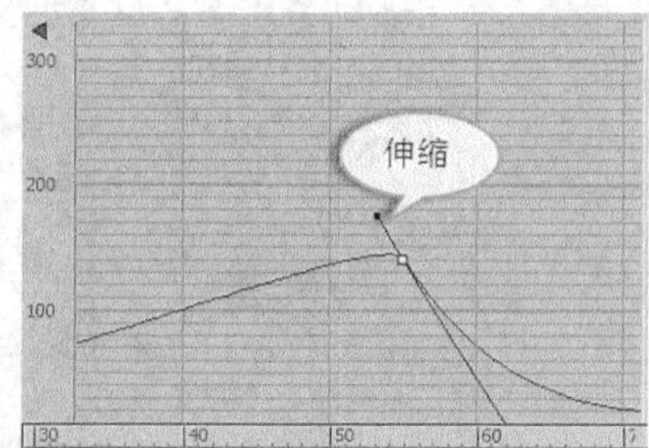

图10-13　显示切线切换

二、轨迹视图——摄影表

在摄影表模式下，可以自由操作所有关键帧，可以选定部分帧并将其移动到其他时间上，还可以对选定的一组帧在时间上进行缩放。执行【图形编辑器】/【轨迹视图-摄影表】命令，打开【轨迹视图-摄影表】窗口，如图 10-14 所示。

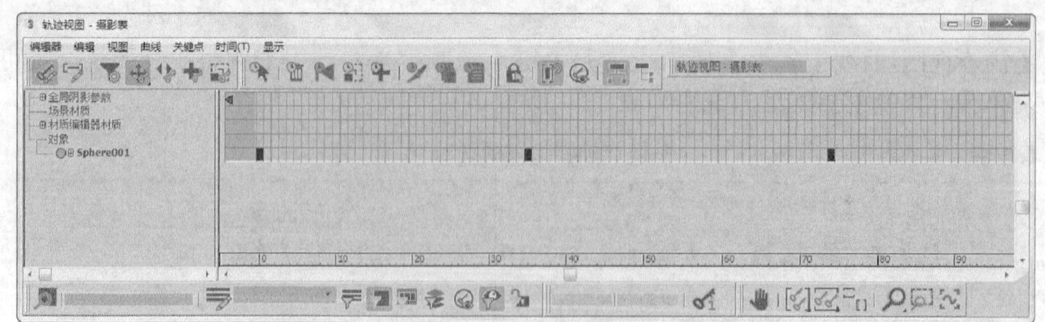

图10-14　【轨迹视图-摄影表】窗口

(1)　【编辑关键点】模式。

在【轨迹视图-摄影表】窗口工具栏左侧单击按钮，进入【编辑关键点】模式。在该模式下，栅格背景代表所有的时间格，水平方向上的一格代表一帧，彩色方格则代表关键帧。通常位置轨迹关键帧用红色表示，旋转轨迹关键帧用绿色表示，缩放轨迹关键帧用蓝色表示，其他轨迹关键帧以黄色表示，如图 10-15 所示。

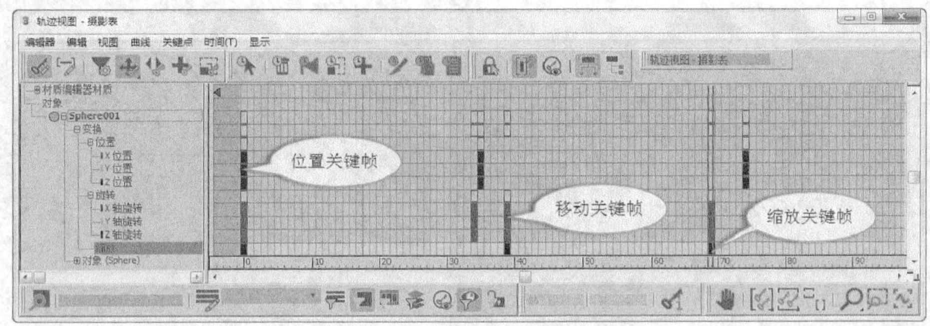

图10-15 【编辑关键点】模式

可以单击选中一个关键帧，也可以框选一组关键帧。选中关键帧后，即可对其进行移动、复制等操作。移动关键帧可以改变该动作发生的时间，向左移动将发生时间提前，向右移动把发生时间延后。复制关键帧可以让某一动作重复发生。

(2) 【编辑范围】模式。

在【轨迹视图-摄影表】窗口工具栏左侧单击按钮，进入【编辑范围】模式。此时窗口显示的是有效时间段。鼠标指针放置在时间段中部时为双箭头，可以对整个时间段进行水平移动，不改变动画的节奏和长度，只调节动画发生和结束的时间，如图 10-16 所示。

将鼠标指针放置在时间段两端时为单箭头，这时可以对动画发生的起始时间和结束时间进行单向调整，从而调节动画长度。滚动鼠标中键可以对图形进行缩放操作。

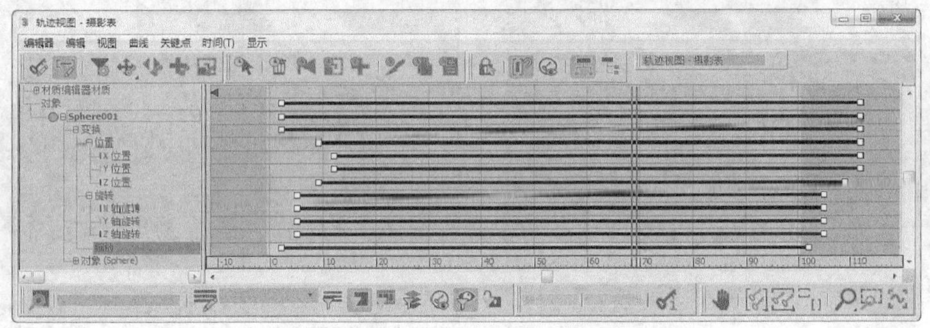

图10-16 【编辑范围】模式

在轨迹视图中，可以通过设置关键点的属性参数来控制物体的运动方向和轨迹。

【基础训练】——创建曲线编辑器

【操作步骤】

1. 使用【扩展基本体】中的 软管 工具，在透视图中创建一个软管模型，参数设置如图 10-17 所示。
2. 单击 自动关键点 按钮启动动画记录模式，移动时间滑块到第 30 帧，将软管在 x 轴的位移设置为“70”，将 z 轴的位移设置为“50”，并将软管【高度】参数设置为“80”，如图 10-18 所示。

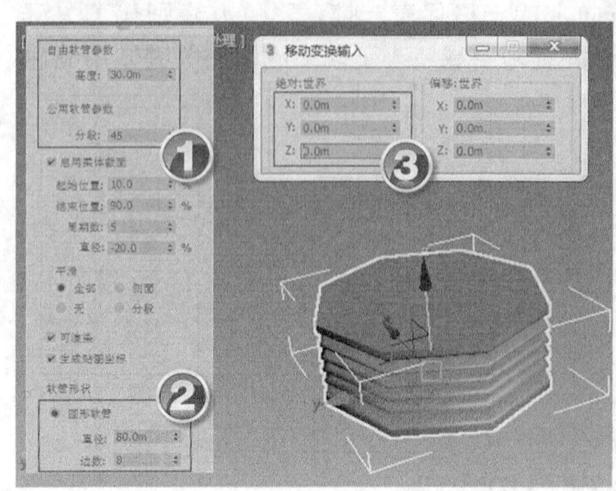

图10-17　创建软管

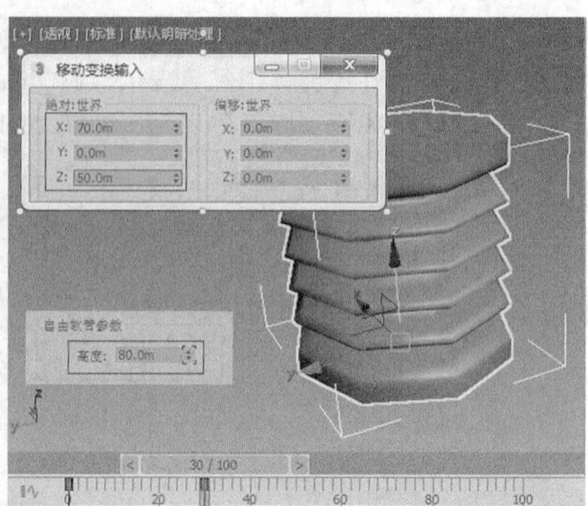

图10-18　设置第 30 帧处的参数

3.　移动时间滑块到第 60 帧，将 x 轴和 z 轴的位移分别改为“120”和“0”，并将【高度】改为“30”，如图 10-19 所示。

4.　关闭动画记录模式。执行【图形编辑器】/【轨迹视图-曲线编辑器】命令，打开【轨迹视图-曲线编辑器】窗口，在编辑框中可以看到两条功能曲线，红色代表 x 轴的位移，蓝色代表 z 轴的位移，如图 10-20 所示。

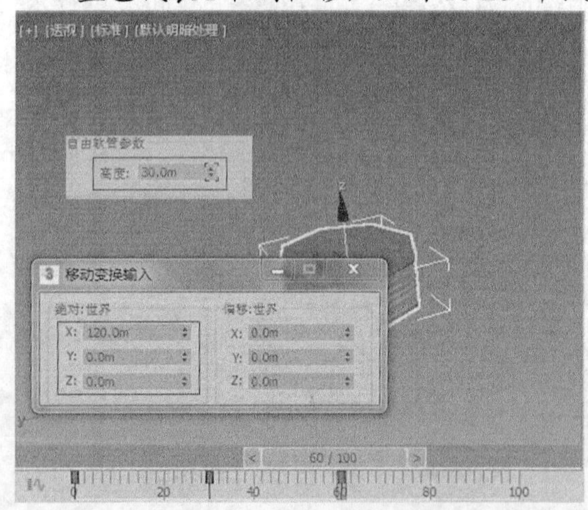

图10-19　设置第 60 帧处的参数

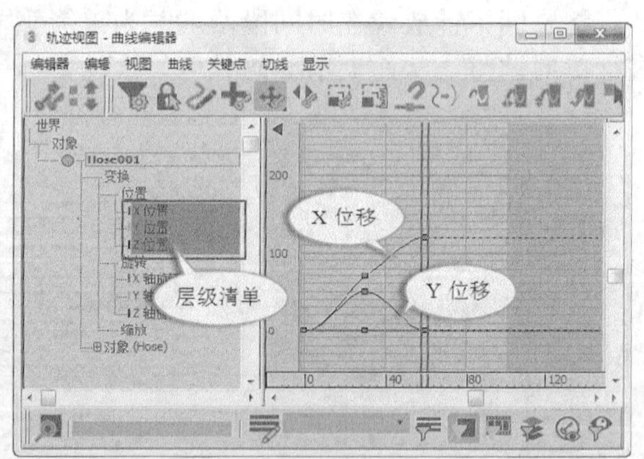

图10-20　【轨迹视图-曲线编辑器】窗口

进入【轨迹视图-曲线编辑器】窗口的另一种简单方法为：选中需要编辑的对象，单击鼠标右键，在弹出的快捷菜单中选择【曲线编辑器】命令。

5.　在级别清单中按住 Ctrl 键选择软管的【X 位置】和【Z 位置】两个选项，滚动鼠标中键适当缩放图形，框选功能曲线上的所有关键点，在工具栏中单击按钮，这时曲线没有变化，如图 10-21 所示，因为这是功能曲线的默认方式。

6.　单击按钮，这时关键点的控制手柄可用于编辑。选择【X 位置】，使用曲线上中间关键点的控制手柄进行调整，如图 10-22 所示。设置完成后，拖动时间滑块观察，发现软管在运动到第 30 帧处缓冲一下再往前运动。

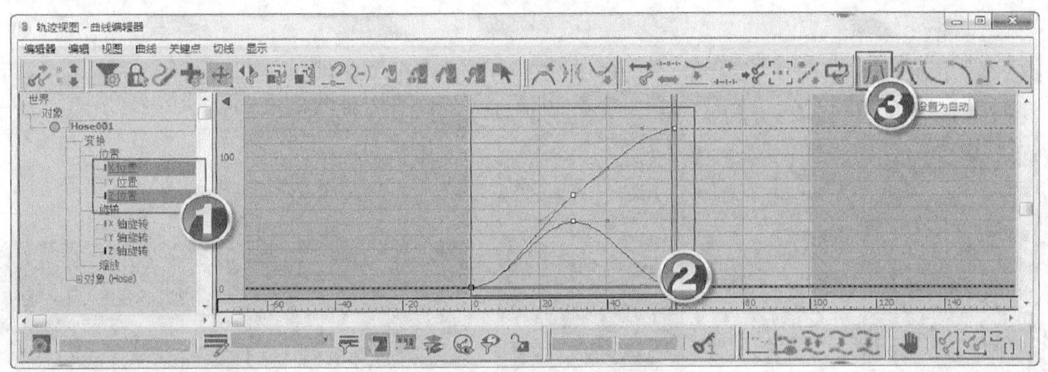

图10-21 软管高度的功能曲线轨迹

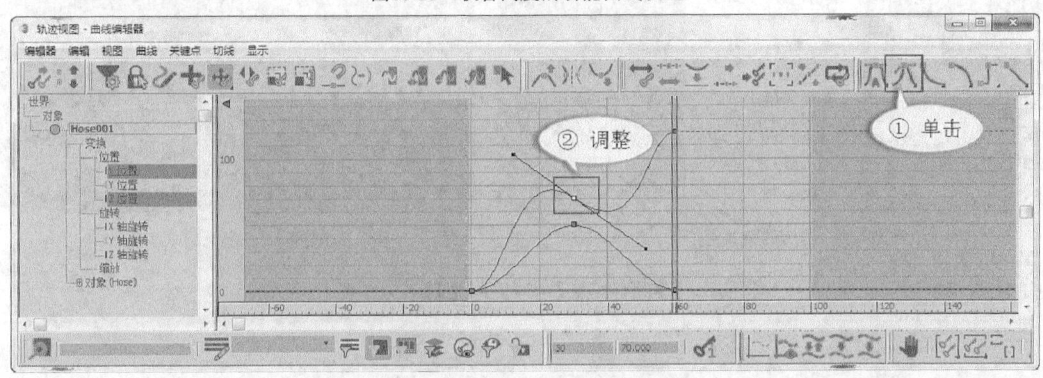

图10-22 设置功能曲线为自定义状态

7. 按 Ctrl+Z 组合键撤销操作，单击 按钮，将关键点的功能曲线设置为线性曲线，如图 10-23 所示，操作完成后，拖动时间滑块观察软管运动的状态，从第 0 帧至第 30 帧，从第 30 帧至第 60 帧都做匀速运动。

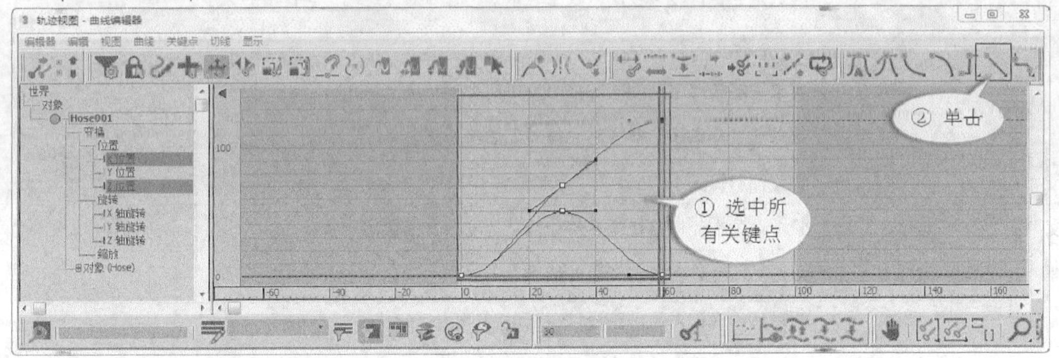

图10-23 设置功能曲线为线性状态

10.1.3 使用约束制作动画

约束就是将对象的运动限制在一个特定范围内，或者将两个或多个对象绑定在一起，可以对对象的位置、旋转和缩放等进行约束控制。

执行【动画】/【约束】菜单命令，查看约束方式如图 10-24 所示。

下面介绍几种常用约束动画工具的用法。

一、 路径约束

路径约束可以对一个对象沿着一条样条线或沿着多条样条线间的平均距离的移动进行限制。其参数面板如图 10-25 所示，常用参数的说明如表 10-5 所示。

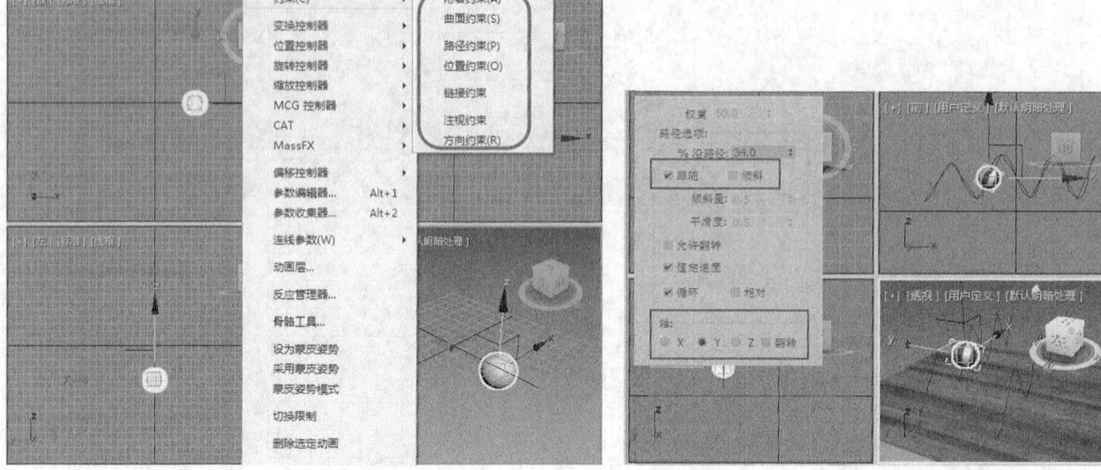

图10-24　常用约束类型

图10-25　路径约束参数

表 10-5　【路径约束】参数的说明

工具	说明
添加路径	添加一条新的样条线路径使之对约束对象产生影响
删除路径	从目标列表中删除选定的路径
【目标/权重】列表框	显示样条线路径及其权重大小
权重	为选定的目标设置权重，权重表示该路径对对象运动影响程度的大小
%沿路径	设置对象沿路径的百分比
跟随	对象跟随轮廓运动的同时将对象指向运动轨迹
倾斜	对象通过样条线的曲线时允许对象倾斜
倾斜量	设置倾斜量大小
平滑度	设置对象在经过路径的转弯处翻转角度改变的快慢
允许翻转	启用后，允许对象在转弯处翻转
恒定速度	启用后，允许对象沿路径以恒速运动
循环	启用后，允许对象沿路径循环运动
相对	启用后，可以保持约束对象的原始位置
轴	定义对象沿 x、y、z 轴与路径轨迹对齐

路径约束可以将对象约束到运动路径上。运动路径可以是任意类型的样条线，也可以是多个样条线，使用多个样条线是控制运动对象在这些样条线的平均距离上的运动。

【基础训练】——制作路径约束动画

【操作步骤】

1. 打开素材文件“第 10 章\素材\路径约束\路径约束.max”，该场景中有一个皮球和两条路径。
2. 选中“皮球”对象，执行【动画】/【约束】/【路径约束】命令，然后单击“路径 01”（左侧路径）对象。这时活动时间段上会自动生成两个关键点，播放动画，皮球已经沿着路径运动，如图 10-26 所示。
3. 通过观察可以发现，皮球的运动还有些呆板，在【运动】面板的【路径参数】卷展栏中启用【跟随】复选项，并选中【Y】单选项，如图 10-27 所示。再次播放动画，发现此时皮球会跟随路径的变化自动调整自身的位置。

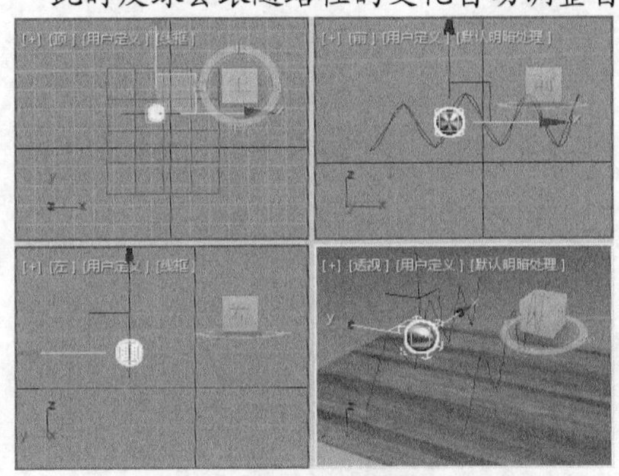

图10-26　选择“路径 01”制作动画

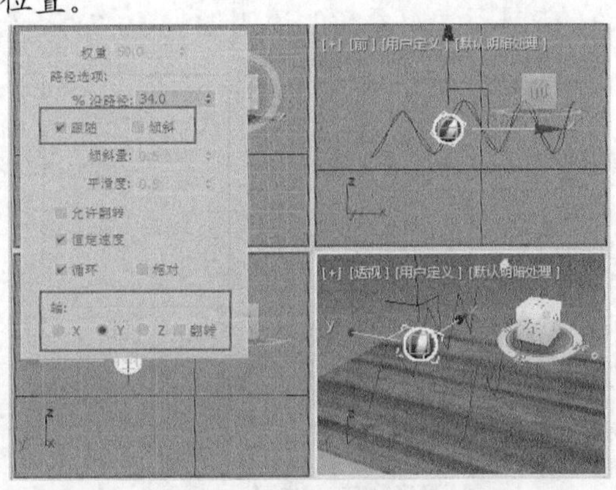

图10-27　设置【路径参数】

4. 使用多个路径约束对象。在【路径参数】卷展栏中单击 添加路径 按钮，然后在视图中选取“路径 02”路径（右侧路径），可以发现皮球在两条路径中间运动，如图 10-28 所示。
5. 在【路径参数】卷展栏中有个【权重】选项，它可以控制路径对皮球的影响程度，在【目标 权重】分组框中选择“路径 01”，然后设置其【权重】值为“20”；再选择“路径 02”，设置其【权重】值为“100”，再次观察效果，如图 10-29 所示。

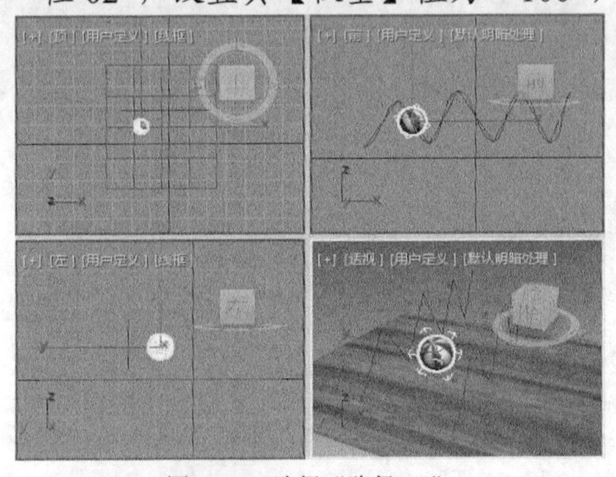

图10-28　选择“路径 02”

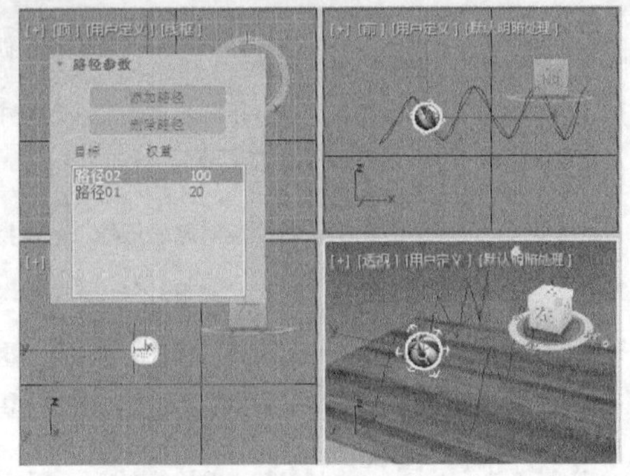

图10-29　设置权重

二、　位置约束

位置约束可以控制一个对象跟随另一个对象的位置或跟随几个对象的权重平均位置。其参数面板如图 10-30 所示，常用参数的说明如表 10-6 所示。

表 10-6　　【位置约束】参数的说明

工具	说明
添加位置目标	添加影响受约束对象位置的新目标对象
删除位置目标	移除选定的目标对象，使其不再影响受约束对象
【目标/权重】列表框	显示目标对象及其权重值
权重	为选定的目标设置权重
保持初始偏移	启用后，可以保存受约束对象与目标对象间的原始距离

三、　注视约束

注视约束可以控制对象的运动方向，使其运动中一直注视另一个对象。其参数面板如图 10-31 所示，常用参数的说明如表 10-7 所示。

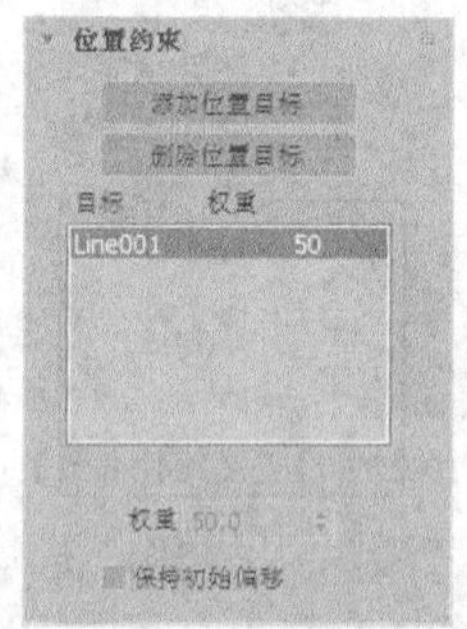

图10-30　【位置约束】参数面板

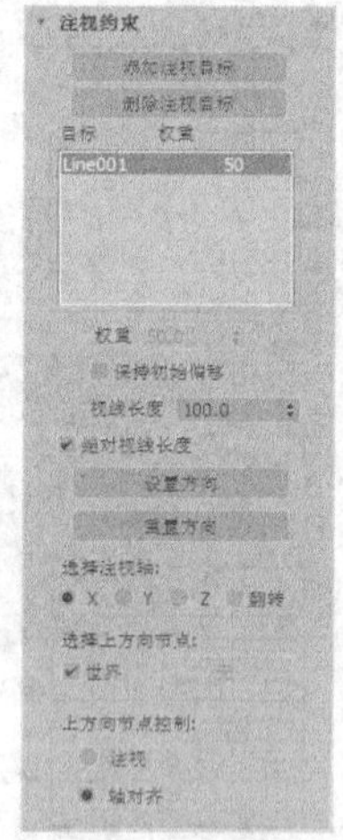

图10-31　【注视约束】参数面板

表 10-7　　【注视约束】参数的说明

工具	说明
添加注视目标	添加影响约束对象的新目标
删除注视目标	从目标列表中删除选定的注视目标
权重	为每个目标设置权重值
保持初始偏移	将约束对象的原始方向保持为相对于约束方向上的一个偏移
视线长度	定义从约束对象轴到目标对象轴的视线长度
绝对视线长度	启用后，仅使用【视线长度】参数设置主视线的长度
设置方向	允许对约束对象的偏移方向进行手动定义
重置方向	将约束对象的方向重置为默认值
选择注视轴	定义注视目标的轴
选择上方向节点	选择注视的上方向节点，默认为“世界”
上方向节点控制	允许在注视的上方向节点控制器与轴对齐之间快速翻转

续表

工具	说明
源轴	选择与上方向节点轴对齐的约束对象的轴
对齐到上方向节点轴	选择与选中的源轴对齐的上方向节点轴

注视约束会控制对象的方向，使它一直注视另一个对象。同时它会锁定对象的旋转度，使对象一个轴点朝向目标对象，如控制摄影机环绕某个对象进行旋转等。

【基础训练】——制作注视约束动画

【操作步骤】

1. 打开素材文件“第 10 章\素材\注视约束\注视约束.max”，该场景中有一个平面、一个茶壶和一个小球，如图 10-32 所示。
2. 选择“茶壶”对象后，执行【动画】/【约束】/【注视约束】命令，然后单击“小球”对象，如图 10-33 所示。

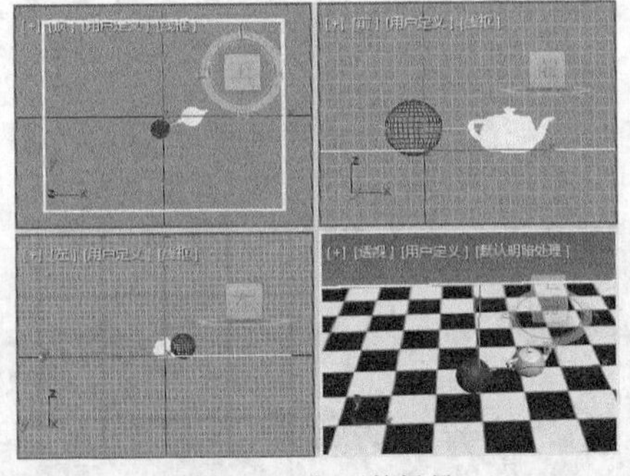

图10-32　打开的场景

图10-33　设置注视约束

3. 在添加注视约束后，茶壶和小球的轴心连线上会出现一条浅蓝色的线，表示已经应用约束，不过这时茶壶反转了方向，这是因为系统在【运动】面板的【注视约束】卷展栏中启用了【翻转】复选项，用户可以根据实际需要决定是否选中该复选项，如图 10-34 所示。
4. 观察图 10-34 可以发现，茶壶已经不在平面上，并有一个向上的偏移角度。选中茶壶，进入【层次】面板，在【调整轴】卷展栏中单击 仅影响轴 按钮，然后单击 居中到对象 按钮，将轴的中心移动到茶壶的中心，如图 10-35 所示。

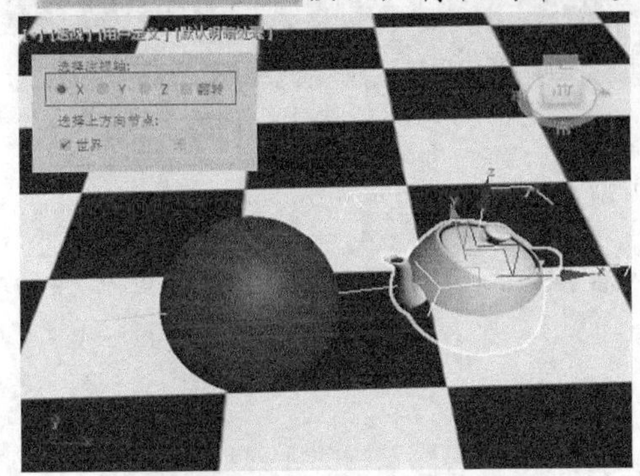

图10-34　调整注视轴

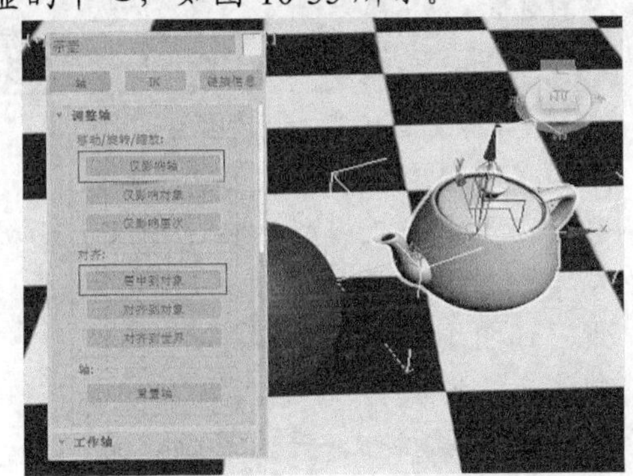

图10-35　调整茶壶本身的轴

5. 移动小球，可以观察注视约束的动画效果，茶壶始终“注视”着小球的移动。

【基础训练】——制作“海底游鱼”动画

本实训将结合【路径变形】修改器来表现对象在路径上的变形，从而制作出鱼儿在海底游动的效果，最终创建的动画效果如图 10-36 所示。

图10-36　制作“海底游鱼”动画

【操作步骤】

1.　打开文件。

(1)　执行【文件】/【打开】菜单命令，打开素材文件“素材\第 10 章\海底游鱼\海底游鱼.max”。

(2)　打开的场景如图 10-37 所示。

2.　制作鱼儿游动路线。

(1)　在【创建】面板的【图形】选项卡中单击 线 按钮，并选中【平滑】单选项。

(2)　在顶视图中制作鱼儿游动路线，如图 10-38 所示。

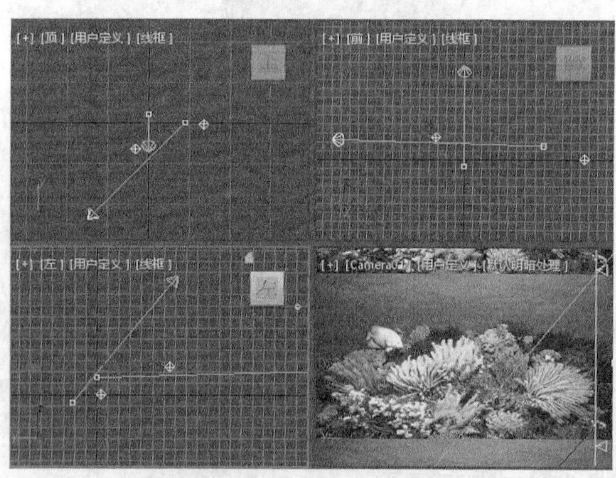

图10-37　打开的场景

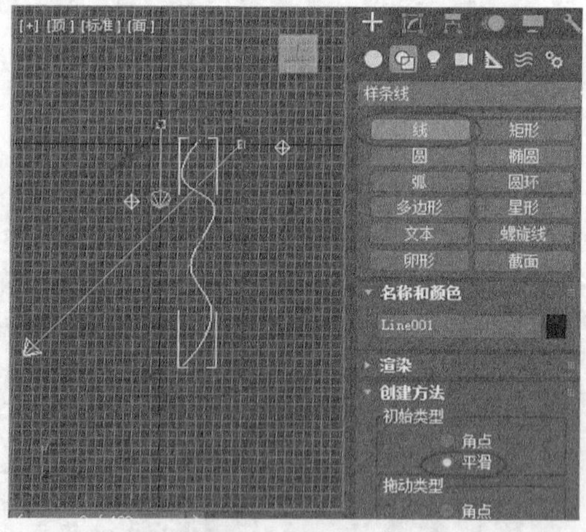

图10-38　制作鱼儿游动路线

3.　添加【路径变形】修改器。

(1)　选中场景中的鱼模型，在【修改】面板中为其添加【路径变形】修改器。

(2)　在【参数】卷展栏中单击 拾取路径 按钮，然后拾取场景中的曲线，生成鱼儿游动路线，如图 10-39 所示。

4.　制作鱼儿游动动画。

(1)　单击 自动关键点 按钮，开启动画记录模式。

(2)　将时间滑块移动到 100 帧，如图 10-40 所示。

(3)　在【路径变形】修改器的【参数】卷展栏中设置【百分比】值为“100”。

(4) 在动画控制区单击▶按钮，观看动画效果。

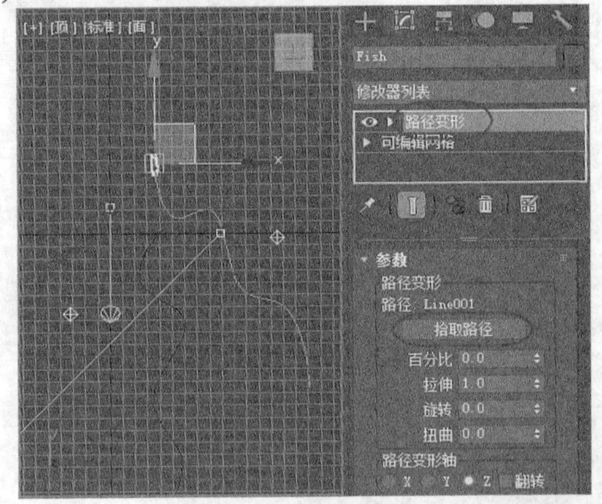

图10-39 添加【路径变形】修改器

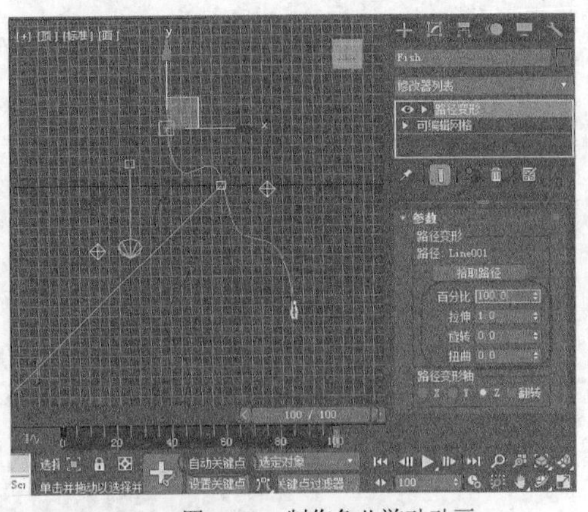

图10-40 制作鱼儿游动动画

5. 根据鱼儿游动效果，使用【移动】工具调整鱼儿游动路线，效果如图 10-41 所示。

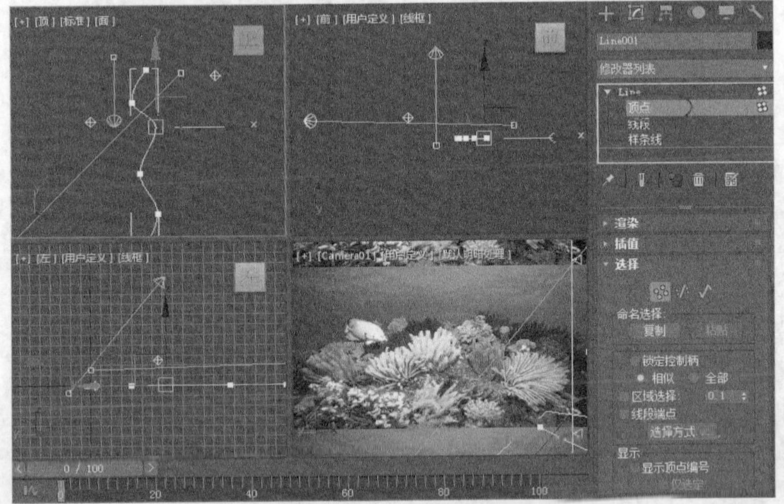

图10-41 调整鱼儿游动路线

6. 关闭动画录制器后，保存场景，进行渲染输出。

10.2 实战训练

本例视频

下面结合实例介绍动画的基本制作方法。

10.2.1 从零开始——制作“水墨画”

要想灵活运用关键点动画，还需要掌握它各个方面的运用，本例将结合关键点动画和空间扭曲中的波浪对象设计一幅生动、有趣的水墨画作品，效果如图 10-42 所示。

【操作步骤】

1. 添加空间扭曲对象。

(1) 打开制作模板，如图 10-43 所示。

① 打开素材文件“第 10 章\素材\水墨画效果\水墨画效果.max”。

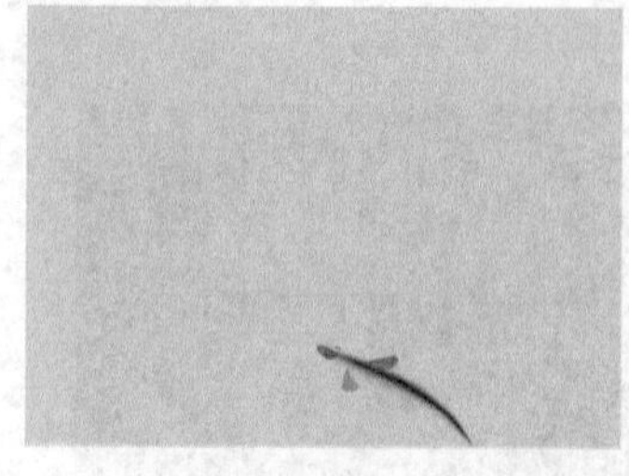

图10-42　制作“水墨画”

② 场景中对所有的鱼设置了材质。

③ 场景中创建了一架摄影机，用于对鱼游动的效果进行动画渲染。

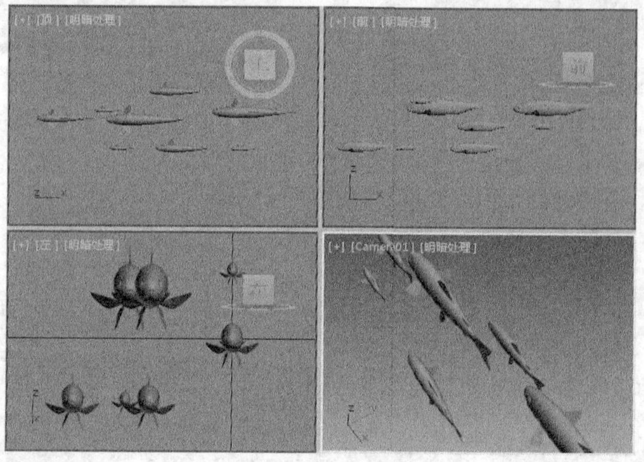

图10-43　打开的场景

(2) 创建线性波浪，如图 10-44 所示。

① 执行【创建】/【空间扭曲】/【几何/可变形】/【波浪】命令。

② 在前视图中创建一个“波浪”对象。

③ 重命名“波浪”对象为“波浪 01”，在【参数】面板中设置参数。

④ 设置其位置坐标。

⑤ 设置旋转变换参数。

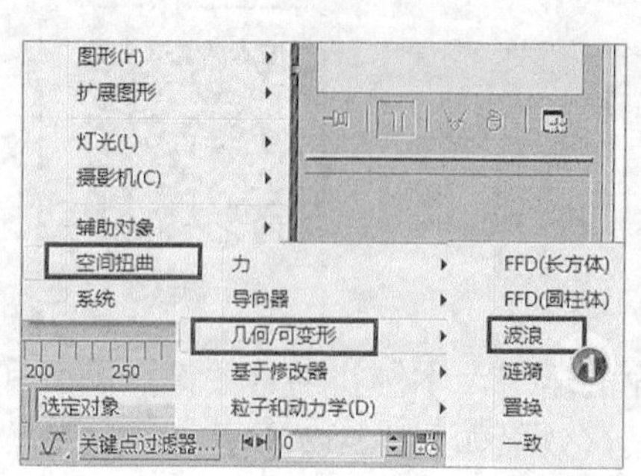

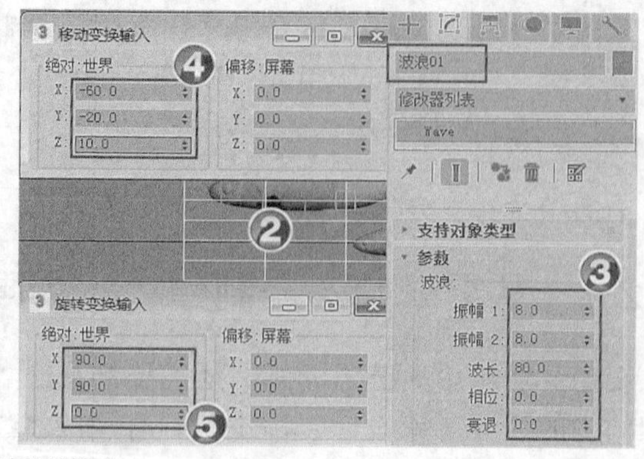

图10-44　创建线性波浪

(3) 复制线性波浪，如图 10-45 所示。

① 选中“波浪 01”对象，按 Ctrl+V 组合键打开【克隆选项】对话框。

② 选中【复制】单选项，设置其名称为“波浪 02”。

③ 在【参数】面板中设置参数。

④ 设置其位置坐标:【X】为“-45”、【Y】为“-20”、【Z】为“10”。

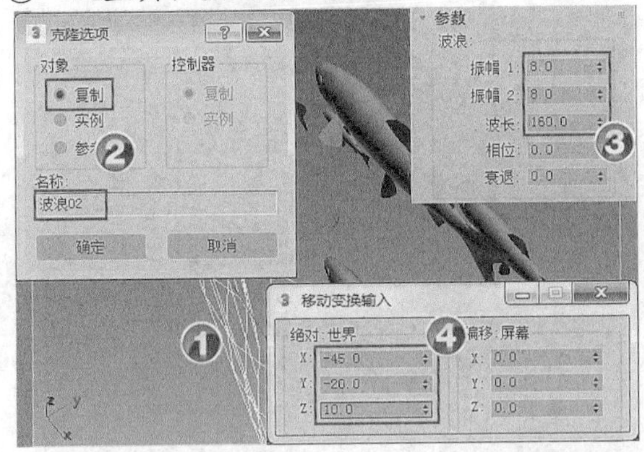

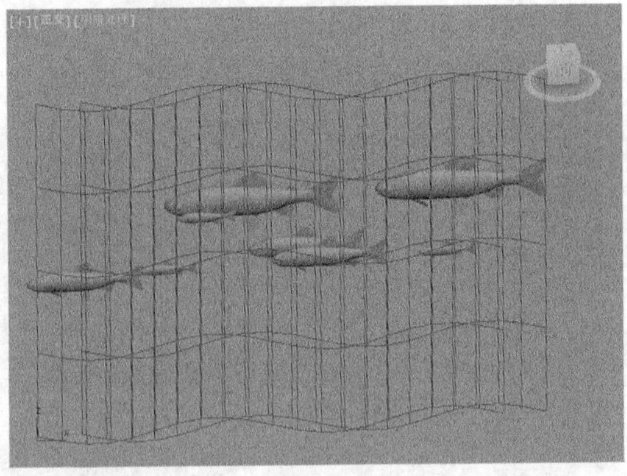

图10-45　复制线性波浪

2. 制作鱼的游动动画。

(1) 绑定对象，如图 10-46 所示。

① 单击按钮打开【从场景选择】对话框，同时选中“fish06”和“fish07”对象，单击 确定 按钮。

② 单击按钮。

③ 再次单击按钮打开【选择空间扭曲】对话框。

④ 选择“波浪 02”对象后，单击 绑定 按钮。

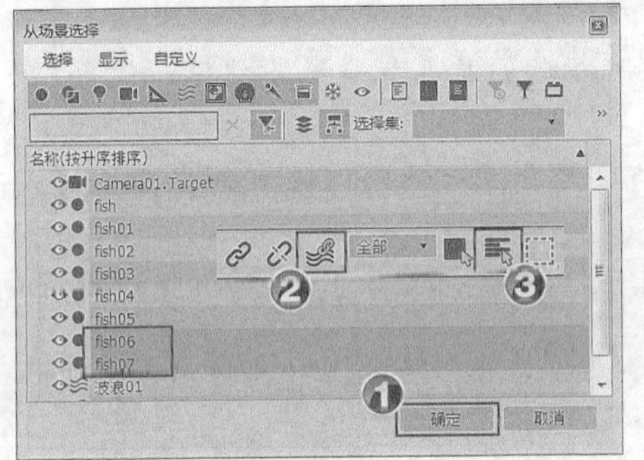

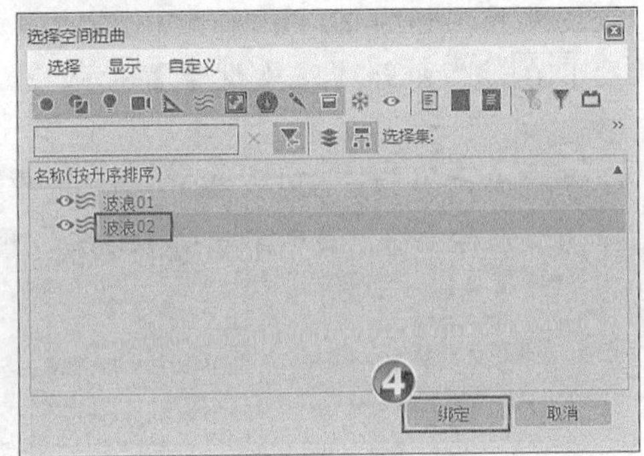

图10-46　绑定对象到空间扭曲（1）

(2) 使用同样的方法将剩下的鱼和“波浪 01”对象进行绑定。绑定完成后，按 W 键取消绑定到空间扭曲状态，如图 10-47 所示。

图10-47　绑定对象到空间扭曲（2）

(3) 设置所有鱼第 1 帧处的位置，如图 10-48 所示。

① 按H键打开【从场景选择】对话框，选中所有的鱼。

② 在前视图中水平向右移动一段距离，直到所有的摄像机外部。

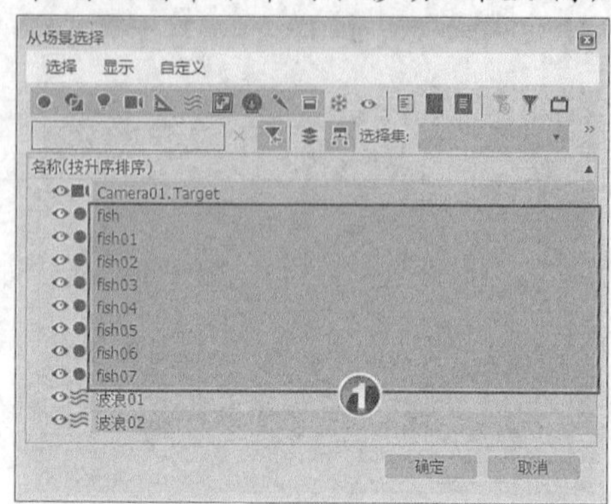

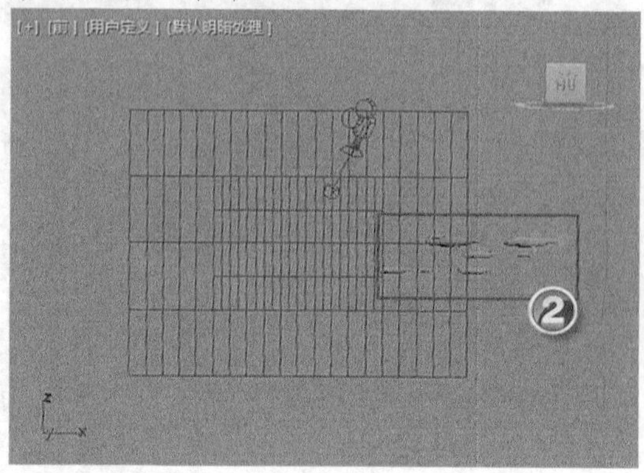

图10-48　设置所有鱼第 1 帧处的位置

(4) 设置所有鱼第 300 帧处的位置，如图 10-49 所示。

① 单击自动关键点按钮，启动动画记录模式。

② 移动时间滑块到第 300 帧。

③ 在前视图中水平向左移动一段距离，直到所有的鱼在摄影机视图外部，单击自动关键点按钮关闭动画记录模式。

3. 渲染动画。

(1) 渲染设置，如图 10-50 所示。

① 按F10键，打开【渲染设置】对话框，在【公用参数】卷展栏中选中【活动时间段:】单选项。

② 设置输出大小为“640×480”。设置渲染输出的格式及保存路径。设置渲染器为【默认扫描线渲染器】，最后单击渲染按钮，开始动画渲染。

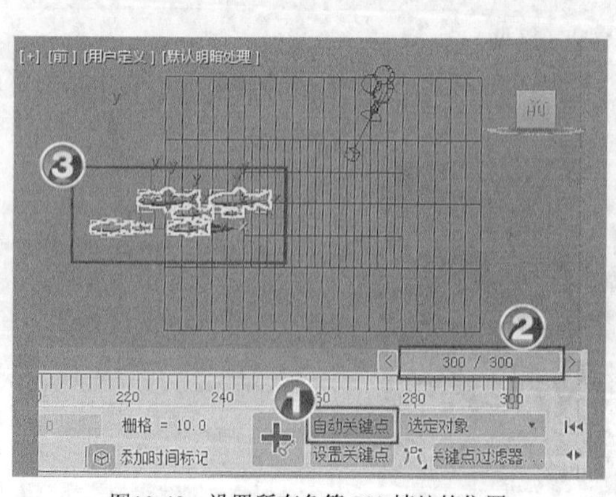

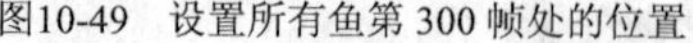

图10-49　设置所有鱼第 300 帧处的位置

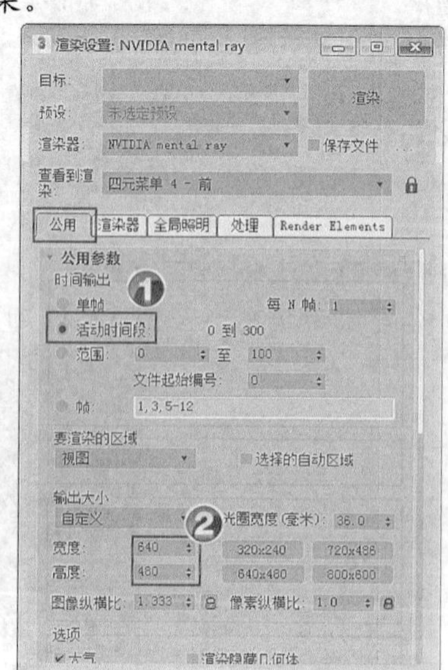

图10-50　渲染设置

(2) 按Ctrl+S组合键保存场景文件到指定目录，本案例制作完成。

10.2.2 课堂实训——制作“碧波荡漾”

本案例将结合【波浪】修改器制作出海面上波澜壮阔的动画效果，如图 10-51 所示。

图10-51 制作“碧波荡漾”

【操作步骤】

本例视频

1. 创建场景文件（见图 10-52）。

(1) 在【创建】面板中单击 平面 按钮，在顶视图上绘制一个平面。

(2) 在【修改】面板中修改【名称】为“海面”，然后设置【长度】和【宽度】均为“500”，长度和宽度分段值均为“50”。

(3) 右击 按钮，在弹出的【旋转变换输入】对话框中设置旋转参数【X】为“0”、【Y】为“0”、【Z】为“10”，即沿着 z 轴向左旋转 10°。

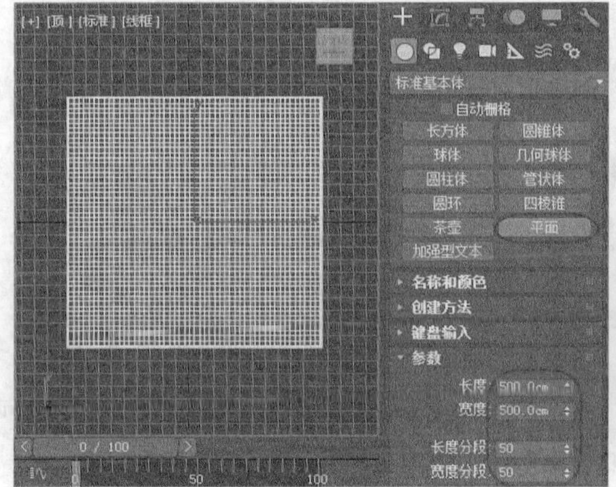

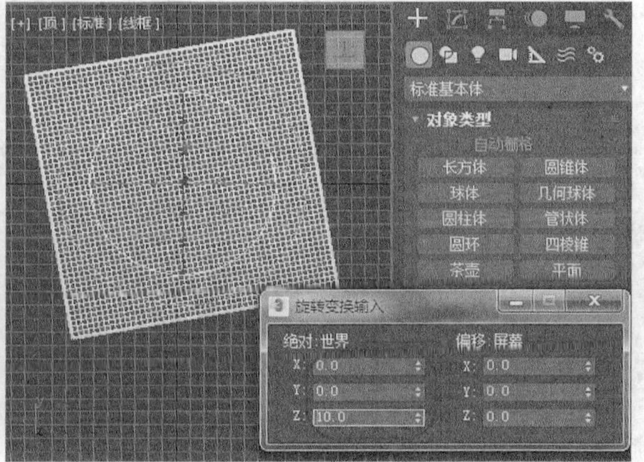

图10-52 创建场景文件

2. 设置动画。

(1) 添加修改器，如图 10-53 所示。

① 在时间控制区中单击 按钮，在弹出的【时间配置】对话框中设置相应的参数，然后单击 确定 按钮。

② 选中“海面”对象，在【修改】面板依次选择一个【UVW 贴图】修改器、两个【体积选择】修改器和两个【波浪】修改器。

(2) 修改修改器参数，如图 10-54 所示。

① 选择【UVW 贴图】修改器，设置相应参数。

② 选择【体积选择】修改器，在【参数】卷展栏中选中【顶点】单选项。

③ 在【曲面特征】下选中【纹理贴图】单选项，然后单击 无 按钮，打开【材质/贴图浏览器】对话框，选中【噪波】选项，然后单击 确定 按钮。

④　打开【材质编辑器】对话框，按住图 #1 （Noise按钮，将其拖曳到【材质编辑器】对话框中的一个空白材质球里，然后单击【实例(副本)贴图】对话框中的确定按钮。

⑤　在【坐标】卷展栏中设置【源】为【显式贴图通道】。

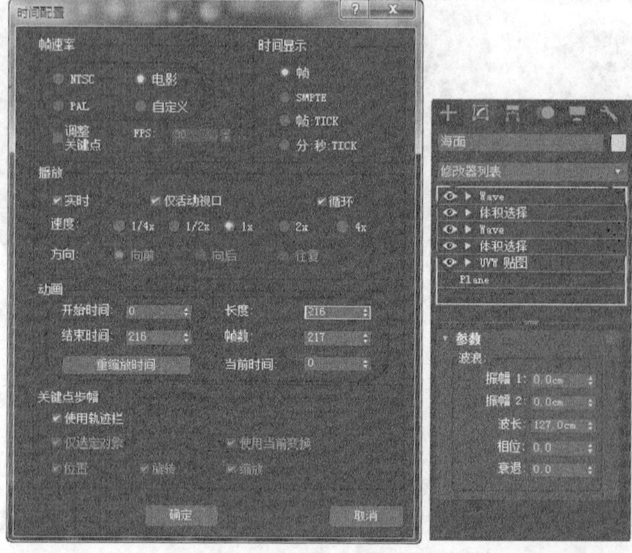

图10-53　添加修改器

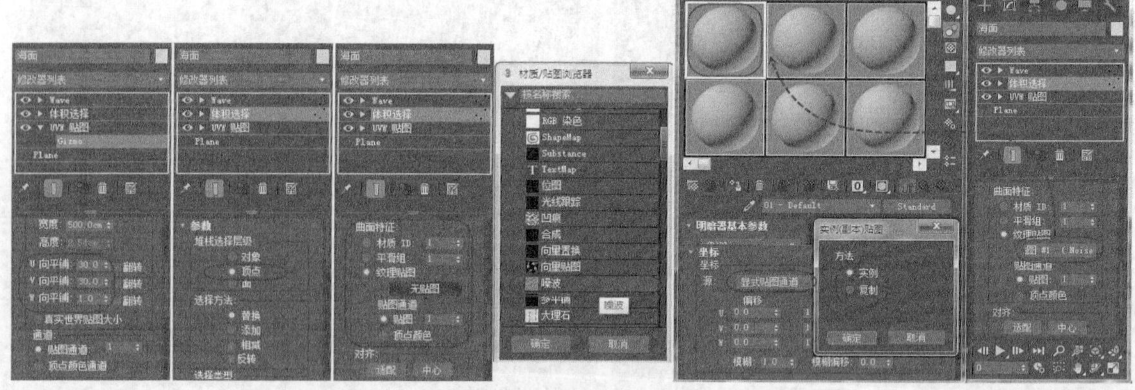

图10-54　修改修改器参数

(3)　使用同样的方法为第 2 个【体积选择】修改器设置相应参数，设置的参数和第 1 个【体积选择】修改器只有一处不同，如图 10-55 所示。

(4)　修改【波浪】修改器 1 参数，如图 10-56 所示。

①　选择【波浪】修改器，设置其相应参数。

②　单击自动关键点按钮，启动动画记录模式，移动时间滑块到第 216 帧。

③　设置其【相位】参数为“2”，然后单击自动关键点按钮，关闭动画记录模式。

(5)　第 2 个【波浪】修改器的参数设置与【波浪】修改器 1 除一处不同外，其他均相同，如图 10-57 所示。

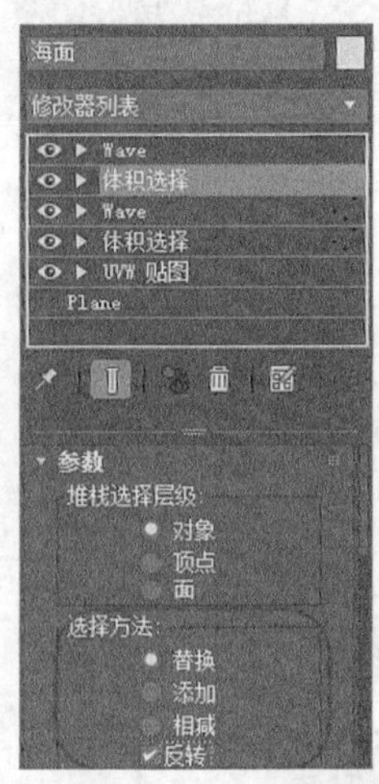

图10-55　修改器参数

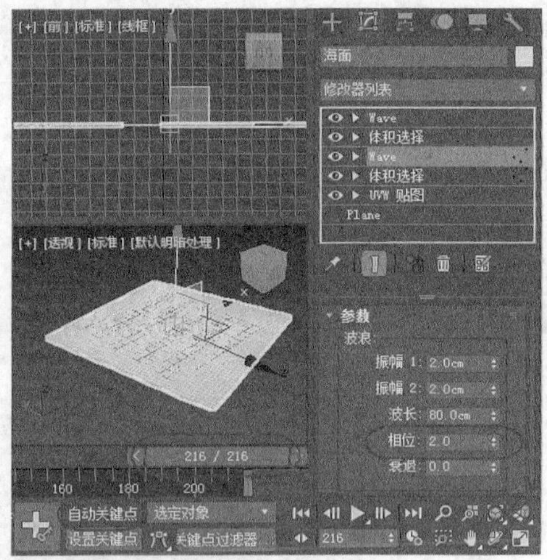

图10-56　修改【波浪】修改器 1 参数

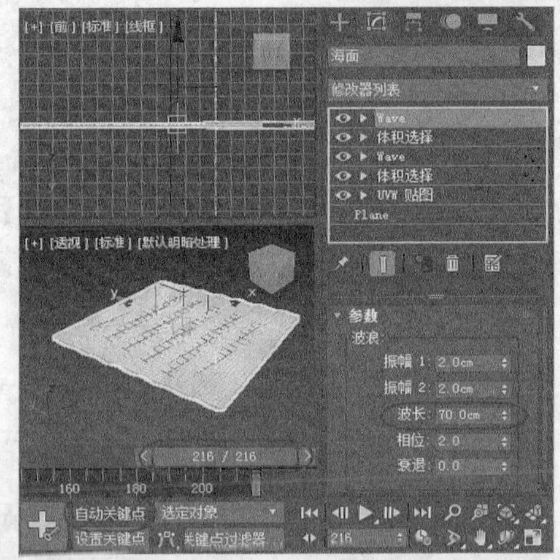

图10-57　修改第 2 个【波浪】修改器参数

(6)　编辑动画功能曲线，如图 10-58 所示。

①　执行【图形编辑器】/【轨迹视图 - 曲线编辑器】命令，打开【轨迹视图 - 曲线编辑器】窗口。

②　单击按钮，将所有的【波浪】修改器功能曲线设置为线性。

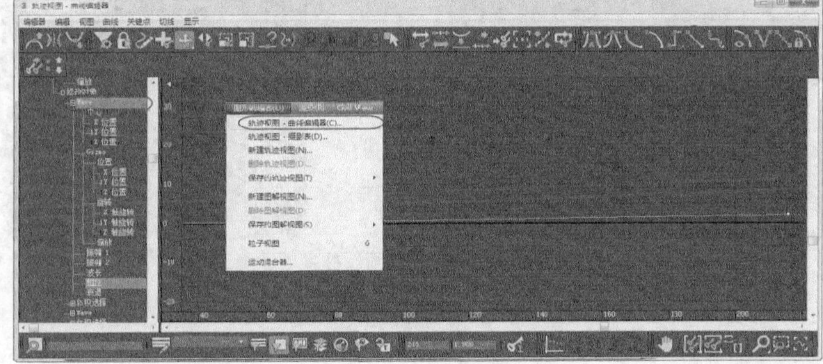

图10-58　编辑动画功能曲线

要点提示 使用【轨迹视图-曲线编辑器】修改动画的动作轨迹可以制作出更加细致的动画效果，这里请读者先按文中所述步骤操作。

(7) 赋予海面材质，如图 10-59 所示。

① 执行【渲染】/【材质编辑器】/【精简材质编辑器】命令，打开【材质编辑器】窗口，然后选中一个空白材质球。

② 重命名材质为“海面”，然后在【贴图】卷展栏中单击【漫反射颜色】右侧的 无贴图 按钮，打开【材质/贴图浏览器】对话框。

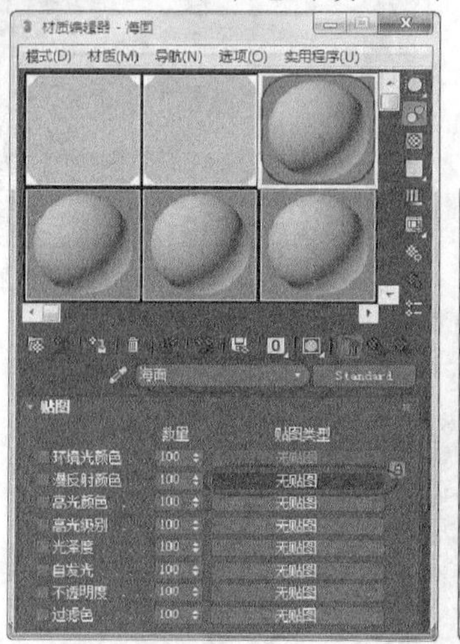

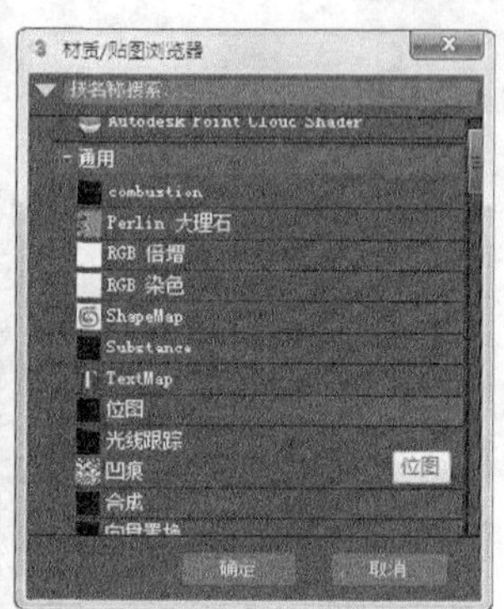

图10-59　设置材质

③ 在【材质/贴图浏览器】对话框中选择【位图】选项，然后单击 确定 按钮。

④ 选择素材文件“素材\第 10 章\碧波荡漾\海面.bmp”，然后单击 打开(O) 按钮。

⑤ 将“海面”材质赋予场景，结果如图 10-60 所示。

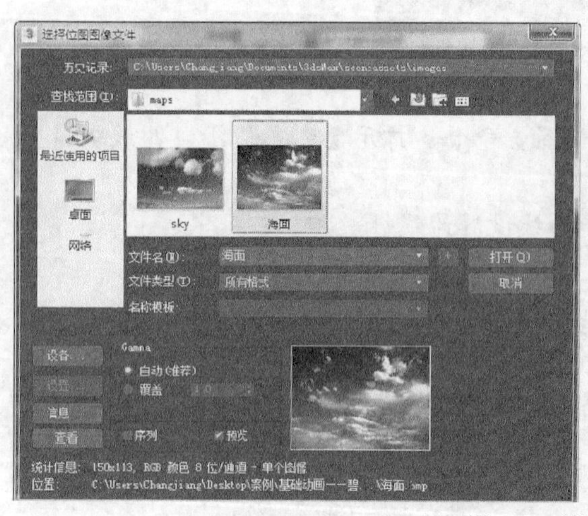

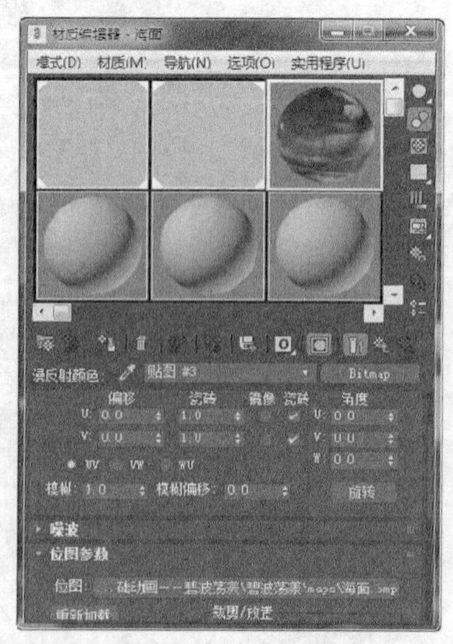

图10-60　赋予“海面”材质

(8) 渲染动画。

按 F9 键进行动画渲染，结果如图 10-61 所示。倘若添加灯光和摄影机，其渲染效果将会更加完美。请读者在学习完渲染和灯光后，重新设置渲染效果。

图10-61　渲染动画

10.3　习题

1. 简要说明制作动画的基本原理。
2. 简要说明“自动关键点”模式与“设置关键点”模式在用途上的差异。
3. 什么是关键帧？在动画制作中关键帧有何用途？
4. 轨迹视图在动画制作中有何用途？
5. 渲染动画作品时该如何设置渲染参数？

第11章 动力学系统和布料系统

【学习目标】

- 明确 MassFX 工具的用途和用法。
- 明确制作动力学动画的基本原理和步骤。
- 掌握【Cloth】修改器和【服装生成器】修改器的用法。
- 明确使用布料系统制作动画的一般过程。

3ds Max 2017 使用动力学系统计算真实运动。该系统不仅能模拟出准确的动力学效果，而且运算速度快，功能强大。3ds Max 使用【Cloth】修改器和【服装生成器】修改器创建布料系统，可以模拟现实生活中各种质量的布料，还可以用于创建布料的动力学动画。

11.1 知识解析

动力学可以用于定义物体的属性和外力，当对象遵循物理定律进行相互作用时，可以通过动力学计算生成符合真实运动规律的动画效果。

11.1.1 认识 MassFX 工具

3ds Max 早期版本通常使用 Reactor 来制作动力学动画，但是该工具有很多漏洞，渲染时容易出错。3ds Max 2017 使用新的刚体动力学工具——MassFX。

如图 11-1 所示，在主工具栏的空白处单击鼠标右键，在弹出的快捷菜单中选择【MassFX Toolbar】命令，即可调出 MassFX 工具栏，如图 11-2 所示。

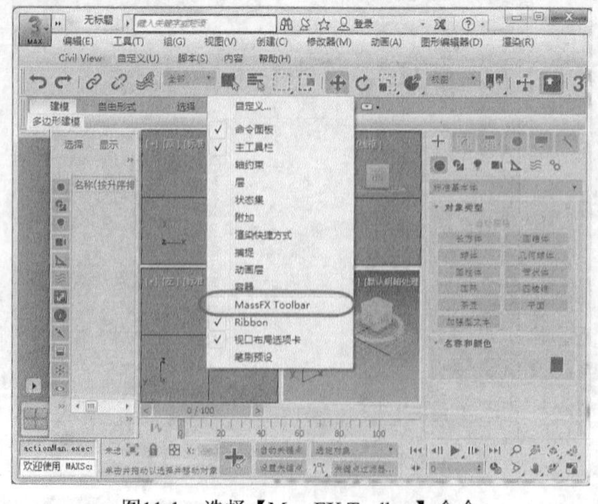

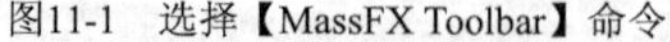

图11-1 选择【MassFX Toolbar】命令

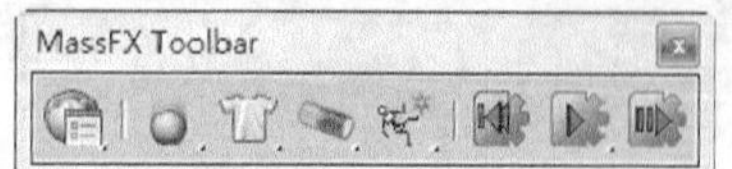

图11-2 MassFX 工具栏

在 MassFX 工具栏中单击按钮，打开【MassFX 工具】窗口，如图 11-3 所示，该窗口包含 4 个选项卡，下面介绍【世界参数】选项卡和【模拟工具】选项卡的主要参数。

一、【世界参数】选项卡

【世界参数】选项卡如图 11-4 所示，它包括【场景设置】【高级设置】【引擎】3 个卷展栏，其参数说明如表 11-1 所示。

表 11-1　【世界参数】选项卡中的参数说明

卷展栏	参数组	参数	说明
场景设置	环境	使用地面碰撞	启用时，MassFX 将使用无限静态刚体（即 z=0），刚体与主栅格共面，其摩擦力和反弹力值为固定值
		重力方向	若启用该选项，则被应用的所有刚体都将受到重力的影响
		轴	设置应用重力的方向，一般为 z 轴
		无加速	设置重力加速度。使用 z 轴时，正值使重力将对象向上拉，反之向下拉
		强制对象的重力	可以使用重力空间扭曲将重力应用于刚体。首先将空间扭曲添加到场景中，然后单击 拾取重力 按钮将其指定为在模拟中使用
		拾取重力	拾取要作为全局重力的重力对象
		没有重力	若启用该选项，则重力不会影响模拟
	刚体	子步数	设置每个图形更新之间执行的模拟步数
		解算器迭代数	设置全局约束解算器强制执行碰撞和约束的次数
		使用高速碰撞	设置全局用于切换连续的碰撞检测
		使用自适应力	若启用该选项，则 MassFX 会根据需要收缩组合防穿透力来减少堆叠和紧密聚合刚体中的抖动
		按照元素生成图形	若启用该选项，并将【MassFX 刚体】修改器运用于对象后，MassFX 会为对象中的每一个元素创建一个单独的物理图形。禁用时，MassFX 会为整个对象创建单个物理图形
高级设置	睡眠设置	自动	MassFX 自动计算合理的线速度和角速度睡眠阈值，高于该阈值即应用睡眠
		手动	若启用该选项，则可以覆盖速度和自旋的试探式值
		睡眠能量	模拟中，移动速度低于某个速度的刚体会自动进入“睡眠”模式并停止移动
	高速碰撞	自动	MassFX 将使用试探式算法来计算合理的速度阈值，高于该阈值即应用高速碰撞方法
		手动	若启用该选项，则可以覆盖速度的自动值
		最低速度	模拟中，移动速度高于该速度的刚体将自动进入高速碰撞模式
	反弹设置	自动	MassFX 将使用试探式算法来计算合理的最低速度阈值，高于该值即应用反弹
		手动	若启用该选项，则可以覆盖速度的试探式值
		最低速度	模拟中移动速度高于该速度的刚体将相互反弹
	接触壳	接触距离	允许移动刚体重叠的距离
		支撑台深度	允许支撑体重叠的距离

二、【模拟工具】选项卡

【模拟工具】选项卡如图 11-5 所示，它包括【模拟】【模拟设置】【实用程序】3 个卷展

栏，其参数说明如表 11-2 所示。

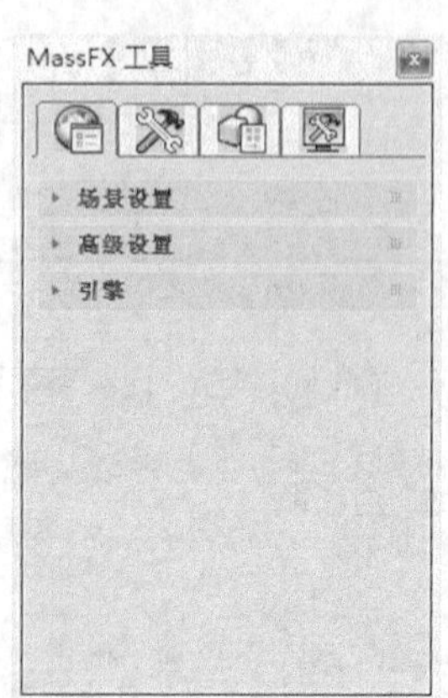

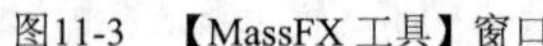

图11-3　【MassFX 工具】窗口

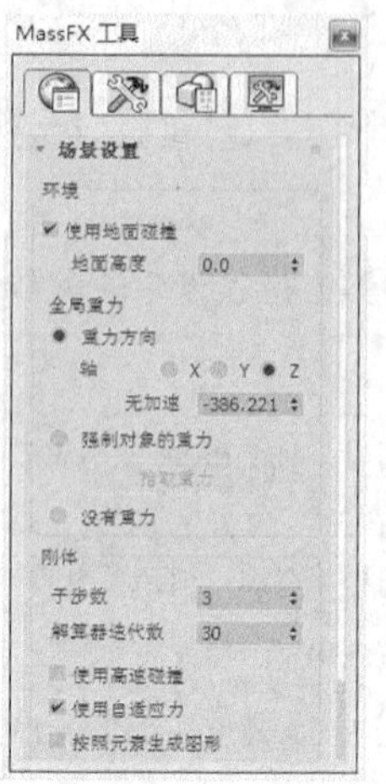

图11-4　【世界参数】选项卡

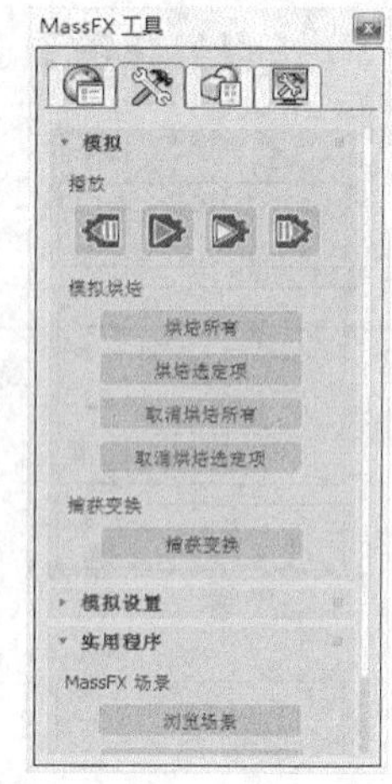

图11-5　【模拟工具】选项卡

表 11-2　【模拟工具】选项卡中的参数说明

卷展栏	参数组	参数		说明
模拟	播放	重置模拟		单击该按钮可以停止模拟，并将时间线滑块移动到第 1 帧，同时将任意动力学刚体设置为其初始变换
		开始模拟		从当前帧开始模拟，时间线滑块为每个模拟步长前进一帧，从而让运动学刚体作为模拟的一部分进行移动
		开始没有动画的模拟		当模拟运行时，时间线滑块不会前进，这样可以使动力学刚体移动到固定点
		逐帧模拟		运行一个帧的模拟，并使时间线滑块前进相同的量
	模拟烘焙	烘焙所有		将所有动力学刚体的变换存储为动画关键帧时重置模拟
		烘焙选定项		与“烘焙所有”类似，不同点是仅应用于选定的动力学刚体
		取消烘焙所有		删除烘焙时设置为动力学的所有刚体的关键帧，从而将这些刚体恢复为动力学刚体
		取消烘焙选定项		与“取消烘焙所有”类似，不同点是仅应用于选定的适用刚体
	捕获变换	捕获变换		将每个选定的动力学刚体的初始变换设置为变换
模拟设置	在最后一帧	继续模拟		即使时间线滑块达到最后一帧也继续运行模拟
		停止模拟		当时间线滑块达到最后一帧时停止模拟
		循环动画并且	重置模拟	当时间线滑块达到最后一帧时，重置模拟且动画循环播放到第 1 帧
			继续模拟	当时间线滑块达到最后一帧时，模拟继续运行，但动画循环播放到第 1 帧
实用程序	MassFX 场景	浏览场景		单击该按钮打开【场景资源管理器-MassFX 资源管理器】对话框，利用该对话框查看模拟内容
		验证场景		单击该按钮打开【Validate PhysX Scene】对话框，在该对话框中可以验证各种场景元素是否违反模拟要求
		导出场景		单击该按钮打开【Select File to Export】对话框，在该对话框中可以导出 PhysX 和 APFX 文件，以使模拟用于其他程序

11.1.2 创建刚体

在 MassFX 工具栏中长按按钮，用户可使用以下 3 种工具创建刚体，如图 11-6 所示。

一、 将选定项设置为动力学刚体

使用该工具可以将未实例化的“MassFX Rigid Body（MassFX 刚体）”修改器应用到选定对象，将刚体类型设置为“动力学”，并为每个对象创建一个凸面物理网格。

“MassFX 刚体”修改器参数分为 6 个卷展栏，即刚体属性、物理材质、物理图形、物理网格参数、力和高级，如图 11-7 所示。

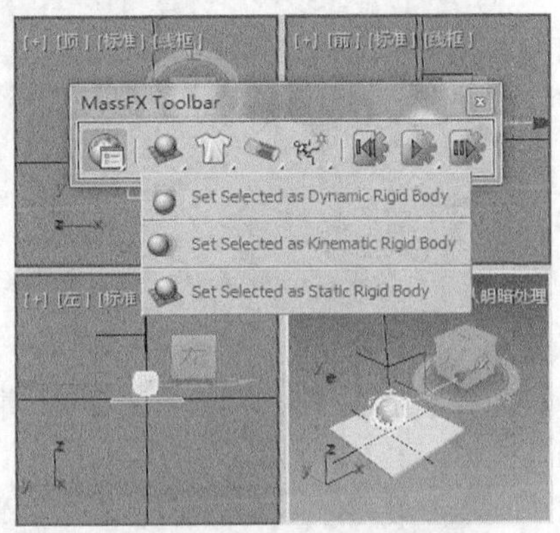

图11-6 刚体创建方法

图11-7 “MassFX 刚体”修改器

【基础训练】——创建动力学刚体

本例将制作一个刚性小球掉落到地面与地面碰撞后弹起的动画。

【操作步骤】

1. 创建一个小球和一个地面物体，调整小球的位置，使之位于地面正上方，如图 11-8 所示。
2. 在主工具栏的空白处单击鼠标右键，在弹出的快捷菜单中选择【MassFX Toolbar】命令，调出 MassFX 工具栏。选中小球物体，长按按钮，按照图 11-9 所示将其设置为动力学刚体。

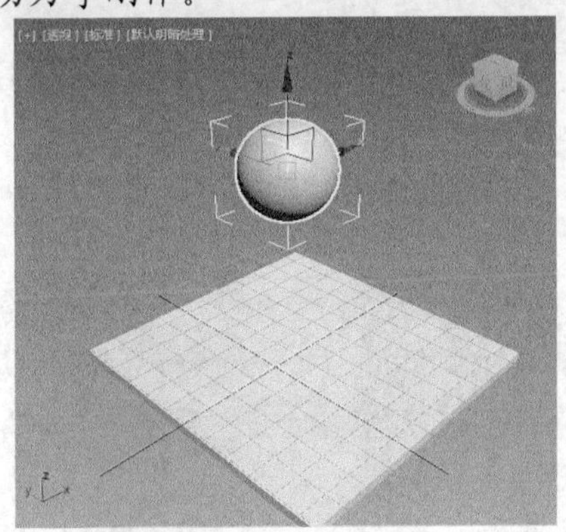
图11-8 创建小球和地面

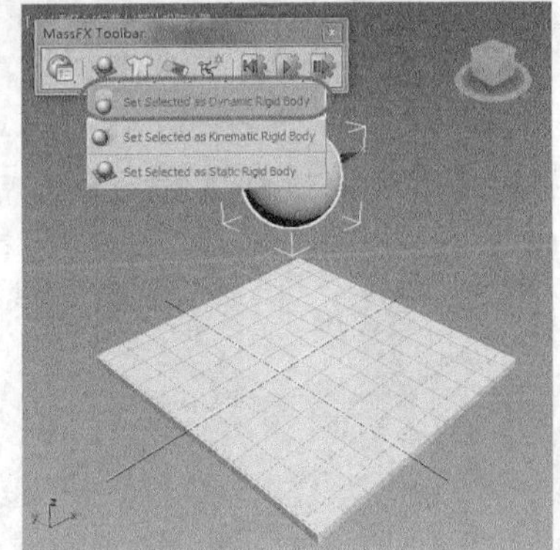

图11-9 将小球设置为动力学刚体

3. 单击按钮打开【MassFX 工具】窗口，接受小球的默认参数设置，切换到（多对象编辑器）选项卡，将其【反弹力】参数设置为“1.0”，使之碰撞到地面时具有最大

反弹效果，如图 11-10 所示。

4. 选中地面物体，长按 按钮后单击 按钮，按照图 11-11 所示将其设置为静态刚体，这样在碰撞时将不产生运动。

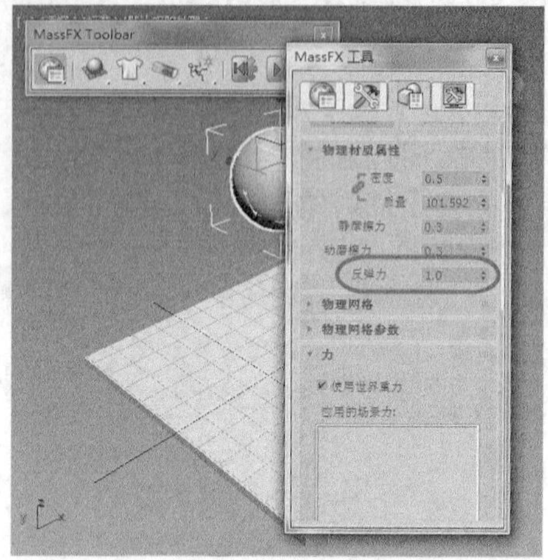

图11-10　设置小球反弹力

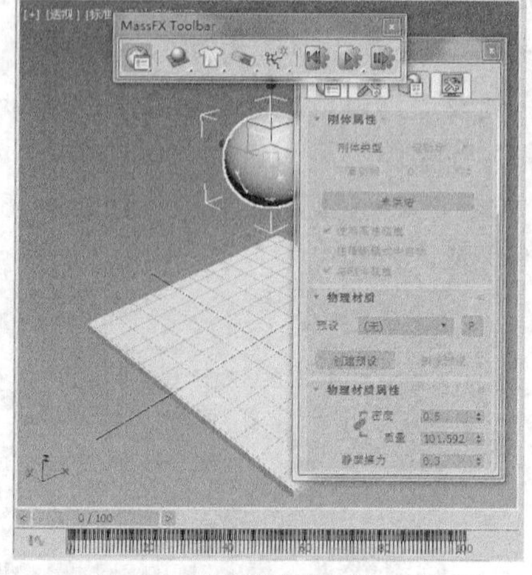

图11-11　将地面设置为静态刚体

5. 选中小球，单击 按钮打开【MassFX 工具】窗口，切换到 （多对象编辑器）选项卡，单击 按钮生成关键帧动画，如图 11-12 所示。

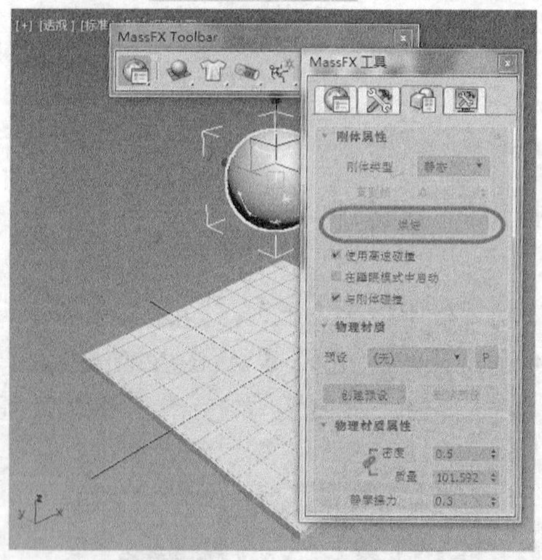

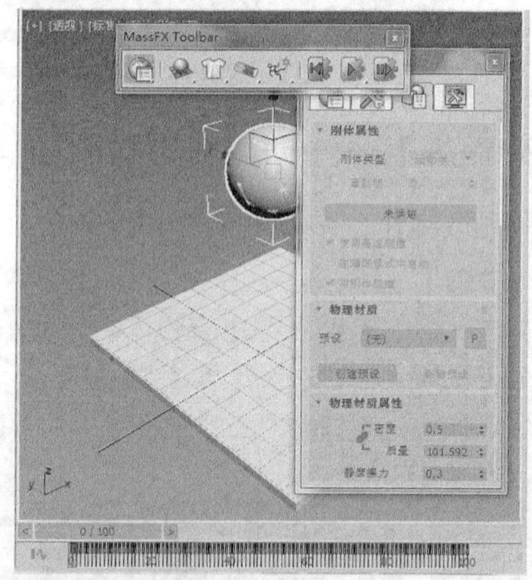

图11-12　生成关键帧动画

6. 单击动画播放按钮 观看动画，可以看到小球落下后碰到地面多次弹起的效果，如图 11-13 所示。

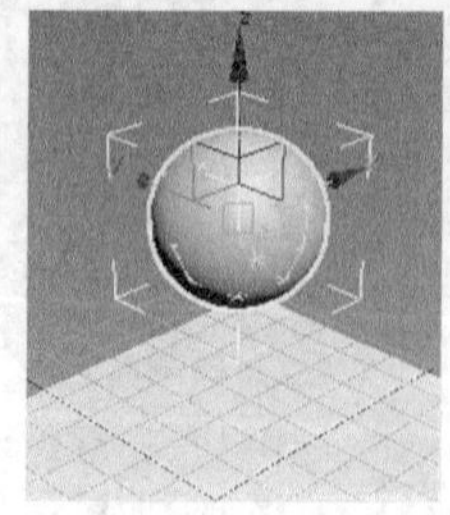

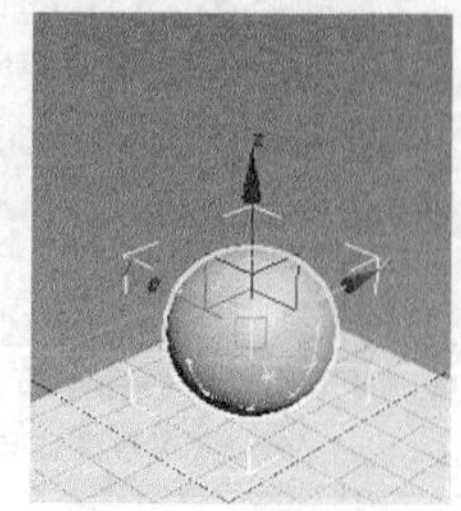

图11-13　设计效果

二、 将选定项设置为运动学刚体

使用该工具可以将未实例化的“MassFX 刚体”应用到选定对象，将刚体类型设置为“运动学”，并为每个对象创建一个凸面物理网格。

三、 将选定项设置为静态刚体

该工具常用于辅助前两个工具来制作刚体动画。

要点提示 刚体的模拟类型中包含“动力学”“运动学”和“静态”3 种类型，其区别如下。

① 动力学：动力学刚体与真实世界的物体类似，会因为重力作用而下落，也会产生凹凸形变，并且会被别的对象推动。

② 运动学：运动学刚体相当于按照动画节拍运动的木偶，不会因为重力而坠落。可以推动其他动力学对象，但是不会被其他对象推动。

③ 静态：静态刚体与运动学刚体相似，不同之处在于不能对其进行动画设置。静态刚体在模拟过程中将保持不动。

11.1.3 使用约束工具

MassFX 中的约束可以限制对象的移动。约束可以将两个刚体链接在一起，也可以将单个刚体固定在全局空间的特定位置。约束组成了一个层级关系，子对象沿着父对象移动或绕父对象旋转。子对象必须是动力学对象，而父对象可以是动力学刚体、运动学刚体或为空（约束到全局空间上）。

一、 约束的种类

在【MassFX Toolbar】中长按按钮可以创建 6 种约束，如图 11-14 所示。

- 创建刚性约束：约束后完全限制对象的平移、摆动和扭曲等运动。
- 创建滑块约束：约束后对象仅可以产生滑动（沿 y 轴移动）。
- 创建转枢约束：约束后对象仅可以产生转动（绕 x 轴转动范围为 100°）。
- 创建扭曲约束：约束后对象仅可以产生扭曲运动（扭曲范围无限制）。
- 创建通用约束：约束后对象仅可以产生一定限度的转动（绕 y 轴和 z 轴转动范围均为 45°）。
- 创建球和套管约束：约束后对象仅可以产生空间转动（绕 y 轴和 z 轴转动范围均为 80°，扭曲范围无限制）。

二、 创建约束

创建约束时可以选取一个或两个刚体对象。选取一个对象时，该对象为约束子对象。当选择两个刚体对象时，首先选取的是父对象，然后选取的是子对象。如果选取的对象没有指定为刚体，系统就会询问是否将 MassFX 刚体修改器应用于该物体。

创建和使用约束的基本步骤如下。

- 选择要创建约束的辅助对象，在【层次】面板中将对象的轴心位置移动到要进行约束的位置。
- 选择一个或两个要创建约束的对象。
- 在 MassFX 工具栏中选择约束类型。
- 在视口中移动鼠标指针，调整约束对象的图标大小，然后单击鼠标左键确认。

- 进入【修改】面板，调整约束对象参数。
- 进行刚体和约束的模拟。

三、　约束参数

每个约束的基本参数都相同，这里以“刚体”约束为例进行介绍，参数面板中包括 5 个卷展栏，如图 11-15 所示。其中主要参数的说明如表 11-3 所示。

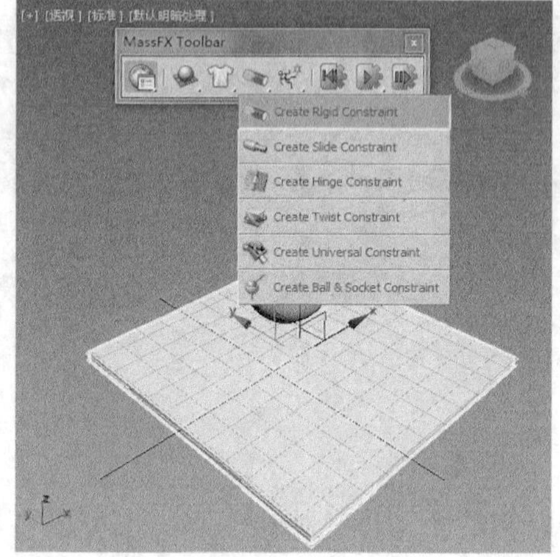

图11-14　约束种类

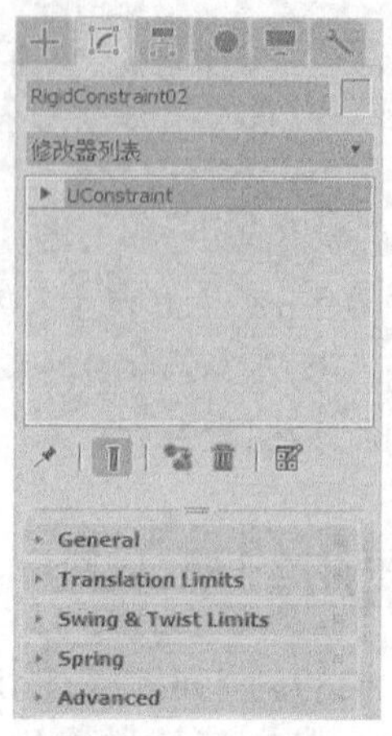

图11-15　约束参数

表 11-3　【刚性】约束参数说明

卷展栏	参数	说明
常规	父对象	将刚体作为约束父对象使用
	移动到父对象的轴	设置父对象的轴的约束位置
	切换父/子对象	转换父子关系，之前的父对象变为子对象，之前的子对象变为父对象
	子对象	将刚体作为约束子对象使用
	移动到子对象的轴	设置子对象的轴的约束位置
	约束行为	使用加速度：受约束刚体的质量不会成为影响行为的因素
		使用力：弹簧和阻尼行为的所有等式都包含质量，可生成物理上更精确的行为
	约束限制	硬限制：子刚体的运动不得超越边界
		软限制：子刚体的运动可以超越边界一定距离
平移限制	X/Y/X	为每个轴选择沿轴约束运动的方式
	锁定	锁定后防止刚体沿此局部轴移动
	受限	允许对象按“限制半径”大小沿此局部轴移动
	自由	刚体沿各自轴的运动不受限制
	限制半径	设置父对象和子对象可以沿受限轴偏移的距离
	反弹	设置碰撞时对象偏离限制而反弹的数量
	弹簧	设置在超限情况下将对象拉回限制点的弹簧强度
	阻尼	设置在平移超出限制时所受的移动阻尼数量

续表

卷展栏	参数	说明
摆动和扭曲限制	摆动 Y/摆动 Z	锁定：防止父对象和子对象围绕约束的各子轴旋转
		受限：允许父对象和子对象围绕轴的中心旋转固定数量的角度
		自由：允许父对象和子对象围绕约束的局部自由度无限制旋转
		角度限制：当摆动设置为“受限”时，设置离开中心时允许旋转的角度
		反弹：当摆动设置为“受限”时，设置碰撞时对象偏离限制而反弹的数量
		弹簧：当摆动设置为“受限”时，设置将对象拉回到限制的弹簧强度
		阻尼：当摆动设置为“受限”且超出限制时，设置对象所受的旋转阻尼数量
	扭曲	锁定：防止父对象和子对象围绕约束的局部 x 轴旋转
		受限：允许父对象和子对象围绕局部 x 轴旋转固定数量的角度
		自由：允许父对象和子对象围绕约束的局部 x 轴无限制旋转
		限制：当扭曲设置为“受限”时，“左”和“右”值是每侧限制的绝对度数
		反弹：当扭曲设置为“受限”时，设置碰撞时对象偏离限制而反弹的数量
		弹簧：当扭曲设置为“受限”时，设置将对象拉回到限制的弹簧强度
		阻尼：当扭曲设置为“受限”且超出限制时，设置对象所受的旋转阻尼数量
弹簧	弹性	设置始终将父对象与子对象的平移拉回到其初始位置的力量
	阻尼	设置“弹性”不为 0 时用于限制弹簧力的阻力

如果使用 3ds Max 提供的各种功能模块还不能完全满足设计要求，或者使用已有的设计工具不再方便快捷时，可以考虑使用脚本工具来进行设计。

11.1.4 创建布料系统

Cloth（布料）系统、【服装生成器】修改器和【布料】修改器用于创建柔体动画。

一、Cloth（布料）系统

3ds Max 的 Cloth（布料）系统前身是一款插件，后改为 Clothfx，目前已成为 3ds Max 的标准安装组件之一，它不但可以制作出逼真的布料效果，还可以将裁好的布料缝制成衣服。

Cloth（布料）系统包括两个修改器，即【Cloth】修改器和【服装生成器】修改器。【Cloth】修改器用于赋予对象布料属性，使其表现出各种真实运动和变形效果。当布料与其他对象碰撞时将产生变形效果，当衣服穿在角色身上时也将随着角色的运动而变形。同时，布料还可以模拟受到重力或风力作用时的变形效果。

【服装生成器】修改器通常作为【Cloth】修改器的辅助工具使用，可以将二维图形转化为适合用作模拟布料的不规则三角形网格对象，并通过类似缝制真实衣服的方式，在三维空间中创建衣服模型。

二、【服装生成器】修改器

使用【服装生成器】修改器可以将简单的二维平面图形转化为网格对象，并将其作为【Cloth】修改器中的布料对象。

(1)　注意事项。

使用【服装生成器】修改器创建布料时，要注意以下要点。

- 在使用【服装生成器】修改器前，首先创建封闭的二维图形，如果一个封闭图形中包含另一个封闭图形，则生成的布料是有空洞的。
- 建议在顶视图中创建二维图形，这是【服装生成器】修改器的默认创建平面。
- 使用多段材料缝合布料时，必须注意接缝的先后顺序。

(2)　重要参数。

创建二维图形后，在修改器列表中选取【服装生成器】修改器，其主要参数包括【主要参数】卷展栏、【曲线】卷展栏和【面板】卷展栏等，如图 11-16 所示，其中各主要参数的说明如表 11-4 所示。

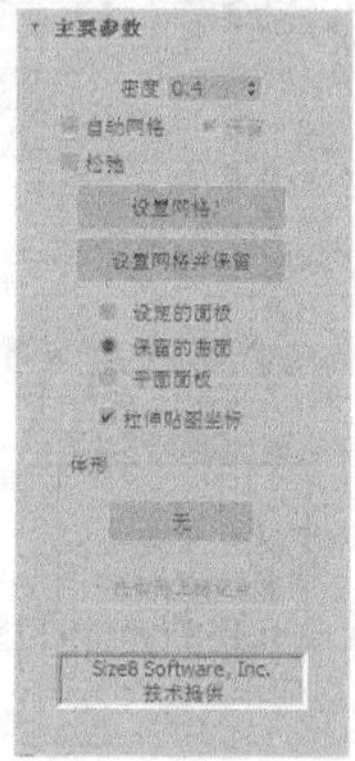

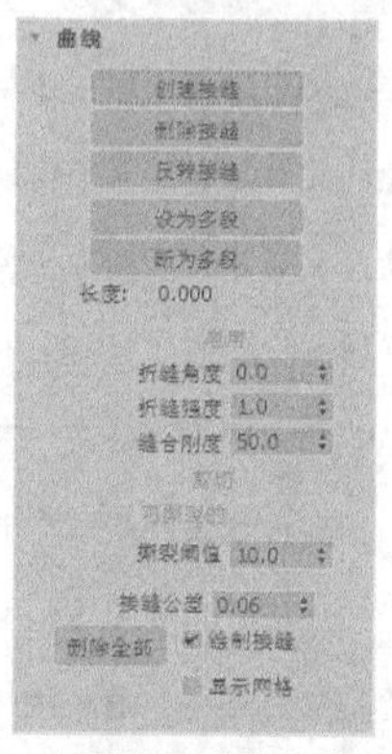

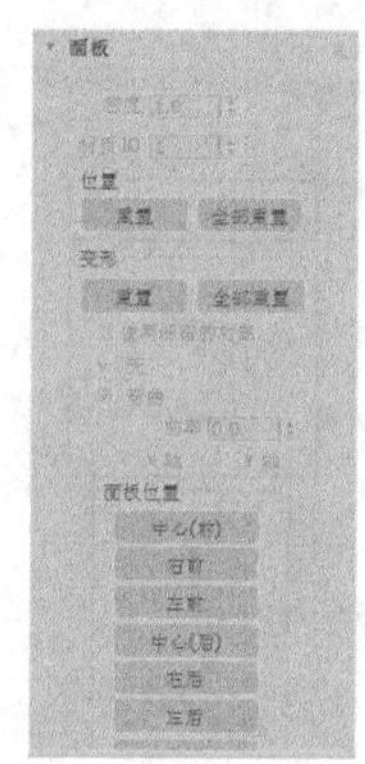

图11-16　【服装生成器】修改器参数

表 11-4　　【服装生成器】修改器主要参数

卷展栏	用途	参数	说明
主要参数	主要用于设置网格密度大小	密度	网格密度大小（三角面的数量），取值在 0.01~10 之间
		自动网格	选中后，改变【密度】参数时可以自动更新网格疏密程度；否则需要在设置参数后单击 设置网格 按钮手动更新
		体形	用于指定衣服各块布料在角色身体上的位置
曲线	用于设置布料缝合方式并调整接缝属性	创建接缝	选中需要缝合的边，单击 创建接缝 按钮可以在选定边之间创建接缝
		删除接缝	删除选定的接缝
		反转接缝	当缝接的各顶点交叉连接，使得生成的接缝扭曲时，可以单击 反转接缝 按钮来校正
		设为多段	按住 Ctrl 键选中多条边，单击 设为多段 按钮将其定义为“多段”，使其作为一个单独的边与其他边创建接缝
		断为多段	将多段断为单独的边
面板	设置版型的位置和弯曲效果	重置	将选定的版型恢复到添加【服装生成器】修改器前的位置
		弯曲	使版型产生弯曲效果，通过【曲率】参数调整弯曲效果
		曲率	设置版型的弯曲程度，其值越大，弯曲效果越明显
		x 轴	沿局部坐标轴 x 产生弯曲变形
		y 轴	沿局部坐标轴 y 产生弯曲变形

要点提示　【密度】参数值不宜设置得过高；否则会降低渲染速度和设计效率。但也不宜太低；否则在模拟过程中容易出错，且制作的布料质感不够细腻。如图 11-17 所示。

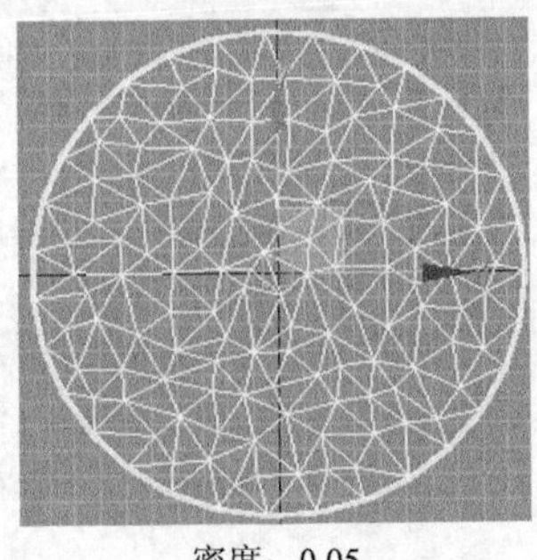

密度：0.05

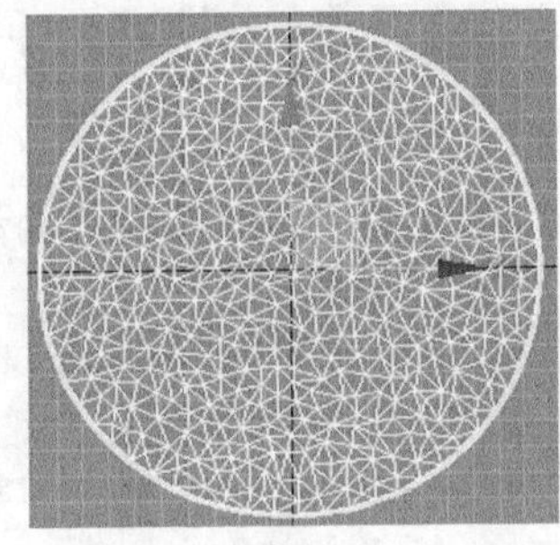

密度：0.1

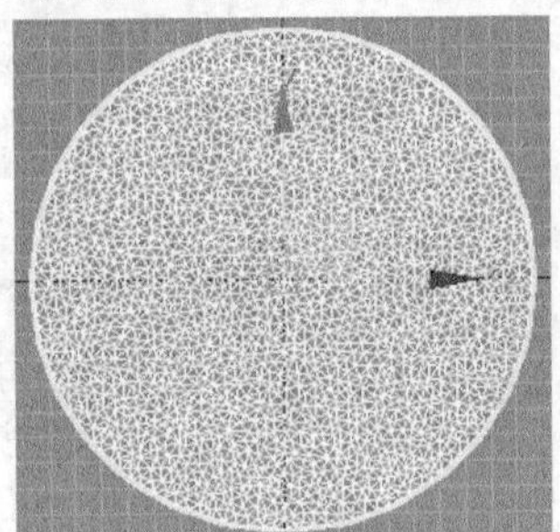

密度：0.2

图11-17　不同密度的网格对比

三、【布料】修改器

要使对象成为类似布料的柔体，可以为其添加【Cloth】（布料）修改器，添加修改器后的参数面板包括【对象】【选定对象】和【模拟参数】3 个卷展栏。

(1)　【对象】卷展栏。

【对象】卷展栏是【Cloth】（布料）修改器的核心部分，如图 11-18 所示，单击 对象属性 按钮，打开【对象属性】对话框，如图 11-19 所示。使用该对话框可以定义对象的基本参数，其主要参数说明如表 11-5 所示。

【对象】卷展栏中其余参数的说明如表 11-6 所示。

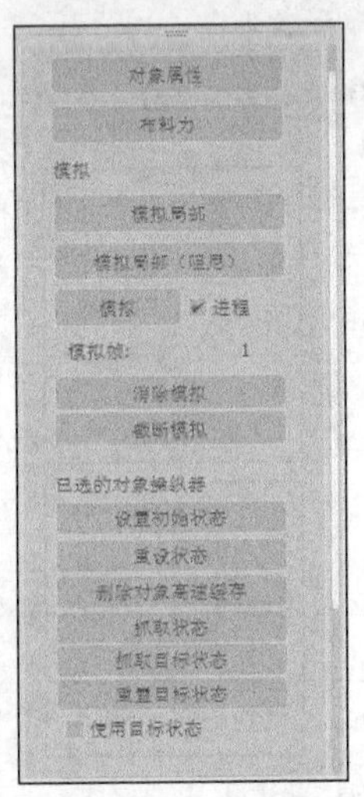

图11-18　【对象】卷展栏

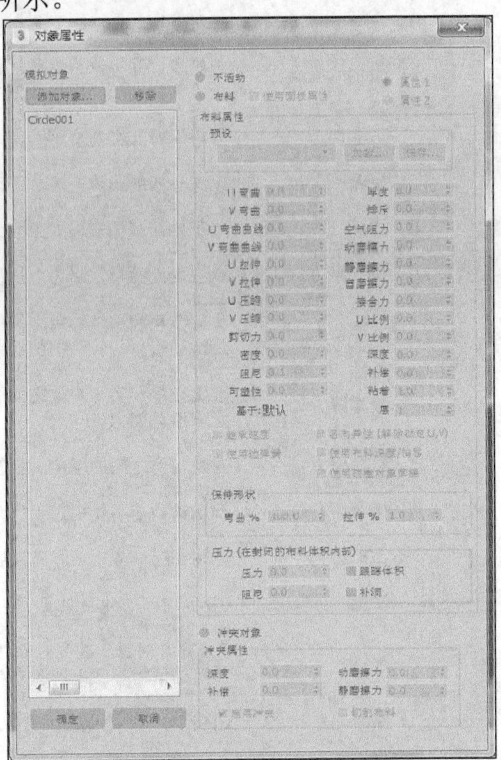

图11-19　【对象属性】对话框

表 11-5　【对象属性】对话框中的参数说明

参数组	参数	说明
模拟对象	添加对象...	单击该按钮打开【添加对象到布料模拟】对话框，从该对话框中可选择要添加到 Cloth 模拟中的场景对象。添加对象之后，该对象的名称将出现在【模拟中的对象】列表框中，同时有一个【Cloth】修改器的实例应用于该对象
	移除	从模拟中移除【模拟对象】列表框中突出显示的对象。在此不能移除当前在 3ds Max 中选定的对象
	不活动	若启用该选项，则突出显示的对象在模拟中处于不活动状态。默认情况下，该对象处于非活动状态
	布料	若启用该选项，则选择对象充当布料对象。将对象指定为布料后，可在【布料属性】分组框中设置其参数
	使用面板属性	启用该选项后，可让 Cloth 使用在“面板”子对象层级指定的布料属性。默认设置为禁用状态
	属性 1/属性 2	这两个单选项可用来为 Cloth 对象指定两组不同的布料属性
布料属性	预设	该参数组用于保存当前布料属性或是加载外部的布料属性文件
	U/V 弯曲	设置弯曲的阻力。阻力值设置得越高，布料能弯曲的程度就越小
	U/V 弯曲曲线	设置布料折叠时的弯曲阻力。默认值为 0，弯曲阻力设置为常数
	U/V 拉伸	设置拉伸的阻力。值越大布料越坚硬，较小的值令布料的拉伸阻力更像橡胶
	U/V 压缩	设置压缩的阻力
	剪切力	设置剪切的阻力。值越高，布料就越硬
	密度	每单位面积的布料重量。值越高，表示布料越重
	阻尼	值越大，布料反应就越迟钝。采用较低的值，布料行为的弹性就更高。阻尼较高的布料停止反应的时间要比阻尼较低的布料快
	可塑性	布料保持其当前变形（即弯曲角度）的倾向
	厚度	定义布料的虚拟厚度，便于检测布料对布料冲突
	排斥	用于排斥其他布料对象的力
	空气阻力	设置受到的空气阻力。此值将确定空气对布料的影响有多大
	动摩擦力	设置布料和实体对象之间的动摩擦值。较大的值将增加更多的摩擦力，导致布料在物体表面上滑动较少。较小的值将令布料在物体上轻松滑动
	静摩擦力	设置布料和实体对象之间的静摩擦值。当布料处于静止位置时，此值将控制布料在某处的静止或滑动能力
	自摩擦力	布料自身之间的摩擦。值较大将导致布料本身之间的摩擦力更大
	接合力	该选项当前不使用，仅作为保留用
	U/V 比例	设置布料沿 U、V 方向延展或收缩的值
	深度	Cloth 对象的冲突深度
	补偿	在 Cloth 对象和冲突对象之间保持的距离。非常低的值将导致冲突网格从布料下突出来，非常高的值将导致出现的布料在冲突对象上浮动
	黏着	Cloth 对象粘附到冲突对象的范围。范围为 0.0~99999.0。默认值为 0.0
	层	指示可能会相互接触的布料的正确“顺序”。范围为-100~100
	基于	该文本字段显示初始“Cloth 属性”值所基于的预设值的名称

表 11-6　【对象】卷展栏中其余参数的说明

参数	说明
布料力	单击 布料力 按钮打开【力】对话框。要向模拟添加力，可在左侧的【场景中的力】列表框中突出显示要添加的力，然后单击 > 按钮，将其移动到【模拟中的力】列表框中，从而将其添加到模拟中
模拟局部	不创建动画，开始模拟进程
模拟局部（阻尼）	和“模拟局部”相同，但是为布料添加了大量的阻尼
模拟	在激活的时间段上创建模拟。这种模拟会在每帧处以模拟缓存的形式创建模拟数据
进程	若开启，则在模拟期间打开【Cloth 模拟】对话框
模拟帧	显示当前模拟的帧数
清除模拟	删除当前的模拟。这将删除所有 Cloth 对象的高速缓存，并将【模拟帧】数设置回“1”
截断模拟	删除模拟在当前帧之后创建的动画
设置初始状态	将所选 Cloth 对象高速缓存的第一帧更新到当前位置
重设状态	将所选 Cloth 对象的状态重设为应用修改器堆栈中的 Cloth 之前的状态
删除对象高速缓存	删除所选的非 Cloth 对象的高速缓存
抓取状态	从修改器堆栈顶部获取当前状态并更新当前帧的缓存
抓取目标状态	用于指定保持形状的目标形状。从修改器堆栈顶部获取当前变形，并使用该网格来定义三角形之间的目标弯曲角度
重置目标状态	将默认弯曲角度重设为堆栈中 Cloth 下面的网格
使用目标状态	若启用该选项，则保留由抓取目标状态存储的网格形状
创建关键点	为所选 Cloth 对象创建关键点。该对象塌陷为可编辑的网格，任意变形存储为顶点动画
添加对象	用于向模拟添加对象，无需打开【对象属性】对话框
显示当前状态	显示布料在上一模拟时间步阶结束时的当前状态
显示目标状态	显示布料的当前目标状态，即由“保持形状”选项使用的所需弯曲角度
显示启用的实体碰撞	若启用该选项，则高亮显示所有启用实体收集的顶点组
显示启用的自身碰撞	启用时，高亮显示所有启用自收集的顶点组

(2)　【选定对象】卷展栏。

【选定对象】卷展栏用于控制模拟缓存及使用纹理贴图等，如图 11-20 所示，其中各主要参数说明如表 11-7 所示。

表 11-7　【选定对象】卷展栏中参数说明

参数组	参数	说明
缓存	文本框	用于显示缓存文件的当前路径和文件名
	强制 UNC 路径	如果文本字段路径是指向映射的驱动器，那么将该路径转换为UNC 格式
	设置...	用于指定所选对象缓存文件的路径和文件名。单击此按钮，导航到目录，输入文件名，然后单击 保存(S) 按钮

续表

参数组	参数	说明
缓存	加载	将指定的文件加载到所选对象的缓存中
	导入...	打开【导入缓存】对话框，以加载一个缓存文件，而不是指定的文件
	加载所有	加载模拟中每个 Cloth 对象的指定缓存文件
	保存	使用指定的文件名和路径保存当前缓存（如果有的话）。如果未指定文件，则 Cloth 会基于对象名称创建一个文件
	导出...	打开【导出缓存】对话框，以将缓存保存到一个文件，而不是指定的文件
	附加缓存	要以 PointCache2 格式创建第 2 个缓存，应启用【附加缓存】复选项，然后单击 设置... 按钮，以指定路径和文件名
属性指定	插入	通过滑块控制参数位于“属性 1”还是“属性 2”
	纹理贴图	设置纹理贴图，对 Cloth 对象应用“属性 1”和“属性 2”设置
	贴图通道	用于指定纹理贴图所要使用的贴图通道，或者选择要用于取而代之的顶点颜色

(3)　【模拟参数】卷展栏。

【模拟参数】卷展栏用于指定重力等常规模拟属性，如图 11-21 所示，其中各参数的说明如表 11-8 所示。

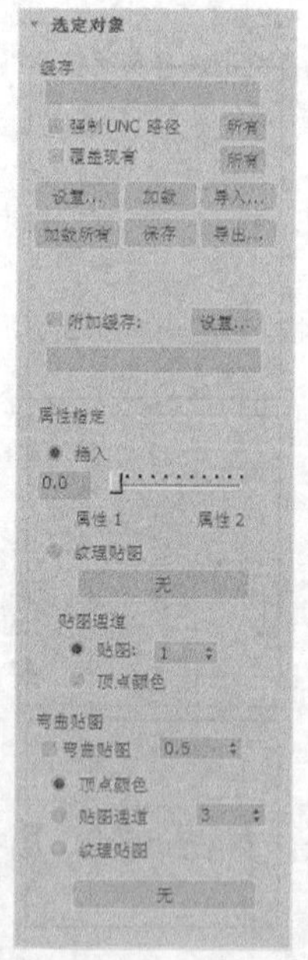

图11-20　【选定对象】卷展栏

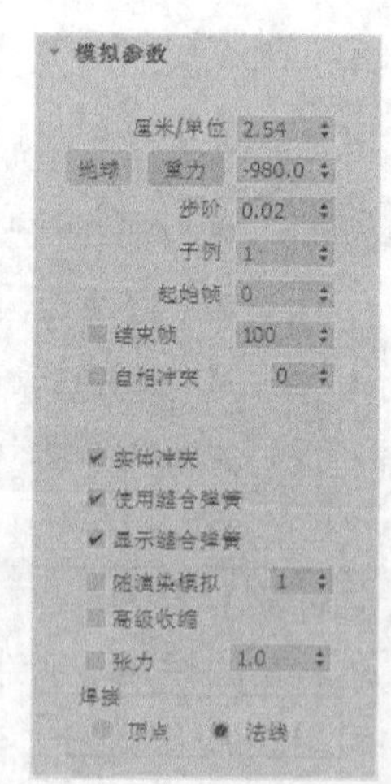

图11-21　【模拟参数】卷展栏

表 11-8　【模拟参数】卷展栏中的参数说明

参数	说明
厘米/单位	定义每个 3ds Max 系统单位表示多少厘米。布料自动设置【厘米/单位】为每英寸（3ds Max 中的默认系统单位）等于 2.54 厘米
地球	单击此按钮，设置地球的重力值

续表

参数	说明
重力	若单击此按钮，则重力值将影响到模拟中的布料对象
步阶	模拟器可以采用的最大时间步阶大小
子例	3ds Max 对固体对象位置每帧的采样次数。默认设置为 1
起始帧	设置模拟开始处的帧
结束帧	开启之后，确定模拟终止处的帧
自相冲突	开启之后，检测布料对布料之间的碰撞
实体冲突	开启之后，模拟器将考虑布料对实体对象的冲突。此设置始终保持为开启
使用缝合弹簧	开启之后，使用随 Garment Maker 创建的缝合弹簧将布料接合在一起
随渲染模拟	若启用，则在渲染时触发模拟
显示缝合弹簧	用于切换缝合弹簧在视口中的可视表示。这些设置并不渲染
高级收缩	若启用，则布料对同一碰撞对象两个部分之间收缩的布料进行测试
张力	利用顶点颜色可以显现布料中的张力
焊接	控制在完成撕裂布料之前如何在设置的撕裂上平滑布料

11.2 实战训练

下面结合实例介绍动力学系统和布料系统在动画制作中的使用方法。

本例视频

11.2.1 从零开始——制作“打保龄球”

本案例将利用 MassFX 刚体工具来模拟打保龄球的动画效果，如图 11-22 所示。

图11-22 制作“打保龄球”

1. 添加刚体集合。

(1) 打开制作模板。

① 打开素材文件“第 11 章\素材\打保龄球效果\打保龄球效果.max”，如图 11-23 所示。

② 场景中对所有的对象设置了材质。

③ 场景中创建了一架摄像机，用于对保龄球运动的效果进行动画渲染。

④ 渲染后的模板场景如图 11-24 所示。

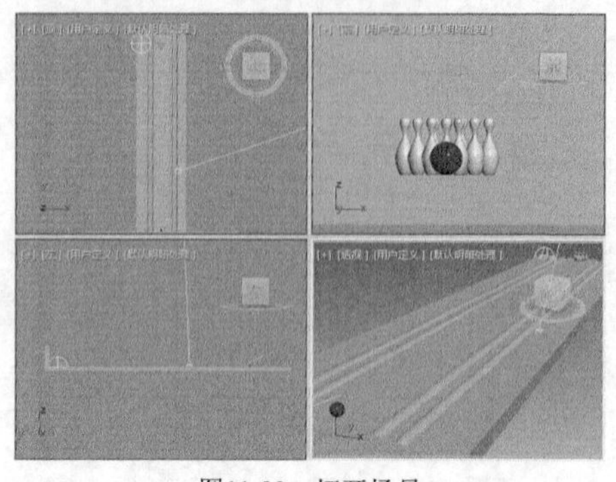

图11-23　打开场景

图11-24　渲染效果

(2)　设置“保龄球”和“球道”刚体属性，如图 11-25 所示。

①　选中“保龄球”对象，在【修改器】面板中为保龄球添加【MassFX Rigid Body】修改器。

②　在【Rigid Body Properties】卷展栏中设置【Rigid Body Type】为【Kinematic】。

③　选中“球道”对象，在【修改器】面板中为球道添加【MassFX Rigid Body】修改器。

④　在【Rigid Body Properties】卷展栏中设置【Rigid Body Type】为【Static】。

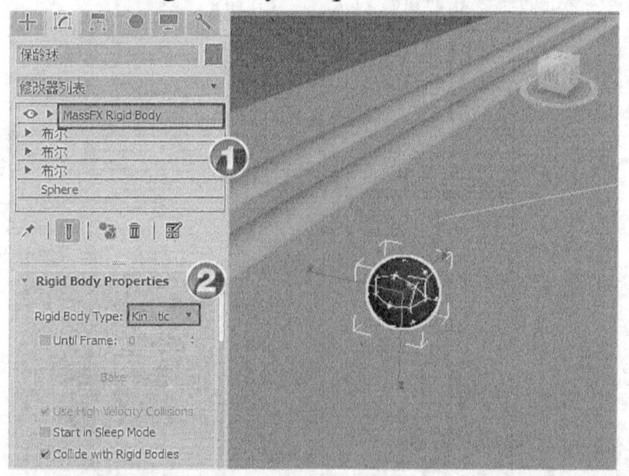

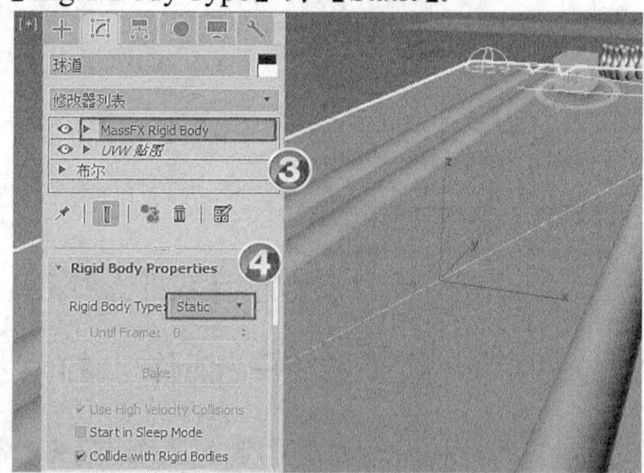

图11-25　设置“保龄球”和“球道”刚体属性

(3)　为所有“木瓶”设置刚体属性，如图 11-26 所示。

①　选中“木瓶 01”～“木瓶 10”对象。

②　在【修改器】面板中为木瓶添加【MassFX Rigid Body】修改器。

③　在【Rigid Body Properties】卷展栏中设置木瓶的【Rigid Body Type】为【Dynamic】，选中【Start in Sleep Mode】复选项。

2.　制作动画效果。

(1)　制作保龄球的运动动画效果，如图 11-27 和图 11-28 所示。

①　选择“保龄球”对象，单击 自动关键点 按钮，启动动画记录模式。

②　移动时间滑块至 80 帧位置。

③　在顶视图中使用 工具把保龄球沿 y 轴移动到适当位置。

④　移动时间滑块至 220 帧位置。

⑤　在顶视图中使用 工具把保龄球沿 y 轴移动到木瓶的前方。

⑥　移动时间滑块至 235 帧位置。

⑦　在顶视图中使用 工具把保龄球沿 y 轴移动到木瓶的后方。

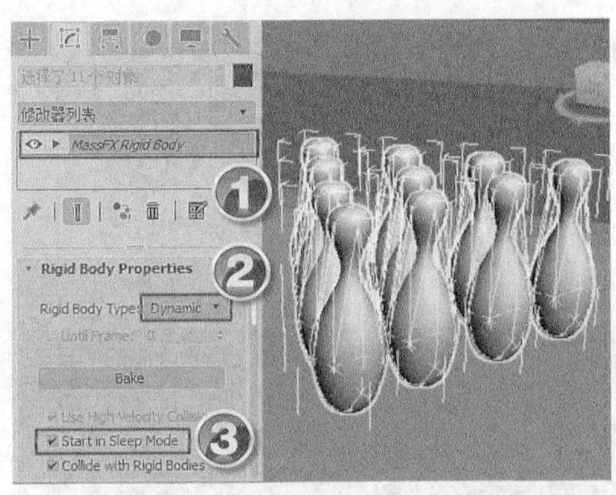

图11-26 为所有"木瓶"设置刚体属性

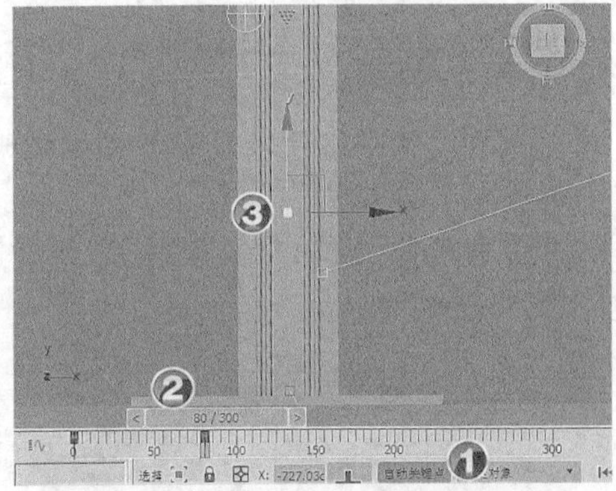

图11-27 制作保龄球的运动动画效果（1）

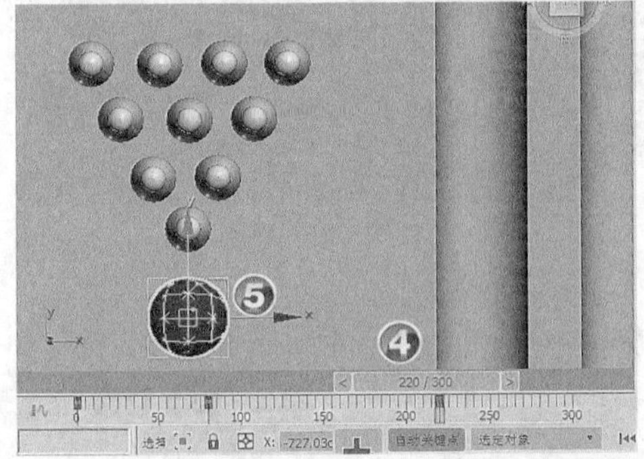

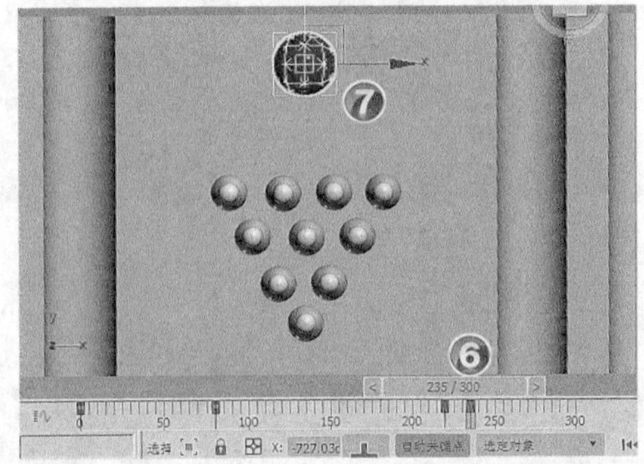

图11-28 制作保龄球的运动动画效果（2）

(2) 制作打保龄球的动画效果，如图 11-29 所示。

① 在工具栏空白处单击鼠标右键，在弹出的快捷菜单中选择【MassFX 工具栏】命令，打开 MassFX 工具栏，单击按钮。

② 在打开的【MassFX 工具】窗口中单击按钮。

③ 单击按钮，开始模拟动画。

④ 再次单击按钮结束模拟，然后选择各个木瓶，在【刚体属性】卷展栏中单击 烘焙 按钮，生成关键帧动画。

(3) 渲染动画，即可得到图 11-22 所示的效果。

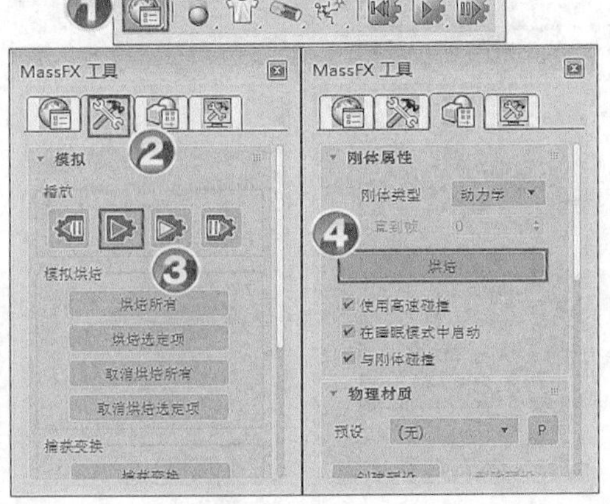

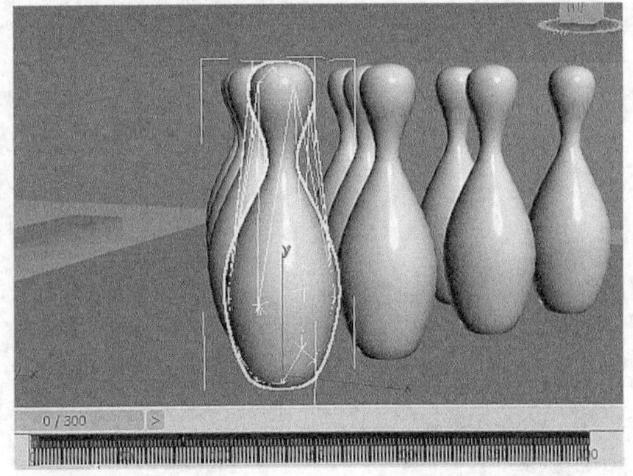

图11-29 制作打保龄球的动画效果

11.2.2　课堂实训——制作“浴室毛巾”

本例视频

本实例将设置浴室毛巾效果，最终效果如图 11-30 所示。

1.　打开素材。

打开素材文件“第 11 章/素材/浴室毛巾/浴室毛巾.max”，如图 11-31 所示。

图11-30　制作“浴室毛巾”

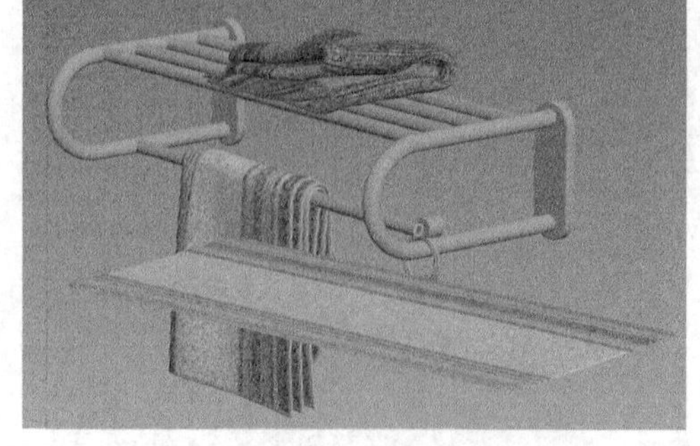

图11-31　打开素材

2.　设置布料属性。

(1)　选中图 11-32 所示的平面，单击按钮为其添加一个【Cloth】(布料) 修改器。

(2)　在【对象】卷展栏下单击 对象属性 按钮，如图 11-33 所示，打开【对象属性】对话框。

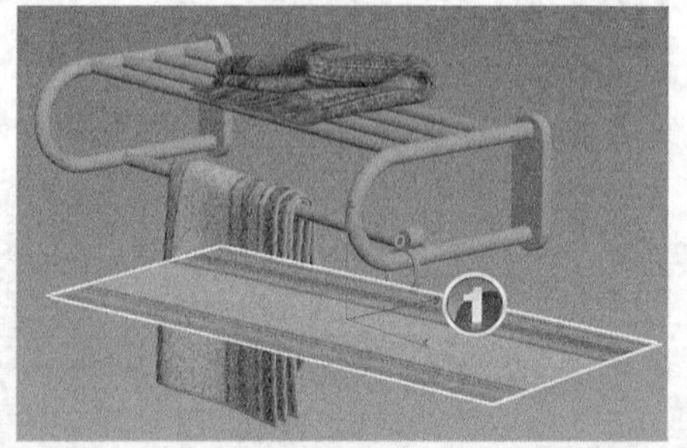

图11-32　选择平面

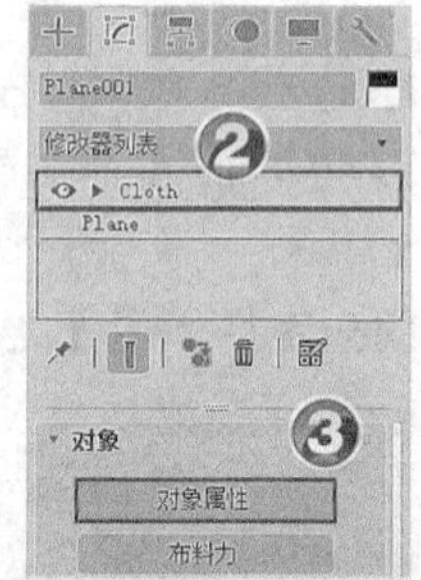

图11-33　添加【Cloth】修改器

(3)　在【对象属性】对话框的【模拟对象】列表框中选中“Plan001”，然后在其右侧选中【布料】单选项，如图 11-34 所示。

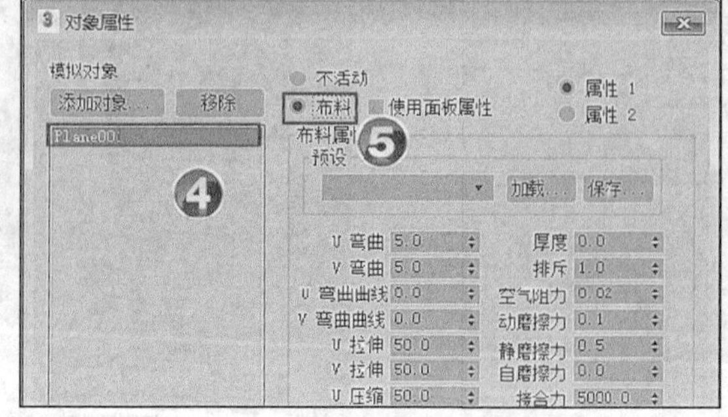

图11-34　【对象属性】对话框

3.　设定组。

(1) 进入【Cloth】(布料)修改器的【组】层级，选中图 11-35 所示的点，在【组】卷展栏下单击 设定组 按钮，如图 11-36 所示。

图11-35 选择成组的点

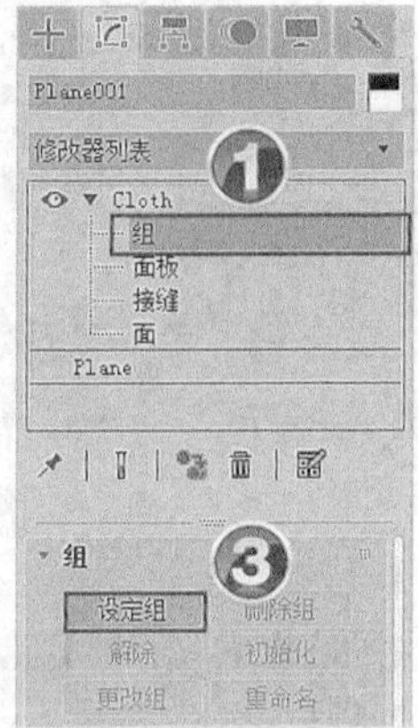

图11-36 设定组

(2) 在弹出的【设定组】对话框中单击 确定 按钮，完成组的创建，如图 11-37 所示。
(3) 在【组】卷展栏中单击 绘制 按钮，如图 11-38 所示。

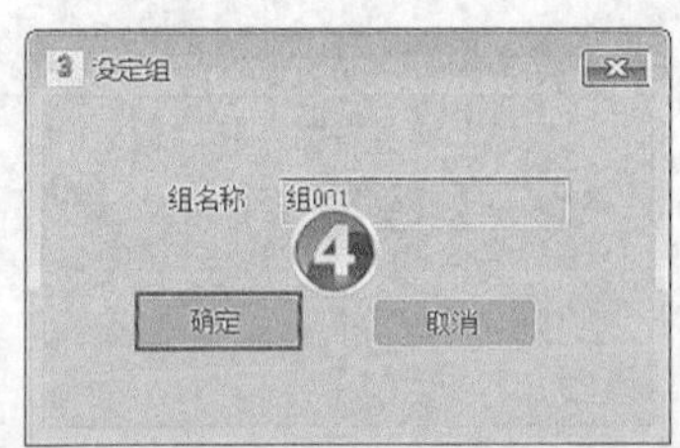

图11-37 【设定组】对话框

图11-38 绘制组

4. 模拟布料。
(1) 在【对象】卷展栏下单击 模拟 按钮进行模拟，如图 11-39 所示。
(2) 完成后拖动时间线，即可看到毛巾产生变形，如图 11-40 和图 11-41 所示。

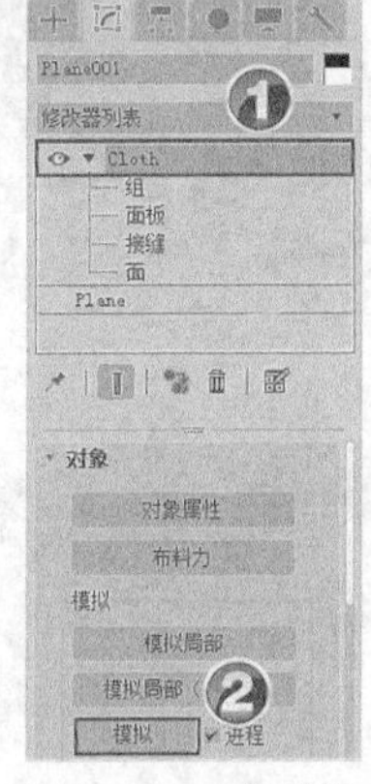

图11-39 进行模拟

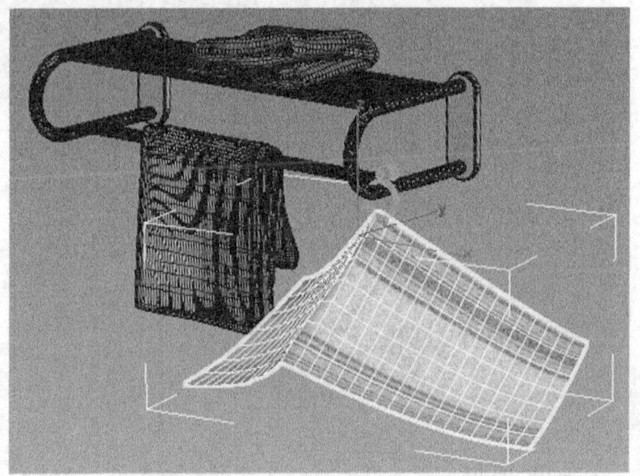
图11-40 拖动时间线观察模拟效果（1）

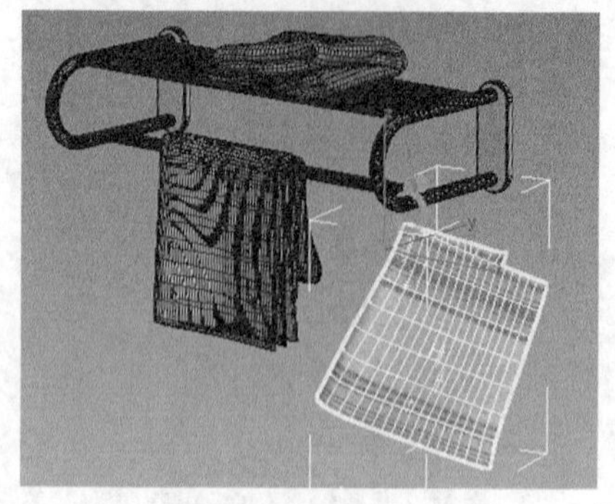
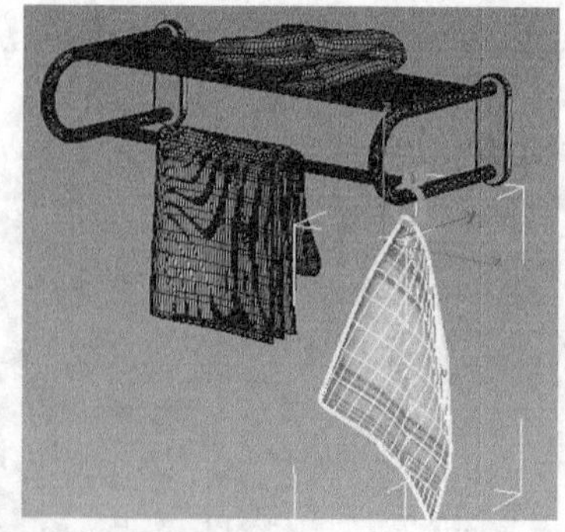

图11-41　拖动时间线观察模拟效果（2）

5.　添加【壳】修改器。

选择毛巾模型为其添加【壳】修改器，设置【参数】卷展栏，这样模型就有了厚度，如图 11-42 所示。

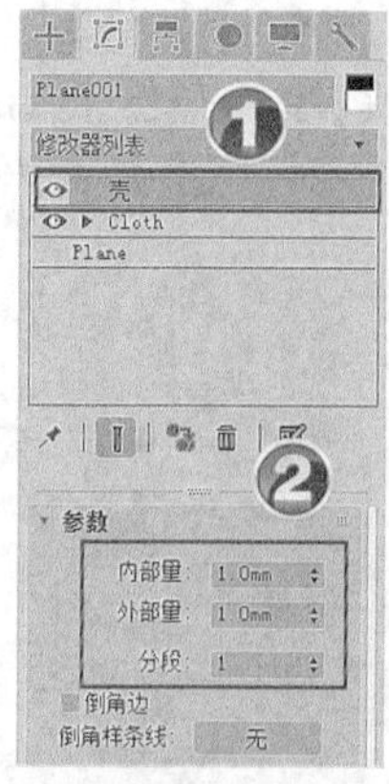

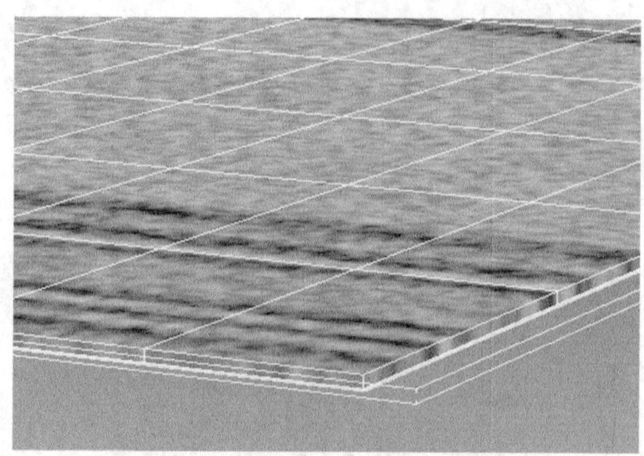

图11-42　添加【壳】修改器

6.　添加【网格平滑】修改器。

选择毛巾模型为其添加【网格平滑】修改器并设置参数，如图 11-43 所示。

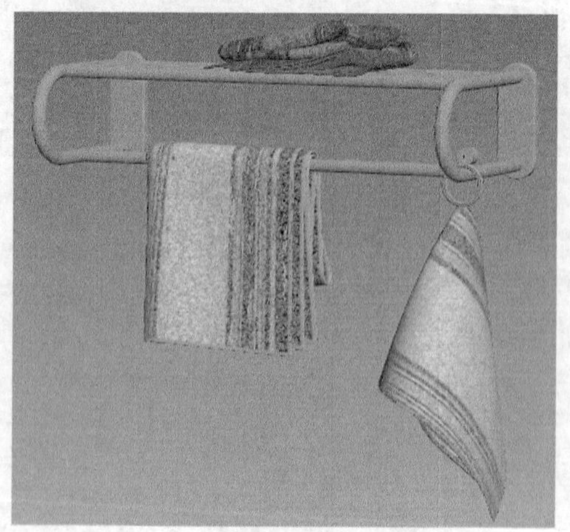

图11-43　添加【网格平滑】修改器

7.　渲染模型。

(1)　单击鼠标右键，在弹出的快捷菜单中选择【全部取消隐藏】命令，打开隐藏的场景，在透视图中设置视角为摄像机视角，如图 11-44 所示。

(2) 选择毛巾效果最为明显的一帧，然后单击 按钮进行渲染，结果如图 11-30 所示。

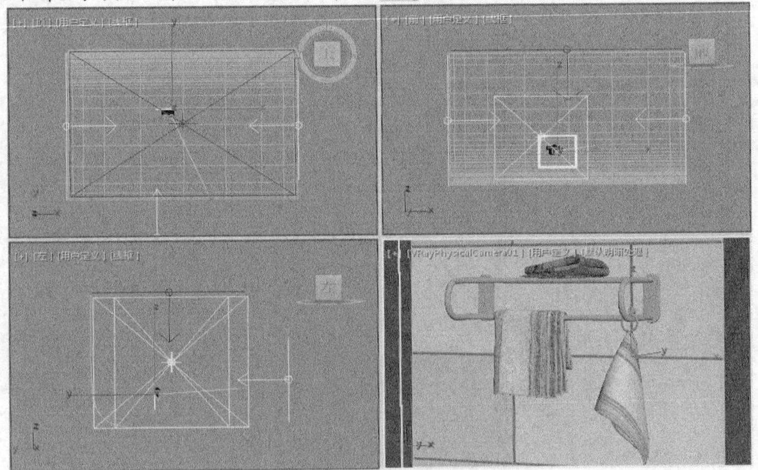

图11-44 取消隐藏对象

11.3 习题

1. MassFX 工具的主要用途是什么？
2. 运动学刚体和静态刚体有何区别？
3. 在 MassFX 中可以创建哪些约束？都有什么用途？
4. 使用【服装生成器】修改器时需要注意哪些问题？
5. 【布料】修改器有哪些主要功能？